AF726591

# Les énigmes de l'univers résolues dans le Modèle Cosmologique Universel

Flavien Phanzu Mwaka

# Les énigmes de l'univers résolues dans le Modèle Cosmologique Universel

Les versets des savants
Tome IV

©Flavien Phanzu Mwaka, 2021

ISBN numérique : 979-10-262-7663-0

EAN papier : 9791026276647

Librinova

Courriel : contact@librinova.com
Internet : www.librinova.com

Le Code de la propriété intellectuelle interdit les copies ou reproductions destinées à une utilisation collective. Toute représentation ou reproduction intégrale ou partielle faite par quelque procédé que ce soit, sans le consentement de l'auteur ou de ses ayants cause, est illicite et constitue une contrefaçon sanctionnée par les articles L335-2 et suivants du Code de la propriété intellectuelle.

**Du même auteur dans la collection « Les Versets des savants »**

**– Tome I : LA COSMOLOGIE SELON LES MODELES BIBLIQUES ET ANTIQUES (éd. Exibook)**
**– Tome II : LE CHAMP DU MODELE COSMOLOGIQUE UNIVERSEL (éd. Librinova)**
**– Tome III : AVANT BIG BANG – BIG BANG – APRES BIG BANG SELON LE MODELE COSMOLOGIQUE UNIVERSEL (éd. Librinova)**
**– Tome V : DE NOE À BARACK OBAMA (éd. Librinova)**

**En couverture :**

**Pour toutes correspondances à l'auteur, notre lien est :** lesversetsdessavants@gmail.com

**Epigraphe**

*« Sans quanta, il n'y aurait ni lumière ni matière et, s'il est permis de paraphraser un texte évangélique, on peut dire que rien de ce qui a été fait n'a été fait sans eux. »*

**(Cfr :** Broglie (Louis, duc de), *la Physique nouvelle et les Quanta*, Paris, Flammarion, 1974).

# Avant-propos

Pourquoi parlons-nous de la collection Les Versets des savants ? Le nom savant est défini dans le dictionnaire « Grand Robert »comme quelqu'un qui sait beaucoup en matière d'érudition et de science. Érudition veut dire savoir approfondi (dans une discipline) ayant principalement sa source dans une étude des textes.

Pour moi, la connaissance scientifique ne suffit pas pour mériter ce nom de savant. Les savants, qu'on appelait dans le temps les prophètes, sont des personnes très sages ou très intelligentes qui raisonnent au-delà de ce que les autres perçoivent comme étant des limitations. Ce sont des personnes qui font avancer la science soit par leurs pensées, leurs théories ou leurs découvertes. Nous savons que les prophètes voient les choses de loin grâce à des visions, aux exégètes de les traduire, aux théologiens de les étudier, aux pasteurs de les interpréter et à la science de les vérifier. Je me mets au milieu de tous.

C'est en 2012 que Dieu m'est apparu quand j'ai réellement découvert que le Big-bang était biblique. Il me donna alors l'injonction, lors d'une expérience spirituelle personnelle, de dire à tous les savants que le seul vrai modèle cosmologique duquel ils devraient s'inspirer, c'est celui qui est écrit dans la Bible.

Ainsi, pour clore nos propos nous pouvons dire que : ce n'est pas seulement dans la prière que l'homme entre en contact avec Dieu. En se concentrant sur une recherche ou une idée, il y a les forces du bien qu'on appelle Saint-Esprit ou Dieu lui-même, et les forces du mal qu'on appelle Satan, dont l'une d'eux entre en contact avec l'individu pour l'orienter à réaliser son plan. Étant ignorant de cela, l'individu pense que tout ce qu'il développe est le résultat de ses pensées. C'est ainsi que l'abbé G. Lemaître refusa de voir la main de Dieu dans sa pensée et rejeta les félicitations du Pape Pie XII pour ses idées de l'atome primitif et de l'expansion de l'Univers. Il n'y a que des savants comme Moïse et Saint Paul qui ont attribué à Dieu les résultats de leurs pensées et recherches.

Le célèbre astrophysicien allemand Hans, athée, a dit par la voix de la presse que la phrase « la volonté de Dieu »suscite sa colère. Nous aussi, les croyants, nous lui disons que la phrase « le hasard de la nature »nous blesse. Mais, étant donné que le résultat est ce qu'il est, ce ne sont pas ces considérations intérieures qui peuvent nous empêcher de travailler la main dans la main.

J'avais déjà dit que je ne possède pas le monopole du développement du récit de la création biblique, car Dieu suscitera des astrophysiciens qui apporteront toutes les formules possibles et démontreront scientifiquement qu'il est le seul vrai schéma du cosmos.

Les savants aguerris trouveront certaines incohérences dans la formulation de mes idées. Mais le but, pour moi, est de faire passer le message et de faire comprendre l'Univers à l'humanité et aux profanes de ces deux disciplines : cosmologie et astronomie. Ceux qui veulent comprendre davantage n'ont qu'à étendre leurs connaissances par les recherches, pour approfondir les thèmes développés dans les livres de la collection « Les Versets des savants ». En plus, ces livres ouvrent une porte en science qui ne se refermera plus, à savoir l'avant Big-bang.

Dans le monde des titres, par rapport au livre « Les Versets des savants », je ne suis qu'un chercheur polyvalent autodidacte. Mais dans le fond, que chacun tire sa conclusion.

**L'auteur**

# CHAPITRE I
# Le Modèle Cosmologique Universel

# Section 1
# Présentation du Modèle Cosmologique Universel

## 1.1 Définition du Modèle Cosmologique Universel

Le Modèle Cosmologique Universel est la restitution analytique du schéma biblique de la création. Le mot « analytique »est défini en philosophie comme étant une déduction à partir des principes fondés sur l'expérience et l'observation (Dicos encarta). On comprend par-là que cette restitution n'a rien à voir avec un sermon fondé sur la foi.

Toutes nos analyses sont appuyées par les expériences, les observations et les citations scientifiques des savants dans différents domaines. D'autres le seront dans les siècles à venir.

Nous avons dit que le modèle biblique est le récit de la création tel qu'écrit dans la Bible. Notre restitution peut être critiquée par n'importe qui pourvu qu'on ne touche pas aux mots « Bible ou modèle biblique »pour le respect de ce dernier nom et pour ne pas ternir son caractère sacré. C'est ainsi que nous avons intitulé notre restitution, qui peut faire l'objet de critiques, « le Modèle Cosmologique Universel ». Ainsi, en faisant nos commentaires scientifiques sur l'histoire de la création biblique, nous entrons directement dans le Modèle Cosmologique Universel.

L'originalité du Modèle Cosmologique Universel par rapport aux autres modèles scientifiques en cosmologie, réside dans le fait qu'il intègre l'avant Big-bang, en passant par le Big-bang jusqu'à l'apparition de l'homme sur la Terre et cela d'une manière harmonieuse et cohérente. Étant donné que les autres modèles scientifiques ne traitent que d'une partie de la cosmologie, nous pouvons dire qu'ils sont tous engloutis dans le Modèle Cosmologique Universel. « Engloutis »veut dire qu'il les capture et remet chacun à sa place pour permettre aux savants de nous présenter un schéma cohérent.

Le Modèle Cosmologique Universel constitue la restitution scientifique du schéma de la création biblique. Son champ couvre et étudie les événements à partir du moment où le mot Univers fut prononcé pour la première fois dans la Bible à travers sa définition d'une « terre informe et vide »(Ge1 :2) jusqu'à la création de l'homme. « Terre informe et vide » ; je suis le premier à restituer scientifiquement ce verset qui veut dire quelque chose qui n'avait encore aucune existence matérielle sinon il ne serait jamais informe et vide. Cette restitution se limite au niveau des origines et tente aussi de percer le mystère du « pourquoi ».

## 1.2. L'énoncé de base du Modèle Cosmologique Universel

Cet énoncé de base aussi est reprise dans toutes mes livres. Ceci est dû au fit que je traite chacune de mes Tomes comme un nouveau livre et non comme une continuité du précédent. Ainsi, sans la répétition de ce qui est fondamental, la suite pouvait être incompréhensible pour celui qui n'a pas lis le premier Tome.

Ainsi, pour ceux qui n'ont pas encore lu ne fut-ce qu'une de mes Tomes, nous tenons d'abord à présenter le schéma biblique de la création telle que restitué dans le Modèle Cosmologique Universel. Ceci constitue l'énonce de base sur laquelle devrait être bâtie tous les modèles qui appuierons le schéma biblique de la création.

En effet, aucun théologien jusque-là, n'a eu l'idée de raisonner au-delà des écrits bibliques. Ainsi, les versets ci-dessous nous font penser aux différentes phases de l'histoire de l'Univers selon la Bible, confirmée aussi par la science.

1) Gen 1 : **1-2** »*Au commencement, Dieu créa les cieux et la terre* (*le cosmos)* ». *La terre* (l'Univers) *était informe et vide* ».

Gen 1 :2 « *Il y avait les ténèbres dans la surface de l'abime* ». (Première déformation du tissu de l'espace-temps dans l'axe de l'Univers).

Gen 1 :2 »*L'Esprit de Dieu se mouvait au-dessus des eaux* ». (La gravitation sur la matière originelle d'avant Big-bang dans l'abîme).

Gen 1 :3 « *Dieu dit : « que la lumière soit et la lumière fut* » ; (conséquence de la fusion sur la matière originelle ou de L'Esprit de Dieu qui se mouvait au-dessus des eaux).

Gen 1 :4 « *Dieu sépara la lumière d'avec les ténèbres* » ; (énigme scientifique à résoudre).

Gen 1 :5 *« Ainsi, il y eut un soir, et il y eut un matin : ce fut le premier jour »* ; (fin de l'avant Big-bang)

2) Gen 1 :7 «*la séparation des eaux d'avec les eaux* »ou Big-bang, selon la science (1) et *la formation de l'étendue* (expansion de l'Univers).

Gen 1 : 8 « *Ainsi, il y eut un soir, et il y eut un matin : ce fut le second jour* » ; (l'instant zéro de notre Univers).

3) Gen 1 :9 « *Des eaux du dessous (1), le sec (2)* (ou la terre) *apparut* »; (commencement de la période d'après Big-bang).

Gen 1 : **13** Ainsi, il y eut un soir, et il y eut un matin : ce fut le troisième jour.

4) Gen 1 :14 « *Des eaux du dessus* (1), *il y eut formation des luminaires* (2) »

**Gen 1 : 19** *Ainsi, il y eut un soir, et il y eut un matin : ce fut le quatrième jour.*

5) Gen 1 : **20** Dieu *dit : Que les eaux produisent en abondance des animaux vivants, et que des oiseaux volent sur la terre vers l'étendue du ciel ».*

Gen 1 :**23** *Ainsi, il y eut un soir, et il y eut un matin : ce fut le cinquième jour.*

6) Gen 1 :**24** « *Dieu dit : Que la terre produise des animaux vivants selon leur espèce, ...*

Gen 1 :**27** « *Dieu créa l'homme à son image, il le créa à l'image de Dieu, il créa l'homme et la femme ».*

Gen 1 :**31** »*Dieu vit tout ce qu'il avait fait et voici, cela était très bon. Ainsi, il y eut un soir, et il y eut un matin : ce fut le sixième jour ».*

### 1.2.1. Restitution littérale du schéma de la création biblique

L'énoncé de base du Modèle Cosmologique Universel s'articule ainsi :

*L'Univers était informe et vide. Etant donné d'une part une énergie qualifiée par la Bible de ténèbres dans l'abîme, et d'autre part l'esprit de Dieu ou un vent de Dieu sur la matière originale appelée « eaux », il y eut production d'un rayonnement qualifié de lumière. La Bible précisa en outre que cette nouvelle énergie, ou ce rayonnement, a eu une interaction avec les ténèbres. Elle est venue les contrecarrer, ainsi que la matière invisible qui était déjà en action sur l'Univers primitif. C'est ce qui est exprimé à travers la phrase « **Dieu sépara la lumière d'avec les ténèbres** ». Et pour montrer que ces deux énergies vont accompagner désormais le destin physique de l'Univers, Dieu appela les ténèbres*

*« nuit »et la lumière, ou nouveau rayonnement, « jour », cela par manque des mots scientifiques appropriés à cette époque-là. Du début de l'Univers dans le néant, jusqu'à la production de la première lumière ou rayonnement, c'est la période que la Bible appelle "jour" (premier jour); une période qui a duré un temps non quantifiable jusque-là.*

*La matière originelle ou « eaux »selon le terme biblique, continuant son cycle de réchauffement à cause du confinement crée par la déflation cosmique et, après la production de la lumière (**que la lumière soit et la lumière fut**), il y eut un éclatement, une expansion ou une expulsion dans l'abîme de ce que la science qualifie de « Big-bang »et la Bible de « **séparation des eaux d'avec les eaux.** »Cette période évolutive de réchauffement des matières (eaux) qui va de la production de la lumière, ou premier rayonnement, jusqu'au Big-bang, fut qualifiée par la Bible **de deuxième jour**.*

*Et puis vinrent le **troisième jour et le quatrième jour** qui prirent des millions ou des milliards d'années et qui furent des périodes de formation des astres à partir de la même matière, ou eaux, selon la Bible.*

*Après vint le cinquième jour biblique, c'est l'ère qui vit l'apparition des êtres vivants, à commencer par les êtres microscopiques sous-marins jusqu'aux oiseaux.*

*Et, à la fin, ou au sixième jour biblique, il y eut l'apparition des mammifères jusqu'à la formation de l'homme. (Ge 1 :1-30; Ge 2 :1-7).*

Ceci constitue la restitution scientifique des écrits de Moïse datant de 1500 ans av. J.C. *C'est l'énoncé de base du Modèle Cosmologique Universel.*

Pour la science, le cosmos représente l'Univers dans toute son étendue, c'est-à-dire la partie visible et ce que nos instruments d'observation ne nous permettent pas encore de voir. Mais quand le Principe de la création du Rév. Dr.

Sun Myung Moon parle du cosmos, il intègre le monde spirituel. C'est cette conception qui est prise en compte dans le Modèle Cosmologique Universel. Nous en avons largement développé le concept au Tome III.

Ainsi, dans le verset biblique « ***Au commencement Dieu créa les cieux et la terre*** » *(***Ge 1 :1**), les mots terre et cieux n'ont pas de majuscule initiale parce que ça n'a rien à voir avec notre Ciel et notre Terre géographiques. C'est plutôt le monde spirituel et le monde physique ou Univers. Les deux représentant le cosmos.

Pour parler de « l'Univers »qui est un terme spécifique en cosmologie, le commun des mortels préfère le terme « monde ». Ainsi, un pasteur qui utilise le terme « monde »devant son auditoire ou devant des élèves sera mieux compris que s'il parlait de l'Univers. C'est ainsi que Moïse eut à utiliser une explication à la place de l'expression « Univers primitif et sans existence matérielle », à savoir « une terre informe et vide ».

Tout ceci est confirmé par la Bible dans les versets *« Au commencement, Dieu créa les cieux et la terre. La terre était informe et vide » (Ge 1 :1-2).*

En disant « créé par Dieu »nous n'excluons pas le schéma physique. C'est comme si on disait qu'un tel est le créateur de tel appareil. Mais il y a tout un schéma physique pour qu'on aboutisse au résultat. C'est ce schéma physique du récit biblique de la création que le Modèle Cosmologique Universel tente de percer et de restituer entre les différents tomes des livres de la collection « Les Versets des savants ». Aux savants d'y puiser et de développer scientifiquement.

## Section 2
## Les trois grandes étapes de l'Univers

Comme nous l'avons dit, l'originalité du Modèle Cosmologique Universel par rapport aux autres modèles scientifiques en cosmologie, réside dans le fait qu'il intègre l'avant Big-bang, en passant par le Big-bang jusqu'à l'apparition de l'homme sur la terre et cela d'une manière harmonieuse et cohérente. Pour beaucoup de lecteurs qui n'ont pas lu les tomes précédents, le terme « Big-bang »est tout à fait nouveau et mérite que nous en parlions d'une manière succincte.

En fait, tout au long de notre livre, on aura à parler du mot Big-bang (avant Big-bang et après Big-bang). Dans mes précédents livres je l'avais déjà expliqué, mais une révision s'avère toujours nécessaire, comme je l'ai dit, pour ceux qui n'ont pas de notions sur ce mot scientifique et qui nous lisent pour la première fois. Même les astrophysiciens le savent, je suis le premier à bien faire comprendre ces termes aux profanes et à les convaincre. J'ai donc pris l'habitude d'introduire sur les forums un chapitre concernant les principales questions qu'on me pose sur les réseaux sociaux et qui sont liées au sujet du livre.

L'Univers, comme nous l'avons découvert dans le premier livre de la cosmologie, c'est-à-dire le récit de la création contenu dans la Bible, connait trois grandes périodes selon le Modèle Cosmologique Universel : l'avant Big-bang, le Big-bang et l'après Big-bang.

## 2.1. L'origine du mot Big-bang

C'est dans les années 1920 que deux savants qui ne s'étaient jamais connus auparavant, à savoir le mathématicien russe Alexander Friedmann et l'astronome belge Georges Lemaître, ont avancé simultanément l'idée que l'Univers était en expansion. Ils se sont référés aux observations faites en 1912 par l'astronome américain Vesto Slipher qui a remarqué que le spectre des galaxies virait vers le rouge. Et Georges Lemaître en tira comme conclusion que l'Univers devait provenir d'un atome primitif, ou un œuf cosmique, avant de connaitre cette expansion. (Cfr : Magazine « Les Secrets de l'espace », hors-série n°7, 2018, P. 8).

Cette idée du savant belge, l'abbé Georges Lemaître, fut rejetée par la majorité des savants de son époque dont Albert Einstein qui le critiqua de vouloir faire intervenir la foi dans la science. Après les découvertes faites en 1929 par un autre astronome américain, Edwin Hubble, qui remarqua, à l'aide d'un grand télescope, qu'effectivement les galaxies s'éloignaient les unes des autres, Albert Einstein se ravisa et donna raison à Georges Lemaître et Alexander Friedmann.

Mais il y eut un autre savant, l'Anglais Sir Fred Hoyle, qui émit l'idée que l'Univers n'a jamais eu de commencement et n'aura jamais de fin. Une telle idée ne pourra que plaire à tout le monde car elle contredit religieusement la théorie de la fin du monde. Cette théorie est connue sous le nom de « modèle stationnaire »où les matières qui disparaissent sont compensées par la création de nouvelles matières.

En 1949, les deux savants, Georges Lemaître et Sir Fred Hoyle, furent invités à la radio BBC à Londres. Au cours de l'interview, Sir Fred Hoyle, pour se moquer de Georges Lemaître, qualifia de « Big-bang »la théorie voulant que l'Univers provenait d'un point unique et se répandait.

Cette expression était devenue célèbre dans le milieu des intellectuels à tel point qu'un autre savant américain d'origine russe, qui appuyait les idées de Georges Lemaître et Alexander Friedmann, la formula en théorie connue à ce jour sous le nom de « la théorie du Big-bang ». Ainsi, on comprend directement que quand on parle de l'avant Big-bang, cela signifie les événements qui ont précédé ce point initial, ou l'Univers condensé, et quand on parle de l'après Big-bang, ça signifie tous les évènements qui ont commencé après l'expansion de l'Univers condensé.

Selon différentes sources, malgré toutes les preuves, le savant britannique Sir Fred Hoyle n'accepta jamais que l'Univers ait eu un commencement. Nous étions surpris, dans nos recherches, de constater que son entêtement n'était pas dû à des raisons scientifiques seulement, comme nous pouvons le lire : « *Ce que Sir Fred Hoyle n'aimait pas, c'était l'idée d'un début. En tant qu'athée avéré, il ne pouvait accepter un point de création et donc, l'idée d'un potentiel "créateur"* ». (Cfr : Magazine « Les Secrets de l'espace »hors-série n° 7, 2018, P. 10).

Il faut noter que l'abbé belge Georges Lemaître a nié que sa théorie n'avait rien à voir avec la religion et, de ce fait, il a rejeté les félicitations du Pape Pie XII. En 2020 par contre, soit 100 ans après, nous venons de découvrir, à travers lc Modèle Cosmologique Universel développé à partir du Tome I, que le Big-bang est bel et bien biblique. Donc, le Pape Pie XII, qui a eu une vision plus large pour cette théorie, avait effectivement raison de féliciter l'abbé belge Georges Lemaître.

Désormais, tous les athées n'ont d'autres choix que d'accepter leurs forfaits à travers la résurrection du schéma biblique de la création. Comme je l'ai dit au Tome I, l'acceptation du Modèle Cosmologique Universel n'est pas une question de foi et de croyances. Nous avons analysé les versets bibliques liés à la création, inscrits sur le premier livre de la cosmologie, au même titre que les citations scientifiques, malgré que son auteur attribue tous les accomplissements à Dieu. Mais Dieu est invisible. Par contre, les différents accomplissements ont suivi aussi un chemin physique. C'est ce que nous sommes en train de démontrer dans le Modèle Cosmologique Universel.

## 2.2. Les différentes phases de l'Univers selon le Modèle Cosmologique Universel

Les différentes phases de l'Univers ont été décrites dans le récit biblique de la création à travers les trois cycles d'eau. Cela marqua effectivement l'avant Big-bang, le Big-bang et l'après Big-bang scientifiques. Dans l'énoncé de base du Modèle Cosmologique Universel, l'eau biblique, ou l'Univers, a traversé trois cycles, ou phases. Cette explication, offerte par le Modèle Cosmologique Universel et tirée de la Bible, est meilleure pour la compréhension de l'Univers que ce que les astrophysiciens nous offrent avec des termes compliqués.

### 2.2.1. Premier cycle : eaux ou particules originelles

Ge 1 :*2 La terre était informe et vide; il y avait des ténèbres à la surface de l'abîme, et L'esprit (un vent) de Dieu se mouvant au-dessus des* ***eaux****... 3 Dieu dit : Que la lumière soit! Et la lumière fut. 4 Dieu vit que la lumière était bonne; et Dieu sépara la lumière d'avec les ténèbres. 5 Dieu appela la lumière jour, et il appela les ténèbres nuit. Ainsi, il y eut un soir, et il y eut un matin : ce fut le* ***premier jour****.*

La Bible est le premier livre à pouvoir décrire les évènements qui se sont déroulés lors de cette première phase de l'Univers appelée l'avant Big-bang. Personne dans l'humanité n'avait eu l'intelligence ou la sagesse de sonder cela avant notre découverte. Parvenir à restituer scientifiquement chaque verset dans les précédents tomes, n'était pas le fruit du hasard ou de la pensée. Ce fut le résultat de dix ans de recherche et, cela grâce aussi à la connaissance du Principe de la création du Rév. Sun Myung Moon, Je suis, jusqu'à la date de la publication de mes livres, le seul chercheur cosmologiste autodidacte dans le monde à découvrir et à expliquer dans ces grandes lignes, les mystères de l'avant Big-bang.

Depuis cent ans qu'on a commencé à parler du Big-bang, personne n'a su voir que la description de l'avant Big-bang était décrite dans la Bible. Durant cette période, dont auparavant la majorité des scientifiques disaient qu'il n'y avait rien, nous voyons qu'il y avait déjà une grande force qualifiée, selon la Bible version Jérusalem, d'un vent de Dieu qui se manifestait autour d'une matière qualifiée par Moïse des eaux qui pour nous, étaient composées des particules originelles, dont la déflation a largement chauffé jusqu'à faire jaillir la première lumière. Moïse identifia le phénomène : « *Un vent de Dieu se mouvant sur les eaux, Dieu dit : Que la lumière soit ! Et la lumière fut* », démontrant que ce phénomène physique faisait partie du schéma de Dieu.

L'effondrement gravitationnel, qui est le phénomène commun relevé par tous les scientifiques qui ont raisonné sur l'avant Big-bang, et qui n'étaient même pas au nombre de quatre avant la publication de mes recherches au mois de juillet 2020, a fait que même cette lumière s'est retrouvée confinée pour réapparaitre plus tard 380 000 ans après le Big-bang et baptisé depuis lors du rayonnement fossile.

Le physicien Italien Gabriele Veneziano, créateur du modèle des cordes, est un des grands scientifiques qui ont raisonner raisonné sur ce qui s'est passé avant le Big-bang, sauf qu'il n'a pas su quand a commencé réellement une terre informe et vide, n'ayant pas la connaissance qu'au début il n'y avait que le monde spirituel et, en plus, il a omis de soulever l'apparition de la lumière quand les particules ont commencé à se confiner. Toutefois, il a abouti au résultat que tout s'est passé dans une sorte de trou noir dont la Bible parle de l'abîme.

Le deuxième grand savant c'est le Professeur Lawrence Krauss de l'Université d'Arizona, qui a dit aussi qu'au départ de l'Univers il n'y avait rien, c'est-à-dire une terre informe et vide selon le langage biblique. La théorie du néant quantique développée par le Professeur Lawrence Krauss, sans qu'il en soit conscient, restitue le verset « *un esprit de Dieu se mouvant dans l'eau* ». Cette théorie stipule que dans l'espace vide il y a des particules virtuelles. Plusieurs lois de la mécanique quantique, dont nous disons qu'elle fait partie de la physique de la création d'avant Big-bang, décrivent comment des particules virtuelles ont abouti aux particules réelles. C'est ce qui a accompagné l'Univers du vide jusqu'au Big-bang dont les grandes étapes sont décrites dans le premier jour biblique.

Le troisième grand savant à pouvoir raisonner sur l'avant Big-bang, c'est le savant britannique, prix Nobel de physique, Sir Roger Penrose. Pour lui, l'Univers est né des successions d'autres Univers avant de connaitre les effondrements et de donner naissance aux nouveaux Univers par un Big-bang. Mais selon nos recherches, il n'a pas répondu à la question comment était né le premier Univers qui n'est autre que le nôtre dont Moïse a donné une description précise en parlant d'une « *terre informe et vide* »dans la Bible avec le langage de son époque.

Le Modèle Cosmologique Universel, qui restitue le récit biblique de la création, est venu éclaircir ce qui s'est réellement passé dans l'Avant Big-bang, mais, dans ces grandes lignes seulement. C'est aux astrophysiciens d'en déceler les détails. Cette phase d'avant Big-bang s'est clôturée le premier jour biblique dont nous avons parlé dans les tomes précédents.

### 2.2.2. Deuxième cycle : eaux ou Univers condensé

Ge 1 : ***6*** *Dieu dit : Qu'il y ait une étendue entre* ***les eaux****, et qu'elle sépare* ***les eaux*** *d'avec les* ***eaux.*** *7 Et Dieu fit l'étendue, et il sépara* ***les eaux*** *qui sont* ***au-dessous de l'étendue*** *d'avec les eaux qui sont* ***au-dessus de l'étendue****. Et cela fut ainsi.* ***8*** *Dieu appela* ***l'étendue ciel****. Ainsi, il y eut un soir, et il y eut un matin : ce fut le second jour ».*

La seconde phase fut que ces eaux bibliques, que nous avons qualifiées de particules originelles dans l'avant Big-bang, après leur extrême condensation suite à la déflation cosmique, ont fini par exploser (Big-bang), phénomène qualifié par la Bible de séparation (*séparation des* ***eaux*** *d'avec les* ***eaux)*** et par certains scientifiques d'expansion.

Les scientifiques ont commencé à nier le mot explosion car pour eux cela sous-entend un bruit ou un éclatement. Ce qui n'était pas le cas. Mais quand une bille atteint, dans 3 minutes, la dimension d'un ballon de football ou d'un astre, ne peut-on pas parler d'explosion ?

D'ailleurs, c'est en faisant référence à l'explosion que le savant américain d'origine russe, Georges Gamow, a prédit le rayonnement fossile et Albert Einstein des ondes gravitationnelles. Les deux phénomènes ont été découverts récemment. Ce n'est qu'une parenthèse pour dire que ceux qui associent le Big-bang à une explosion n'ont pas tort. Mais les scientifiques ont rejoint Moïse dans la Bible car ce dernier a parlé de l'étendue qui est synonyme de l'expansion.

C'est ce phénomène de la « séparation des eaux d'avec

les eaux »qui est scientifiquement à la base de la théorie du Big-bang, même si ces auteurs étaient ignorants qu'ils avaient rejoint la Bible. S'il y a eu effectivement Big-bang, la principale propriété devrait être l'homogénéisation de la matière, c'est-à-dire les mêmes matières qu'on retrouve sur la terre devraient aussi se retrouver partout, même si leurs états sont différents. Eh bien, les scientifiques ont découvert que les matières qu'on retrouve sur la terre et dans l'homme sont les mêmes que celles qui composent le Soleil, les autres étoiles et les planètes.

La Bible ne dit-elle pas qu'après la séparation des eaux d'avec les eaux la terre apparut des eaux du dessous et les luminaires se formèrent avec les eaux du dessus ? Pour moi, la découverte du Big-bang dans la Bible, ou dans le premier livre cosmologique écrit il y a 1 500 ans av. J.C., marque la plus grande découverte du XXIème siècle. Cela étant décrit au second jour, l'humanité découvre en même temps qu'il y a eu un avant Big-bang au premier jour biblique et qu'il appartient aux astrophysiciens de dépasser les frontières de ce qui s'est passé il y a 13,8 milliards d'années.

Donc, c'est la phase du deuxième cycle d'eau qui a occasionné ce qu'on appelle le Big-bang en science, et qui s'est déroulée à la seconde période de la création biblique, selon sa restitution dans le Modèle Cosmologique Universel.

Ainsi, le Big-bang représente l'instant zéro de l'Univers et non le commencement, car l'Univers fut créé à une période qui s'étend, jusque-là, à moins X nombre. Le Big-bang fut l'éclosion de l'Univers condensé, qualifié par la Bible de « la séparation des eaux d'avec les eaux »et qui s'est déroulé à la seconde période. Cette découvertes confirment les raisonnements scientifiques de tous ceux qui ont parlé de l'Univers en rebond dont le plus célèbre est le physicien allemand Martin Bojowald, tout en ignorant qu'ils ont confirmé la Bible . Nous allons y revenir.

### 2.2.3. Troisième cycle : des eaux, les astres furent formés jusqu'aux vivants

Ge 1 :9 Dieu *dit : Que les* ***eaux*** *qui sont au-dessous du ciel se rassemblent en un seul lieu, et que le* ***sec*** *paraisse. Et cela fut ainsi.*

*Ge 1 :14 Dieu dit : Qu'il y ait des* ***luminaires*** *dans l'étendue du ciel, pour séparer le jour d'avec la nuit ; que ce soient des signes pour marquer les époques, les jours et les années ;*

*Ge 1 :* ***20*** *» Dieu dit : Que les eaux produisent en abondance des animaux vivants*

*Ge 2 :****6*** *Mais une vapeur s'éleva de la terre, et arrosa toute la surface du sol. 7L'Éternel Dieu forma l'homme de la poussière de la terre,*

La troisième phase de ces « eaux »bibliques contribua à la formation des astres jusqu'aux êtres vivants. Par-là, on comprend directement qu'il ne s'agissait pas des eaux que nous consommons, mais d'une matière qui a eu son origine dans l'avant Big-bang, en traversant le Big-bang jusqu'à la formation des astres et des êtres vivants qui, selon les astrophysiciens raisonnant en amont, sont faits de la poussière des étoiles. Quant à Moïse, qui a raisonné en aval, il dit que les êtres vivants sont faits de la poussière de la terre.

Le Rév. Dr. Sun Myung Moon, qui est le premier religieux à pouvoir raisonner sur la profondeur de la création dira ceci : »*Si vous entrez dans un état mystique, vous comprendrez qu'un seul grain de sable contient tous les principes de l'Univers. Vous verrez même dans un seul atome l'harmonie infinie et inépuisable de l'Univers. Malgré notre compréhension limitée, nous ne pouvons nier qu'un réseau complexe de force est à l'origine de toute existence. Les molécules contiennent des atomes et les atomes des particules élémentaires. Pourtant, mêmes ces entités ne sont pas dépourvues de conscience. Chacune est dotée d'une conscience et d'un but spécifique* ». (Cfr : CheonSeongGyeong, FFPMU, p.85)

Ceci nous montre effectivement que Dieu ne joue pas aux dés comme l'a dit Albert Einstein. Tout a un but comme nous l'avons dit au Tome II quand nous avons parlé des caractéristiques duelles de Dieu et de la mécanique quantique dans le point traitant de la physique de la création. Je ne peux que me réjouir de cette harmonie d'idées entre la mienne et la citation ci-dessus.

Par-là, le Modèle Cosmologique Universel offre une piste aux savants et philosophes qui pourchassent la source de la conscience. Jusque-là, le fait que la mécanique quantique permet d'étudier des phénomènes qui échappent à toute expérience et qu'on qualifie de probabilistes, prouve notre ignorance profonde du Principe de la création du Rév. Dr Sun Myung Moon.

Ce dernier cycle de l'eau biblique, c'est ce que nous appelons l'après Big-bang.

Nous pouvons schématiser ce que nous venons de dire de la manière suivante :

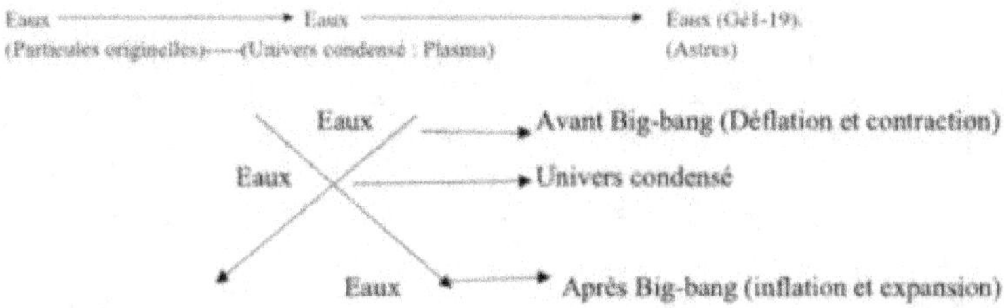
Eaux
Eaux
Eaux (Gèl-19).
(Particules originelles)
(Univers condensé : Plasma)
(Astres)
Eaux
Avant Big-bang (Déflation et contraction)
Eaux
Univers condensé
Eaux
Après Big-bang (inflation et expansion)

# CHAPITRE II
## Avant Big-bang

La théorie du Big-bang postule que l'Univers a commencé par une petite bile qui a explosé après. Mais, qu'est-ce qu'il y avait avant cette atome primitif selon l'expression de l'abbé belge Georges Lemaitre ? Découvrir ce qu'il y avait avant et offrir un schéma logique jusqu'à l'aboutissement du Big-bang, même s'il n'y a pas des preuves observationnelles, constitue à ces jours l'un des plus énigmes en cosmologie. Le Modèle Cosmologique Universel a relevé ce défi en expliquant littéralement depuis le Tome I tous les grands ensembles du schéma cosmologique de l'avant Big-Bang jusqu'à son aboutissement au Big-bang.

« *Les événements avant le Big Bang n'ayant pas de conséquences observationnelles, autant les écarter de la théorie et dire que le temps a commencé au Big Bang* », déclarait Stephen Hawking en 2018. (Cfr :trustmyscience.com ; Thomas Boisson·18 novembre 2020).

Beaucoup des savants sont pour cette déclaration. Mais le Modèle Cosmologique Universel tente de démontrer la véracité du schéma de la création biblique. C'est pour cela que nous ne pouvons pas passer sous silence les événements qui se sont déroulés au premier jour biblique soit à l'avant big-bang et qui est le socle de l'après Big-bang.

Ge 1 :**2** *La terre était informe et vide : il y avait des ténèbres à la surface de l'abîme, et l'esprit de Dieu se mouvait au-dessus des eaux.* **3** *Dieu dit : Que la lumière soit! Et la lumière fut.* **4** *Dieu vit que la lumière était bonne; et Dieu sépara la lumière d'avec les ténèbres.* **5** *Dieu appela la lumière jour, et il appela les ténèbres nuit. Ainsi, il y eut un soir, et il y eut un matin : ce fut le premier jour.*

Nous avons largement parlé de l'avant Big-bang dans les précédents tomes et avons expliqué les grands ensembles tels que décrit dans le récit de la genèse biblique. Ici, nous voulons plutôt parler de certains phénomènes qui se sont déroulés durant cette période.

Certes, en parlant de la naissance de l'Univers, les scientifiques ne voient que le Big-bang et ce qui a suivi. Je ne sais pas s'il faut donner un autre nom à l'Univers d'avant Big-bang pour éviter la confusion car, nous, quand nous parlons de l'Univers depuis le Tome I, nous voyons la globalité, c'est-à-dire de l'avant Big-bang à ce jour. Et c'est cet avant Big-bang que nous essayons de déceler. L'après Big-bang étant déjà épluché par les astrophysiciens dont les recherches ne cessent d'enrichir le modèle standard.

L'avant Big-bang était une sphère qui n'était pas caractérisée par des structures matérielles comme en témoignent les versets bibliques ci-dessus. La plus grande énigme qui a caractérisé cette période dénommée le premier jour biblique est comment, d'une terre informe et vide signifiant l'Univers, les éléments sont-ils apparus ? Comment ces éléments ont pu faire jaillir la première lumière comme en témoigne le verset biblique *« Dieu dit que la lumière soit ! Et, la lumière fut* ? Quelle est la portée scientifique qui se cache derrière le verset « *Et, Dieu sépara la lumière d'avec les ténèbres* » ? et, finalement, comment à la fin, tout fut condensé et que même les photons ne purent s'échapper ?

Telles sont les grandes énigmes d'avant Big-bang que nous avons déjà commencé à résoudre depuis le Tome I. Si le mot « énigme »fait le titre de cet ouvrage c'est parce qu'ici nous voulons entrer dans le fonctionnement de ce qui a abouti à ces grands ensembles que nous venons de mentionner. Comme je l'ai dit, la signification des tous ces ensembles a été scientifiquement dévoilée dans le Tome I qui s'intitule « La cosmologie selon les modèles bibliques et antiques ».

Les questions que nous venons de soulever ici, et les hypothèses que nous allons y apporter, ont pour but d'éclaircir davantage le Modèle Cosmologique Universel, sans parfois qu'elles en fassent partie. Tout ce qui fait l'objet de l'avant Big-bang ne peut être résolu sans la maitrise ou la connaissance de la physique de la création car, sans la conscience au niveau microscopique, on se posera toujours la question « comment les choses ont commencé à se regrouper d'elles-mêmes »et en physique on sait que quand les choses se regroupent dans l'espace, elles commencent à tourner comme nous pouvons le lire :

« *Quand un liquide ou un gaz se contracte, il tourne... On retrouve en effet cette propriété d'un gaz en contraction dans une galaxie en formation. Elle se contracte par gravitation et se met à tourner. Mais dans quel sens va-t-elle tourner ? Rien ne permet de le dire. Cette rotation est une rupture de symétrie.*"

(Cfr : http://www.matierevolution.fr/spip.php ?article, **La symétrie brisée**, 22/03/2009, par Robert Paris).

## Section 1
## La physique de la création

Nous avons dit, au Tome I, que la physique de la création est une branche qui fait appel au Principe de la création du Rév. Dr Sun Myung Moon et à la mécanique quantique. Et nous avons même dit que ceci doit faire partie de l'astrothéologie. Le Principe de la création explique les lois, alors que la mécanique quantique constitue la partie expérimentale de ces lois. Ce sont les mécanismes de ces lois que nous allons développer ici. Ces lois sont si importantes que nous ne cessons d'y revenir dans chacun de nos livres liés à la cosmologie.

### 1.1. Le Principe de la création

Le Principe de la création fait partie de la branche du Principe divin qui est l'enseignement doctrinal de l'église de l'Unification du Rév. Dr Sun Myung Moon, et qui est devenue « La Sainte Communauté du Parent Céleste »au moment où nous écrivons ce livre. En quoi un enseignement doctrinal peut-il intéresser ou intervenir dans la physique ?

Tout d'abord, le Rév. Dr Sun Myung Moon, dont nous avons fait une autobiographie au Tome I, fut un technicien électronicien. Son étude d'ingénierie au Japon a été interrompue suite à la guerre. À travers le Principe de la création, le Rév. Dr Sun Myung Moon est la première personne, ou le premier chercheur, à avoir étudié l'origine de l'énergie et son acheminement dans les êtres. La réponse que j'ai découverte dans ces recherches, sur ce point précis, m'a causé un choc étant donné que la quête des origines fait partie de mon domaine de pensées depuis l'enfance et, maintenant de mes recherches.

Un tel enseignement sur les origines de l'énergie et sa dotation aux entités ne pourrait intéresser que la physique théorique, la philosophie et la théologie. Il s'est servi de ces découvertes pour expliquer les attributs de Dieu. Voilà pourquoi cela fait partie de son enseignement doctrinal. Et nous avons dit, au Tome I, que toute vérité, aussi scientifique soit-elle, mise dans un livre sacré est comme un trésor qu'on a couvert. Il fallait que quelqu'un la découvre et la ramène là où il le faut pour la connaissance de toute l'humanité. C'est le cas aujourd'hui, où j'ai ramené le récit de la création biblique et le Principe de la création dans le Modèle Cosmologique Universel.

Vu l'étendue du Principe de la création, nous avons sélectionné quatre points qui feront désormais partie de la physique de la création. Parmi ces quatre points nous avons :

- L'Énergie Première Universelle ;
- Les caractéristiques duelles de Dieu ;
- Le monde substantiel invisible et le monde substantiel visible ;
- La période de croissance pour les êtres créés.

Nous avons parlé de ces quatre points dans les trois premiers tomes. Dans ce livre, nous voulons seulement nous concentrer sur les énigmes non encore résolues dans l'Univers. Toutefois, un rappel succinct s'avère nécessaire pour ceux qui lisent ce livre sans avoir lu les précédents, avons-nous dit.

### 1.1.1. La période de croissance pour les êtres créés

*Gn 1 : 5 « ...Ainsi, il y eut un soir, et il y eut un matin : ce fut le premier jour.*

Outre ce que nous avons dit au Tome I, la période de croissance dans ce tome fait partie des sous points que nous avons triés dans le chapitre I; le Modèle Cosmologique Universel.

Pour les êtres créés, nous avons dit que toutes les entités traversent trois stades, à savoir :

– le stade de formation : représenté dans la Bible par le mot « soir »;

– le stade de croissance : connu scientifiquement sous le mot évolution, ce stade est représenté dans la Bible par la période comprise entre le soir et le matin « puis, il y eut un soir et il y eut un matin », c'est-à-dire la nuit;

– le stade de maturité : connu dans la Bible sous le mot « matin », c'est-à-dire le stade qui marque la fin de l'évolution d'une entité.

Bien que j'en aie déjà parlé dans les précédents tomes, seule une explication à la source, c'est-à-dire par un membre ou dans un centre de l'Église du Rév. Dr Sun Myung Moon, s'avère nécessaire.

### 1.1.2. Le monde substantiel invisible et le monde substantiel visible

*Gn 1 :**1** Au commencement, Dieu créa les cieux et la terre.*

Nous avons dit que, pour la science, le cosmos représente l'Univers dans sa globalité, c'est-à-dire l'Univers observable et la partie qui nous échappe. Pour le Principe de la création par contre, le cosmos représente l'Univers dans sa globalité et le monde spirituel. Ainsi, dans le verset : « au commencement Dieu créa les cieux et la terre », il ne s'agit pas de ciel bleu et de Terre géographique. Il s'agit plutôt du monde spirituel et du monde physique (Univers). Je suis le premier à avoir fait cette découverte sur ce verset, ai-je dit à plusieurs reprises.

Les deux indices qui peuvent nous confirmer qu'il ne s'agissait pas de ciel bleu et de Terre géographique, c'est le verset où Moïse a expliqué ce qu'il entend par ces mots, à savoir « la terre était informe et vide ». C'est tout simplement l'Univers à son début où il n'y avait rien ou aucune structure.

Pour le ciel : géographiquement le ciel n'existe même pas. Ce n'est que de l'espace vide. Le bleu que nous voyons n'est qu'une limitation de notre vision et la couleur bleue est causée par les rayons du Soleil en interaction avec notre atmosphère. Moïse lui-même a confirmé ce qu'il entendait par un ciel géographique aux précédents versets en disant « *Dieu appela l'étendue ciel* », c'est-à-dire le vide (Gen 1 :8).

Ainsi, dans la prière « *Notre Père qui es aux cieux* », nous comprenons directement que quand la Bible parle du ciel, il s'agit plutôt du monde spirituel. Ainsi, quand la Bible nous dit que Jésus est venu, comme il le disait lui-même, ou que Jésus est monté au ciel, comme l'ont dit les apôtres, ici, le mot ciel représente seulement le monde spirituel. **Ce petit paragraphe vient de faire effacer l'ignorance de toute l'humanité**.

Par conséquent, inutile de regarder le ciel géographique pour contempler ou voir le retour de Jésus ou d'Élie. Il est écrit tout œil le verra, mais, seul les yeux qui peuvent voir spirituellement qui le verront. Pour les uns, il passera inaperçu comme un voleur, et pour les autres, il ne sera que comme un hérétique.

### 1.1.3. L'Énergie Première Universelle

Je commence ce point par cette citation du baron Georges Cuvier : « *Le génie et la science ont franchi les limites de l'espace; quelques observations, développées par le raisonnement, ont dévoilé le mécanisme du monde* ».

(Cfr : J. Baker : 50 clés pour comprendre l'astronomie, éd. Dunod, Paris 2016, p.174).

Tout ceci est pour préciser que certains raisonnements inclus dans ce point n'ont pas encore fait l'objet de l'attention des scientifiques.

L'Énergie Première Universelle, qui est un concept développé par le Rév. Sun Myung Moon dans le Principe de la création, a été sélectionnée dans le Modèle Cosmologique Universel comme faisant partie de la physique de la création. Nous avons dit que c'est l'énergie en provenance de Dieu et qui est dotée à toutes les entités. Or, cette transmission est accompagnée par les propriétés divines et cela, à commencer par les particules virtuelles contenues dans le vide.

Cela est confirmé par cette citation scientifique :

*« Une particule dépend aussi d'un environnement que constitue le vide quantique et c'est le nuage virtuel de la particule qui lui donne ses propriétés, y compris sa masse ou sa charge électrique ».*

(Cfr : matierevolution.fr, Qu'est-ce que le virtuel ?le 4 janvier 2017, par Robert Paris).

### 1.1.3.1. L'énergie d'origine

Pourquoi l'énergie d'origine au lieu de l'origine de l'énergie ? Tout simplement parce qu'on ne peut aller jusqu'au fondement des origines des énergies sans entrer dans la religion, comme l'a démontré le Rév. Dr Sun Myung Moon dans le Principe de la création. Par rapport au Tome I, les lecteurs nous ayant fait la remarque d'être trop religieux, nous nous efforçons de rester dans un cadre physique dans ce tome. Toutefois, la nature étant créée par

Dieu, son étude, quand on remonte au niveau des origines, ne peut plus exclure Dieu.

À travers la formule $e=mc^2$, les savants en sont arrivés à la conclusion que l'énergie ne peut pas être créée ni détruite, elle passe seulement d'une forme à l'autre, et que tout dans l'Univers est fait d'énergie. Ceci rejoint le « *Principe de la création* »du Rév. Dr Sun Myung Moon dans sa déduction sur l'origine de l'énergie.

Revenons encore sur les schémas classiques de la science et de la Bible en ce qui concerne les origines de l'Univers.

| Etapes | MOISE | LAWRENCE KRAUSS | GABRIELE VENEZIANO |
|---|---|---|---|
| 1 | Au commencement Dieu créa les cieux (monde spirituel), et la terre (monde physique ou Univers) représentant le cosmos. | Rien | Vide infini |
| 2 | L'Univers (la terre selon le terme biblique) était informe et vide (c'est la présence des particules physiques qui en faisaient une différence avec le monde spirituel) | C'était le néant quantique où les particules virtuelles naissaient et mouraient dans quelques secondes | L'Univers est venu d'un vide infini où il n'y avait que des particules |
| 3 | Il y avait les ténèbres dans la surface de l'abîme. (un abîme est un trou où il se déroule des phénomènes mystérieux à l'intérieur et d'où on ne peut plus ressortir une fois on est dedans) | | La densité de la matière qui s'agglomérait a creusé le tissu de l'espace-temps en formant une sorte de trou noir très massif dont l'intérieur connait un processus d'expansion |
| 4 | Un esprit ou un vent de Dieu se mouvait sur les eaux. (les eaux représentent la matière originelle qui s'agglomérait) | | A l'intérieur de ce trou noir, la matière s'effondre de plus en plus sous la gravité jusqu'à atteindre une limite maximum |
| 5 | Dieu dit que la lumière soit, Et, la lumière fut (conséquence de la mouvance d'un vent de Dieu sur la matière originale) | | (Si Gabriele Veneziano avait lu la Bible en bâtissant son modèle, il aurait évoqué l'apparition de la lumière à cette étape causé par la chaleur). |
| 6 | Dieu dit : « séparons les eaux d'avec les eaux ». et, cela fut ainsi. | C'est à partir de cette sorte de néant que notre Univers aurait pu naître par un Big-bang | Ne pouvant plus supporter les fluctuations quantiques, celle-ci expulse la matière vers l'extérieur dans un scenario de Big-bang |

Dans ce scénario, la seule différence entre la science et la religion est que Moïse est en train de montrer que chaque étape faisait partie du plan divin, c'est-à-dire de la volonté de Dieu. Pour exemple : à supposer que je sois dans une cabine en train de manier le moteur à distance. Celui qui ne me voit pas dira : « l'eau se chauffa, se mit à bouillir et la vapeur, en circulant dans les tuyaux, fait tourner la turbine jusqu'à produire de l'électricité seule ». Mais celui qui me voit dans la cabine dira que tout est coordonné par moi.

Ainsi, Moïse voyait Dieu dans toutes les manifestations des phénomènes de l'Univers et le but final de Dieu était la formation de l'homme. Quant à Stephen Hawking, il dira que l'Univers n'avait pas besoin de Dieu pour que les processus physiques s'enclenchent. Mais entre ce que Moïse affirme et ce que Stephen Hawking dit, le résultat sur le plan physique est le même, c'est-à-dire ce que nous sommes en train d'observer. C'est pour dire que le modèle standard n'est pas différent du Modèle Cosmologique Universel, sauf que ce dernier intègre Dieu et l'avant Big-bang, c'est-à-dire en passant du monde spirituel au monde physique jusqu'à la dernière créature.

À part cette présence de Dieu dans l'ombre, le schéma biblique de la création, tel que restitué dans le Modèle Cosmologique Universel, est purement scientifique et complet si on le compare avec les déductions du Prof. Lawrence Krauss et de Gabriele Veneziano.

La première étape concerne les origines des énergies et là, nous la laissons à la religion, le livre du Principe divin du Rév. Dr Sun Myung Moon répond à cela d'une manière scientifique pour la compréhension des savants (Cfr : Présentation du Principe divin, Ed. Culture et Paix, Paris 2013). Ce qui nous intéresse dans ce tableau c'est la seconde étape qui commence à faire, à ce jour, l'objet de plusieurs recherches et publications sans que ces savants sachent qu'ils étaient en train de développer le concept d'une « terre informe et vide ».

#### 1.1.3.2. Les propriétés de l'énergie première Universelle

Les propriétés de l'énergie première Universelle viennent des caractéristiques duelles de Dieu.

### 1.1.4. Les caractéristiques duelles de Dieu

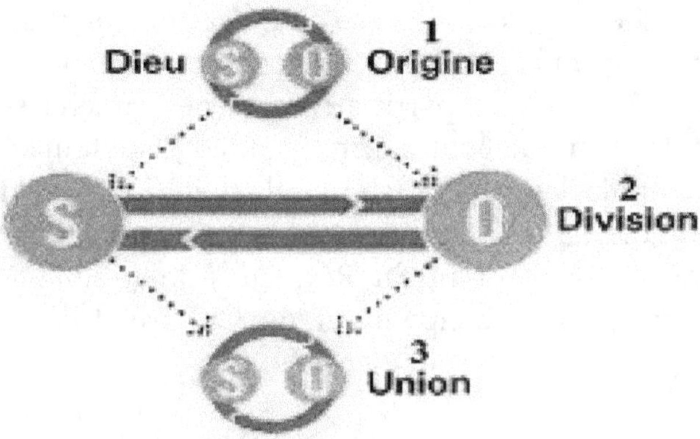


**Figure 2 Source : Les Principes divins, niveau 4, p.24**

Source : Les Principes divins, niveau 4, p.24

Dans ce schéma, Dieu en tant qu'origine de tous, a en lui dans son invisibilité toutes les caractéristiques duelles représentées par **S** c'est-à-dire sujet comme caractère actif et **O** c'est-à-dire Objet comme caractère passif, mais les deux sont en harmonie. Dans la création, la projection du Sujet et de l'Objet se trouve divisée, à commencer par les particules-antiparticules, virtuelles soient elles. Selon la loi de Coulomb où deux charges des signes contraires s'attirent, le sujet (particule) et l'objet (antiparticule) vont entrer en interaction en s'annihilant. Selon le Modèle Cosmologique Universel, une nouvelle particule combinant les deux propriétés sera créée.

Compte tenu de la collision, le résultat sera que soit la nouvelle a un plus dominant par rapport à un moins ou vice versa. Ce qui va entrainer davantage des nouvelles combinaisons ou interactions jusqu'à la création des éléments. C'est scientifiquement par-là que la matière l'a emporté sur l'antimatière.

L'étude des caractéristiques duales de Dieu dans la création fait apparaitre ce que nous appelons « l'uniformité de la création ». C'est sur base de fonctionnement de cette uniformité que toutes les énigmes de l'Univers peuvent être résolues. Ainsi, c'est à partir de l'étude des caractéristiques duales de Dieu que peut naître « la théorie de tout ».

Cette étude des caractéristiques duelles de Dieu se trouve approfondie dans le Principe de la création, branche du livre du Principe divin du Rév. Dr. Sun Myung Moon. (Présentation du Principe divin, éd. Culture et Paix, Paris 2013).

#### 1.1.4.1. Signification de (–) (+) et (+ +) (-)

Le (- -) (+) et (+ +) (-) constituent l'interprétation mathématique de ce que nous venons de dire. Nous avons dit que selon le Modèle Cosmologique Universel, après les collisions particule – antiparticule ou matière – antimatière, une nouvelle particule ou matière combinant les deux propriétés sera créée.

Compte tenu de la collision, le résultat sera que soit la nouvelle a un plus dominant par rapport à un moins ou vice versa. Ainsi, à travers les signes (- -) (+), nous voulons parler d'un négatif dominant par rapport à un positif latent et d'un positif dominant (+ +) (-) par rapport à un négatif latent contenu à l'intérieur de la nouvelle particule ou matière. Ainsi, toutes les entités possèdent une dualité dont l'une des forces est active et l'autre latente.

À la lumière de ce qui précède, nous pouvons dire que chaque chose créée contient une polarité positive et négative, mais dont l'une est latente. C'est ce qui justifie la dynamique de l'Univers.

Scientifiquement parlant, ces points sont confirmés par la composition du proton et du neutron comme nous pouvons le lire :

*« La première génération de quarks constitue la « matière ordinaire »; les neutrons (de charge électrique nulle) sont constitués de deux quarks Down (- -) et d'un quark Up (+), et les protons sont formés de deux quarks Up (++) et d'un quark Down (-) »; [quark down (-), quark up (+)].*
(Cfr : Wikipédia : Quarks).

C'est ainsi que les éléments chargés positivement cherchent à s'équilibrer autour des éléments partenaires chargés négativement et vice-versa, tournoyant l'un autour de l'autre jusqu'à créer des corps composés s'ils arrivent à se fusionner. Si cette fusion entraîne une évolution, c'est une dynamique positive. Mais, si l'un commence à détruire l'autre, c'est une dynamique négative ou déséquilibrée et si les deux s'anéantissent, c'est une fusion nulle ou dynamique nulle.

Voyons comment ces caractéristiques (++-) et de (−+) des géniteurs affectent les descendants :

« *Chez la plupart des plantes et des animaux, homme compris, le noyau de la cellule possède deux versions de chaque chromosome – une version héritée de la mère et l'autre du père. C'est pourquoi l'animal ou la plante possède deux versions de chaque gène. Parfois, les deux gènes sont actifs, mais souvent un seul d'entre eux – le gène dominant – exerce une action observable. Le gène dont l'effet est masqué est appelé gène récessif* ».

(Cfr : Linda gamin, Les origines de la vie, éd. Artis-Historia, Bruxelles. 1989, P.30).

*Ainsi* Par gènes dominants, nous aboutissons à ceux ayant (++-) et par gènes récessifs, c'est ceux qui possède (−+). On pourra dire que par (++-) il reste (+), et par (−+) il reste (-). Mais, on a affaire aux caractéristiques, voire aux substances. Donc, ce qui est une contribution scientifique de signe dans la science est que, dans le gène dominant, il y a un gène récessif latent et dans le gène récessif, il y a un gène dominant latent. Tout ceci dérive des caractéristiques duelles de Dieu, tel qu'enseigner dans le Principe de la création du Rév. Dr. Sun Myung Moon.

Quand j'ai posé l'hypothèse de (++-) et de (−+), c'était dans les seuls buts de restituer scientifiquement ce Principe de la création, sur les caractéristiques duales de Dieu et de la création, avais-je dit dans les précédents tomes. C'était aussi pour éclaircir ce qu'on attend par la féminité latente dans la masculinité et la masculinité latente dans la féminité. J'ignorais complètement que j'avais abouti à la composition des propriétés des particules subatomiques dont j'ignorais l'existence car ayant fait toute ma vie que les études à caractères commerciales et économiques. Je ne savais même pas que j'avais abouti à la composition des hadrons qui forment le noyau d'un atome.

Ces symboles de (++-) et de (−+) sont des créations personnelles qui m'ont permis d'expliquer tout ce qui vient d'être dit. Appliqué aux êtres vivants, ceci va encore accroître le nombre des possibilités de croisement qui aboutisse parfois à des malformations des genres.

Ainsi, en tout homme, on retrouve un aspect féminin latent (++-) et à toute femme, un aspect masculin latent (−+). Le contraire causé par des myriades des générations des relations d'amour interdites font qu'on aboutisse aux individus ayant de désordres génétiques.

Même si nous parlons des particules originelles, la traduction scientifique de toutes ces explications littérales des (++-) et de (- -+) nous la trouvons dans cette phrase :

« *Le proton est un hadron composé de trois quarks : deux quarks up (de charge électrique* $+^2/3$*) et un quark down (de charge électrique* $-^1/3$*). Le total des charges des quarks donne donc une charge électrique au proton de* $+^4/3-^1/3 = +1$*; le proton possède ainsi une charge électrique positive* ».
(Cfr : **https://trustmyscience.com/hadron/#comment-15314**, Thomas Boisson, le 03/08/2018).

C'est à partir de tout ce que nous venons de dire ici, qui est encore incomprise dans l'astrophysique, que réside tous les mystères de la création. Son développement compilé par la FFPMU du couple Moon a fait plus de 1600 pages dans un livre qui s'appelle le Cheon Seong Gyeong.

### 1.1.4.2. Les caractères intérieurs (invisible) et la forme extérieure (masse)

Sans revenir à la littérature, nous avons énumérées dans les précédents tomes toutes les caractéristiques **duelles de Dieu** et avons dit que toutes les matières, des particules à l'homme, sont constituées d'une entité invisible et d'une forme extérieure appelée masse en science.

Selon la science, la masse des corps du quotidien provenait en fin de compte du vide. Or, le vide où est contenu les énergies virtuelles, contiennent déjà les propriétés de l'énergie première Universelle qui dans leur évolution ont abouti à l'énumération non exhaustive suivant :

| CRÉATION | Entité invisible (forme intérieure) | Masse (forme extérieure) |
|---|---|---|
| Homme | Cœur [âme] et Esprit | Corps |
| Animaux | Esprit animal | Corps |
| Plantes | Esprit végétal | Corps |
| Molécules | Nature inhérente | Énergie/matière |
| Atomes | Nature inhérente | Énergie/matière |
| Particules | Nature inhérente | Énergie/matière |

**Figure 3 (Cfr : Présentation du principe divin : éd. Culture et Paix, Paris, 2013, Pp 21-25 »**

Ayant ainsi découvert ces caractéristiques duelles invisibles dans la création qui en fait n'est que l'effet, le Rév. Dr. Sun Myung Moon en déduit que l'origine devrait provenir de la cause c'est-à-dire du Créateur qui est Dieu. Par conséquent, l'Univers est régi par des lois et principes en provenance de Dieu lui-même qui est l'incarnation de ces mêmes caractéristiques duelles : invisible-masse, positivité-négativité, masculinité-féminité. On doit insister sur le fait que l'invisibilité de Dieu et sa forme extérieure n'existent pas comme des entités indépendantes, mais en relation réciproque harmonieuse.

Toutes ces caractéristiques étant unis et en harmonie en Dieu sont appelés caractéristiques duelles originelles. Étant projetées dans la création, elles tendent selon le Principe de la création, à revenir à l'unité créant au passage la collision, la multiplication et le développement. La Bible décrit cela par les versets : « *Dieu créa l'homme à son image, à son image il créa l'homme et la femme* » (Ge1 :27). *« C'est ainsi que l'homme quittera son père et sa mère et s'attachera à sa femme et deviendront une seule chair* ». L'homme et la femme constitue des entités visibles de Dieu où toutes ces caractéristiques se reflètent d'une manière visible.

Toutes ces caractéristiques auront aussi comme conséquence l'union de l'homme et de la femme et Moïse l'a fait ressortir comme loi dans un sens figuré

« *C'est pourquoi l'homme quittera son père et sa mère, et s'attachera à sa femme, et ils deviendront une seule chair* »(Gn. 2 : 24). Toutefois cela peut aussi passer par des disputent entrainant parfois des graves conséquences appelés annihilation quand il s'agit des particules, des collisions qualifié d'harcèlement, mais une fois que les bons éléments se sont combinés, on aboutit à la multiplication et au développement. Par contre, si sont des mauvais éléments, cela entraine l'anéantissement.

Pour ce qui est des particules, le résultat de la collision sera que soit la nouvelle a un plus dominant par rapport à un moins ou vice versa. Ce qui va entrainer davantage des nouvelles combinaisons ou interactions jusqu'à la création des éléments. Comme nous l'avons dit, ce dynamisme divin transmis au niveau des particules crée la dynamique des particules, allant jusqu'à la création des éléments (union évolutive). C'est la plus grande énigme qui vienne d'être balayée aussi en ce qui concerne la dynamique dans l'Univers.

Comme nous l'avons dit, selon le Principe de la Création, l'EPU (énergie première Universelle) est l'origine de toutes les énergies et de toutes les forces qui permettent aux êtres créés d'exister. Grâce à l'action de l'énergie première Universelle, les éléments sujets et objet de chaque entité forment une *base commune* et entrent en interaction selon le schéma ci-dessous :

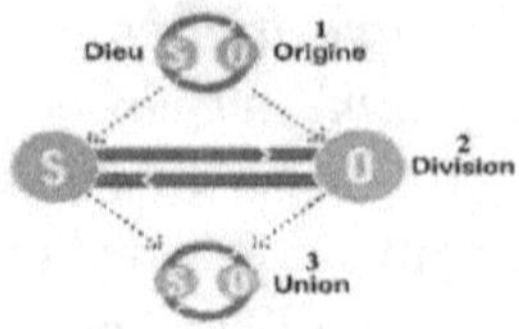


**Figure 4 Source : Le Principe divin, niveau 4, p.24**

N'oublions pas que c'est dans ce point de caractéristiques duales de Dieu qu'on peut résoudre tous les mystères ; non seulement de l'Univers, mais des êtres aussi.

### 1.1.4.3. Les caractéristiques duelles de la positivité et de la négativité

Toutes les matières, de la particule à l'homme sont constituées d'une entité positive et d'une entité négative selon le tableau suivant :

| CREATION | **Entité positive** | **Entité négative** |
|---|---|---|
| Homme | Homme | femme |
| Animaux | Mâle | femelle |
| Plantes | Etamine | pistil |
| Molécules | Cation | anion |
| Atomes | Positif | négatif |
| Particules | Positif | négatif |

Selon le principe de la création, branche du Principe divin du Rév. Dr. Sun Myung Moon, où ces concepts sont approfondis, nous lisons ceci :

« *Dans la nature, nous découvrons que dans toute la création il existe une relation réciproque entre la positivité et la négativité. Par exemple, les atomes sont formés à partir de la relation réciproque entre les éléments positifs et les éléments négatifs. Les atomes eux-mêmes, composés des particules, ont des caractéristiques positives ou négatives. Sur la base de telles caractéristiques, deux ou plusieurs atomes entretiennent une relation réciproque, formant des molécules. Toutes les plantes et tous les animaux existent et se renouvellent en vertu de myriades de relations intérieures et extérieures interdépendantes d'éléments positifs et négatifs. ". L'humanité est composée d'hommes et de femmes et la société humaine existe, se multiplie et se développe par relations réciproques entre hommes et femmes* ».
(Cfr : Principe divin, niveau 4, Pp.15-17)

Selon le schéma suivant, nous découvrons que tout ceci tire leur source de l'énergie première Universelle en provenance de Dieu.

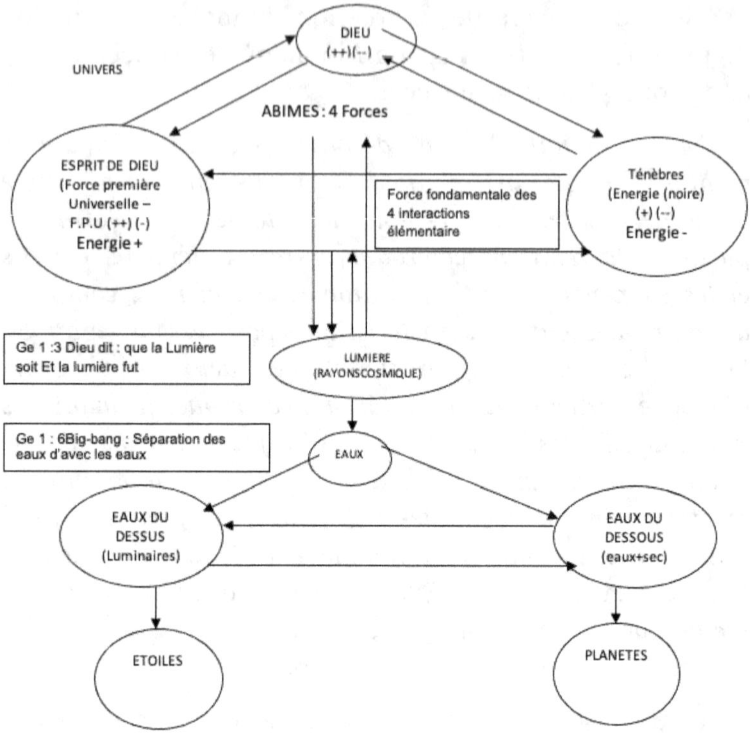


Dans le schéma ci-dessus, nous voyons que Dieu a, en lui, selon *le Principe de la création* du Rév. Dr. Sun Myung Moon auquel je m'aligne, les deux caractères intérieurs de la positivité et de la négativité en harmonie à tel point qu'on ne peut les dissocier. Toute sa création a hérité de ses caractères. La positivité, on le retrouve dans le proton ; et la négativité, dans l'électron. Or, dans ces deux particules appelées nucléon, il y a, malgré leur charge dominante, les deux caractéristiques, de la positivité et de la négativité, qui sont à l'origine de leur rotation continue, contribuant à la dynamique de l'Univers. Cette rotation, commencée au niveau des particules virtuelles, s'appelle « spin »comme nous pouvons les lire :

*« Même si les particules virtuelles n'ont pas nécessairement la même masse que leurs homologues ordinaires, elles possèdent toutefois les mêmes autres caractéristiques physiques : charge, spin, moment magnétique, etc ».*
(Cfr : futurascience.fr / **Qu'est-ce qu'une particule virtuelle ?** Thomas Boisson·9 mai 2018).

## 1.2. La mathématique céleste

Nous avons évoqué ce point de la mathématique céleste au Tome II.

Pour un petit résumé dans la physique de la création développée aux précédents tomes, nous avons dit ceci :

« La galaxie la plus éloignée de la terre découverte jusqu'au moment où je rédigeais ce livre se nomme **GN-z11**. D'après le calcul fait par les astrophysiciens lors de sa découverte en mars 2016, sa lumière a voyagé 13,4 milliards d'années avant d'arriver jusqu'à nous. Sa distance réelle est estimée à 32 milliards d'années-lumière (**al**) de la Terre. (Cfr : Wikipédia : GN-z11).

Or, **1 al = 9.461** milliards de kilomètres. Ainsi, cette galaxie se trouve éloignée de la terre à 32 milliards x 9 461 milliards de kilomètres, ce qui donne **302.752 x $10^{18}$ km**. Pour que la présence de Dieu en tant qu'entité soit permanente sur tout point de l'Univers, il doit le contourner l'Univers à ce même kilomètre par seconde soit **302.752 x $10^{18}$ km/s**. Cette vitesse divine qui fait que toutes les caractéristiques duelles deviennent invisibles, nous l'abrégeons par **In** qui signifie invisibilité.

Donc, pour le moment, c'est-à-dire pendant que nous écrivons ce livre, la valeur variante de « **In** »dans la formule :

Dv = **In [(Ci .M) + (Po.Ne) + (Ms.Fe)** qui représente aussi la vitesse à laquelle Dieu tourne en tant qu'entité pour contrôler tout l'Univers **observable est de 302.752 x $10^{18}$km/s**. Cette vitesse fait que Dieu soit en permanence partout et omniprésent.

Entre **300.000 km/s** de la vitesse absolue de la lumière pour aboutir au résultat de **e=mc²** et **302.752 x$10^{18}$km/s** pour aboutir à la formule Dv = **In [(Ci .M) + (Po.Ne) + (Ms.Fe)]**, on peut voir le chemin parcouru pour passer du spirituel à un Univers vide. Et, c'est par là que les fluctuations des particules ont commencé, entrainant la déflation de l'Univers avec une énergie phénoménale jusqu'à la condensation de l'Univers.

Jusque-là, la science n'arrive même pas à atteindre la vitesse de 300.000 km/s dans le laboratoire d'accélération des particules pour comprendre l'Univers visible. Alors, au quantième siècle arrivera-t-elle à atteindre **302.752 x $10^{18}$ km/s** pour commencer à comprendre le passage des phénomènes spirituels aux phénomènes physiques ?

Nous avons dit au tome II que tout dans l'Univers a été engendré par un mouvement de **302.752 x $10^{18}$ km/s s**elon le verset « Un vent de Dieu se mouvait au-dessus des eaux »(Ge 1 :2). Scientifiquement parlant, ce mouvement fut plus tard caractérisé par les collisions des particules, l'anéantissement et la fusion dégageant de plus en plus d'énergie, en créant des particules et antiparticules. Les cycles des collisions continuant avec la création des matières et antimatières. Et au final la matière a fini par l'emporter selon l'idéal de Dieu, mais démontrer physiquement dans notre explication sur le positif dominant et le négatif dominant.

302.752 x $10^{18}$ km/s fait ainsi partie de l'énergie de départ auquel les choses ont été accélérée dans l'avant Big-bang. Avec une telle vitesse, le confinement de cette énergie ne pourrait aboutir qu'à un Big-bang après confinement. En se condensant, cette énergie d'accélération se transforme aussi en matière selon la relation d'équivalence $e=mc^2$comme nous pouvons le lire :

« *Si un corps perd une énergie L sous forme de rayonnement, sa masse diminue de L/c^2. Le mot important c'est "rayonnement" : une perte de masse produit l'émission de particules dotées de l'énergie correspondante. Par exemple l'annihilation matière-antimatière produit des photons gamma (= à haute énergie)* ».

(Cfr : Quand l'énergie devient matière, CERN 1982)

Appliqué dans ce résultat ce que nous avons dit concernant la collision des entités possédant les (++-) et (−+) d'une manière continue, ça aboutira par la création de x particules.

# Section 2
# La mécanique quantique

Nous avons dit que dans le Modèle Cosmologique Universel, la branche qui nous permet d'analyser les événements qui se sont déroulés, c'est la physique de la création. Dans la physique de la création, nous avons regroupé les disciplines qui analyse les phénomènes infiniment petits dont le Principe de la création du Rév. Dr. Sun Myung Moon, dont nous venons de voir à la section 1 et la mécanique quantique que nous verrons dans cette section.

## 2.1. Généralités

la mécanique quantique constitue le pilier d'un ensemble de théories physiques qu'on regroupe sous l'appellation générale de physique quantique. Elle analyse et étudie la description du monde microscopique – atomes et particules – ainsi que celle de certaines propriétés du rayonnement électromagnétique. Cette dénomination s'oppose à celle de la physique classique, qui n'étudie que le monde macroscopique.

Il faut noter que le comportement des éléments dans le monde macroscopique diffère de ce du monde microscopique. La recherche d'une théorie qui peut concilier les deux est appelé la théorie du Tout, qui n'est pas encore aboutit jusque-là.

Les principes fondamentaux de la mécanique quantique ont été établis essentiellement entre 1922 et 1927 par Bohr, Dirac, de Broglie, Heisenberg, Jordan, Pauli et Schrödinger. Les principes de base ont été complétés par Bose et Fermi.

Enfin, en 1930, le mathématicien Von Neumann a précisé le cadre mathématique rigoureux de la théorie. Excluant Dieu, ils ont abouti parfois à des déductions déroutantes comme par exemple L'existence d'un hasard fondamental, ou d'une multitude de mondes en-dehors du nôtre.

Tous ces grands savants sans le savoir, ont analysé le commencement du monde dans l'avant Big-bang. C'est pour cela que la mécanique quantique donne souvent l'impression qu'elle justifie les théories philosophiques considérées comme bizarre par la plupart des scientifiques.

Selon la science, issue de la théorie des quanta, la mécanique quantique a permis de remédier à tous les désaccords entre certains résultats expérimentaux mis en évidence à la fin du XIXe siècle et les prédictions théoriques correspondantes de la physique classique. Ces théories reposent sur un formalisme mathématique abstrait, qui les rendent assez difficile pour le profane. Voilà pourquoi nous n'allons pas y entrer en profondeur.

Au Tome II, nous avons parlé de 7 piliers de la mécanique quantique, en faisant une correspondance avec les caractéristiques duelles de Dieu.

### 2.2. Expérimentations

Pour expérimenter les prédictions de la mécanique quantique, il existe près de Genève, à cheval sur la frontière franco-suisse, un grand laboratoire européen de recherche fondamentale, 1e CERN, dont 1e but est d'étudier la "Physique des Particules" c'est-à-dire, en fin de compte, ce qui se passe quand l'énergie devient matière.

Ainsi, Dans cette expérimentation, nous mettons l'analyse faitc par les chercheurs du CERN (Cfr : Quand l'énergie devient matière, CERN 1982); accompagné de nos commentaires en bas du tableau.

*C'est la chaleur concentrée qui fait monter la température, c'est donc la concentration qui compte. Que se passerait-il si cette minuscule quantité d'énergie était concentrée dans un volume encore plus petit : disons des milliards de milliards de fois plus petit que celui du plus petit des atomes ? En effet, avec l'énergie que nous avons concentrée à un degré extrême, i1 se produira quelque chose de très étrange, d'incroyable, de fabuleux : l'énergie de cette étincelle transformée en matière. La théorie, confirmée par diverses expériences, a montré qu'il faut aujourd'hui considérer la matière comme une forme compacte, condensée, que peut parfois prendre l'énergie.*

*À une température aussi élevée, tout objet produit de la lumière : pas à cause de la quantité de chaleur, qui s'y trouve, mais parce que cette chaleur y est très concentrée.*

*De toute façon, les particules nées de l'énergie sont extraordinairement minuscules et donc totalement invisibles à l'œil nu.*

*Et puis, elles ne vivent pas assez longtemps pour se mettre ensemble et former des objets visibles : presque toutes ces particules, au moment où elles naissent sont très instables : la plupart "s'évaporent" immédiatement en redevenant de l'énergie ou se désintègrent en produisant d'autres particules qui souvent se transforment à leur tour, jusqu'à ce qu'enfin il ne reste plus que des particules stables.*

*Ces particules stables peuvent alors former des objets visibles ? Oui ! Tout ce que nous appelons "matière » : minéraux, végétaux, êtres vivants même, tout cela est formé de ces particules stables.*

*En quoi le simple fait d'accélérer des particules, c'est-à-dire de tout petits objets, peut-il entrainer la production d'une grande quantité d'énergie ?*

*Parce que, dans un petit volume, on peut mettre une quantité d'énergie en mouvement dans un objet en le projetant à une très grande vitesse. C'est justement ce qu'on fait dans les accélérateurs : on y accéléré des particules presque à la vitesse de la lumière et cette énergie de mouvement, appliquée à un objet si petit, se trouve alors énormément concentrée. Et lorsqu'une de ces particules en rencontre une autre, cette énergie se libère et crée de la matière ou se transforme en matière.*

*— Mais rien n'est créé ! Puisqu'au départ la particule qu'on a accélérée est déjà de la matière ! On n'a rien créé du tout !*

*— Eh bien si, justement. On a créé de la matière, parce qu'après la collision, i1 y a plus de matière qu'avant !*

*— Eh bien, c'est cette énergie elle-même qui, en se libérant, se transforme en un certain nombre de particules nouvelles qui n'existaient pas l'instant d'avant.*

*Les quarks et les électrons ont tous leur antiparticule. Première curiosité : quand une particule rencontre son antiparticule, elles se détruisent mutuellement, et la matière qui les constituait redevient énergie pure (par exemple, sous forme de lumière ou plutôt de rayons du genre rayons X).*

*La célèbre formule d'Einstein $E = mc^2$ ne nous dit pas autre chose; elle nous le dit simplement avec plus de précision :25 millions de kilowattheures "pèsent" 1 gramme et inversement, pour fabriquer l gr de matière à partir d'énergie, il faut condenser25 millions de kWh, c'est-à-dire plus que la production électrique de la Suisse en 6 heures. Et encore, pour y parvenir, faudrait-il trouver le moyen de mettre cette énergie (sous quelle forme ???) dans un volume plus petit que celui d'un microbe.*

*1GeV (giga-électronvolt), c'est à peu près la quantité d'énergie qu'il faut condenser pour faire un proton. "giga" signifiant "milliard".*

(Cgr : Quand l'énergie devient matière, CERN 1982)

Voyons comment ce schéma va de pair avec l'histoire de la création biblique. Nous avons mis nos commentaires en guillemets et en italique.

C'est la chaleur concentrée qui fait monter la température, c'est donc la concentration qui compte.

*[Cela confirme tout ce que nous avons dit dans les précédents Tomes en parlant de la déflation cosmique ayant caractérisé la période de l'avant Big-bang, jusqu' à la contraction de l'Univers*]

Que se passerait-il si cette minuscule quantité d'énergie était concentrée dans un volume encore plus petit : disons des milliards de milliards de fois plus petit que celui du plus petit des atomes? En effet, avec l'énergie que nous avons concentrée à un degré extrême, i1 se produira quelque chose de très étrange, d'incroyable, de fabuleux : l'énergie de cette étincelle transformée en matière. La théorie, confirmée par diverses expériences, a montré qu'il faut aujourd'hui considérer la matière comme une forme compacte, condensée, que peut parfois prendre l'énergie.

À une température aussi élevée, tout objet produit de la lumière : pas à cause de la quantité de chaleur, qui s'y trouve, mais parce que cette chaleur y est très concentrée.

[*Cela confirme les versets bibliques 'un vent de Dieu se mouvant sur les eaux, la lumière fut! (Gen 1 :3 :4). Nous l'avons restitué dans le Modèle Cosmologique Universel en disant qu'il s'agissait de la contraction de l'énergie dans l'avant Big-bang*].

De toute façon, les particules nées de l'énergie sont extraordinairement minuscules et donc totalement invisibles à l'œil nu.

*[On revient au deuxième verset biblique de la Genèse I. L'entrée du spirituel au physique s'est faite sous forme d'énergie qui étant devenu massive s'est transformé aux particules virtuelles donnant naissance à une terre informe et vide ou Univers (Gen 1 :2)*].

Et puis, elles ne vivent pas assez longtemps pour se mettre ensemble et former des objets visibles : presque toutes ces particules, au moment où elles naissent sont très instables : la plupart "s'évaporent" immédiatement en redevenant de l'énergie ou se désintègrent en produisant d'autres particules qui souvent se transforment à leur tour, jusqu'à ce qu'enfin il ne reste plus que des particules stables.

[*Tout ceci fait partie des détails du récit biblique de la création sans que ces chercheurs en soient conscients de cela. Ici, on est plutôt dans la phase, comment d'une terre informe et vide, les éléments se sont venu physiquement à l'existence]* Suivons l'analyse des chercheurs du CERN :

Ces particules stables peuvent alors former des objets visibles ? Oui ! Tout ce que nous appelons "matière » : minéraux, végétaux, êtres vivants même, tout cela est formé de ces particules stables.

[*Dans nos précédents commentaires aux autres Tomes, cette analyse était qualifiée de passage de l'invisible au visible (particule stable). Dans ce Tome nous parlerons plus des particules réelles à la place de stable*].

En quoi le simple fait d'accélérer des particules, c'est-à-dire de tout petits objets, peut-il entrainer la production d'une grande quantité d'énergie ?

Parce que, dans un petit volume, on peut mettre une quantité d'énergie en mouvement dans un objet en le projetant à une très grande vitesse. C'est justement ce qu'on fait dans les accélérateurs : on y accéléré des particules presque à la vitesse de la lumière et cette énergie de mouvement, appliquée à un objet si petit, se trouve alors énormément concentrée. Et lorsqu'une de ces particules en rencontre une autre, cette énergie se libère et crée de la matière ou se transforme en matière.

[*L'accélération à la vitesse de la lumière est de 300.000 km/s. Dans la mathématique céleste par contre nous avons dit que la vitesse variante de **In** qui a permis la concentration du* *passage d'une terre informe et vide en un Univers condensé était décroissante mais dont la vitesse initiale était de 302.752 x $10^{18}$ km/s. On comprend pourquoi Moïse a dit que cela n'a pris qu'un jour*].

— Mais rien n'est créé ! Puisqu'au départ la particule qu'on a accélérée est déjà de la matière ! On n'a rien créé du tout !

[*Tout ceci ne fait que confirmé nos propos sur la mathématique céleste, en disant qu'en Dieu, il y a déjà tous les caractéristiques en harmonies. Leurs dissociations dans la création font comme si les choses se créent. Mais tout provient de l'Energie Première Originel comme expliqué dans le Principe de la création. Et, nous avons ajouté dans ce Tome que cette énergie à comme propriétés les caractéristiques duelles de Dieu*].

— Eh bien si, justement. On a créé de la matière, parce qu'après la collision, i1 y a plus de matière qu'avant !

*[Ceci confirme encore le Principe divin. Dieu étant unique avec tous les caractéristiques en harmonie, quand Il se décide de se recréer dans la monde, cela donnant naissance à deux individualité : l'homme et la femme, qui doivent de nouveau s'unir pour former l'image de Dieu selon qu'il écrit 'Dieu dit faisons l'homme à notre image ! à son image, il fut l'homme et la femme... Et, l'homme s'attachera à la femme pour devenir un*].

— Eh bien, c'est cette énergie elle-même qui, en se libérant, se transforme en un certain nombre de particules nouvelles qui n'existaient pas l'instant d'avant.

Les quarks et les électrons ont tous leur antiparticule. Première curiosité : quand une particule rencontre son antiparticule, elles se détruisent mutuellement, et la matière qui les constituait redevient énergie pure (par exemple, sous forme de lumière ou plutôt de rayons du genre rayons X).

[*Nous en avons aussi parlé, en disant que lors de la collision particule-antiparticule, l'annihilation n'est jamais complète, il reste toujours quelque chose sinon on ne pourra d'une terre informe et vide en un Univers condensé. Finalement le Modèle Cosmologique Universel, en ramenant chaque théorie là où elle devrait être, rend un cheminement parfait de l'avant Big-bang, en passant par le Big-bang, jusqu'à l'après Big-bang*].

La célèbre formule d'Einstein E = mc$^2$ne nous dit pas autre chose ; elle nous le dit simplement avec plus de précision :25 millions de kilowattheures "pèsent" 1 gramme et inversement, pour fabriquer 1 gr de matière à partir d'énergie, il faut condenser 25 millions de kWh, c'est-à-dire plus que la production électrique de la Suisse en 6 heures. Et encore, pour y parvenir, faudrait-il trouver le moyen de mettre cette énergie (sous quelle forme ? ? ?) dans un volume plus petit que celui d'un microbe.

1GeV (giga-électronvolt), c'est à peu près la quantité d'énergie qu'il faut condenser pour faire un proton. "giga" signifiant "milliard".

(Cgr : Quand l'énergie devient matière, CERN 1982)

[*Comme nous l'avons dit, l'avant Big-bang était caractérisé par une condensation des énergies assortie par la phrase biblique 'un vent de Dieu se mouvant sur les eaux, la lumière fut ! Cela parce que dans une 'terre informe et vide', il n'y avait que les énergies].*

## 2.3. L'apport de La relativité générale et du Modèle Cosmologique Universel

Comment créer des particules élémentaires ? La manière de créer des particules subatomiques est liée à la relation la plus célèbre de la physique $E=mc^2$ où $E$ est l'énergie de masse d'une particule, $m$ sa masse et $c$ la vitesse de la lumière. Cette relation nous dévoile le fait qu'il existe une équivalence entre matière et énergie. Il est alors possible de transformer l'une en l'autre.

D'un autre côté, des chocs très énergétiques peuvent aussi créer de nouvelles particules. Ce phénomène physique est utilisé avons-nous dit dans les collisionneurs de particules au CERN (Conseil européen pour la Recherche nucléaire). Ce processus requiert des conditions extrêmes.

Créer une paire électron-positron exige des températures de plusieurs milliards de Kelvin donc des vitesses proches de celle de la lumière. Par comparaison, les températures atteintes au centre des étoiles ne sont que de quelques centaines de millions de Kelvin.

Si la création d'une particule entraîne celle d'une antiparticule et si leur destruction est aussi symétrique, comment expliquer la prédominance des particules sur les antiparticules ? pour la physique actuelle, n'ayant pas encore intégré les déductions du Modèle Cosmologique Universel, ce problème reste à ce jour mal compris et sans réelle réponse. Une possible piste, selon la physique classique, serait que certaines réactions nucléaires, plus compliquées que la simple collision de deux photons, ait créé une dissymétrie rendant prédominante la matière sur l'antimatière. Cela se serait passé dans les tous premiers instants de l'Univers.

Nous pensons que tout ce que nous disons concernant le fonctionnement de l'Univers dans l'avant Big-bang va apporter un plus dans ces théories.

En effet, la collision étant toujours perpétuelle, provoquée par les propriétés inhérentes de la matière selon les caractéristiques duales de Dieu assorties dans la formule :

Divinité = **In [(Ci .M) + (Po.Ne) + (Ms.Fe)]**, a abouti

à la formation énergétique qui a creusé la première déformation du tissu de l'espace-temps qualifiée d'abîme dans le schéma de la création biblique en Gé 1 :2 (*il y avait les ténèbres dans la surface de l'abîme).*

Le confinement des particules devenant de plus en plus dense dans ses mouvements spirales perpétuels qualifiés bibliquement « *d'un vent de Dieu se mouvant au-dessus des eaux* », a occasionné de plus en plus le réchauffement. La chaleur dégagée a illuminé pour la première fois l'Univers d'avant big-bang, assortit par le verset biblique « *Et Dieu dit que la lumière soit et la lumière fut* »(Ge 1 :3). La densité devenant de plus en plus grande, empêchera même la lumière de s'échapper, et créa ce que la science appelle un effondrement gravitationnelle (abîme biblique) ou une sorte de trou noir selon l'expression de Gabriele Veneziano.

Ainsi, nous pouvons dire à l'opposé de la science actuelle que l'avant Big-bang fut une période très mouvementée comme en confirme cet article :

« *Une équipe internationale de physiciens vient peut-être de lever une part du mystère au sujet de l'émergence* ***du Temps.*** *Dans une étude publiée dans la prestigieuse revue* Physical Letters B, *les auteurs ont montré qu'en considérant les équations de la relativité générale d'Einstein, et en assumant le moins d'hypothèses possible, remonter la chronologie de l'Univers n'aboutissait pas à une singularité initiale mais plutôt à un* ***« espace-temps renversé »*** *dans lequel le Temps avait bien cours* ». (Cfr : Selon une nouvelle étude, le temps existait peut-être déjà avant le Big Bang (trustmyscience.com) par Thomas Boisson ; le17 mars 2018.

Nous savons que L'Univers lui-même est une grande usine et laboratoire qui crée et façonne certaines choses que même la science n'y arrive pas à ces résultats dans les laboratoires des simulations. C'est aussi l'une des raisons qui fait que la science excluait Dieu en tant que créateur.

Mais à partir du Principe de la création, chapitre du Principe divin du Rév. Dr. S.M. Moon, et des points de vue concernant la contribution de ce livre sur la cosmologie, ce raisonnement se trouve balayé et Dieu récupère sa place dans les raisonnements des savants en tant que Créateur, puisqu'il l'est déjà.

Tous les raisonnements des scientifiques sur le vide avons-nous dit, concernent pour eux l'après-Big-bang, mais, selon le Modèle Cosmologique Universel, la création des particules virtuelles s'est faite aussi dans l'avant Big-bang, même si après le confinement, elle s'est comportée d'abord comme une soupe plasmique, comme l'ont démontré les expériences du CERN :

« *À la naissance de l'Univers, pendant quelques millionièmes de seconde, la matière a existé sous la forme d'un milieu extrêmement chaud et dense - une sorte de «* ***soupe*** *» primordiale de particules, composée principalement de particules fondamentales de matière qu'on appelle les quarks et les gluons* ».

(Corinne Pralavorio : CERN ; **Des collisions d'ions au LHC à une nouvelle énergie record** 27 nov. 2015, 15.41).

## 2.4. Le vide quantique

*Ge 1 :**1**Au commencement, Dieu créa les cieux et la terre.* ***2****La terre était informe et vide*

Nous avons dit que dans ce premier verset de la Bible dont je suis le premier à y donner une explication non seulement aux scientifiques, mais aux théologiens aussi, que les cieux représentent le domaine spirituel et la terre, le monde physique ou l'Univers. Le tout représentant le cosmos. Moïse en a même donné l'explication dont avant moi, personne n'a tiré attention à cela en parlant d'une « terre informe et vide » ; car à ce moment le mot « Univers »n'était pas encore créé.

La première déduction scientifique de ces versets par rapport aux autres modèles selon sa restitution dans le Modèle Cosmologique Universel, est que l'Univers a commencé dans un vide. Gabrielle Veneziano dans le modèle des cordes a parlé d'un vide infini. Mais en parlant d'un vide infini, on écarte Dieu en tant que le Créateur.

Toutefois ; cet Univers étant issu de l'infinité du monde spirituel dont on ne peut quantifier, nous ne pouvons pas aussi condamner les idées du savant italien Gabriele Veneziano étant donné que l'aspect spirituel n'est pas encore intégré dans la science. Mais, la vérité reste la vérité et on doit la respecter. C'est comme actuellement où nous ne pouvons pas condamner Démocrite vers 1400 av.J.C, qui a dit que Toute chose est faite de petits grains incassables et de vide, attendez par-là l'atome. Mais aujourd'hui, on n'est allé au-delà.

La question que nous devrons nous poser est qu'avait-il dans ce vide selon le verset *« la terre était informe et vide »*et qui a abouti à la formation de nos structures actuelles jusqu'à l'homme ? Moïse les a qualifiés au départ par le mot 'eaux 'et, dont je suis aussi le premier à en faire la restitution. Scientifiquement, les savants qui ont raisonné sur l'avant Big-bang l'ont qualifié par le mot 'particule'. Ainsi, nous pouvons dire qu'au tout début de l'Univers, la formation du monde physique a commencé par les présences des particules virtuelles. Etant invisible, Moïse qualifia cet Univers d'une terre informe et vide.

### 2.4.1. Signification du vide quantique

*Ge 1 : **1** Au commencement... **2** La terre était informe et vide*

*« La physique moderne définit le vide comme un état de plus basse énergie des systèmes quantiques ».*

(Cfr : Voyage dans le cosmos ; Le vide et le néant – édité par RBA Collecionables, S.A.U. Barcelone, 2020, P.10).

En effet, le principe d'incertitude implique que même le vide le plus absolu est en fait peuplé d'une myriade de particules et d'antiparticules virtuelles. Le vide, au sens où on l'entend d'habitude, c'est-à-dire l'absence de toute matière, n'existe pas. Cela découle du fait que la physique contemporaine voit la matière et l'énergie comme des aspects distincts d'une seule et même entité. Or, la théorie quantique a démontré qu'il existe une quantité d'énergie dans un système classique dont il impossible de tout extraire.

Par conséquent, en parlant d'une terre informe et vide signifiant l'Univers à son début, nous retombons dans ce vide où il ne pouvait manquer de l'énergie physique. C'est ce qui en faisait d'ailleurs la différence avec la sphère spirituelle en parlant de la création du ciel et de la terre. D'où le nom scientifique du « vide quantique »au tout débit de l'Univers pour faire la différence avec une sphère ayant une absence totale de la matière. Ces énergies comme nous l'avons dit, se manifestent dans les particules virtuelles.

### 2.4.2. Les particules virtuelles

En physique une particule virtuelle est une fluctuation quantique transitoire qui présente certaines des caractéristiques d'une particule ordinaire, tout en ayant son existence limitée par le principe d'incertitude. Comme ces particules n'ont pas d'existence permanente, elles sont appelées particules virtuelles ou fluctuations du vide de l'énergie du vide.

Les termes de « fluctuation du vide »et « particules virtuelles »sont équivalents dans la description. L'adjectif »virtuelle »désigne la courte durée de vie de ces particules, comparées aux particules ordinaires.

Ainsi, en physique, au sein du vide quantique qui baigne partout la matière et la fonde, on trouve des particules dites virtuelles qui ne sont pas perceptibles à notre échelle mais qui sont la base du fonctionnement matériel et expliquent les étrangetés de la physique quantique.

Les particules qui apparaissent et disparaissent ainsi ont une durée de vie très brève. Elles ne sont pas observables directement et on les qualifie donc de particules virtuelles. Pour les scientifiques, leur présence peut néanmoins être détectée par des effets indirects qu'elles induisent sur les particules ordinaires.

D'où proviennent ces particules virtuelles ? Dans le point traitant de l'Énergie Première Universelle, nous avons dit que l'énergie s'est acheminée du spirituel au physique. Ce que le physicien observe n'est que la réapparition. Scientifiquement, cette réapparition a été étudiée par le physicien allemand Heisenberg dans la théorie dénommée *principe d'indétermination d'Heisenberg.*

**Cela s'explique de la manière suivante :**

*« Le physicien allemand a démontré que certaines variables conjuguées, comme la position et l'impulsion, ne peuvent être connues simultanément avec une précision identique. C'est également le cas de l'énergie et du temps, pour lesquels la relation d'indétermination s'écrit :* $\Delta E \cdot \Delta t \geq \hbar/2$

*Cette relation décrit le lien entre l'énergie d'un processus physique et sa durée. Ainsi, plus la précision sur la durée est grande, plus l'incertitude sur l'énergie est grande, et vice versa. Sur un intervalle de temps très court, l'incertitude sur l'énergie devient :*$\Delta E \geq \hbar/2t$

*Si cette incertitude est assez importante, l'énergie peut être suffisante pour satisfaire la relation* **E = mc²** *traduisant* ***l'équivalence masse-énergie****. Une telle énergie peut alors correspondre à la* ***création d'une particule*** *à partir du vide quantique; c'est ce que l'on appelle une « fluctuation quantique du vide ». Dans un tel cas, une particule apparaît temporairement puis disparaît ».* (Cfr : futurascience.fr / **Qu'est-ce qu'une particule virtuelle ?** Thomas Boisson·9 mai 2018).

Il est important de noter, poursuit l'auteur : « *que les particules virtuelles ne sont pas moins »réelles »que les particules classiques; les deux proviennent d'excitations de champs quantiques, mais, dans le cas des particules virtuelles, cette excitation est de plus courte durée ».* (Cfr : futurascience.fr / **Qu'est-ce qu'une particule virtuelle ?** Thomas Boisson·9 mai 2018).

Cela donne comme conclusion que même la particule dite élémentaire n'est pas une seule particule mais tout un nuage issu du vide et qui se déplace en même temps que la particule.

Ce sont des notions très développées en astrophysique qui sont suivies de formules et dont on ne peut pas faire le développement dans un livre de littérature scientifique. Notre but est tout simplement de démontrer que par le verset « Un vent de Dieu se mouvant dans l'eau »(Gn 1 :3), Moïse voulait expliquer tout ce qui s'est passé à partir des particules virtuelles ou d'une terre informe et vide jusqu'à ce qu'on ait abouti à l'émergence de la première lumière qualifiée ainsi « Et, la lumière fut ».

### 2.4.3. L'aboutissement à des particules réelles

Parfois la physique n'est là que pour nous aider à pouvoir comprendre certains phénomènes. Mais sa réalisation au niveau des laboratoires d'expérimentation peut sembler parfois impossible.

Ici nous tentons de répondre aux questions très cruciales, à savoir comment du vide, c'est-à-dire d'une terre informe et vide représentant l'Univers au commencement, on est arrivé aux structures actuelles même si, pour nous les croyants, cela faisait partie du schéma tracé par Dieu.

Je disais que pour qu'on puisse atteindre la manifestation des différents phénomènes mentionnés dans la Bible au premier jour, soit à l'avant Big-bang, les particules virtuelles devraient connaitre une évolution, sinon on ne pourrait parler d'un effondrement (abîme) ou de l'émergence de la lumière (que la lumière soit) synonyme de la chaleur intense des particules d'avant Big-bang et de Big-bang lui-même.

Dans le point concernant l'expérimentation (2.2), nous avons suivi les explications des chercheurs du CERN selon les expérimentations dans le laboratoire d'assimilation. Mais dans l'avant Big-bang, cela se passait dans la nature et l'homme n'était pas là pour activer les énergies.

Dans l'avant Big-bang, pour que pour qu'on ait toutes les manifestations des phénomènes mentionnés dans le récit biblique de la création, les particules virtuelles n'ont pas fait qu'apparaitre et disparaitre.

Dans le Tome III, nous avons parlé de plusieurs théories scientifiques sur l'avant Big-bang. Selon la théorie défendue par le Professeur Lawrence Krauss, celle du néant quantique : au commencement, il y avait de prétendues particules virtuelles qui naissaient et mouraient dans l'espace vide en quelques fractions de seconde.

*« Le Pr. Krauss explique que si vous supprimez les particules virtuelles d'une région de l'espace, elle aura quand même une densité énergétique, alors qu'elle ne devait pas. C'est à partir de cette forme de néant que notre Univers aurait*

*pu naitre ».*

*(Cfr : Magazine Les secrets de l'espace, Hors-série n°07/2018+ - Que s'tl passé avant le Big-bang ? P.12).*

Jusque-là, nous n'avons pas trouvé des schémas cohérents qui vont des particules virtuelles aux particules réelles dans la nature. Étant donné que l'énergie ne peut être créée, tout ce qu'on observe sur la manifestation des particules virtuelles ne sont que des réapparitions ; avons-nous dit. Compte tenu que ces particules n'ont qu'une courte durée lors de leur manifestation, les ramener jusqu'aux niveaux des particules réelles, nécessite un schéma comme celui de la nucléosynthèse.

Nos propos ici peuvent ne pas être cohérents, mais une fois qu'un astrophysicien pourra rétablir le puzzle, il finira par faire ressortir un schéma qui va de l'aboutissement des particules virtuelles aux réelles.

Par exemple, on peut savoir, d'une manière générale, que les pains sont faits à partir de la farine. Pour offrir un schéma cohérent et obtenir les pains avec un goût donné, il faut un boulanger ou un pâtissier. Voilà pourquoi j'ai dit qu'il faut un astrophysicien pour offrir un schéma cohérent sur la base de tout ce que nous émettons comme pensées. Peut-être que nos propos arriveront à offrir ce schéma.

Dans les précédents tomes, nous avons dit que qu'après l'annihilation des paires particules, quelque chose devrait se conserver. La transformation de l'énergie en matière est étudiée dans la physique des particules. Nous avons dit que pour qu'il puisse y avoir la lumière, telle que décrite dans l'avant Big-bang dans le schéma biblique de la création « Que la lumière soit, et la lumière fut », il fallait que les énergies connaissent une évolution pour émettre des photons en aussi grande quantité.

Les photons sont les premières particules élémentaires connues. Elles nous entourent et sans elles le monde serait invisible pour l'homme. Elles ont la particularité de ne pas avoir de masse, ni de charge. Ceux pour qui ce nom semble nouveau, nous leur disons que la lumière du soleil est constituée des photons ou bien ce sont les photons.

Dans un Univers vide, les photons sont émis lorsqu'une antiparticule rencontre une particule. Les deux se transforment ainsi en photons, et on parle de l'annihilation de la matière. En revanche, lorsque deux photons collisionnent à leur tour, il peut se former une particule et son antiparticule à condition que les photons aient une énergie totale supérieure à l'énergie de masse des particules créées selon la science. C'est comme si on était dans une sorte de cercle vicieux, et pourtant ce n'est pas le cas. Le fait qu'il y ait une condition signifie que si elle n'est pas réalisée on aboutit à un autre résultat.

Ce n'est que dans la succession des collisions occasionnées par la déflation de l'Univers avant le Big-bang, qu'on a abouti à l'Univers condensé et très chaud.

Le philosophe et physicien français Etienne Klein est allé par un chemin direct à travers la citation suivante :

*« [Les particules à haute énergie] Elles offrent leur énergie au vide et, du coup, les particules virtuelles que celui-ci contenait deviennent réelles et s'échappent hors de leur repaire ».*

(Cfr : Étienne Klein, En cherchant Majorana, Gallimard, 2013, page 25).

Mais ici on est dans la sphère d'après Big-bang même si le principe est le même. Or, dans l'avant Big-bang, nous pouvons nous poser la question, qu'est-ce qui a pu causer ces rayonnements à haute énergie ?

Dans le verset biblique : « *la terre était informe et vide* », il y avait des particules virtuelles. Mais pour que celles-ci commencent à fluctuer entre elles, il fallait insuffler à ce vide beaucoup d'énergie. Pour y parvenir, elles demandaient une si grande énergie que cela dépasse notre imagination. Qu'est-ce qui a pu provoquer cela dans l'avant Big-bang? Ce sont les sursauts gamma que nous allons expliquer dans les points qui suivent pour démontrer que nous ne raisonnons pas en fonction de la foi.

Les fluctuations du vide avant le Big-bang ont-ils provoqué des sursauts gamma? C'est possible dans la mesure où le verset : « *un vent de Dieu se mouvait sur les eaux* »(Ge 1 :3) veut dire qu'on était en face d'un Univers tourbillonnant tout en concentrant des particules dans l'abîme, ce que Gabriele Veneziano qualifia d'effondrement gravitationnelle. Ces particules, avant même de disparaitre, connaissaient déjà de nouvelles collisions. Il n'y avait pas de répit entre collisions, dégagement des photons et nouveau malaxage. Le tout étant très comprimé par la déflation. Ce n'était pas comme dans les limitations du CERN.

En comprimant l'énergie, celle-ci finit par se transformer en matière selon la formule d'Albert Einstein $E=mc^2$ dans la sphère d'après Big-bang et notre formule

Dv = **In [(Ci .M) + (Po.Ne) + (Ms.Fe) dans la sphère d'avant Big-bang**.

IN = **302 752 x $10^{18}$km/s**

Dans les points précédents, nous avons expliqué la source de cette valeur.

Dans un Univers qui se contractait à la vitesse décroissante à partir de **302 752 x $10^{18}$km/s**, les différentes échelles ne pouvaient que générer des grands champs électriques provoqués par des spins de ces mêmes particules virtuelles et, surtout, il n'y avait aucune structure massive qui pouvait contrecarrer ce phénomène comme dans l'Univers d'après Big-bang. C'est par là qu'il y eut des sursauts gamma offrant leur énergie au vide, ce qui entraina les particules virtuelles après des chainons manquants ou des processus intermédiaires, à devenir des particules réelles.

Mais la grande découverte dans ce point c'est l'évocation des sursauts gamma dans l'Univers d'avant Big-bang et non une étoile effondrée comme les théoriciens des Univers multidimensionnels l'ont prédit.

Au Tome II, dans les leçons tirées du Soleil, nous avons évoqué ces phénomènes en parlant de la génération des champs électriques causés par la rotation des différentes sphères, causant des éclairs. Nous offrons ici un extrait pour ceux qui n'ont pas lu ce Tome :

*[Le corps solide ne se disloque pas lors de leur rotation. La différence de la vitesse de leur rotation à différentes altitudes est due à leur forme. Mais, les corps fluides, liquide ou gazeux, bien qu'ils soient maintenus unis par la gravitation, leur rotation est comme un courant d'eau à différentes échelles. Cela crée des frottements et généré des champs magnétiques. Et dans ces champs, il peut y avoir formation des bulles des gaz générant des phénomènes décrits ci-haut à savoir des tornades ou des tourbillons à l'intérieur. Ce sont ces bulles des gaz qui sont à la poussée des laves et qu'on constate, lors des éruptions volcaniques. Cela est confirmé par les observations à travers cette phrase :*

*« Par ailleurs, l'intérieur du Soleil est en agitation constante : des bulles de gaz naissent à 200 000kilomètres de profondeur et remontent à la surface; quand elles éclatent, c'est comme si l'on écoutait la sortie de tuyaux d'orgue ». (Cf: futurascience.com/10 questions essentielles sur l'Univers/ le 19/08/2019).*

*Dans le vide spatial, qui se comporte comme un fluide ou un plasma, cela génère des trous noirs, connu sous le nom des mini-trous noirs.* ***C'est la quatrième leçon*** *que nous pouvons tirer du Soleil*].

(Cfr : F. PhanzuMwaka, le champ du Modèle cosmologique Universel, éd. Librinova, Paris 2020, Pp 58-64).

Quand j'ai écrit ce paragraphe, j'étais ignorant de la dénomination « sursauts gamma ». Ainsi, en rectifiant le dernier paragraphe, nous pouvons dire « dans le vide spatial, qui se comporte comme un fluide ou un plasma, la différence des rotations d'une échelle ou d'une sphère à l'autre cause un frottement qui peut générer le champ magnétique allant jusqu'à la production des sursauts gamma.

La manifestation des sursauts gamma dans l'Univers d'avant Big-bang pouvait désormais confirmer la théorie du Pr Lawrence Krauss et celle de Gabriele Veneziano. Et par-là, comme nous l'avons dit, après 100 ans de flou ; l'avant Big-bang tel que décrit dans la Bible, devient une réalité scientifique.

Tout ce que les scientifiques savent est que plus la particule virtuelle existe, plus ses caractéristiques se rapprochent de celles des particules ordinaires. En d'autres termes, plus une particule virtuelle existe longtemps, plus l'énergie et la quantité de mouvement se rapprochent de la relation masse-coque.

Même dans les premières phases du Big-bang, selon la science, lorsque la matière ordinaire n'existait pas encore, l'Univers était agité d'une succession frénétique de créations et de disparitions de particules de tous les types et c'est d'ailleurs grâce à cette agitation que la matière ordinaire put faire son apparition. Mais toutefois, ceci ne put être démontré. Nous avons dit dans les précédents tomes que ces genres de raisonnements et de manifestations doivent être décalés dans l'avant Big-bang.

Les particules virtuelles sont souvent décrites dans la mécanique quantique comme venant par paires, une particule et une antiparticule, qui peuvent être de n'importe quel type. Ces paires existent pendant un temps extrêmement court, puis s'annihilent mutuellement, ou dans certains cas, la paire peut être augmentée en utilisant une énergie externe afin d'éviter l'annihilation, et devenir de véritables particules. Dans l'Univers d'avant Big-bang, ce sont les sursauts gamma générés par des puissants champs électriques qui offraient ces énergies.

Selon la science, les mêmes scenarios se reproduisent aussi dans l'Univers d'après Big-bang, ou notre Univers, où les supernovæ contribuent à la formation des éléments lourds en insufflant de l'énergie et de la chaleur aux éléments légers. Il en est de même aussi des rayons cosmiques à haute énergie qui modifient certains éléments dans l'espace. Comme on le voit : sursauts gamma, Big-bang, rayons cosmiques, supernovæ sont aussi des puissances créatrices.

### 2.4.4. La création des particules dans notre Univers

Étant donné que les preuves sur les astrophysiciens qui ont parlé sur l'avant Big-bang n'ont jamais été, du moins jusqu'à l'apparition de ce livre, à l'ordre du jour de la science, nous ne pouvons voir que comment les choses se sont déroulées dans l'après Big-bang.

Lisons encore cette citation du Pr Nikodem Poplawski, physicien à l'Université de New Haven, dans le Connecticut :

*« Notre Univers devrait obéir aux mêmes lois que l'Univers parent dans lequel le trou noir existe ».*

(Cfr : Magazine « les secrets de l'espace »#HORS SERIE N° 7 : Que s'est-il passé avant le Big-bang ?)

Les termes qui nous intéressent ici, c'est l'Univers parents, c'est-à-dire l'Univers dont issu notre Univers.

C'est pour dire que la preuve de l'émergence des particules, nous devrons la rechercher dans notre Univers ou l'Univers d'après Big-bang.

#### 2.4.4.1. La théorie des champs quantiques dans l'espace-temps incurvé

Cette théorie a pour auteur le physicien Leonard Emanuel Parker (né en 1938), professeur et ancien directeur du Center for Gravitation and Cosmology à l'Université du Wisconsin-Milwaukee. À la fin des années 1960, Parker a établi un nouveau domaine de la physique – la théorie des champs quantiques dans l'espace-temps incurvé. Il a découvert le mécanisme physique connu sous le nom de production de particules cosmologiques.

Nous avons dit que l'avant Big-bang était caractérisé par la déflation cosmique où l'Univers se condensait, créant des fluctuations du vide. L'après Big-bang, par contre, est caractérisé par l'inflation et l'expansion. Le professeur Parker a émis l'idée que l'expansion de l'Univers, qui pour nous a les mêmes conséquences que la déflation, peut créer des particules hors du vide.

Nous lisons ceci dans un article :

« *Son travail a inspiré la recherche par des centaines de physiciens et a été cité dans plus de 2.000 articles de recherche; il a été crédité dans les mémoires du physicien soviétique Andreï Sakharov et a aidé Stephen Hawking à découvrir la création de particules par les trous noirs".* (Cfr : Leonard Parker ; Wikipédia).

Une prédiction générale de cette théorie est que les particules peuvent être créées par des champs gravitationnels dépendants du temps (production de paires multigravitones), ou par des champs gravitationnels indépendants du temps qui contiennent des horizons.

Commentant sa théorie, nous lisons ceci dans un autre article scientifique :

« *Certains résultats indiquent que la création des particules à partir du vide quantique proposée par Parker est importante pour comprendre comment ont été obtenues les particules qui ont donné naissance à notre Univers à partir du vide de l'inflaton* ».

(Voyage dans le cosmos ; Le vide et le néant – édité par RBA Collecionables, S.A.U. Barcelone, 2020, P.144).

# Section 3
# Les sursauts gamma

## 3.1. Généralités

Les sursauts gamma (en anglais, *gamma-ray bursts*, abrégé en GRB) sont les explosions les plus lumineuses de l'Univers sous forme de flashs. Ce sont des bouffées de photons gamma qui apparaissent aléatoirement dans le ciel. Ils se manifestent sous une forme de flashs très intense de rayonnement gamma.

Il y a deux types de sursauts, les courts et les longs. Les sursauts gamma courts durent moins de 2 secondes. La puissance est aussi forte que l'énergie émise par le Soleil en 10 milliards d'années. Les sursauts gamma longs durent plus de 2 secondes jusqu'à quelques minutes (la durée-type se situe entre 20 et 50 secondes).

Ces explications semblent trop scientifiques pour les profanes en astrophysique. Pour les rendre plus compréhensibles, utilisons des exemples sur des manifestations qui sont à notre portée, comme le faisaient Moïse et le Rév. Dr Sun Myung Moon.

Quand il pleut, des rayons lumineux, ou les éclairs, se manifestent au ciel, suivis par des bruits de tonnerre, ce sont de tels phénomènes qu'on constate dans le ciel profond. La différence avec nos éclairs terrestres est que celle d'un sursaut gamma dans le ciel ressemble à des explosions de lumière, de chaleur ou à du feu et disparait sans laisser de traces sur sa source. Son énergie, comme nous venons de le lire dans la définition ci-dessus, est supérieure à celle d'une explosion en supernova d'une étoile massive en fin de vie; voire même à la lumière émise par le Soleil en dix milliards d'années, selon certains commentaires.

Ces explosions sont appelées « sursauts gamma »en référence aux particules de très haute énergie libérées initialement : les photons gamma.

### 3.2. La quête des origines des sursauts gamma

Comme nous venons de le dire ci-haut, et malgré plusieurs théories et observations, leur origine est non entièrement résolue. Depuis 1967 lors de leurs premières détections par hasard par des satellites militaires américains Vela, destinés à la surveillance des essais d'explosion de bombes atomiques sur Terre, plusieurs sources de leurs émissions ont été localisées. Il s'agit surtout des sursauts gamma longs. Mais pour les sursauts gamma courts, qui durent comme nos éclairs de foudre, leur source reste encore un mystère.

Pour ce qui est des sursauts gamma longs, la phrase scientifique pour être mieux comprise par les physiciens est leur spectre (qui représente leur intensité lumineuse en fonction de leur énergie ou de leur longueur d'onde). Leur spectre est composé d'une émission continue qui peut varier rapidement dans le temps, D'ailleurs, c'est l'analyse de cette émission qui pouvait permettre d'établir l'origine physique du phénomène.

La répartition uniforme et aléatoire des sursauts gamma observée par les satellites démontre que les sources de tels phénomènes sont extragalactiques, c'est-à-dire se déroulant en dehors de notre galaxie la Voie lactée. Ce pour dire que leur localisation se situe très, très loin dans le ciel.

Pour modéliser l'émission des sursauts gamma, selon les scientifiques, cela ne peut qu'émaner de la collision d'objets stellaires dégénérés : collision de deux étoiles à neutrons ou rencontre catastrophique de deux trous noirs... Un tel modèle doit nécessairement comporter des mouvements de matière à des vitesses proches de celle de la lumière. (Cfr : "gamma, sursaut." Microsoft® Encarta® 2009 [DVD]. Microsoft Corporation, 2008).

Cela peut aussi être comprise par cette autre citation :

« *Dans les sursauts gamma, la vitesse atteinte par la matière éjectée à la fin du processus d'accélération est extrêmement proche de celle de la lumière. Pendant cette première phase, l'éjecta est tellement dense que le rayonnement éventuellement produit ne peut s'en échapper : aucun signal lumineux n'est observable. Ce n'est qu'à grande distance de la source que l'éjecta devient transparent. De nouveaux mécanismes peuvent alors opérer pour produire le sursaut et sa rémanence* ».
*(https://books.openedition.org/editionscnrs/11543)*

### 3.3. Sursaut gamma et supernova

Les sursauts gamma se manifestent sous forme d'émissions astronomiques sporadiques extrêmement énergétiques, libérant en un laps de temps très court – de quelques millisecondes (dix millisecondes pour le plus court) à plusieurs minutes (dix-sept minutes pour le plus long) – des photons gamma d'énergie comprise entre 10 keV et 20 GeV. Autrement dit, la quantité d'énergie produite lors des sursauts gamma est pour le moins supérieure à celle qui est libérée lors de l'explosion en supernova d'une étoile massive en fin de vie.

Les supernovæ sont des grands rayonnements, ou lumière, qu'émettent les étoiles lorsqu'elles explosent. Elles sont facilement localisables parce qu'elles émanent des matières visibles.

Plus énergétiques que les supernovæ, les sursauts gamma diffèrent également de celles-ci par leur origine, non entièrement résolue.

(Cfr : « gamma, sursaut »Microsoft® Encarta® 2009 [DVD]. Microsoft Corporation, 2008).

Rappelons que ces sursauts sont considérés comme les phénomènes astrophysiques parmi les plus violents de l'Univers. Les rayons gamma possèdent une énergie moyenne d'environ 1044 J. Ils libèrent ainsi, avons-nous dit, plus d'énergie en quelques secondes que le Soleil en 10 milliards d'années d'existence. Aucun autre phénomène dans l'Univers observable n'est connu jusque-là pour produire autant d'énergie en si peu de temps.

Contrairement aux supernovæ qui illuminent le ciel pendant des jours, parce qu'émanant de la matière visible, la principale trace des sursauts gamma est une formidable bouffée de photons de très haute énergie, bouffée qui, dans certains cas, ne dure qu'une fraction de seconde, comme les éclairs dans le ciel lors de l'orage. C'est ce qui fait que leurs localisations exactes s'avèrent difficile. De véritables prouesses techniques sont nécessaires pour observer les sursauts gamma aléatoires et imprévisibles.

**Figure 5 Les sursauts gamma sont des phénomènes d'une puissance colossale. © Nasa/GSFC/Dana Berry, DP**

*[Aussi rapidement que l'explosion apparait dans le ciel profond, il disparait dans moins des deux minutes sans laisser des traces].*

### 3.4. L'apport du Modèle Cosmologique Universel

Parler des sursauts gamma sans y apporter quelque chose de plus transformerait mes recherches en un livre des connaissances générales. Nous parlons d'une chose ou d'un phénomène quand nous sentons que nous avons quelque chose à y ajouter, ou soit que l'ignorance sur un phénomène est forte pour les lecteurs et que nous sentons le désir de leur faire comprendre cela. C'est le cas par exemple de la nucléosynthèse où les croyants pensent que Dieu passait seulement son temps pour former les minerais tels que le diamant et l'or, parce que c'est écrit « l'Or et le Diamant m'appartiennent ».

Nous avons dit dans les points précédents et surtout au Tome II dans le chapitre concernant la création que [dans *le vide spatial, qui se comporte comme un fluide ou un plasma, la différence des rotations d'une échelle ou d'une sphère à l'autre cause un frottement invisible qui peut générer le champ magnétique allant jusqu'à la production des sursauts gamma*].

Une observation faite par un satellite semble confirmer notre assertion. Nous exposons ici cet article tiré d'Encarta avant de faire nos commentaires.

« *En effet, le 28 février 1997, à l'aide du satellite italo-néerlandais BeppoSax lancé en 1996, les astronomes détectent un sursaut gamma d'une durée d'environ quatre-vingts secondes, localisé dans un cercle de 10 minutes d'arc. En observant cette région du ciel avec un télescope sensible au rayonnement X du même satellite, les astronomes repèrent une source X qui faiblit rapidement. Située dans un cercle d'une minute d'arc : il s'agit de la contrepartie X du sursaut gamma, également associée à une nébuleuse optique diffuse. La contrepartie optique du sursaut gamma n'étant pas située au centre de la galaxie mais plus probablement dans le disque de celle-ci* ».

Les termes qui confirment notre hypothèse émise ci-haut c'est la localisation de ce sursaut gamma. Alors que cela devrait émaner de la galaxie, selon les théories, celui-ci fut localisé dans le disque de celle-ci.

Les autres observations démontrent que le sursaut gamma émane des galaxies lointaines, à mi-chemin de tout l'Univers observable.

En plus, nous avons lu que pour modéliser l'émission des sursauts gamma, selon les scientifiques, cela ne peut qu'émaner de la collision d'objets stellaires dégénérés : collision de deux étoiles à neutrons ou rencontre catastrophique de deux trous noirs. Cette assertion vient de renforcer notre hypothèse à travers la dernière phrase : »rencontre catastrophique de deux trous noirs ».

Concernant l'émanation de sursauts gamma dont nous avons dit qu'ils étaient à la base d'activation de l'énergie avant le Big-bang, nous avons évoqué des frottements des sphères qui incluent beaucoup de choses. Dans leur analyse sur des phénomènes ayant lieu à l'après Big-bang, générateurs des sursauts gamma, les astrophysiciens ont recensé ici « la rencontre catastrophique de deux trous noirs », qui confirment les termes que nous avons utilisés, à savoir « frottement des sphères ».

Moi-même je n'ai pas encore acquis la maitrise de tous les noms scientifiques en cosmologie. Par exemple, je n'ai entrepris les recherches sur les particules virtuelles et les sursauts gamma qu'après la publication des trois premiers tomes. Ainsi, dans les tomes précédents, à la place de parler des particules virtuelles aux particules réelles, je disais le passage de l'invisible au visible. En plus, j'ai pu produire en l'espace de six mois, mes cinq premiers tomes qui nécessitaient beaucoup des recherches.

Nous avons beaucoup plus parlé sur des phénomènes générateurs des sursauts gamma au Tome II, notamment dans les chapitres traitant de : « la création et de l'évolution, les leçons du Soleil et l'Univers électrique », en parlant des conséquences générées à « différentes échelles »entre deux sphères, sans toutefois mentionner le nom du sursaut gamma, parce que j'étais ignorant de cette appelation.

Je ne pouvais que décrire les conséquences des phénomènes que je décrivais, sans en citer les termes scientifiques adéquats par manque d'une formation classique en astrophysique. C'est comme Moïse qui a décrit le commencement de l'Univers en parlant d'une « terre informe et vide »comme Univers sans existence matérielle et le mystère est resté caché jusqu'à l'avènement du Modèle Cosmologique Universel.

En parlant sur les conséquences des certains phénomènes par exemple, à la place de mettre une image évoquant le sursaut gamma dont j'ignorais le nom, j'ai mis une image de l'éclair pour faire comprendre ce que j'ai vu il y a trente ans de cela.

(Cfr : La champ du Modèle Cosmologique Universel, éd. Librinova, Paris 2020, chap. VIII).

Les astrophysiciens doivent pouvoir analyser mes phrases au-delà de ce que je dis et non le prendre comme tel s'ils veulent réellement arriver à bout de beaucoup des mystères. Toujours au Tome II, nous avons dit que beaucoup des phénomènes inexpliqués dans l'Univers trouvent leur explication dans le fonctionnement du Soleil et les conséquences qui en découlent en son sein. Ne connaissant pas à ce moment-là, avais-je dit, la vraie nature de sursaut gamma, j'ai parlé des tornades et des tourbillons.

Pour un astrophysicien qui ne voit pas au-delà de la pensée de l'auteur, il se contentera de ces deux noms comme tout le monde avant ma naissance s'était contenté des noms que Moïse a utilisés dans le récit de la création. Mais, pour un astrophysicien qui est conscient que je réside en Afrique et que je suis même la première personne à introduire un télescope amateur dans mon pays, en plus d'être cosmologue autodidacte, il ne se contentera pas des noms et des mots que j'utilise mais du phénomène que je décris. C'est ce que je fais aussi en restituant le récit biblique de la création. J'essaye de lire ce que Moïse a voulu dire et cela a abouti à la création du Modèle Cosmologique Universel, qui intègre la sphère spirituelle même si nous n'avons pas encore commencé à en parler, la sphère physique étant encore remplie de beaucoup de mystères.

Concernant la restitution du récit biblique de la création, qui pouvait savoir que « l'esprit de Dieu se mouvant sur les eaux »(Gn 1 :2) pouvait signifier une puissance qui activait les énergies ?

À la lumière de tout ceci, nous pouvons dire que l'Univers, pour ne pas dire crée, active lui-même son énergie à des degrés colossaux, conséquences des mouvements rotatifs à différentes échelles. Ce sont de tels phénomènes qui ont contribué, dans un Univers vide de l'avant Big-bang, à la transformation des énergies virtuelles vers des énergies réelles allant jusqu'à la production de la première lumière « Et, la lumière fut ».

À cela nous revenons à cette citation du philosophe et physicien français Etienne Klein :

*« [Les particules à haute énergie] Elles offrent leur énergie au vide et, du coup, les particules virtuelles que celui-ci*

*contenait deviennent réelles et s'échappent hors de leur repaire ».*

(Cfr : Étienne Klein, En cherchant Majorana, Gallimard, 2013, page 25).

En parlant d'offrir leur énergie au vide, nous pensons qu'ils parlent des rayonnements cosmiques, des supernovæ, des sursauts gamma dans leur sphère d'action. Pour nous, c'est ce dernier phénomène qui agissait dans l'avant Big-bang, comme le confirme cette citation du Pr Nikodem Poplawski, physicien à l'Université de New Haven, dans le Connecticut :

*« Notre Univers devrait obéir aux mêmes lois que l'Univers parent dans lequel le trou noir existe ».*

En effet, pour le Pr Nikodem Poplawski, avons-nous dit au Tome II, notre Univers proviendrait d'un trou noir.

(Cfr : Magazine « Les secrets de l'espace »#HORS SÉRIE N° 7 : Que s'est-il passé avant le Big-bang ?)

J'avais dit que tous ceux qui ont raisonné sur l'avant Big-bang évoquent l'effondrement et le trou noir parce qu'ils savent qu'il devrait y avoir une puissance pour contracter les énergies. Moïse fut le premier à évoquer cela dans la Bible sous le mot « l'abîme ». D'où ma grande contribution avec ces notions des sursauts gamma qui se manifestaient quand l'Univers se contractait tout en subissant des rotations différées à différentes échelles, comme le dit la Bible version Jérusalem « un vent de Dieu se mouvait sur les eaux ».

En rapport avec ce que nous venons d'affirmer, cette article scientifique nous a intéresser sur ce qui se passe lors de la manifestation des sursauts gamma :

*« Que ça soit dans les sursauts longs ou courts, le résidu formé (probablement un trou noir), grossit en avalant en quelques secondes la matière dans son entourage*

*immédiat, s'accompagnant de la formation d'un disque d'accrétion épais qui tourne rapidement. Une partie de la matière, attirée par la force d'attraction du trou noir, est expulsée sous la forme de deux jets opposés dans l'axe de rotation du disque selon un mécanisme physique encore loin d'être compris. Cette éjection à très forte vitesse engendre les chocs précédemment décrits et fait apparaître le sursaut gamma, résultat des chocs internes.* (https://www.svom.fr/portfolio/un-sursaut-gamma/)

Comme je l'ai dit, je ne suis pas le seul. Beaucoup d'autres spécialistes en la matière éprouvent aussi des difficultés pour bien exprimer ce qu'ils veulent car on ne peut que se contenter des mots qu'on connait. Cette citation résume aussi pour moi ce qui se passait dans l'avant Big-bang.

À la lumière de tout ceci, nous comprenons que les sursauts gamma font partie des rares objets astrophysiques capables d'accélérer des particules jusqu'à des énergies supérieures, au même titre que les rayonnements cosmiques ou les vents de pulsars.

### 3.4.1. Les preuves de nos hypothèses concernant les sursauts gamma

Nous avons dit que certaines sursauts gamma se déclenchent dans les frottements à différentes échelles entre deux sphères ou dans leurs interstices.

Les observations suivantes, qui ne sont pas encore des preuves, doivent amener les astrophysiciens à la méditation ou à plus des réflexions selon les termes scientifiques :

*– « le voile s'épaissit autour de la supernova détectée en 1987 dans le Grand Nuage de Magellan. Les scientifiques du*

*centre de Harvard n'ont en effet toujours pas détecté l'étoile à neutrons ou le trou noir qui aurait dû résulter de l'explosion (du sursaut gamma) ».*

(Cfr :Ciel&Espace Aout 2005, Une supernova et puis plus rien, p.20).

– « *Jusqu'au lancement du satellite GRO-Compton? en avril 1991, personne n'avait la moindre idée ni de l'éloignement, ni de la répartition sur la voute céleste des sources donnant lieu à ces extraordinaires flashes de rayons gamma. Quand sa mission se termine en 2000, l'observatoire spatial de la NASA a localisé 2704 explosions sans qu'il soit possible de noter une provenance particulière : les sursauts gamma apparaissent indifféremment dans toutes les régions de l'Univers* ».

(Cfr :Ciel&Espace? Octobre 2004, actualité)

– « *25% d'entre les sursauts gamma les plus brefs échappent toujours à toute explication. Et, ce pour au moins une raison : les observations font cruellement défaut. Les astronomes soupçonnent la fusion d'étoiles à neutrons* ».

(Cfr : Ciel&Espace? Octobre 2004, actualité. P.32)

– « *les théoriciens supposent que les sursauts courts témoignent d'un phénomène différent de celui décrit dans le modèle standard* ».

(Cfr :Ciel&Espace? Octobre 2004, actualité P.32)

En plus, on ne sait pas encore clairement pourquoi toutes les étoiles massives en fin de vie ne produisent pas de sursauts gamma.

Il y a encore tant d'autres observations que les astrophysiciens connaissent et qui font encore des sursauts gamma des phénomènes mystérieux. C'est pour dire qu'il y a encore de la place pour que notre théorie soit mise sur la table des recherches.

Les récentes découvertes permises par la mission Swift de la NASA montrent que les sursauts gamma existaient déjà dès les débuts de l'Univers, aux alentours de 630 millions d'années seulement après le Big Bang. Le sursaut gamma le plus éloigné a été observé à 13,14 milliards d'années-lumière. (Cfr : *Astronomy,' http://stars5.6te.net. Page Editor : G. Guichard. last edited :* 4/8/2011).

Je ne crois pas qu'à ce moment-là il y avait des étoiles à neutrons qui pouvaient se heurter ou des trous noirs massifs qui pouvaient se fusionner. Pour nous, cela déjoue l'absolutisme des théories émises jusque-là par les astrophysiciens, à savoir les sursauts gamma sont liés aux stades ultimes de l'évolution stellaire et aux trous noirs.

Nous, nous dirons que l'expansion de l'Univers, malgré qu'elle soit généralisée, cela n'est pas uniforme partout. Ainsi, certaines sphères peuvent se comprimer face à cette accélération. Et leurs interstices, face à une autre sphère, malgré leur invisibilité, ne pourront produire que des sursauts gamma comme conséquence du commentaire ci-dessous.

En effet, selon *Sylvain Fouquet et François Hammer, professeurs à l'Unité* de Formation et d'Enseignement(UFE) de l'observatoire de Paris :

*« Le continuum espace-temps peut se dilater, se comprimer et cela en fonction de la masse et de l'énergie qu'il contient. Le lien entre le couple masse-énergie et le continuum espace-temps est résumé par l'équation d'Einstein : "masse + énergie équivaut à la courbure de l'espace-temps". Plus l'Univers a une forte densité de masse et d'énergie, plus il est courbé et vice-versa. Au-delà d'une densité critique, l'Univers est clos et connaîtra une phase de compression après sa phase d'expansion, alors qu'au-dessous de cette limite, il se révèle infini et en continuelle expansion ».*

*(Cfr : Cours de l'UFE; module 4 : Le continuum*

*espace-temps).*

Ceci démontre encore qu'il y a encore de la place pour d'autres théories dont ce que nous venons d'émettre.

En conclusion, nous pouvons dire que pour le Modèle Cosmologique Universel, les sursauts gamma se produisent dans les endroits de choc gravitationnel, à savoir là où il y a le frottement entre deux sphères dans le vide ou dans leurs interstices. En d'autres termes, nous voulons dire que les endroits où les sursauts gamma se produisent nous les nommons les lieux de « choc gravitationnel ». Tout ce que les astronomes ont à faire en plus de rechercher leurs origines, c'est de pointer leurs outils de détection des ondes gravitationnelles pour voir ce qui se passe après une production de ces sursauts gamma.

# CHAPITRE III
# Le Big-bang

Gn1 :**6** *Dieu dit : Qu'il y ait une étendue entre les eaux, et qu'elle sépare les eaux d'avec les eaux. .* **7** *Et Dieu fit l'étendue, et il sépara les eaux qui sont au-dessous de l'étendue d'avec les eaux qui sont au-dessus de l'étendue. Et cela fut ainsi.* **8** *Dieu appela l'étendue ciel. Ainsi, il y eut un soir, et il y eut un matin : ce fut le second jour.*

***...****ce fut le second jour.*

Le Big-bang étant largement analysé dans le modèle standard, quels sont les énigmes que le Modèle Cosmologique Universel résout dans sa manifestation ?

# Section 1
# Le concept du Big-bang

## 1.1 Explication du mot Big-bang

Sans revenir à son historique, que j'ai déjà décrit dans les précédents Tomes, les astronomes ont constaté que l'Univers se dilate. Alors leurs déductions furent : si l'espace de l'Univers se dilate cela signifie que l'Univers était plus dense dans le passé. Par conséquent, il devrait exister dans le passé, un instant où la fonction d'accroissement de l'Univers vaut zéro et où l'Univers serait donc sans espace ni temps, réduit à un point.

Mais pour que l'Univers puisse aboutir à ce point, le livre cosmologique par excellence, à savoir la Bible, fut le seul à détailler ce qui s'est passé durant cette période qualifiée de premier jour (Gn 1 :1-5). C'est ce que nous avons restitué dans le chapitre I de ce livre. Quant aux grands ensembles, nous les avons restitués dans le Tome I.

Après, le Big-bang est intervenu et l'événement est relaté bibliquement au second jour (Gn 1 :6-8). Je fus aussi le premier à découvrir cela dans la Bible. Bibliquement, l'événement est connu sous les termes « la séparation des eaux d'avec les eaux ».

Après cette époque, l'Univers aurait connu une phase d'expansion. Pour les uns, cette idée a pris le nom de Big-bang comme une explosion qui éjecterait de la matière tout autour d'elle. Mais pour les autres, la matière n'est pas éjectée à partir d'un endroit de l'Univers mais de l'espace de l'Univers lui-même réduit en un point qui se serait dilaté.

# Section 2
# Les énergies à la base du Big-bang

La grande énigme qui n'est pas encore résolue, c'est l'énergie qui a provoqué le rebond. La Bible dit : »*Dieu dit : Qu'il y ait une étendue entre les eaux, et qu'elle sépare les eaux d'avec les eaux »(Gn 1 :6).* Ceci pour démontrer que ceux qui ont écarté Dieu en tant que créateur de l'Univers, que tous les phénomènes étaient suivis de près. Mais leurs accomplissements ont nécessité un schéma physique que les astrophysiciens tentent de décortiquer.

Au Tome I, nous avons proposé un schéma théologique et philosophique, tandis qu'au Tome II, nous avons proposé un schéma scientifique. Ceci pour dire que les énigmes résolues par le Modèle Cosmologique Universel ont déjà commencé depuis le Tome I. Ce que nous faisons ici et qui fait le titre de ce livre n'est que la continuité. Nous remettons ici les deux schémas que nous considérons être les plus valables, avant que les scientifiques s'y penchent et les proposent d'une manière si compliquée que moi-même je ne saurai plus les comprendre.

## 2.1. Les concepts théologiques et philosophiques

(Synthèse tiré du Tome I)

Les concepts théologiques et philosophiques à la base des énergies ayant occasionné le Big-bang nous viennent de l'antiquité.

Le concept philosophique est développé par le philosophe Empédocle (490 à 430 av. J-C) et, dont les pensées ont été restitué dans la deuxième partie du Tome I des livres de la collection « Les Versets des Savants ». C'est dans ce concept philosophique que nous allons joindre le concept théologique émanant de Moise et consigné dans la Bible. Voyons d'abord les phrases clés de sa pensée tel que tirées dans Wikipedia.

### 2.1.1. Empédocle (490 à 430 av. J-C)

Sa doctrine physique fait des quatre éléments (le Feu, l'Air, la Terre, l'Eau) les principes composant des toutes choses. À ces Éléments s'ajoutent les Forces de l'Amour et de la Haine : l'Amour rapproche même ce qui est dissemblable, et la Haine sépare ce qui est joint. À un moment donné, l'un se forma du Multiple, à un autre moment, il se divisa, et de l'un sortit le Multiple – Feu, Eau et Terre et la hauteur puissante de l'Air.

Lisons d'abord la présentation des idées EMPÉDOCLE :

*À l'origine, tous les éléments, unis par l'Amour, formaient une masse homogène appelée les spherus.* (La haine se mettant à s'installer*) la Discorde y pénètre et sépare les éléments les uns des autres.*

*« La dualité et l'opposition des forces d'Amour-Haine s'appliquant sur le spherus subit en outre une alternance : à un état où régnait seul l'Amour et où tout est uni, succède l'introduction progressive de la Haine jusqu'à complète séparation des Éléments ».*

(Cfr : www.Wikipédia. EMPEDOCLE).

Dans ce développement très philosophique, on voit que, Empédocle parle des origines de l'Univers par une force appelée l'amour qui a tout uni en formant le spherus

Ceci rend, avons-nous dit au Tome I sa philosophie très intéressante pour les astrophysiciens qui sont en train de me lire maintenant. Ces écrits datent du Vème siècle av.J.C.

L'originalité du modèle cosmologique d'Empédocle par rapport à d'autres philosophes de l'antiquité est celui d'y avoir poser deux principes qui règnent cycliquement sur l'Univers, l'Amitié et la Haine. Originellement, ces principes ont engendré les quatre éléments dont sont composées toutes les choses matérielles : l'eau, la terre, le feu et l'air.

L'Amitié, dans le contexte cosmologique d'Empédocle, est une force d'unification et de cohésion qui fait tendre les choses vers l'unité (par exemple les organismes vivants) ou même l'un quand il s'agit du cosmos. La Haine, toujours dans ce contexte, est une force de division et de destruction qui fait tendre les choses vers le multiple. Toutes les citations d'Empédocle mentionnées ci-dessous sont tirées de Wikipédia.fr.

(Cfr : Empédocle : Wikipédia)

On comprend directement que l'amitié venant de l'amour et la haine dans ces contextes sont des phénomènes physiques dont l'auteur n'avait pas des noms appropriés pour les décrire. Si à ces jours, l'amour qui regroupe les éléments, nous pouvons comprendre qu'il s'agit de la gravitation, alors, qu'en est-il pour la haine ?

### 2.1.1. La manifestation de l'amitié

Dans la phrase suivante : « *L'Amitié ou l'amour est une force d'unification et de cohésion qui fait tendre les choses vers l'unité (par exemple les organismes vivants) ou même l'un quand il s'agit du cosmos* ». Nous savons qu'en science, quand on parle des forces, on voit directement l'énergie. Ici, nous sommes en face d'une énergie active, qui exerce la force d'unir. En science, par ses propriétés, cette force est synonyme de la gravité, supergravité ou super-force.

Dans la Bible, cette force est décrite par la phrase « *Un vent de Dieu ou l'esprit de Dieu se mouvait au-dessus des eaux* »(Ge 1 :2). Cette définition d'Empédocle nous permet de comprendre comment ces énergies ont agi avant le Big-bang et dans le processus du Big-bang.

En plus, dans une autre phrase Empédocle dit : *« À l'origine, tous les éléments, unis par l'Amour, formaient une masse homogène appelée le spherus »,* nous remarquons que nous sommes dans l'avant Big-bang.

Donc, en parlant de spherus qui fut l'aboutissement du processus d'avant Big-bang, Empédocle sans le savoir, a rejoint la bible qui a qualifié cette masse homogène par des « *eaux* »et la science qui la qualifiée par l'Univers condensé.

### 2.1.2. La manifestation de la haine – les ténèbres – l'énergie noire

Pour Empédocle *« La Haine est une force de division et de destruction qui fait tendre les choses vers le multiple »*. Comme l'amour, la haine est décrite comme une force ou énergie agissant différemment de l'amour (gravité).

La phrase continue : « *À l' origine, tous les éléments, unis par l'Amour, formaient une masse homogène appelée le spherus. La Discorde (haine) y pénètre et sépare les éléments les uns des autres* ».

En disant qu'à l'origine, tous les éléments étaient unis par une force qu'il appela Amour, cela démontre déjà une activité avant le Big-bang. Donc, l'avant Big-bang n'a jamais été une aporie même dans l'antiquité. En disant aussi que « *La Discorde y pénètre et sépare les éléments les uns des autres* », nous entamons le processus de Big-bang. Pour le philosophe Empédocle, voire le Modèle Cosmologique Universel, c'est une force qui est venue séparer les spherus ou les eaux bibliques ou l'Univers condensé.

Comme nous l'avons dit dans le cadre du Modèle Cosmologique Universel, avant le Big-bang, il y avait eu une déflation cosmique qui condensait toutes les particules originelles. Empédocle qualifie cette force qui entrainait la déflation, de l'amour. La Bible a parlé d'un vent de Dieu. Tous les croyants savent que le premier attribut de Dieu, c'est l'amour. Donc, les idées d'Empédocle et de la Bible concernant l'avant Big-bang se rejoigne.

Donc face à un vent de Dieu ou force de l'Amour qui unissait les particules d'avant Big-bang, on voit qu'après un bref temps d'accalmie où la chaleur a atteint une température maximum dans l'Univers condensé, une force commença déjà à faire son entré qui entrainera le Big-bang. Empédocle qualifia cette force séparative de la haine, entraîna la « discorde ».

En plus; cette discorde, ne s'est pas arrêté au niveau du Big-bang. La lutte entre elle et l'amour continua même au niveau de l'Univers. Nous déduisons par-là qu'il s'agit de l'énergie noire comme nous le lire : « *le tourbillon, d'abord très lent, s'étend sans cesse davantage; les substances séparées sont attirées par le mélange primitif; la Discorde est de plus en plus chassée vers l'extérieur. Ainsi se forme le monde* ».

## 2.2. Le concept scientifique des forces d'activation du Big-bang

(Synthèse tiré du Tome II)

Dans le Modèle ekpyrotique, il est écrit ceci : « *Le modèle branaire peut donner lieu à des modèles non conventionnels concernant le Big-bang* ». Dans ce modèle, le Big-bang serait un échange d'énergie monumentale qui se produirait lorsque deux branes se touchent. L'une transmet une quantité phénoménale d'énergie et de matière sous forme très condensée à l'autre et l'autre fait de même. C'est cet échange d'énergie qui serait à la base du Big-bang selon cette théorie. (Cfr : www.Wikipédia; Brane – Big-bang et expansion de l'Univers).

Dans le Modèle Cosmologique Universel par contre, en nous référant, aux versets bibliques pré-Big-bang, nous retrouvons trois forces agissantes au lieu de deux comme dans le Modèle Ekpyrotique. Lisons :

Ge 1 :2-4 *« La terre était informe et vide; il y avait des* ***ténèbres*** *à la surface de l'abîme, et* ***l'Esprit*** *de Dieu se mouvait au-dessus des eaux. Dieu dit : Que la* ***lumière*** *soit! Et la lumière fut. Dieu vit que la* ***lumière*** *était bonne; et Dieu* ***sépara*** *la lumière d'avec les* ***ténèbres*** *».*

Dans ces versets, nous avons la présence des trois grandes forces énergétiques qui sont entrées en action : « L'esprit de Dieu »en train de mouvoir la matière, l'apparition d'une lumière qui vient activer les ténèbres qui étaient auparavant latente.

Je me posais la question pour savoir comment trois différentes manifestations d'énergie pourraient se retrouver dans un même champ. Je ne trouvais pas de réponse en astrophysique, mais je l'ai plutôt découvert en chimie dans la théorie d'Eyring. Il s'agit de l'énergie d'activation (Ea).

Appliquer dans le domaine de la physique, Cette découverte m'a permis de confirmer mes déductions sur l'énergie qui a déclenché le Big-bang, selon ce qui est écrit dans le schéma biblique de la création.

En effet, pour répondre à la question de savoir d'où est venue l'énergie qui a déclenché le Big-bang, la physique quantique enseigne qu'il y a d'autres formes d'énergie qu'on appelle des énergies du vide selon le propos de l'astrophysicien Hubert Reeves dans le documentaire « **D'où provient l'énergie du Big-bang** ». C'est cette énergie du type quantique, enchaîna-t-il, qui s'est transformé en chaleur. Là nous sommes effectivement en face de la phrase biblique *« Dieu dit : Que la lumière soit! Et la Lumière fut »*(Ge :1 :3). Ce verset démontre l'état qu'avait atteint l'Univers avant le Big-bang à savoir une chaleur extrême selon les propos contenus dans ce documentaire.

Comme pour le Big-bang, la Bible vient encore confirmer les suppositions des savants. Comment la transformation de l'énergie quantique en chaleur (Et la lumière fut) fut la cause du Big-bang ?

Pour répondre à cette question, je me suis inspiré de la théorie d'Eyring sur l'énergie d'activation (Ea). Mais, qu'entend-on d'abord par énergie d'activation selon la science ?

L'énergie d'activation est une notion chimique introduite en 1889 par le scientifique suédois Svante August Arrhenius, et qui décrit l'évolution d'une vitesse de réaction chimique avec la température. En quelque sorte, c'est une énergie supplémentaire qui doit être apportée à un système chimique possédant déjà des énergies pour que la réaction ait lieu. Cette énergie doit être de nature thermique, c'est-à-dire se rapportant à la chaleur.

Dans la théorie d'Eyring (appelée théorie du complexe activé), l'énergie d'activation est l'enthalpie libre qui sépare l'énergie de l'état de transition et celle de l'état initial. (Cfr : Wikipédia : L'**énergie d'activation)**.

L'enthalpie est définie par l'expression : $\boldsymbol{H = U + PV}$ Où $\boldsymbol{U}$ correspond à l'énergie interne du système, $\boldsymbol{P}$à la pression et $\boldsymbol{V}$au volume du système.

Tout ceci est schématisé et expliqué dans l'image ci-dessous tiré d'Encarta :

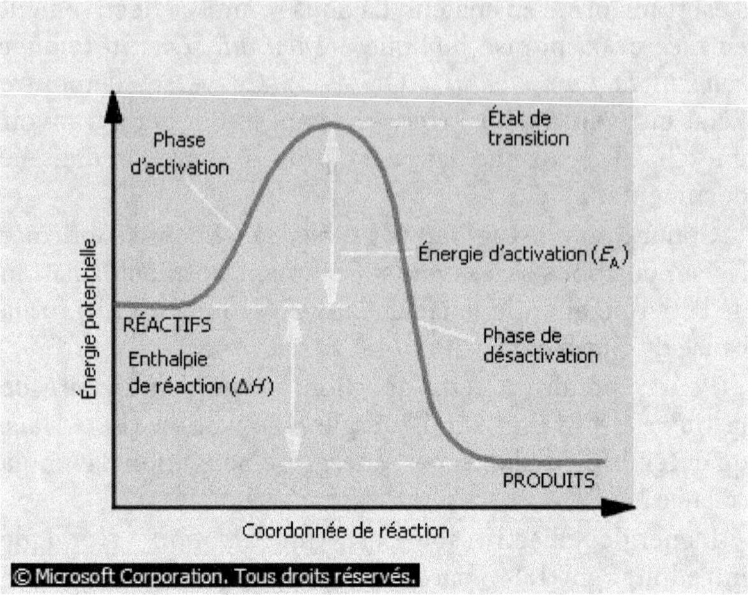


**Profil énergétique d'une réaction élémentaire exothermique**

*« Cette variation globale d'énergie potentielle correspond à la variation d'enthalpie entre les réactifs et les produits, appelée enthalpie de réaction (ΔH). Par ailleurs, pour passer de l'état initial à l'état final, le système doit acquérir un minimum d'énergie (phase d'activation) pour initier la réaction : c'est l'énergie d'activation (E a). Le système passe ainsi par un maximum d'énergie et se trouve dans un état dit état de transition, qui correspond au moment où les réactifs forment un agrégat, appelé complexe activé, au sein duquel les liaisons sont en train de se rompre et de se former. Puis le système évolue vers son état final (phase de désactivation)*

*dont l'énergie potentielle peut être inférieure à celle de départ (réaction exothermique avec dégagement de chaleur) ou supérieure (réaction endothermique avec absorption de chaleur) ».*

© Microsoft Corporation. Tous droits réservés.

Source : Enthalpie." Microsoft® Encarta® 2009 [DVD]. Microsoft Corporation, 2008.

En se référant aux explications scientifiques ci-dessus tirées d'Encarta, nous avons d'abord une énergie potentiellement croissante (l'esprit de Dieu se mouvant sur les eaux). Le chauffage extrême entraînant l'apparition de la lumière : Et, la lumière fut), provoquant l'énergie d'activation. Celle-ci entraînant l'Univers à l'état de transition (métastabilité ou Univers condensé). Et enfin, il y eut le processus de l'expansion de l'Univers. C'est ainsi que le Big-bang ou la séparation des eaux d'avec les eaux ne fut qu'une étape transitoire entre un Univers en déflation et un Univers en expansion.

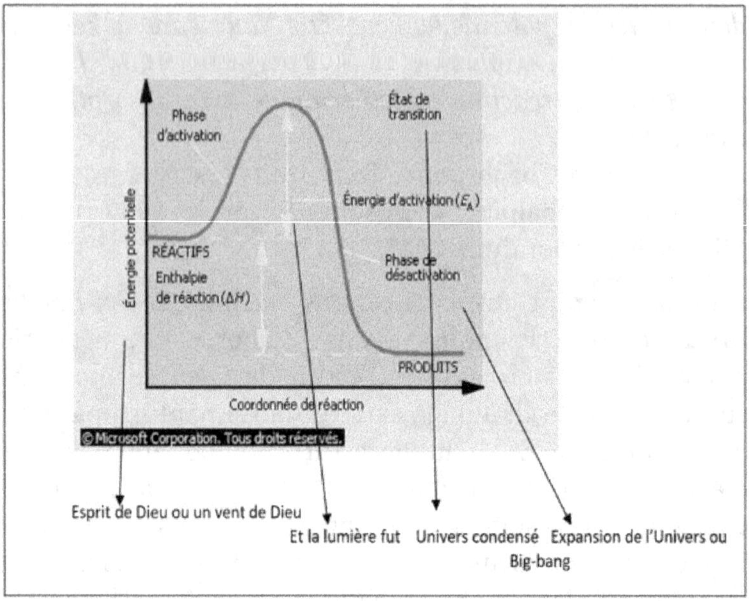


Ainsi, dans le schéma de la création biblique, le Big-bang n'occupe pas le premier jour mais le second jour ou la seconde période de l'Univers selon la restitution scientifique. Au schéma ci-dessus, l'Univers condensé occupe l'étape du sommet, tandis que le Big-bang occupe le début de la phase de désactivation ***P*** à la pression et ***V*** au volume du système.

Revenons au schéma de la création biblique restitué scientifiquement sous le nom du Modèle Cosmologique Universel pour voir comment les choses se sont passées selon les versets ci-dessous :

Ge 1 :1-6 : « *il y avait des ténèbres à la surface de l'abîme, et l'Esprit de Dieu se mouvait au-dessus des eaux. Dieu dit : Que la lumière soit ! Et la lumière fut... Dieu sépara la lumière d'avec les ténèbres...Ce fut le premier jour. Dieu dit : Qu'il y*

Pour la science, l'énergie qui est à la base du Big-bang reste encore un mystère. Certains savants parlent de 4 forces fondamentales dont l'une – à savoir la gravité – s'est désolidariser des autres. Toutefois, on constate qu'après le Big-bang, il y a toujours une force expansive qui ne cesse d'éloigner les galaxies les unes des autres, assurant ainsi l'expansion de l'Univers. Cette force est qualifiée de l'énergie noire. Ainsi comme dans le modèle développé par Empédocle, la gravité et l'énergie noire font partie de la dualité et l'opposition des forces qui régissent l'Univers.

Cette dualité et l'opposition des forces a été aussi reconnu dans la Bible par Moïse dès l'émergence de la lumière cela par la phrase « Dieu sépara la lumière d'avec les ténèbres ». Pour démontrer que c'était désormais des forces éternelles, la lumière fut qualifiée par Moïse de « jour »et les ténèbres de « nuit ». Dans le modèle occidental antique, Empédocle qui ne connaissait rien de la Bible parlait de l'amour et de la haine pour désignait ces 2 forces duelles.

Enfin pour Empédocle, La Discorde, qui est l'énergie émanant de la force de la haine, pénètre dans le spherus *et **sépare** les éléments les uns des autres.* La science parle de Big-bang tandis que la Bible de la « **Séparation** des eaux d'avec les eaux ». Donc, Moïse et Empédocle sont les premiers savants qui ont mentionné la présence d'une énergie ou d'une force qui a agi pour que le Big-bang ait lieu. Empédocle la surnomma « le Discorde ».

Moïse par contre, l'avait introduite par la phrase « Dieu dit » (Ge 1 :6) pour démontrer la présence d'une énergie séparative, comme cela aussi vient d'être démontré dans la théorie d'Eyring avec la force d'activation. Et nous avons aussi dit que cela peut avoir un lien avec l'énergie noire.

# CHAPITRE IV
# L'UNIVERS EN REBOND

Le modèle de l'Univers en rebond, développé par certains scientifiques, constitue l'un de l'un des plus grandes énigmes que le Modèle Cosmologique Universel a éclaircies depuis le Tome I, même s'il ne cita pas le nom.

En effet, ceux qui ont parlé du rebond se réfère du point du passage entre l'avant Big-bang et l'après Big-bang. Mais le Modèle Cosmologique Universel décrit l'Univers à partir du début, expliquant les différentes étapes jusqu'à aboutir au point du passage du rebond. Il vient comme une observation, confirmé la théorie de rebond.

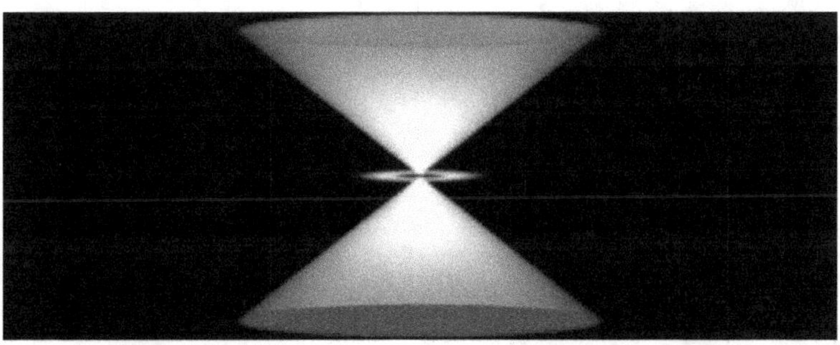

**Figure 6 Représentation du concept de grand rebond, avec la singularité du Big Bang au milieu.**

(https://www.perimeterinstitute.ca/fr/news/grand-boum-ou-grand-rebond).

Dans ce schéma, au-dessus vous avez les événements qui se sont déroulés durant le premier jour biblique ou l'avant Big-bang. Cette période fut caractérisée par la déflation cosmique où l'Univers se contracter, jusqu'à sa condensation. Le deuxième plus grand événement fut quand Bibliquement Dieu qui est un Héro dans l'ombre dit « séparons les eaux d'avec les eaux »et il y eut big-bang ou rebond donnant lieu à l'Univers d'après Big-bang ou l'Univers actuel.

# Section 1
# Le Pré-Big Bang et le Big-bounce

## 1.1. La déflation cosmique et la contraction de l'Univers

Le pré-big bang est La phase de contraction de l'Univers causé par la déflation cosmique pendant la période d'avant Big-bang.

La théorie de Pré-big Bang développée par certains scientifiques confirme le début de l'Univers selon le schéma biblique de la création tel que restitué dans le Modèle Cosmologique Universel. Selon le scénario biblique, l'Univers a commencé par une terre informe et vide. Cela n'à rien avoir avec notre planète Terre qui fut créée 9 milliards d'année après le Big-bang ou « la séparation des eaux d'avec les eaux ».

À ce premier jour de la création ou la première période, une terre vide et informe signifie tout simplement un espace vide où il n'y avait rien comme élément matériel. Même les fumées ont une forme, mais dans ce contexte du début de l'Univers, on se retrouve avec un néant.

Le **pré-Big Bang** est le nom donné au modèle cosmologique décrivant des phases très anciennes de l'Univers primordial. Son nom provient de ce que l'Univers ne serait pas issu d'une singularité gravitationnelle initiale, et que son histoire aurait débuté avant la phase dense et chaude qu'il a connue il y a environ 13,7 milliards d'années, que l'on dénomme le Big Bang. Le scénario du pré Big Bang a été proposé au début des années 1990 par les physiciens italiens Gabriele Veneziano et Maurizio Gasperini.

Ce scénario est grandement fondé sur la théorie des cordes, et fait notamment appel à l'idée que l'Univers est issu d'une phase vide en contraction, comme le stipule le Modèle Cosmologique Universel, et qui aurait ensuite connu un rebond, avant d'entrer dans la phase d'expansion observée aujourd'hui.

Dans le cadre du Modèle cosmologique Universel, nous avons dit que « une phase vide en contraction »est décrite bibliquement par le verset : « la terre étant informe et vide, un vent de Dieu se mouvait au-dessus des eaux »selon la Bible version Jérusalem (Gn 1 :2). Tandis que la phase d'expansion, on le retrouve à la seconde étape sous les termes de « la séparation des eaux d'avec les eaux »(Gn 1 :6-7).

Le modèle de rebond, proposé dans la théorie pré-Big bang postule que notre Univers aurait, dans un lointain passé, été beaucoup plus vaste qu'aujourd'hui. Cette forme antérieure de l'Univers se serait contractée, sur un temps très long, jusqu'à atteindre une taille extrêmement réduite, mais non nulle, de l'ordre du volume de Planck (17,693 × 10−105 m3)3. Il aurait alors « rebondi »et aurait commencé son expansion jusqu'à atteindre sa taille actuelle. (Cfr : Pre-Big-bang ; Wikipédia).

## 1.2. Le Big Bounce

Le ***Big Bounce*** ou **Univers phénix**, est un modèle cosmologique cyclique impliquant une évolution de l'Univers menant à l'alternance entre *Big Bang* et *Big Crunch.* Dans ce modèle, un *Big Crunch* est immédiatement suivi d'un *Big Bang.*

Selon certains théoriciens d'Univers oscillatoire, le *Big Bang* est le début d'une période d'expansion de l'Univers qui a suivi une période de contraction, soit le *Big Crunch.* Dans cette perspective, on pourrait parler d'un *Big Crunch* suivi d'un *Big Bang*, ou plus simplement, un *Big*

*Bounce.*

Pour une meilleure compréhension littérale, dans ce modèle, l'Univers connait des phases des Big-bang, suivis d'expansion jusqu'à un point maximal où il se contracte de nouveau jusqu'à atteindre un point minimal, appelé Big Crunch, et reparte de nouveau en expansion par un nouveau Big-bang. Nous avons critiqué ce modèle dans le Tome II au point traitant de la Cosmologie cyclique (CCC).

# Section 2
# Le rebondissement de l'Univers

## 2.1. L'Univers en rebond est biblique

1) Ge 1 : **1-2** « *Au commencement, Dieu créa les cieux et la terre* ***(le cosmos)*** ». « *La terre* **(l'Univers)** *était informe et vide* ».

Ge 1 :2 « *L'Esprit de Dieu se mouvait au-dessus des eaux* ». **(La contraction de la matière originelle d'avant Big-bang).**

Gn 1 :5 « *Ainsi, il y eut un soir, et il y eut un matin : ce fut le premier jour* » ; **(fin de l'avant Big-bang)**

2) Ge 1 :6 « Dieu sépara *des eaux d'avec les eaux* » **Big-bang ou rebond, selon la science (1)** et *la formation de l'étendue* **(expansion de l'Univers).**

Gn 1 : 8 « *Ainsi, il y eut un soir, et il y eut un matin : ce fut le second jour* » ; **(l'instant zéro de notre Univers).**

3) Ge 1 :9 « *Des eaux du dessous (1), le sec (2)* (ou la terre) *apparut* » ; **(commencement de la période d'après Big-bang).**

Gn *1 :**13** Ainsi, il y eut un soir, et il y eut un matin : ce fut le troisième jour.*

4) Ge 1 :14 « *Des eaux du dessus* (1), *il y eut formation des luminaires* (2) » :

**Homogénéité de la matière dans l'Univers à cause de l'élément principal « eau »**

**Gn 1 : 19** *Ainsi, il y eut un soir, et il y eut un matin : ce fut le quatrième jour.*

En cosmologie standard, l'Univers a commencé par une grande explosion ou expansion appelée Big Bang. Une nouvelle idée remplace le Big Bang par un « rebond »entre un Univers précédent en contraction et notre Univers actuel en expansion.

Les théories de l'Univers en rebond développé par certains scientifiques, avons-nous dit, constituent des preuves valables de l'existence du premier jour biblique ou de l'avant Big-bang. Le rebond se situe entre la dernière phase de la déflation cosmique et les premiers instants de l'inflation cosmique.

## 2.2. Signification du concept rebond

Selon tous les savants qui ont développé la théorie du rebond, l'Univers est issu d'une espace très grande, a connu une contraction avant de subir un rebond qualifié à ce jour de Big Bounce, en opposition de Big-bang qui sous-entend une singularité, c'est-à-dire là où les choses ont commencé.

Ces théories de l'Univers en rebond confirment le schéma biblique de la création à savoir au début l'Univers (la terre) était informe et vide. Et, après les fluctuations du vide, il y a eu émergence des particules dont nous en avons déjà parlé. Après, il y eut un vent de Dieu qui se mouvait sur les eaux signifiant dans le langage scientifique qu'il y eut une force dont Moïse l'attribua à Dieu qui a commencé par contracter ces particules et s'en est suivi plusieurs phénomènes rapporter au premier jour de la création biblique dont l'effondrement (abîme) et l'émergence la lumière, démontrent effectivement qu'il y a eu contraction et que les éléments se sont chauffés à l'extrême.

Et, c'est après cette contraction extrême que l'Univers a de nouveau rebondi, d'où les termes de « l'Univers en rebond »qui commence à prendre de l'ampleur par rapport à la théorie du Big-bang. Bibliquement, après la contraction de particules primitives qualifiées par Moïse des eaux, il y a eu ce qu'on a appelé « la séparation des eaux d'avec les eaux »pour exprimer ce rebond.

Quel que soit tout ce que les savants peuvent développer concernant l'Univers en rebond, cela confirme les thèses du Modèle Cosmologique Universel qui a parlé depuis le Tome I et les suivants de la déflation cosmique avant le Big-bang et de l'inflation cosmique après le Big-bang. Par conséquent, cette confirmation rend le schéma de la création biblique meilleurs que toutes les théories, car, comme nous l'avons dit au Tome III, plusieurs de ces savants ne savent pas comment où a commencé le premier Univers et parle souvent des Univers cycliques.

La Bible est le seul livre à mentionner que tout a commencé dans le vide comme l'a affirmé 3 500 ans après l'Italien Gabriele Veneziano, tout en ignorant qu'il avait confirmé les écrits Bibliques.

Le schéma de la création biblique à savoir au commencement « Dieu créa les cieux et la terre »et la 'terre fut informe et vide »a voilé l'intelligence de tous les exégètes. Tout le monde a pris la Bible à la lettre en analysant littéralement ces versets. Il a fallu l'apparition du Modèle Cosmologique Universel pour expliquer ce que signifie « cieux »c'est-à-dire la sphère spirituelle et ce que signifie une »terre informe et vide », c'est-à-dire la sphère physique où l'Univers. Le Modèle cosmologique Universel a aussi éclaircit au Tome I, la notion des temps bibliques qui n'a rien avoir avec nos temps réels.

# Section 3
# Historique du phénomène rebond

## 3.1. Histoire antique

En science, on a souvent tendance à commencer une histoire à partir des mots ou des noms. Quelqu'un peut avoir décrit un phénomène ou une manifestation, mais étant donné qu'il n'a pas donné un nom, on l'écarte dans l'histoire. C'est ainsi que Lavoisier, ayant donné le nom d'hydrogène est reconnu à ce jour comme celui qu'il a découvert alors qu'il s'agissait du chimiste anglais Henry Cavendish qui étudia ses propriétés en 1766.

L'histoire de l'Univers en rebond trouve son essence dans la bible dont les écrits de Moïse dans des papyrus date 1500 ans av. J.C. Moïse a même décrit tous les phénomènes qui se sont déroulés dans l'avant Big-bang et l'a qualifié de premier jour. Par exemple, la première lumière a jailli pendant que l'Univers se contracté jusqu'à sa densité extrême où même cette lumière ne put s'échapper comme dans un trou noir. Les astronomes comprennent ce que cela signifie.

Et puis, pour expliquer le rebond de l'Univers, appelé Big-bang pour les uns et Big bounce pour les autres, Moïse qui auparavant avait dit que « un vent de Dieu se mouvait sur les eaux »pendant la contraction, qualifia l'expansion qui s'ensuivit de la « séparation des eaux d'avec les eaux » avec la formation des étendues ou expansion selon la science.

Parlant toujours en sens figuré, il dira qu'avec les eaux du dessous, il eut formation des planètes et avec les eaux du dessus, il eut formation des luminaires. Comment à son époque, Moïse avait-il su qu'il y avait homogénéité de la matière entre les planètes et les luminaires pour dire que c'est avec les mêmes eaux que leurs éléments se formèrent ? On voit qu'avec l'arrivée du Modèle Cosmologique Universel, on peut enseigner la cosmologie élémentaire à n'importe qui et cela faisait partie de souhait de Stephen Hawking comme nous pouvons le lire :

*« Si nous parvenons vraiment à découvrir une théorie unificatrice, elle devrait avec le temps être compréhensible par tout le monde dans ses grands principes, pas seulement par une poignée de savants. Philosophes, scientifiques et personnes ordinaires, tous seront capables de prendre part à la discussion sur le pourquoi de notre existence et de notre Univers. Et si nous trouvions un jour la réponse, ce sera le triomphe de la raison humaine, qui nous permettrait alors de connaître la pensée de Dieu. » (Cfr : Stephen Hawking, Une brève histoire du temps, trad. I. Naddeo-Souriau, Paris, Flammarion, 1989, p. 213).*

Dix siècles plus tard après Moïse, un autre philosophe grec, qui n'avait pas connaissance des écrits de Moïse parla du rebond. Il s'agit du philosophe Empédocle (490 à 430 av. J-C).

Selon Empédocle, il y a deux énergies qui régissent l'Univers. L'énergie qui amène tout à l'unité qu'il qualifia d'amour et l'énergie qui sépare qu'il qualifia de la haine. La période d'avant Big-bang était régie par l'énergie qui amené tout à l'unité, le contractant jusqu'à ce que tout l'Univers fut condensé dans un bile qu'il qualifia de spherus. Et puis, la haine est entrée en y amenant la discorde, ce qui y pour conséquence l'expansion du spherus. On voit par là qu'Empédocle aussi avait la notion de l'Univers en rebond, sauf que lui et Moïse ne pouvaient pas l'exprimer avec nos langages scientifiques actuels.

### 3.2. Histoire contemporaine

Les premiers modèles de Big Bounce sont développés par des chercheurs tels Willem de Sitter, Carl Friedrich von Weizsäcker, George McVittie (en) et George Gamow lors de la première moitié du XXe siècle. Pour Gamow, »du point de vue physique, nous devons oublier la période pré-effondrement »(Cfr : Big bounce ; Wikipédia).

En 2003, Peter Lynds présente un nouveau modèle de la cosmologie dans lequel le temps est cyclique. Dans sa théorie, l'Univers actuel finira par arrêter de se dilater et commencera à se contracter. Avant de devenir une singularité, l'Univers « rebondirait »pour ne pas violer le deuxième principe de la thermodynamique. Le Big Crunch serait ainsi stoppé par un nouveau Big Bang. (Cfr : David Adam, « The Strange story of Peter Lynds »[archive], The Guardian, 14 août 2003)

En juillet 2007, le professeur adjoint de physique à l'Université de Pennsylvanie Martin Bojowald a publié une étude liée à la gravitation quantique à boucles, qui prétendait résoudre mathématiquement le temps avant le Big Bang, ce qui donne une nouvelle perspective à la théorie du Big Bounce. (Cfr : Martin Bojowald, »What happened before the Big Bang ? », Nature Physics, vol. 3, no 8, 2007, p. 523–525)

Bojowald affirme ainsi que certaines propriétés de l'Univers qui s'est effondré avant le nôtre pourraient être déterminées.

Selon le journal la Tribune.fr du 5 mai 2020, c'est le Français Patrick Peter et le Brésilien Nelson Pinte-Neto, respectivement de l'institut d'astrophysique de Paris et du centre Brasiliero de pesquias Fisicas de Rio Janeiro, qui sont à l'origine de la théorie du Rebond, principale théorie alternative à l'inflation cosmique et du Big Bang pour expliquer les tout débuts de notre Univers. Sur base des équations, ces deux chercheurs ont pu décrire l'Univers au moment du Rebond, selon l'article.

Quand j'ai commencé mes recherches en 2010, j'étais même ignorant du big-bang. J'ai tiré la chronologie scientifique pour vérifier si l'ordre de création des choses était différent de celui de la Bible. C'est ainsi que j'ai constaté que scientifiquement l'origine de tout remonte à partir d'un phénomène qu'on appelle Big-bang. Après deux ans de recherches pour être convaincu du Big-bang, que je découvert avec une grande émotion qu'il était aussi biblique, sauf que c'était au second jour de la création. Donc, ce n'était pas l'origine de l'Univers. Cela fut un choc pour moi car je venais aussi de découvrir l'avant Big-bang après 100 ans de recherche par les savants.

Etant donné que le big-bang était situé au second jour biblique, avec tous les qualificatifs d'une matière en expansion, par des mots tels que séparation et étendue, et ayant émis l'hypothèse de la déflation cosmique dans l'avant Big-bang par opposition à l'inflation cosmique dans l'après Big-bang depuis le Tome I, je tombais en fait sur la théorie de l'Univers en rebond même si le mot n'était pas mentionné clairement.

C'est pour dire que je fais aussi partie des théoriciens de l'Univers en rebond, même si nos visions diffèrent.

# Section 4
# La confirmation du phénomène rebond

## 4.1. Les travaux de l'Institut Périmètre du Canada

Les travaux réalisés par différents chercheurs à l'Institut Périmètre de physique théorique du Canada ne cessent de confirmer le schéma biblique de la création et par conséquent le Modèle Cosmologique Universel.

L'Institut Périmètre, situé dans la région de Waterloo, est le plus grand centre de recherche en physique théorique au monde. Fondé en 1999, cet institut indépendant vise à favoriser les percées dans la compréhension fondamentale de notre Univers, des plus infimes particules au cosmos tout entier

Selon le Modèle Cosmologique Universel, le Big-bang est une étape transitoire qui a eu lieu bibliquement au second jour de la création, et dont les auteurs de la théorie de rebond pensent que ce mot-là ne convient plus mais pour nous, le phénomène reste, c'est-à-dire « la séparation des eaux d'avec les eaux ». Les débats scientifiques tel que faut-il utilisé les mots big-bang, big bounce, Univers en rebond, nous le laissons aux savants.

Un récent atelier tenu à l'Institut Périmètre a réuni des promoteurs de divers « scénarios de rebond », qui ont comparé leurs démarches respectives, discuté de concepts généraux et réfléchi au rôle de la mécanique quantique dans les premiers moments de l'Univers. Ce sont les grands figures de la théorie de rebond dont Abhay Ashtekar et Martin Bojowald, de l'Université d'État de Pennsylvanie, Jean-Luc Lehners, de l'Institut Albert-Einstein, et Mairi Sakellariadou, du Collège royal de Londres.

Nous allons faire un résumé de leurs propos tiré dans le site https://insidetheperimeter.ca/fr/cosmologie-comparee-des -theoriciens-discutent-du-grand-rebond/ publié par TENILLE BONOGUORE, *le* 01 AOÛT 2017.

### 4.1.1. Jean-Luc Lehners

*(Jean Luc Lehners est chef du groupe Max-Planck de recherche en cosmologie théorique à l'Institut Albert-Einstein)*

Selon *Jean Luc Lehners*, la faiblesse de la théorie du Big-bang est due au fait qu'au moment du Big Bang, le modèle ne tient plus, car des grandeurs telles que la densité et la courbure de l'espace-temps deviennent infinies. Les scénarios de rebond par contre tentent de remplacer le Big Bang par une transition à partir d'une phase antérieure de l'évolution de l'Univers. Cela signifie que le Big Bang n'est pas considéré comme le commencement, mais plutôt comme un point de transition, généralement entre une phase de contraction et une phase d'expansion.

En plus enchaina-t-il lors de cet atelier, aucun des modèles actuels n'aboutit aux conditions présentes de l'Univers et que, à mesure que nous en apprenons davantage sur l'Univers primitif, nous devons chaque fois ajuster les modèles.

Quant aux *preuves d'observation pour appuyer la théorie de rebond*, **Jean-Luc Lehners** répondra qu'on espère pouvoir un jour reculer davantage dans le passé, peut-être à l'aide des ondes gravitationnelles.

### 4.1.2 Mairi Sakellariadou

Selon ce chercheur, la faiblesse de la théorie du Big-bang est dû au fait qu'il n'explique pas de manière adéquate les premiers stades de l'existence du cosmos et ne peut expliquer le Big Bang lui-même. Ainsi, La singularité classique du Big Bang est remplacée par un rebond, souvent suivi d'une phase d'inflation cosmique

### 4.1.3. Martin Bojowald

Le physicien allemand Martin Bojowald préfère l'expression de *Big Bounce* (« grand rebond ») à celui de big-bang, car, pour ce chercheur de l'Université de Pennsylvanie, l'Univers n'a pas été créé il y a quatorze milliards d'années, lors de cet événement cosmique auquel on attribue la naissance de la matière, de l'espace et du temps, mais bien avant. Il se serait alors effondré sur lui-même avant de rebondir et d'entrer en expansion.

Son schéma ressemble à celui du Modèle cosmologique Universel battit sur la restitution du schéma biblique de la création.

Pour Bojowald, l'Univers d'avant était inversé comme un ballon que l'on gonfle à l'envers, l'intérieur vers l'extérieur.

Avec de la publication de son livre « l'Univers en rebond », **Martin Bojowald** est le plus célèbre des savants défendant cette théorie. Pour lui la faiblesse de la théorie de Big-bang est dû au fait que si l'on fait appel à la relativité générale classique, il y a une singularité au moment du Big Bang qui a précédé l'expansion de l'Univers. Cela pose un problème conceptuel, qui empêche d'analyser de manière appropriée l'état initial de l'expansion.

Selon le résumé de son livre, l'Univers, avant de se dilater, s'était contracté jusqu'à former un point, et avait rebondi sur lui-même comme nous pouvons le lire ; *« Dans* *la gravitation quantique à boucles, il n'y a pas que la matière à être composée d'entités discrètes (les atomes). L'espace aussi est discontinu. La théorie doit son nom au fait que certaines propriétés de ces « atomes »d'espace peuvent être décrites mathématiquement comme des boucles. Concernant la cosmologie, cette approche fait disparaître la « singularité »lors de la contraction maximale de l'Univers. Plus exactement, elle prédit que la force gravitationnelle devient répulsive peu avant le moment où la singularité serait autrement apparue. Ce qui génère le rebond de l'Univers. »((Cfr :*http://thomas.lepeltier.free.fr/cr/bojowald-Univers-en-rebond.html).

Ainsi, selon son livre, Le big-bang serait en réalité un *big-bounce*, un « grand rebond », transition entre un Univers en effondrement et un Univers en expansion.

En fusionnant dans la « gravitation quantique à boucles », la théorie de la relativité et la théorie quantique qui demeurent jusque-là inconciliable, Bojowald est devenu l'un des spécialistes mondiaux pour sa défense.

### 4.1.4. Abhay Ashtekar

Pour cet astrophysicien, la faiblesse de la théorie de Big-bang est dû au fait que cette théorie fait une prédiction qui va au-delà de son domaine d'application. Les singularités du Big Bang et des trous noirs sont des fenêtres sur la physique au-delà de la théorie d'Einstein ; c'est-à-dire qu'il ne peut être expliqué par cette dernière. Pour Abhay Ashtekar, un scénario de rebond est un scénario dans lequel on va au-delà de la théorie d'Einstein, au-delà de la relativité générale. On évite ainsi le Big Bang et on le remplace par quelque chose où la physique ne connaît pas de cassure.

Quant aux *preuves d'observation pour appuyer la théorie de rebond*, **Abhay Ashtekar** répondra qu'Il y a la possibilité de rechercher des effets de gravitation quantique dans le rayonnement fossile aux échelles les plus grandes.

### 4.1.5. Neil Turok

(Cosmologiste et directeur de l'Institut Périmètre)

Alors que La cosmologie standard décrit le commencement de l'Univers comme une singularité : c'est-à-dire un point unique, qui n'occupe aucun espace mais contient toute la matière de l'Univers, comme si toute la réalité était divisée par zéro, cette singularité n'étant pas définie, pour Neil Turok, « Il y a là un problème, la cosmologie standard commence par une impossibilité. »(Cfr : https://www.perimeterinstitute.ca/fr/news/grand-boum-ou-grand-rebond, par Erin Bow, le 06 juillet 2016).

Travaillant avec Steffen Gielen, ancien postdoctorant à l'Institut Périmètre selon la même source, leur recherche était citée comme suggestion du rédacteur en chef dans la revue *Physical Review Letters*.

Les auteurs imaginent le Big Bang comme un « grand rebond » : non seulement le commencement de l'Univers actuel, mais aussi la fin d'un Univers précédent. Ce dernier se serait contracté pour atteindre un état dense constituant son grand effondrement final et le Big Bang du début de notre Univers.

Cette hypothèse ne fait que confirmer le Modèle Cosmologique Universel qui a parlé de la déflation à l'Univers de l'avant Big-bang qu'ils appellent l'Univers précédent, avant que le rebond cède la place à l'expansion. Dans le Tome II des livres de la collection « Les Versets des Savants »j'avais même critiqué la théorie de l'inflation alors que j'étais ignorant de toutes les théories du rebond.

M. Turok explique encore : « *Il se trouve, et cela nous a surpris, que dans le cas très particulier où tout ce qu'il y a dans l'Univers est conforme et tout ce que l'on étudie est la taille de l'Univers, nous avons pu quantifier la théorie avec exactitude, et calculer précisément comment un Univers d'une certaine taille évolue, selon les règles de la mécanique quantique, vers un Univers d'une autre taille.* »(Cfr : https://www.perimeterinstitute.ca/fr/news/grand-boum-ou-grand-rebond, par Erin Bow, le 06 juillet 2016).

Et, dans la même source, l'auteur de l'article offre cette conclusion : *« La cosmologie du grand rebond – selon laquelle un Univers se contracte dans un grand effondrement jusqu'à ce qu'un autre émerge d'un Big Bang – n'est pas une idée nouvelle. Neil Turok en particulier est depuis plus d'une décennie l'un des principaux promoteurs d'une telle cosmologie cyclique ».*

## 4.2. Les travaux de Patrick Peter et Nelson Pinto-Neto

(Patrick Peter est chercheur à l'Institut d'astrophysique de Paris, et Nelson Pinto-Nero, au Centro Brasileiro de Pesquisas Fisicas de Rio de Janeiro).

Selon le journal la Tribune.fr du 5 mai 2020, c'est le Français Patrick Peter et le Brésilien Nelson Pinte-Neto, respectivement de l'institut d'astrophysique de Paris et du centre Brasiliero de pesquias Fisicas de Rio Janeiro, qui sont à l'origine de la théorie du Rebond,

Pour les deux chercheurs, l'histoire de l'Univers ne serait pas celle d'un point qui se serait mis soudain à gonfler démesurément tel un ballon. Elle serait plutôt celle d'un ballon se dégonflant depuis un temps infini, jusqu'à atteindre une petite taille à partir de laquelle il aurait recommencé son expansion, voici 14 milliards d'années. C'est ce concept qui fut qualifié de rebond.

Selon ses auteurs, ce concept permettrait d'expliquer les caractéristiques de l'Univers observable – par exemple la grande homogénéité de la distribution des amas de galaxies dans l'espace

Comme on le voit, toutes les réponses de ces grands chercheurs, nous les avons déjà affirmés aux tomes précédents sans avoir y connaissance de ces théories de l'Univers en rebond. Les sources de ces théories datent souvent de 2020, alors que nos travaux ont commencé en 2010. Nous les avons même découverts au moment où ce livre était soumis à la correction. C'est pour cela qu'il ne se figure pas dans la liste des preuves du Modèle Cosmologique Universel sur l'avant Big-bang contenue dans le Tome III.

La théorie de l'Univers en rebond, une fois approuvé par les scientifiques, fera partie de la plus grande preuve scientifique du schéma biblique de la création et, par conséquent du Modèle Cosmologique Universel.

### 4.3. Les propos du physicien Sean Caroll

En effet, pour Sean Carroll, physicien théoricien au California Institute of Technology, cet Univers extra dense d'avant Big-bang a peut-être été régi par la mécanique quantique. Le Big Bang aurait donc représenté le moment où la physique classique a pris le relais comme le principal moteur de l'évolution de l'Univers. (Cfr :trustmyscience.com/authot/Thomas Boisson·18 novembre 2020).

Cette déclaration est une grande surprise pour moi, car je croyais être le premier depuis le Tome I et aux précédents

Tomes à déclarer que la mécanique quantique fait partie de la physique de la création et par conséquent, il y doit être décalé dans l'avant Big-bang et cela par cette phrase : « *Par exemple,* ***l'annihilation****, le principe d'incertitude de la mécanique quantique et le Modèle des cordes sont engloutis dans le Modèle Cosmologique Universel et doivent être classés dans l'avant Big-bang* ». (Cfr : F. PHANZU MWAKA, la cosmologie selon les modèles bibliques et antiques, éd. Exibook, Kinshasa 2020, p.29).

Les autres déclarations que nous avons faites concernant la place de la mécanique quantique dans la physique et qui sont confirmées par l'hypothèse du célèbre physicien théoricien Sean Carroll sont les suivantes :

« *Dans le Modèle Cosmologique Universel, la mécanique quantique avec toutes les danses qu'elle nous propose ne fait pas partie de l'Univers de l'après-Big-bang* ». (Cfr : F. PHANZU MWAKA, Tome I : la cosmologie selon les modèles bibliques et antiques, éd. Exibook, Kinshasa 2020, p.120).

« *À cause de l'inflation cosmique et de la chaleur extrême ayant régné juste après le Big-bang, les différentes lois et théories de la mécanique quantique ne peuvent s'y appliquer, selon le Modèle Cosmologique Universel... Par conséquent même si leurs auteurs ou créateurs ne sont pas d'accord, les lois et théories de la mécanique quantique concernent l'avant Big-bang c'est-à-dire du moment où la Bible a parlé d'une terre informe et vide* (Ge 1 :2*). En effet, au départ, l'inflation cosmique était caractérisée par une force répulsive des particules, ce qui a pour conséquence l'expansion de l'Univers, avant que cette dernière se refroidisse et que les Quarks s'assemblent pour former les premiers éléments, selon la conception scientifique actuelle. C'est pour cela que les lois et théories de la mécanique quantique ne collent pas* *avec la théorie de la relativité générale qui explique l'Univers après le Big-bang* ». (Cfr : F. PHANZU MWAKA, Tome I : la cosmologie selon les modèles bibliques et antiques, éd. Exibook, Kinshasa 2020, p.196).

À présent que le Modèle Cosmologique Universel dévoile que la Bible a prévu un début pour le commencement de l'Univers par le verset « la terre informe et vide »fera raisonner plus d'un par rapport à la conception d'un Univers cyclique. Cela cadre avec cette idée de Sean Carroll qui a dit « *qu'il n'y a aucune explication sur le pourquoi ou le comment un Univers en expansion se contracterait et reviendrait à un état de faible entropie* ». (Cfr :trustmyscience.com/authot/Thomas Boisson·18 novembre 2020).

# Section 5
# Les preuves bibliques et scientifiques de l'Univers en rebond

## 5.1. Preuve biblique

***Gn 1 : 2*** *La terre était informe... et l'esprit de Dieu se mouvait au-dessus des eaux.* ***5****...ce fut le premier jour* ***(Pré-Big-bang) 6*** *Dieu dit : Qu'il y ait une étendue entre les eaux, et qu'elle sépare les eaux d'avec les eaux... Et cela fut ainsi.* ***8*** *ce fut le second jour* ***(Rebond).***

Aucun des auteurs de l'Univers en rebond n'a donné des années précises concernant l'existence de l'avant Big-bang. Moïse dans la Bible a qualifié tous les évènements qui ont eu lieu durant cette période d'un jour. Or, selon les scientifiques, la contraction a pris un temps très long pour que les extrêmes se confine ensemble. On comprend par-là que les jours bibliques, avons-nous dit, sont des périodes et non nos journées ordinaires. Une journée biblique peut même être l'équivalent soit moins ou plus d'un milliard d'année.

Nous avons dit que « l'Univers en rebond »est le terme qui exprime le mieux le schéma biblique de la création à la seconde période qualifiée de deuxième jour par la Bible. Au premier jour, il y a eu une mouvance sur les particules jusqu'à leur condensation (Gn 1 :2-5). Et au second jour, il y a eu le rebond dont la grande communauté des scientifiques qualifie de Big-bang et la Bible de la séparation des eaux d'avec les eaux (Gn 1 :6-8).

Si c'est la même matière qui a rebondi et qui au départ était uni, cela va créer une homogénéisation de cette matière dans chaque contrée. Moïse dans la Bible a dit :

*»Dieu sépara les eaux d'avec les eaux; avec les eaux du dessus, la Terre apparue et avec les eaux du dessus, le Soleil et les étoiles furent crées ».* Cela aura pour implication que les mêmes matières qu'on retrouve sur la terre, devront l'être aussi dans le Soleil et les étoiles. Effectivement c'est ce que la science a confirmé en parlant de l'homogénéisation de la matière dans l'Univers.

Les mêmes matières qu'on retrouve sur la terre sont les mêmes que ceux qu'on retrouve dans d'autres planètes et dans l'espace sous les états solides, liquides et gazeux. Tandis que dans le Soleil et les étoiles, qualifié par la Bible des luminaires, on retrouve les mêmes éléments et matières sous les états de fluide, plasma et gazeux.

Ceci confirme que l'Univers est issu du passé, s'est contracté jusqu'à la fin du premier jour biblique, avant de rebondir au second jour biblique dont le phénomène fut qualifié par Moïse de la « séparation des eaux d'avec les eaux », créant l'étendue ou l'espace.

## 5.2. Les preuves scientifiques

Maintenant quelles sont les preuves scientifiques prouvant qu'il y a eu le rebond?

Tout au long de mes précédents Tomes, je me suis cantonné sur la température extrême de l'Univers condensé et que celle-ci a dû commencer par un chiffre inférieur dans l'avant Big-bang jusqu'à atteindre un degré maximum lors de la condensation.

En effet, Le modèle cosmologique standard décrit le Big Bang comme une période extrêmement dense et chaude qu'aurait traversée l'Univers il y a environ 13.8 milliards d'années, pour ensuite déboucher sur le processus d'inflation et d'expansion que l'on observe aujourd'hui. Mais, les savants sont allés plus loin que moi en offrant d'autres différentes preuves justifiant le rebond comme nous pouvons les lire dans les commentaires et citations qui suivent.

« *L'année dernière (2019), des chercheurs du MIT et d'une Université hollandaise avaient mis au point un algorithme pour expliquer ce qu'il s'est passé avant le Big Bang. Selon eux, une expansion très rapide a eu lieu juste avant le Big Bang. La théorie la plus récente est néanmoins celle du Big Bounce (grand rebond) où le Big Bang n'est qu'une étape du cycle de l'Univers* » (Cfr : https://www/toms.guide/ **Et si le Big Bang n'était pas à l'origine de l'Univers?** par **AURIANE POLGE**, le 10 août 2020).

Selon leur déduction, l'histoire de l'évolution de l'Univers est cyclique comme exprimer dans le schéma suivant :

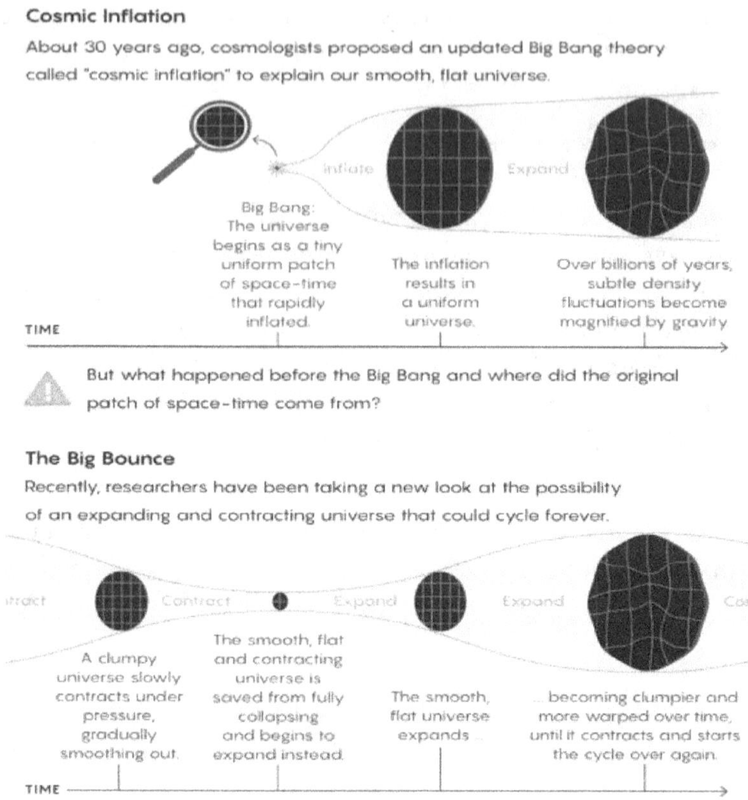


**Figure 7 Cfr : https://www/toms.guide/ Et si le Big Bang n'était pas à l'origine de l'Univers ? par AURIANE POLGE, le 10 août 2020).**

Quant au Modèle cosmologique Universel, nous nous en tenons sur la démonstration dans le deuxième schéma de l'avant Big-bang et de l'après Big-bang après la condensation, confirmant le schéma biblique de la création.

Une autre preuve, nous pouvons la lire à travers la citation suivante :

« *Des chercheurs financés par l'UE ont mis au point une approche mathématique qui pourrait expliquer ce qu'il y avait avant le Big Bang. Facteur extraordinaire, La gravitation quantique à boucles (GQB) prédit que le Big Bang a en réalité été un « Big Bounce» (grand rebond), une continuité au lieu d'une singularité, dans lequel l'effondrement d'un Univers antérieur a déclenché la création du nôtre ». (Cfr :* https://cordis.europa.eu/article/id/88907-the-big-bang versus-the-big-bounce/fr)/

Nous avons dit à plusieurs reprises dans les tomes précédents que toutes les théories visant l'avant Big-bang parlent de l'effondrement. La Bible l'a exprimé par le mot « abîme ». En plus, selon le schéma biblique de la création, le rebond ou la séparation des eaux d'avec les eaux a eu lieu à la seconde étape biblique prouvant la continuité au lieu d'une singularité comme vient de le prédire la gravitation quantique à boucles (GQB).

En plus, le principal problème de la théorie du Big Bang est qu'elle postule que l'Univers a commencé sa « vie »sous la forme d'un « point »de taille nulle et de densité et température infinies, qui a ensuite démesurément grandi sous l'effet du phénomène d'inflation cosmique. Or un tel état primordial constitue une singularité, état dans lequel les lois de la physique ne s'appliquent plus. La théorie du rebond permet de décrire l'origine de l'expansion actuelle de l'Univers sans recourir à une singularité. (Cfr : Pré-Big-bang ; Wikipedia.org)

Selon la même source, la théorie du rebond propose une solution convaincante au problème de la platitude de notre Univers. Notre Univers est en effet extrêmement plat (c'est-à-dire que, par exemple, la somme des angles d'un triangle y vaut 180°), alors même qu'il aurait dû se "courber" au cours de son expansion. Il devait donc être au départ d'une platitude extrême, ce qui est difficile à expliquer. Dans le modèle du rebond, l'Univers, s'étant d'abord contracté pendant un temps très long avant de commencer son expansion, a eu tout le temps de parvenir à un état très plat.

En épuisant toujours dans la même source, nous lisons ceci :

« *Le modèle du rebond résout également le problème de l'uniformité du rayonnement de Fond diffus cosmologique, qui est identique dans toutes les directions alors que la température ne devrait pas avoir eu le temps de s'uniformiser dans toutes les régions de l'Univers. Certaines régions sont en effet trop éloignées pour que l'information ait pu circuler entre elles sans dépasser la vitesse de la lumière, ce qui est bien sûr impossible. Dans le modèle du rebond, la phase de contraction de l'Univers a pu être assez longue pour que la température ait le temps de s'uniformiser dans l'Univers entier.* ».

Toutefois, selon la même source, le modèle de l'inflation cosmique propose également des solutions convaincantes aux preuves mentionnées ci-dessus. Notre déduction est que cela est normale quand on supprime la singularité du Big-bang pour en créer une continuité entre le premier période qualifié de premier jour biblique et la deuxième période qualifié de deuxième jour biblique.

Enfin, le modèle du rebond, comme le modèle de l'inflation cosmique, propose une explication convaincante au problème de l'homogénéité de l'Univers à grande échelle (la matière est distribuée de manière très homogène dans l'Univers observable, alors que les effets de la gravité amplifient rapidement les inhomogénéités). Dans le modèle avec rebond, l'Univers en contraction a pu être suffisamment vaste pour que les effets de la gravité demeurent faibles et l'Univers homogène.

Ceci confirme encore bibliquement ce qui s'est passé à la troisième et à la quatrième période biblique dénommé le troisième jour et le quatrième jour où les mêmes éléments (qualifiés d'eaux) furent la source de la création des planètes et des luminaires.

En effet, après le rebond, la Bible dit, avec les eaux du dessous, la terre émergea. La terre ici représente, non seulement notre planète, mais aussi les autres planètes non brillant. Et, la Bible continua, avec les eaux du dessus, les luminaires apparus ou Dieu fut les luminaires selon le langage de religieux. (Gn 1 :9-19). Ceci confirme l'homogénéité de l'Univers à grande échelle ou nous découvrons que les mêmes éléments qu'on retrouve dans les luminaires sous formes de fluides, plasmas et gaz, sont les mêmes qu'on retrouve dans les planètes non brillant et dans l'espace, avons-nous dit, sous forme liquide, gazeux et solides.

Les scientifiques reprochent au modèle du rebond le fait qu'il n'a pour l'instant été modélisé que pour un Univers théorique ne contenant que de la matière et aucun rayonnement, or ce dernier était semble-t-il le composant principal de l'Univers à ses débuts. (Cfr : Pré-Big-bang; Wikipedia.org).

Selon le schéma biblique qui reste irréprochable, il y a eu émergence du rayonnement qualifié par la phrase « Que la lumière soit, et la lumière fut ! ». En plus, dans les précédents tomes, nous avons carrément spécifié que l'Univers d'avant était caractérisé par des rayonnements. Comme nous l'avons dit, le Modèle cosmologique Universel, engloutit tous les modèles, c'est-à-dire, les replaces et les corriges.

Dans Le Modèle Cosmologique Universel, qui intègre de l'avant Big-bang à l'après Big-bang, il y a intégration de la relativité générale (qui décrit la gravitation s'appliquant à l'échelle de l'Univers pour les corps très massifs), la mécanique quantique (description des phénomènes physiques à l'échelle des atomes et des particules) et le principe de la création du Rév. Dr. Sun Myung Moon qui régit même les lois de particules virtuelles, ayant abouti aux particules réelles.

À ce jour, on attendait le lancement qui était prévu en 2019, de l'observatoire spatial Lisa « pour capter les signaux gravitationnels des premières secondes de ce monde »et confirmer pour nous et pour tous, le schéma biblique de la création. (Cfr : https://www.books.fr/le-monde-davant-le-big-bang/ Publié dans le magazine Books n° 19, février 2011).

En 2009, la mission Planck a semblé-t-il, donné raison à la théorie de l'inflation plutôt celui de l'Univers en rebond. Et, aujourd'hui, Il y a débat au sein de la communauté scientifique pour savoir laquelle des deux options – le rebond ou l'inflation – va triompher. Nous avons donné notre justification au point précédent en disant que cela est normale que le satellite Planck confirme la théorie de l'inflation.

En effet, en supprimant la singularité, cela suppose qu'il n'y a pas eu plusieurs brisures de symétrie susceptible de créer une énorme différence entre l'avant et l'après big-bang au moment du rebond. Cela est même confirmée par ces propos de Abhay Ashtekar :

« Un scénario de rebond est un scénario dans lequel on va au-delà de la théorie d'Einstein, au-delà de la relativité générale. On évite ainsi le Big Bang et on le remplace par quelque chose où la physique ne connaît pas de cassure ». (Cfr : https://insidetheperimeter.ca/fr/cosmologie-comparee-des-theoriciens-discutent-du-grand-rebond/publié par TENILLE BONOGUORE, le 01 AOÛT 2017).

Le physicien Patrick Peter, est allé dans la même sens en concluant que : "Notre modèle (l'Univers en rebond) est comparable à celui de l'inflation". (cfr : http://planete.gaia.free.fr/astronomie/cosmologie/sans. commencement.html" \l "01").

En conclusion, tous ceux qui ont émis des théories sur l'avant Big-bang dont nous avons recensés quelques-uns dans le Tome III et ceux qui ont émis de même sur l'Univers en rebond, sont tous en train de confirmer le schéma biblique de la création même s'ils nient ou s'ils en sont ignorants. Par conséquent le Modèle Cosmologique Universel devient plus vraie qu'on ne l'espérer.

# CHAPITRE V
# L'APRÈS BIG-BANG

L'après Big-bang étant âprement analysé dans le modèle standard, et les théories ne cessant de l'enrichir, nous nous concentrerons, dans ce chapitre, à ne parler que sur certaines énigmes qui caractérisent cette période.

Cela peut être en contradiction avec les théories émises, mais pour le moment seulement, car la science ne s'intéresse pas encore au « pourquoi ». Dans le cadre de l'astrothéologie, le pourquoi et le comment marchent ensemble.

Nous avons parlé de certaines énigmes car notre connaissance sur l'Univers est encore minime. En effet, selon la science, jusque-là on a découvert que le contenu de l'Univers est plus déroutant : 5% de matière ordinaire, 25% de matière noire exotique et 70% d'énergie noire. Le secteur noir complètement inconnu, correspond donc à 95% du total. En outre, on n'a pas encore identifié tous les 5% de la matière ordinaire dont seul un dixième est visible, d'après une compilation de plusieurs livres scientifiques.

Donc, ce qu'on connait jusque-là ne représente encore rien par rapport à ce qu'on devrait connaître. Mais comme nous avons dit, même dans le rien, on retrouve de l'énergie. C'est pour dire que ce qu'on connait, amènera les scientifiques à connaître plus.

Ainsi, dans ce chapitre nous voulons livrer notre raisonnement sur certains phénomènes décelés dans l'Univers soit par les appareils, soit par les savants et qui, parfois, ne font pas partie du Modèle Cosmologique Universel. Ce dernier est la restitution du schéma de la création biblique sans rien ajouter, ni rien retrancher, même si nous sommes parfois amenés à démontrer scientifiquement comment la Bible est arrivée à ces résultats, afin qu'on ne nous traite pas d'être aveuglés par la foi.

## Section 1
## La formation des éléments selon la science

Nous commençons cette section par cette citation :

« *À la naissance de l'Univers, pendant quelques millionièmes de seconde, la matière a existé sous la forme d'un milieu extrêmement chaud et dense – une sorte de « soupe »primordiale de particules, composée principalement de particules fondamentales de matière qu'on appelle les quarks et les gluons. Aujourd'hui, dans un Univers froid, les gluons maintiennent ensemble les quarks pour former les protons et les neutrons, lesquels constituent la majeure partie de la matière, dont les êtres vivants, ainsi que d'autres types de particule.* »

(Corinne Pralavorio : CERN ; **Des collisions d'ions au LHC à une nouvelle énergie record** 27 nov. 2015, 15.41, article sur Web).

## 1.1. Les forces de la nature

### 1.1.1. Les deux phénomènes du ciel et les quatre forces fondamentales

**Figure 8 La foudre est un phénomène dégageant d'énormes quantités d'énergie, agissant même dans le gaz, là où les atomes se retrouvent dispersés. (Futura science 29/10/2015)**

Au Ciel ou dans l'espace, il n'y a que deux phénomènes pour le changement d'état de la matière : le froid extrême et la chaleur extrême. Par le mouvement incessant régnant dans le vide connu bibliquement sous la phrase « un vent de Dieu se mouvant dans l'eau », les deux phénomènes ont créé les quatre forces fondamentales connues par la science et appelées interactions fondamentales de la nature. Il s'agit de la force nucléaire forte qui donne naissance à l'énergie nucléaire et lie les nucléons entre eux, la force nucléaire faible qui cause la désintégration des particules, la force électromagnétique qui soude les atomes en les obligeant à partager leurs électrons pour former les molécules et les molécules à se combiner entre elles pour former des éléments complets, la force gravitationnelle qui attire les choses à pouvoir se coller sur un corps.

Avec cette conception, nous pouvons dire que l'esprit de Dieu (la force première Universelle) a activé les quatre forces fondamentales selon le verset biblique « Un vent de Dieu se mouvait sur les eaux »(Gen 1 :2).

Donc, selon la science, dans l'Univers primordial, toutes les forces étaient unifiées en une seule super-force dont, à mesure que l'Univers se refroidissait, sortirent les quatre forces fondamentales à travers un processus baptisé brisure de symétrie. Bibliquement, dans le schéma de la création, ce processus de brisure de symétrie est connu sous les phrases « Dieu dit, Dieu fit, Dieu créa ».

Ce sont ces quatre forces fondamentales qui génèrent toutes choses dans l'après Big-bang. Ces quatre interactions élémentaires sont responsables de tous les phénomènes physiques observés dans l'Univers, chacune se manifestant par une force dite force fondamentale. Ce sont, comme nous venons de le dire, l'interaction nucléaire forte, l'interaction électromagnétique, l'interaction nucléaire faible et la gravitation.

– l'interaction nucléaire forte avons-nous dit, est responsable indirectement, de la cohésion des noyaux atomiques, plus particulièrement des particules élémentaires.

– l'interaction électromagnétique est responsable de la plupart des phénomènes quotidiens : lumière, électricité et magnétisme, et dont l'étude permet de comprendre l'existence, la cohésion et la stabilité des édifices chimiques tels que les atomes ou les molécules, des plus simples aux plus complexes.

– l'interaction nucléaire faible est responsable d'un des types de radioactivité, la radioactivité bêta, elle joue aussi un rôle important dans la fusion nucléaire (comme au centre du Soleil) ;

– La gravitation est le phénomène d'interaction

physique qui cause l'attraction réciproque des corps massifs entre eux, sous l'effet de leur masse selon Isaac newton.

Dans les explications de ces quatre forces fondamentales, nous n'avons mentionné que ce que les lecteurs peuvent comprendre. Mais chacune a des propriétés et des caractéristiques supplémentaires. Notre livre n'étant ni un livre de physique, ni de chimie, nous ne pouvons entrer en détail dans les explications de ces phénomènes qui sont réservés aux scientifiques.

Ceci nous pousse néanmoins pour confirmer nos idées, de paraphraser le Professeur P.T.MATHEWS qui a écrit :

« *L'ensemble de l'Univers, et la matière et le rayonnement est constitué des trente et quelques particules. Tout ce qui se passe, et qui peut être décrit en termes de physique ou de chimie, est une des conséquences de l'un des quatre types d'interaction. Mais, c'est beaucoup plus compliqué que ce à quoi l'on pourrait s'attendre, et il y a un grand nombre des choses que nous ne commençons même pas à comprendre* ». *(1)*

(1) MATTHEWS P.T. : Introduction à la mécanique quantique, Dunod, Paris 1970. P133.

Donc, ces quatre forces appelées aussi les interactions fondamentales de la nature, forment, selon notre figure géométrique, un losange et on met les particules au milieu. Chaque point forme un nouveau schéma pour la matière formée.

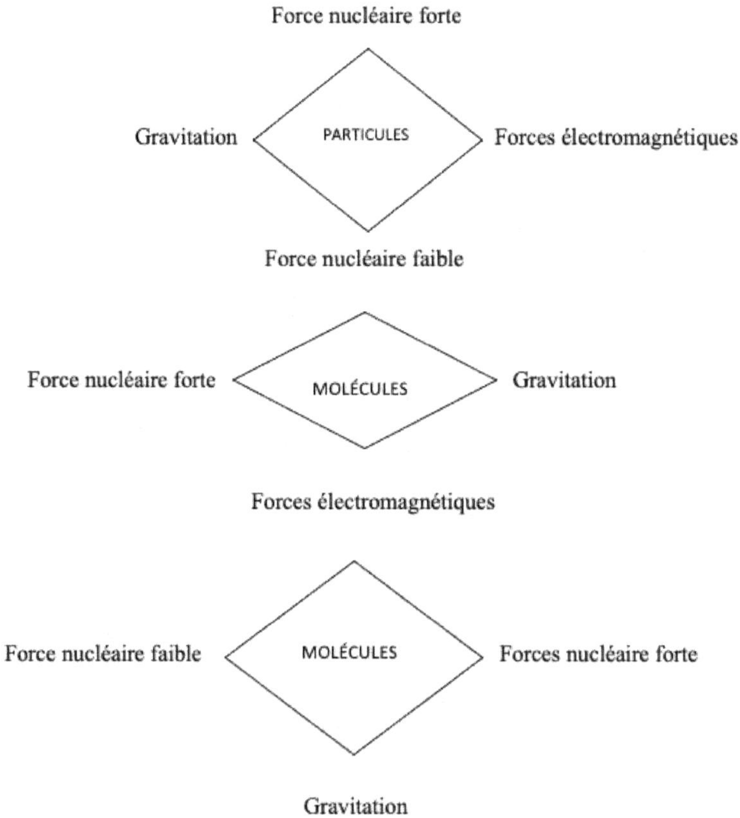


Et ainsi de suite jusqu'à la désintégration ou à la formation des éléments complets.

# Section 2
# Hypothèse sur la formation de quelques matières

## 2.1. Création du champ électromagnétique céleste

Par électromagnétique, nous entendons quelque chose possédant une composante électrique et magnétique. Ici, nous voyons plutôt un champ, c'est-à-dire une zone. Ainsi, le terme de champ électromagnétique désigne une région de l'espace soumise à l'action d'une force provenant d'un aimant et générant en même temps de l'électricité. Donc, le champ magnétique, c'est l'une des composantes du champ électromagnétique.
En effet, c'est 1888 que le physicien allemand Heinrich Rudolf Hertz est parvenu à démontrer que l'électricité peut être transmise par ondes électromagnétiques, que celles-ci voyagent à la vitesse de la lumière et que leur longueur d'onde est un million de fois plus grande que celles de la lumière visible et de l'ultraviolet. Hertz donne à ces nouvelles ondes le nom « d'ondes radio ».

En nous basant sur les commentaires tirés dans le documentaire « **le plasma – 4ème état de la matière** »de Octav ENEA ; directeur de recherche au CNRS où il est dit ceci :

*« Il a été découvert que les nuages sombres d'où les étoiles naissent, que leurs formations n'étaient pas seulement dû à la gravitation mais aussi aux champs électromagnétiques important qui agissent sur ces nuages de plasma. C'est ainsi qu'il y a 4 milliards d'années que notre soleil a été formé, ainsi que notre système solaire. Toutefois, on ne sait pas encore très bien comment ces processus a eu lieu ».*

Ceux qui ont lu le Tome II de la collection des livres « Les Versets des savants »qui s'intitule « Le Champ du Modèle Cosmologique Universel », savent qu'à plusieurs reprises j'ai fait ressortir les causes de ces processus, notamment en parlant de l'Univers électrique.

Dans le vide profond, la rotation de l'Univers crée des champs magnétiques suivis par des phénomènes électriques. Là où il y a un mouvement de confrontation, il y a toujours création de l'électricité ; générant même des sursauts gamma.

Même dans la physiologie de l'homme de tels phénomènes se manifestent. C'est le cas par exemple de la déperdition de chaleur où la chaleur produite par l'organisme est dissipée par convection qui est l'échange de l'énergie par émission de rayons électromagnétiques entre le corps et l'environnement.

Sur la terre, des phénomènes semblables sont observés en ce qui concerne la formation des tornades et des ouragans et qui demeurent jusque-là comme un mystère malgré différentes explications scientifiques (Cfr : *Melvin et Gilda Berger : les tornades tourbillonnent-elles vraiment ? Ed. JOUVE, Paris, 2012*).

L'illustration la plus frappante est la rotation du Soleil. Étant un fluide, la vitesse de ses pôles est différente de celle de son équateur et cela génère diverses manifestations physiques, entraînant des réactions chimiques. Dans l'espace par contre, les savants ont constaté que le vent engendré par la rotation de la nébuleuse du crabe génère des chocs aux alentours, selon le documentaire scientifique « **les nébuleuses** »écrit par Darryl Rehr.

Consultons la figure ci-dessous du soleil pour comprendre ce que la collision des champs peut créer dans un Univers vide :

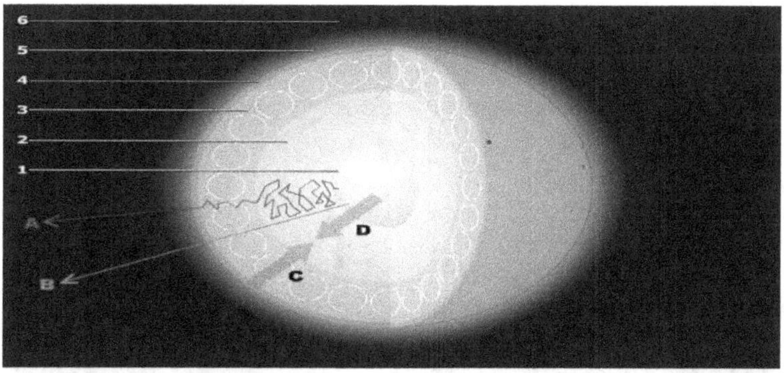


**Figure 9 Structure du soleil**

**Légende :**

1 – Cœur de l'étoile, siège de la nucléosynthèse (du centre à 0,25 rayon solaire).

2 – Zone radiative (entre 0,25 et 0,7 rayon solaire).

3 – Zone convective (de 0,7 rayon solaire jusqu'à la surface visible).

4 – La photosphère (environ 400 km d'épaisseur)

5 – La chromosphère (environ 2000 km)

6 – La couronne solaire visible lors des éclipses totales

A – Parcours d'un photon depuis le noyau vers l'espace, très ralenti dans la zone radiative en raison de la densité de la matière.

B – Parcours d'un neutrino qui, interagissant très peu avec la matière, peut traverser l'étoile en ligne droite.

C – Compression due à la gravité.

D – Dilatation due à l'énergie produite au cœur de l'étoile.

(Cfr : http://www.elementschimiques.fr/ ?fr/decouverte/origine-de-la-matiere).

*Nébuleuse du Crabe*

*Engendrée par l'explosion d'une supernova au XI e siècle, la nébuleuse du Crabe renferme un pulsar, dont le spectre d'émission, très large, s'étend dans les domaines des rayons X et gamma, de la lumière visible et des ondes radioélectriques. (Hale Observatories/Science Source/Photo Researchers, Inc* ***Microsoft*** *®* ***Encarta*** *®* ***2009.****© 1993-2008).*

Ainsi, le mouvement de l'Univers étant actionné au commencement par la force première Universelle, dans l'avant Big-bang, compte tenu de son immensité entre le centre et la surface, la vitesse n'était pas et n'est pas la même. Ces différences créent de plus en plus des champs magnétiques, générant des champs électriques accompagnés des éclairs très violents appelés sursauts gamma.

Dans l'après Big-bang, les mêmes phénomènes continuent de se reproduire. Des phénomènes similaires peuvent être vérifiés à travers les différentes couches de notre atmosphère et dans les courants marins où l'eau de surface se comporte différemment de celle des profondeurs. Il en est de même, avais-je dit, pour le Soleil où aux différentes longueurs d'onde correspondent différentes températures.

Qu'est-ce que cela peut engendrer dans le ciel profond ?

## 2.2. La poussière

Ce qui est écrit ici n'enlève rien à la conception scientifique sur la provenance des poussières interstellaires, c'est-à-dire dans l'espace. Selon la science, ces poussières sont issues des explosions des étoiles et des autres corps célestes.

Dans ce point, en parlant de la poussière, nous voulons plutôt développer notre hypothèse d'avant Big-bang sur le passage des particules virtuelles aux particules réelles, qualifiées des « eaux »par Moïse dans le Bible. Scientifiquement, nous pouvons nous poser la question : comment l'invisible, ou le virtuel, devient réel, soit l'énergie invisible vers les choses visibles ? En parlant des choses visibles cela n'a rien à voir avec les choses qu'on peut voir à l'œil nu. On parle plutôt de ce qui existait dans un Univers vide.

Notre analyse ne pouvait se baser que sur ce qui se passe dans l'après Big-bang, que nous pouvons transposer dans l'avant Big-bang comme l'a dit Pr Nikodem Poplawski, physicien à l'Université de New Haven, dans le Connecticut :

*« Notre Univers devrait obéir aux mêmes lois que l'Univers parent dans lequel le trou noir existe ».*

(Cfr : Magazine « les secrets de l'espace »#HORS SERIE N° 7 : Que s'est-il passé avant le Big-bang ?)

Selon la caractéristique de l'isotropie, l'Univers possède les mêmes propriétés physiques dans toutes les directions. Le même phénomène s'est passé aussi dans l'avant

Big-bang. Nous avons dit que certains phénomènes de la mécanique quantique étaient à décaler dans l'avant Big-bang. C'est pour cela qu'Albert Einstein le classait toujours dans le rang de la philosophie et non de la physique.

Albert Einstein disait en critiquant la mécanique quantique : « *une théorie scientifique doit être capable de présenter la réalité du monde qui nous entoure, de manière objectif et déterministe* », et non fonder sur des notions probabilistes. (Cfr : Blandine Plucher, la physique quantique pour les nuls, éd. First, Paris 2018, p.132)

Dans les zones vides de l'Univers, notamment dans les fluctuations du vide, tout commence par la formation des particules créées par ses différentes sphères lors de sa rotation expansionniste. Cette rotation a créé plusieurs champs électromagnétiques qui apportaient de l'énergie aux particules virtuelles lors de leurs collisions. Après différents processus, tels que décrit en mécanique quantique, la collision des particules finit par produire les poussières comme bribes de premiers corps. Ce sont des briques qui viendront former les éléments.

En effet, tout choc électrique provoqué par la rencontre entre deux signes contraires d'une grande intensité, brûle ce qui nous est invisible à l'œil nu, voire au microscope, et le rend poussières.

Mais cette poussière se présente sous forme des vapeurs ou des fumés qu'on ne peut le détecter comme nous pouvons le lire dans cet article scientifique tiré de Wikipédia.fr :

« *La* masse *volumique de la poussière interstellaire est semblable à celle de la fumée de cigarette, soit pour la bulle locale d'environ* $10^{-6}$ *grains de poussière/*$m^3$, *chacun avec une masse approximative de* $10^{-17}$ kg[5] ».

(Cfr : Poussières interstellaires : wikipedia.org).

C'est ce qui justifie pourquoi jusque-là les phénomènes sont inconnus et n'ont jamais fait l'objet d'une attention et d'une loi mathématique. Pour que ces poussières soient détectables, il faut une accumulation continue dans un espace donné, pendant une période de temps très longue. Mais comment cela se forme-t-il à l'échelle cosmique ?

Ce champ électrique, avons-nous dit, généré à différentes échelles dans l'Univers, provoque plusieurs collisions allant jusqu'aux sursauts gamma qui font monter les températures à des millions de degrés, transformant les particules en gaz et générant des poussières.

Et, ces phénomènes sont fréquents comme en témoigne cet article :

« *Jusqu'au lancement du satellite GRO-Compton en avril 1991, personne n'avait la moindre idée ni de l'éloignement, ni de la répartition sur la voute céleste des sources donnant lieu à ces extraordinaires flashes de rayons gamma. Quand sa mission se termine en 2000, l'observatoire spatial de la NASA a localisé 2704 explosions sans qu'il soit possible de noter une provenance particulière : les sursauts gamma apparaissent indifféremment dans toutes les régions de l'Univers* ».

(Cfr :Ciel&Espace ? Octobre 2004, actualité)

C'est ce qui justifie la masse des poussières qu'on voit parfois dans certains espaces interstellaires et dont on ne connaît pas la provenance.

Ces poussières qualifiées de graines microscopiques, sont tellement fines que même les rayons lumineux arrivent à les mouvoir. C'est par-là qu'on a su que la lumière peut transporter la matière, comme dans la nébuleuse de l'Aigle, selon la série de documentaires scientifiques « **Hubble, vues de l'espace** »d'Ivan Semeniuk.

La lumière du soleil met huit minutes pour nous atteindre. Donc, si nous voulons créer une machine puissante pour aller dans les planètes lointaines, **nous devrons nous baser sur cette assertion, à savoir : si la lumière peut mouvoir la matière**.

Notre hypothèse peut être confirmé par cette citation de Blandine plucher à savoir :

« *La masse d'une particule est si petite que le choc d'un seul photon sur elle la déplace immédiatement* ».

*(cfr :* Blandine Plucher, la physique quantique pour les nuls, éd. First, Paris 2018, p.88)

Donc, dans l'espace il y a d'abord la gravitation qui entraine ces particules de poussière accumulées dans les nébuleuses et, les faisant entrer en collision, provoque la chaleur jusqu'à l'aboutissement des étoiles.

Cette pensée rejoint la conception orientale qui met l'accent sur les feux pour la formation de l'Univers. Qui dit foudre voit aussi les feux. Dans cette conception orientale, notamment dans la mythologie taoïste chinoise, la foudre est une conséquence du conflit entre le Yang (charge positive) et le Yin (charge négative) générant les feux. En d'autres termes, c'est le feu (la foudre) qui a permis le passage entre les éléments invisibles, ou l'Univers invisible, les rendant visibles sous la forme des poussières.

C'est pour cela que même si personne n'a pu l'expliquer jusque-là, la tradition des bougies dans les temples, les feux demeurent un symbole là où le spiritisme est invoqué pour la communication entre ce qui est spirituel et ce qui est physique. Ainsi, dans de nombreuses religions du monde, y compris la puissante Église catholique dominée par la tradition occidentale, ce symbolisme est répété par l'allumage des bougies. Ça crée une détente qui permet à l'individu de se sentir en communication avec Dieu pendant la prière ou l'invocation. On en trouve aussi dans les places funéraires où chacun pense à ceux qui sont dans l'autre monde (spirituel).

Allumer les bougies dans une place funéraire, c'est comme créé une communication pieuse avec le défunt. C'est le même mystère qui est utilisé dans certaines civilisations lorsqu'on incinère un mort pour faciliter son départ dans le monde spirituel en rendant poussière son enveloppe physique. D'où le verset biblique « *... tu es poussière, et tu retourneras dans la poussière* ». (Ge 3 : 19).

Des phénomènes de décharges électriques similaires se manifestent même de nos jours, tel que le mystère des sylphes, ces lumières aériennes qui se manifestent au-dessus des nuages d'orage et que la science étudie actuellement. On a dit que les sursauts gamma sont localisés en dehors de la Voie lactée. Mais nous pensons que l'apparition des sylphes obéissent aux mêmes lois.

Comme je l'ai dit, au moment où ce livre était près d'être édité, nous avons découvert que le CERN, en bombardant les particules, comme nous l'avons pensé, c'est-à-dire comme cela se passe au Ciel, les chercheurs ont abouti jusqu'au niveau du gaz et parfois c'est un liquide qu'ils obtiennent. Maintenant, il leur reste le passage des éléments obtenus à la poussière. Pour cela, il n'y a qu'un chemin : la poussière fait partie des résidus. Or, pour obtenir les résidus, il faut brûler la matière obtenue, c'est ainsi que nous avons parlé d'un phénomène ressemblant à la foudre sur les éléments invisibles au niveau cosmique.

Peut-être qu'ils sont arrivés au niveau de la création des poussières. Mais, comme nous avons dit, ce sont des particules sous forme de vapeur qui risquent de demeurer invisibles pour le moment, compte tenu des quantités produites.

Nous ne savons pas si Au CERN on analyse les parois de la LHC avant de le nettoyer, car des nuages des poussières peuvent aussi faire partie des résultats obtenu comme nous pouvons le lire :

« (pendant les bombardements de faisceaux) *des molécules résiduelles de gaz restent piégées sur les parois des tubes de faisceau qui contiennent de surcroît des électrons. Lorsque le faisceau circule, les parois émettent ces électrons qui sont accélérés par le champ électrique généré par le faisceau. Ces électrons accélérés frappent à leur tour les parois avec suffisamment d'énergie pour arracher les molécules piégées, dégradant le vide. Ils déclenchent en même temps une avalanche d'électrons supplémentaires. Il se forme alors des nuages d'électrons qui peuvent être suffisamment denses pour déstabiliser le faisceau. Le phénomène de nuages d'électrons est d'autant plus important que les paquets de protons qui forment les faisceaux sont nombreux et rapprochés* ».

*(Cfr :* Posted by Corinne Pralavorio, CERN ; Chasser les nuages dans le LHC ; article sur internet) 25 Jun 2015, 13.59.

Comme je le disais, au CERN on procède au nettoyage de cette paroi en faisant circuler, selon le même article, des faisceaux intenses pour améliorer les caractéristiques de surface des tubes. Pour nous, ils sont plutôt arrivés à la formation des poussières qu'on retrouve dans l'espace interstellaire. Espérons que dorénavant ils vont procéder à la vérification de ce que nous venons de dire, à savoir les poussières (nuages) dans les espaces interstellaires ne sont pas toutes issues seulement des étoiles. C'est le passage des éléments invisibles en poussière qui a fait qu'on soit passé d'un Univers invisible à un Univers matériel.

Nous savons, en outre, que les poussières issues de choc font partie des résidus. En parlant des résidus, nous excluons les cendres. Faisons bouillir un œuf, alors que l'enveloppe externe garde sa forme et sa coloration, l'intérieur se transforme en poussière contenant les mêmes éléments que l'œuf frais. Sauf qu'il perd sa vie s'il s'agit d'un œuf fécondé.

Dans certains phénomènes par contre, le cycle de vie

est activé par le feu. C'est le cas, comme nous avons dit, des pommes de pin où, lors d'un feu de brousse, celui-ci réchauffe l'eau qui est à l'intérieur du fruit et, en se dilatant, l'eau le fait exploser et les graines, quoiqu'elles soient répandues dans les cendres brillantes, certaines gardent leur pouvoir germinatif. C'est ce qui se passe aussi dans certains phénomènes au niveau cosmique où, après l'explosion, le noyau de l'étoile, appelé souvent nain, reste soit un résidu inerte, soit il fait partie d'un système binaire. Il arrive un moment où il arrache du gaz à l'étoile voisine et commence un nouveau cycle jusqu'à la supernova créatrice des nouveaux éléments.

Pour l'exemple de l'œuf et des pins, lisons encore ce commentaire scientifique :

« *La composition de la poussière (*interstellaires*) est principalement déterminée par la température des étoiles mères. Certaines molécules ne se forment qu'à de très hautes températures alors que d'autres se forment à des températures plus basse* ».

*(Cfr :* "Poussière interstellaire." *Wikipédia, l'encyclopédie libre.* 27juil 2016).

Voilà, ce qui confirme nos propos ci-haut.

La chimie doit trouver un nom pour le passage des gaz en poussière parce que ce n'est que par-là que la matière palpable a commencé.

La science a donné plusieurs noms pour les passages des états de la matière. Voici les noms des transitions de phases (ou changements d'état physique) les plus courantes qui font intervenir les états de la matière suivants : solide, liquide, gazeux, plasma :

– de solide à liquide : fusion ;
– de solide à gazeux : sublimation ;
– de liquide à solide : solidification ;

– de liquide à gazeux : vaporisation (ébullition ou évaporation)

– de gazeux à solide : condensation solide, déposition ou sublimation inverse ;

– de gazeux à liquide : liquéfaction ou condensation liquide.

– de gazeux à plasma : ionisation

– de plasma à gazeux : désionisation

– de gaz aux poussières ?

– des poussières au gaz ?

– de plasma aux poussières ?

– des poussières au plasma ?

Ainsi, complétons ce schéma (Il s'agit ici des poussières spatiales) :

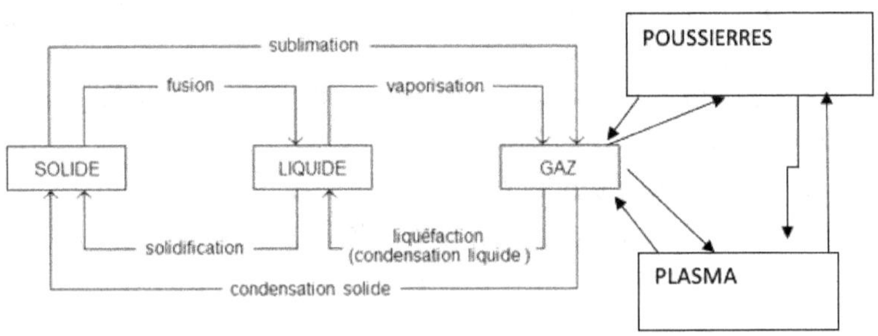


*Notre ajout des droites constitue les changements d'état dont la science doit trouver le nom d'un état à un autre.*

Dans ces changements d'état, il a été constaté que la lumière visible dans les nébuleuses vient du gaz d'hydrogène qui, excité par l'électricité (créée par la rotation, avons-nous dit), forme un plasma brillant. On ne retrouve nulle part dans la science, le passage d'un état en poussière. Cela n'a effleuré l'idée d'aucun scientifique. C'est ainsi qu'il reste des équations à résoudre quant au changement d'état physique des états de la matière en poussière.

Pour la science contemporaine, toutes poussières dans l'espace interstellaire ou intergalactique sont les résidus des étoiles qui ont explosé. C'est vrai pour une grande proportion, mais il y a aussi ce qui provient des particules se trouvant dans la ligne des chocs de décharge électrique. C'est ce dont nous venons de parler.

SCHÉMA I

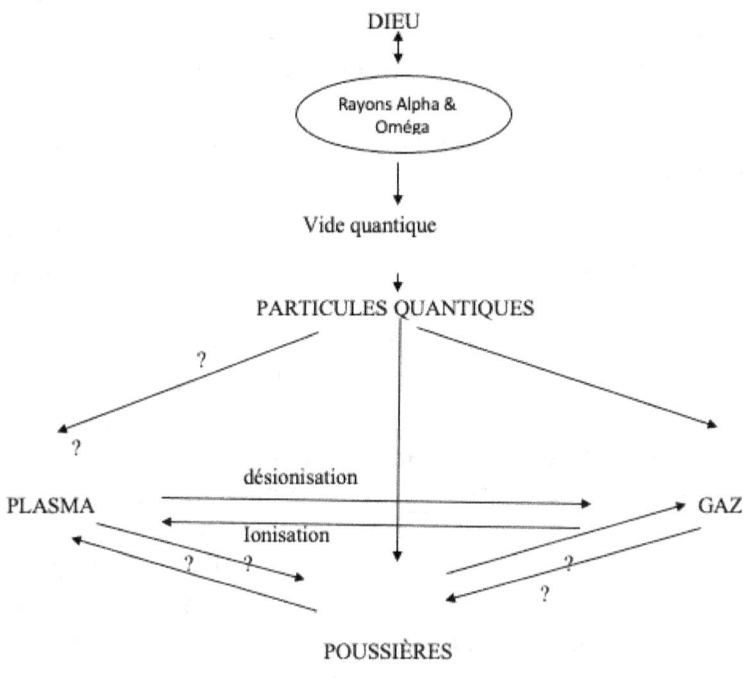


Donc, au-dessus il y a encore d'autres schémas, à commencer par Dieu lui-même, pour qu'on arrive jusqu'aux particules virtuelles, qui font déjà partie de la matière évolutive.

Dans le schéma de la création, il est écrit « Au commencement, Dieu créa les cieux et la terre »(Ge 1 :1).

En termes scientifiques, l'auteur voulait parler que tout a commencé par l'immatériel (ciel) avant qu'on aboutisse au matériel (terre informe et vide, ou Univers), deux entités différentes mais unies.

Ceci traduit le schéma ci-dessus comme le confirme cette assertion scientifique :

« *Pour moi le vide est le lieu où se transforme une information immatérielle en particule virtuelle pour être ensuite échangée dans notre monde et lui donner corps. Le vide c'est le lieu de transition de phase entre l'information pure et ce qu'elle devient : une particule virtuelle.* (Cfr : Claude Sarrailh, Le secret de la vie, éd. Librinova, Paris, 2018, P.110)

Comme on le voit, même les particules virtuelles contenues dans le vide, que ça soit dans l'avant Big-bang ou l'après Big-bang, ne font pas partie des particules originelles comme le constatent les physiciens qui raisonnent au-delà du visible et de l'observation, comme Claude Sarrailh.

Ici, nous parlons de changements qui s'opèrent par les forces de la nature, appelées « mouvement ou force première Universelle », sans l'intervention de l'homme, mais originellement selon la volonté de Dieu. C'est pour cela que je laisse à la science le soin de compléter les noms afin que le schéma qui a abouti à la formation de l'Univers palpable avec des poussières et des galaxies, devienne parfait.

Jusque-là le schéma scientifique n'est pas encore complet pour les états de la matière. Peut-être qu'un jour on aboutira non seulement à l'introduction de la poussière, mais aussi de la matière noire qui se situera surement entre le plasma, le gaz et la poussière.

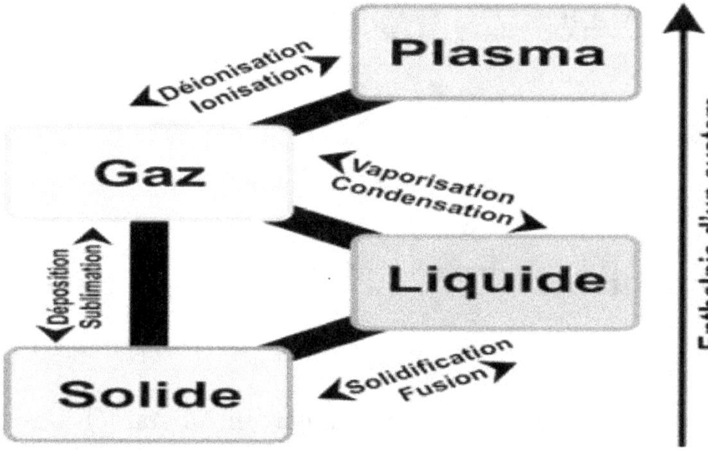


**Figure 10 Vikidia : Fichier : Image, état de la matière.png**

Tout ce que je viens de dire ici est confirmé, pour le moment en partie, à travers le documentaire scientifique « **les nébuleuses** », écrit par Darryl Rehr. C'est l'expérience des astrophysiciens qui confirmera ce que je viens de dire.

Comme je l'ai dit, les prophètes ne se contentent pas d'expliquer les phénomènes scientifiques en détail. Ils vont droit au résultat. À travers le documentaire « **les nébuleuses** »écrit par Darryl Rehr, on explique en détail la contribution de certains phénomènes, dont la gravitation. J'en ai déjà parlé à travers la locution littéraire « la rotation et l'accumulation ». Après tout, la rotation et la gravitation agissent de concert.

SCHÉMA II

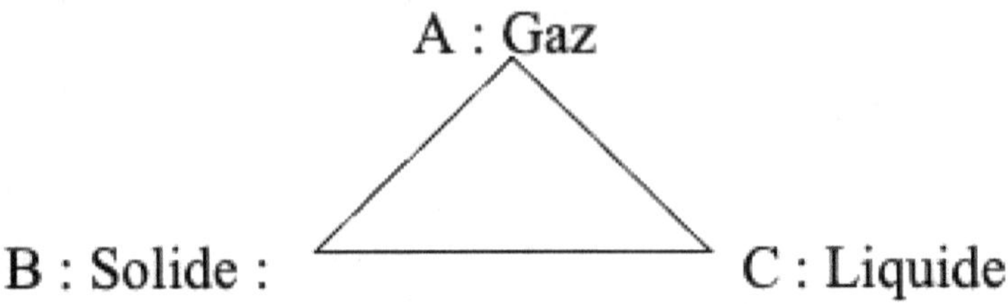


Ce triangle représente les changements d'état tels qu'on les connaissait jusque-là. La relation entre les différents points forme six flèches aller et retour.

Donc, au niveau du triangle, la structure, quoique complète, reste néanmoins discontinue. Les éléments étant condamnés dans ce cycle, il n'y aura pas une multiplication. La multiplication des éléments, selon Le Principe de la création du Rév. Dr S.M. Moon, est réalisée au niveau du fondement de quatre positions, qui est un fondement de puissance qui engage douze relations différentes de donner et recevoir, créant une continuité. En remplaçant tout ceci par des énergies avec Dieu comme logo, on aboutit à la création de l'Univers (vide chaotique).

SCHÉMA III : Continuité (ex : Dieu – Homme – Femme – Enfant)

A : DIEU

HOMME : B FEMME : C

D : ENFANT

À partir des enfants, il y a recommencement des cycles multiplicatifs.

Ceci peut être très bien compris à travers les illustrations suivantes :

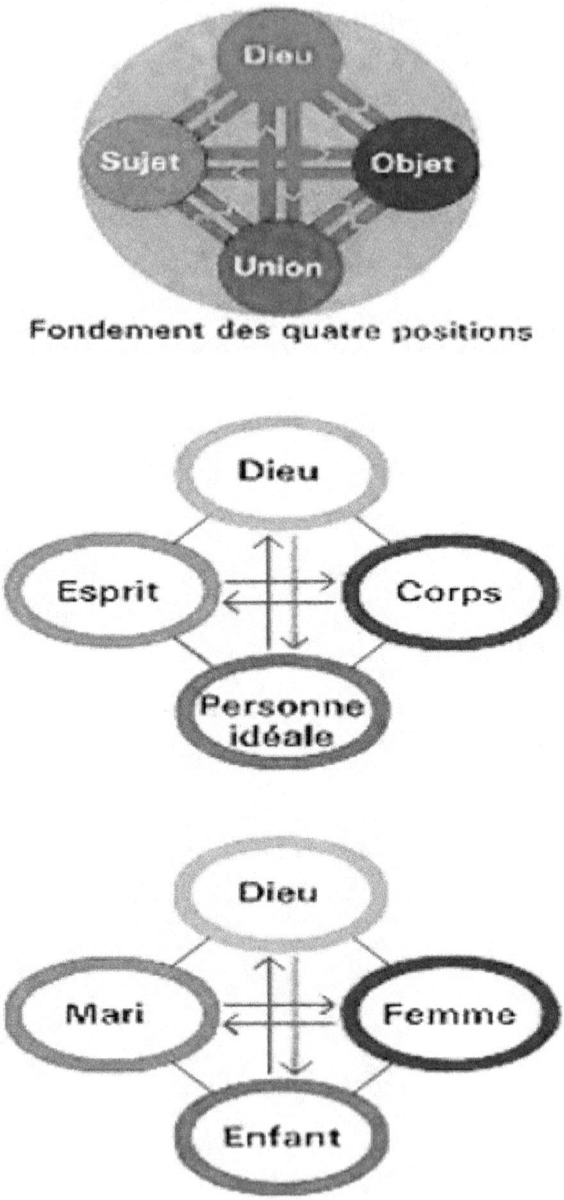


**Figure 11 Source : Principe divin niveau 4**

SCHÉMA IV

Ici, le point D, ou l'union, ne marque pas la finalité mais le début d'un nouveau processus. En arrivant à ce point, chaque élément acquiert le pouvoir de se multiplier avec l'un d'eux, alors que le triangle présentait un schéma fermé.

Donc, nous avons dit, après des multiples schémas, basés sur des bombardements des rayons entre eux et sur des particules, sous l'effet des énergies puissantes, on a abouti à la matière primordiale qui marqua ainsi le début du processus pour l'Univers observable. Cette matière subissant les énergies créant la Force Première Universelle, aboutit en dernier lieu à la poussière faisant ainsi de notre schéma le fondement de quatre positions cosmiques ou le schéma parfait pour la création, ou l'émergence selon le terme des savants, de tout ce qui existe. Il faut aussi noter que la poussière représente un ensemble composant des éléments chimiques parfois complexes ou non complexes.

Le point D symbolisant la continuité ou la multiplication, est atteint si on arrive au niveau du losange. D'où l'utilisation des figures ressemblant aux losanges dans certaines sectes ésotériques pour signifier l'éternité de la puissance divine. Il en est de même de la croix qui est utilisée comme le passage de l'ancien Testament au Nouveau Testament. Et une fois qu'on relie chaque point l'un à l'autre, on aboutit au losange.

Certes, les passages purs des poussières de l'état naturel à un autre changement d'état ne peuvent se faire que si elles sont diluées dans un corps, elles peuvent prendre plusieurs formes après avoir subi une grande pression ou une température élevée. Or, à l'échelle cosmique, les poussières après le Big-bang étaient issues des gaz tout en étant couvertes par les gaz de l'Univers, comme on en voit dans les nébuleuses. En se solidifiant, elles emprisonnement les gaz ambiants qu'on retrouve parfois à l'intérieur des planètes, tout comme elles peuvent être aussi couvertes ou mélangées par les gaz. C'est le cas de géantes gazeuses. Parfois, on les retrouve dispersées dans l'Univers. Ces poussières font partie des minerais qu'on retrouve sur les planètes telluriques.

Même si les autres jours de la création Dieu disait que ceci était bon et que le jour de la création de l'homme, Il a dit ceci est très bon, le jour le plus important pour Dieu, a été le jour où la première particule s'était formée avec son antiparticule. Car dans ces premières particules était inscrit tout ce qui adviendrait après. C'est comme les gênes en biologie qui constituent jusque-là une substance mystérieuse contenue dans les noyaux des cellules et qui règle le destin de celles-ci. En effet, toute la physionomie héréditaire est minorée dans les gênes avant que ceux-ci ne deviennent un être identifiable.

Que ça soit pour les plantes ou les animaux, leurs caractéristiques sont déterminées par les instructions contenues dans leur code génétique, le « plan de fabrication »que renferme le noyau de chaque cellule.

Cette petite pensée constitue déjà un grand volume des recherches, tout comme Moïse dut contenir, en deux feuillets, la période de l'avant Big-bang jusqu'à l'homme. Ainsi, adoptant le langage de Moïse, nous pouvons dire : du vide (énergie), Dieu dit que les poussières apparaissent et la poussière apparaît. Et Dieu fit avec de la poussière les planètes, comètes et autres astres non brillants jusqu'à l'homme.

Ceci résume le premier et le dernier verset de la création comme nous pouvons le lire :

Ge 1 : **2** La terre (Univers) était informe et vide (énergie, particules virtuels,
gaz, poussières) ...
Ge 2 : **19** L'Éternel Dieu **forma de la terre** tous les animaux des champs et
tous les oiseaux du Ciel ...
Ge 2 : **7** L'Éternel Dieu forma l'homme de la **poussière de la terre**...

D'où ces synthèses tirées dans une publication des CNRS du 13/11/2015 :

*« La chimie pré-biotique peut débuter dès la naissance de l'étoile. Des molécules complexes, organiques pour certaines, ont été repérées au sein d'une concentration de gaz, L1544, qui devrait évoluer par effondrement en une protoétoile du même type que le Soleil... Bien qu'il soit très difficile de prédire tous les processus chimiques permettant de synthétiser ces molécules complexes au cours de la formation d'une protoétoile de type solaire, il est tentant de prédire, au vu de la richesse exceptionnelle de ce relevé non biaisé, que la chimie prébiotique est initiée dans les premières étapes de formation stellaire ».*

Cet ainsi que pour la formation des êtres vivants, Moïse dit qu'ils furent formés de la poussière de la terre.

Actuellement, on sait que ce sont les molécules de vie avec les gaz comme l'oxygène, qui occupent la plus grande partie dans l'être humain.

Donc, l'étude du passage de gaz en plasma et en poussière et vice-versa, fait aussi partie de l'une des énigmes de l'Univers et nous venons d'y apporter notre contribution.

## Section 3
## L'eau et la formation des étoiles

Ge 1 : 16. (*Des eaux du dessus) Dieu fit les deux grands luminaires, le plus grand luminaire pour présider au jour, et le plus petit luminaire pour présider à la nuit ; il fit aussi les étoiles.*

La majorité des savants rejetait le schéma de la création biblique parce que Moïse a utilisé le nom « eaux », pour l'avoir évoqué comme élément d'avant Big-bang (un vent de Dieu se mouvait sur les eaux), comme particules du Big-bang (Dieu sépara les eaux d'avec les eaux) et comme matière ayant servi aux structures de l'Univers (des eaux du dessous, Dieu fit la terre et des eaux du dessus, il fit les luminaires).

Comment, selon l'analyse littérale de la Bible, à partir de « l'eau », les étoiles, dont notre cher Soleil qualifié de grand luminaire, et les planètes jusqu'à la Terre, peuvent-elles se former ?

Tout d'abord l'expression « *Dieu dit ou Dieu fit* »était pour démontrer que les processus physiques liés à la formation de ces corps se trouvaient dans l'idéal de Dieu, dans son plan, en projetant ces caractéristiques duelles dans les particules qui formeront l'atome. Ainsi, la formation des galaxies a suivi un processus physique. Une étoile peut-elle se créée à partir de l'eau physique ?

Avant de répondre à cette question, nous voulons d'abord préciser que le premier élément pour la formation d'une étoile, c'est l'hydrogène. Ce nom a été donné par le Français Lavoisier. Hydrogène signifie ce qui génère de l'eau. Lavoisier ne s'est pas référé à la Bible. Il n'en a même fait aucune similitude. Il ignorait même qu'il avait confirmé la Bible qui a utilisé le nom « eaux »comme premier élément de la création par manque de vocabulaire scientifique en 1500 ans av. J.-C. au moment où ce schéma a été écrit.

Maintenant, pour répondre à la question de savoir si à partir de l'eau ordinaire, une étoile peut se former, nous pouvons répondre ceci en nous basant sur différentes sources scientifiques : l'eau ordinaire est composée de l'hydrogène et de l'oxygène. Refroidie, elle devient solide ; chauffée, elle devient liquide ; chauffée de nouveau, elle s'évapore en gaz. Soumis à une forte pression, les deux composés, l'hydrogène et l'oxygène, se séparent.

Ce phénomène de séparation de l'hydrogène et de l'oxygène par réchauffement ou pression, est connu scientifiquement sous le nom de craquage de l'eau. C'est un procédé qui vise à dissocier par la chaleur les atomes composant la molécule d'eau (H2O) afin d'obtenir séparément l'hydrogène et l'oxygène. Et c'est à partir de l'hydrogène que les processus de la formation d'une l'étoile peuvent commencer.

Selon la science, le gaz d'hydrogène étant dans l'espace, il s'ensuit un commencement de champs gravitationnels l'attirant de plus en plus à se condenser. Au fur et à mesure que la pression augmente, la température s'élève jusqu'à ce que cela aboutisse à des réactions de fusion nucléaire. Une étoile est née. Que ceux qui me lisent ne pensent pas que c'est quelque chose de facile, car cela peut prendre même au-delà d'un million d'années.

Pendant la phase de formation d'une étoile, toujours selon la science, les noyaux d'atomes d'hydrogène se fondent ensemble pour former les noyaux d'hélium. Ce processus de fusion de leurs noyaux entraînera davantage l'augmentation des températures. Après, l'hélium se fondra lui-même pour produire le carbone. À chaque étape, il y a élévation de la température qui fait fondre les nouveaux noyaux et en crée d'autres. Après le carbone, on aboutira à l'oxygène, ce qui accélèrera davantage les réactions de fusion nucléaire et qui entraînera la formation d'autres noyaux lourds.

Cette chaîne des réactions va atteindre son stade final à l'intérieur de l'étoile, à la formation de fer. Le noyau de fer, en se fondant, provoquera l'implosion de l'étoile. Cette explosion, connue sous le nom de supernova, est tellement violente et chaude que l'étoile propulsera dans la nature les éléments qu'elle a créés, tout en en créant d'autres encore, plus lourds, par la chaleur générée.

Ces éléments, dont l'hydrogène (ce qui génère de l'eau) lui-même en tant qu'élément de départ, formeront d'autres étoiles, tandis que les autres éléments, l'hydrogène (ce qui génère de l'eau) compris, iront former, par leur mélange et malaxage, les planètes.

Les scénarios ne se limitent pas là. De la terre, Moïse dit que nous fûmes formés de sa poussière (Ge 2 : 7). Les savants voulant prouver qu'ils connaissent plus, disent que nous sommes issus de la poussière des étoiles. Mais, quand la terre elle-même est une éjection de l'étoile, ou du Big-bang, ces poussières n'en font-elles pas partie ? Le savant **Stephen Hawking** disait : « nous sommes faits de l'écume du Big bang ».

Alors, qui peut encore se tenir devant Moïse, ou la Bible, et le condamner d'avoir utilisé le mot « eaux »comme nom de la matière originelle ayant servi à la formation des planètes et des luminaires, jusqu'à l'homme ? Ainsi, si Moïse l'a qualifiée de l'eau, ou hydro en Grec, Lavoisier l'a définie par le nom scientifique d'hydrogène qui signifie, avons-nous dit, ce qui génère l'eau.

Les eaux de Moïse, avons-nous dit, ont connu trois cycles d'avant Big-bang. Dans le verset « l'esprit de Dieu se mouvait au-dessus des eaux »(Ge 1 : 2), nous avons affaire à des matières originelles soumises à une forte énergie. Ceci eut pour première conséquence l'émergence de premiers rayonnements physiques que la science doit découvrir pour en connaître un peu plus sur l'avant Big-bang. Moïse utilisa la phrase : « *Dieu dit : Que la lumière soit! Et la lumière fut* »(Ge 1 :3).

Le deuxième cycle de ces eaux, ou de ces particules d'avant Big-bang, fut leur explosion, ou expansion, après avoir atteint une condensation extrême. Cette explosion, qualifiée de Big-bang par la science, mais dont Moïse dit qu'elle a été sous contrôle divin, l'a décrite en utilisant les termes « Dieu *sépara les eaux d'avec les eaux* »(Ge 1 :7).

Enfin, le troisième cycle de cette eau se déroula après le Big-bang par la formation des galaxies. Cela, Moïse l'a décrit par l'émergence de la terre par les eaux qui était au-dessous, et des luminaires par les eaux du dessus, par la phrase *« la séparation des eaux d'avec les eaux »*(Ge 1 :9-19), ou Big-bang selon la science.

Tous les savants savent que l'eau c'est l'hydrogène et l'oxygène. Ces deux éléments peuvent aussi se séparer selon les conditions atmosphériques auxquelles ils sont soumis.

Bien qu'aujourd'hui on cherche à découvrir l'eau sur les cibles qu'on peut atteindre, à travers des télescopes géants, on découvre aussi l'eau, parfois sous forme de gaz ou de glace, sur des cibles qu'on ne peut atteindre pour le moment. Nous en avons largement parlé au Tome II de la collection des livres « Les Versets des savants ».

## 3.1. La formation des poussières dans le cadre de la relativité restreinte et le Principe de la création

À l'origine du cosmos, il n'y avait que le spirituel et puis vinrent des rayonnements divins puissants qui activèrent des énergies les rendant actives. Ainsi se forma une terre informe et vide, c'est-à-dire un Univers seulement avec des énergies virtuelles.

Le physicien italien Gabrielle Veneziano qui n'avait la vision spirituelle disait « l'Univers est né ou provient d'un vide infini ». Du moins lui a réussi par rapport à ceux qui parlent des Univers cycliques sans en préciser le commencement, car dans le vide, il y avait déjà l'énergie.

Albert Einstein, quoiqu'il fût parmi ceux qui ont combattu l'abbé Georges Lemaître de mêler Dieu dans la science, trouva néanmoins la formule de la transformation, après le Big-bang, de cette énergie par la matière. C'est sa fameuse formule de $\boldsymbol{E = mc^{2}}$.

Nous avons dit que [L'équation **E** = $\mathbf{mc^2}$ (lire « **E** égale **mc** carré ») a été exprimée en 1905 par Albert Einstein dans le cadre de la relativité restreinte. **E** représente l'énergie, **m** la masse et **c** la célérité de la lumière. Elle signifie qu'une particule (matière) de masse **m** isolée et au repos dans un référentiel possède, du fait de cette masse, une énergie **E** appelée énergie de masse, de valeur donnée par le produit de **m** par le carré de la vitesse de la lumière].

Cette formule $\boldsymbol{E = mc^2}$ appelé équivalence masse-énergie où **m** est la masse et **c** la vitesse de la lumière dans le vide, exprime d'une façon mathématique le passage de l'énergie à la masse autrement dite à la poussière. Toutefois cette formule n'explique pas la conscience dans la masse.

La formule qui inclut la conscience est celle de la :

**Dv =In [(Ci .M) + (Po.Ne) + (Ms.Fe)] ou**

**In = 302.752 x 10 $^{18}$ km/s**

En d'autres termes et pour une meilleure compréhension par mes lecteurs, selon les Principes de la Création, chapitre du livre du Principe divin du Rév. Dr Sun Myung Moon, en Dieu, il y a l'Énergie Première Universelle. C'est cette énergie qui est dotée à chaque entité lorsqu'elle est créée, qui est source des consciences. Au sein de l'entité, elle agit en tant que Force Première Universelle comme nous pouvons de nouveau le lire :

*« Si vous entrez dans un état mystique, vous comprendrez qu'un seul grain de sable contient tous les principes de l'Univers. Vous verrez même dans un seul atome l'harmonie infinie et inépuisable de l'Univers. Malgré notre compréhension limitée, nous ne pouvons nier qu'un réseau complexe de force est à l'origine de toute existence. Les molécules contiennent des atomes et les atomes des particules élémentaires. Pourtant, mêmes ces entités ne sont pas dépourvues de conscience. Chacune est dotée d'une conscience et d'un but spécifique »*. (Cfr : Cheon Seong Gyeong, FFPMU, p.85)

En plus, Le Principe de la création parle de la « dotation »de l'énergie divine à chaque entité. Cette dotation rend la matière elle-même énergétique selon la formule ci-dessus. C'est ce qui explique pourquoi toute la matière soumise dans l'expérience de la formule ne se transforme pas totalement en énergie. D'où Peter Higgs dut faire la différence entre particule et masse. L'énergie étant déjà dans la particule, celle-ci n'acquiert, selon lui et accepter actuellement par la science, de la masse qu'à travers un champ dénommé le champ de Higgs.

Dans la formule : **$E=mc^2$, appliquée** dans la masse de la matière, on peut obtenir beaucoup d'énergie. Mais, en pratique, on n'arrive jamais à extraire qu'une partie infime de cette énergie dite de masse. C'est ainsi que la formule qui est souvent retenue est :

$$\Delta \mathcal{E} = C^2 \Delta m$$

Le triangle avec une pointe en haut, c'est une lettre grecque que l'on appelle "Delta ». C'est un symbole que l'on utilise en science de la matière pour dire "variation de". Ça signifie qu'en faisant disparaître une certaine masse DELTA **m** d'un morceau de matière, on peut en extraire une énergie **c²** fois DELTA **m**, c'est-à-dire beaucoup d'énergie pour pas beaucoup de masse.

Ainsi, lorsqu'une bombe nucléaire explose, la majeure partie de l'énergie créée par la disparition d'une partie de la masse est de l'énergie thermique. En d'autres termes, une bombe nucléaire est dangereuse parce qu'elle chauffe énormément.

Je sais que l'explication est très compliquée, mais c'est pour dire que la masse dans son entièreté n'est pas que de l'énergie condensée. Il y aura toujours un brin des poussières qui resteront en soumettant la masse à la vitesse de la lumière au carré (**mc²**). Cela fait de la loi biblique qui dit que la matière est poussière et que ça retournera un jour à la poussière, **une loi fondée**.

Les phénomènes les plus frappants de la transformation de la matière en énergie selon la formule d'Albert Einstein, furent les bombes atomiques larguées sur Hiroshima et Nagasaki, au Japon en 1945, par les Américains. La formule **E=mc²** a théorisé l'interchangeabilité de l'énergie et de la masse, ouvrant la voie aux travaux sur l'énergie nucléaire et par conséquent aux armes nucléaires. Voilà pourquoi il n'est pas toujours bon pour les hommes de découvrir certains secrets de Dieu. Il y aura toujours à côté quelqu'un pour l'utiliser dans le but du mal.

On associe souvent les bombes atomiques larguées au Japon avec l'image d'Albert Einstein. En effet, Albert

Einstein fut un pacifiste, mais ce fut son collaborateur, le physicien hongrois Leó Szilárd, qui découvrit le principe atomique de réaction en chaîne.

La théorie de la relativité d'Einstein permet de démontrer que la matière peut se transformer en énergie et inversement : c'est le principe d'équivalence masse-énergie. Cette équivalence est à la base des réactions nucléaires de fission et de fusion. Dans la fission, un noyau atomique se sépare en deux noyaux dont la masse totale est inférieure à la masse du noyau initial. Le défaut de masse est transformé en énergie, qui est libérée sous forme d'énergie cinétique des fragments et de rayons gamma. Cette réaction en chaîne libère l'énergie nucléaire et entraîne d'énormes explosions.

Pour exploiter cette formule lors de la seconde guerre mondiale, le physicien hongrois Leó Szilárd demande à Albert Einstein de prévenir le président américain Franklin Roosevelt des dangers que courrait le monde si Hitler entrait en possession de telle découverte. Franklin Roosevelt le crut et finança l'opération dénommée « Manhattan »sans la participation d'Albert Einstein qui avait un dossier noir au FBI. Mais, aujourd'hui, c'est son nom qui reste à jamais associé à la création de la bombe atomique, rendue possible par sa plus grande découverte.

(Cfr : nationalgeographic.fr/sciences/einstein-est-il-le-pere-de-la-bombe-atomique, De Erin Blakemore).

Après la guerre, Einstein militera pour le désarmement nucléaire jusqu'à sa mort en 1955. Peu avant, il avouera à Linus Pauling : « *J'ai fait une grande erreur dans ma vie quand j'ai signé la lettre de* LeóS zilárd »(de 1939).

(Cfr : npa2009.org/idees/einstein-et-la-bombe-atomique, Ross Harrold).

**$E=mc^2$** fait partie, à ce jour, de la plus grande formule du secret de la création. Cette formule prouve l'équivalence de l'énergie et de la matière, c'est-à-dire la possible transformation de la matière en énergie ou de l'énergie en matière.

Plus qu'on approche de cette formule, plus qu'on découvre comment on peut détruire l'humanité en un rien de temps. Ceci confirme ce que j'ai dit « Il y aura toujours à côté quelqu'un pour utiliser une bonne découverte dans le but du mal ». Ce n'est pas un phénomène nouveau.

Déjà dans le jardin d'Éden, quand Lucifer a su la formule qui devait conduire à bâtir le royaume des Cieux, il l'utilisa en sens contraire pour asseoir l'enfer, son royaume. (Cfr : Rév. Sun Myung Moon, La Chute, dans le Principe divin).

## Section 4
## La formation des minéraux

« *Le Ciel, La Terre,1e vent, la mer, les arbres, les animaux, les êtres humains, tout cela et tout le reste est faite quarks UL, de quarks 0'.et d'électrons* »(Cfr : Quand l'énergie devient matière, CERN 1982. P. 35)

La Bible, comme les autres écrits antiques, ont connu beaucoup de traductions et d'interprétations. En plus, pour les livres dits sacrés, ce sont les interprétations humaines et le langage utilisé qui fait que ces écrits s'entrecoupent entre eux au lieu de connaitre un acheminement comme l'Ancien Testament, le Nouveau Testament et le Principe divin (Testament Accompli).

En effet, le Principe divin du Rév. Dr Sun Myung Moon est le seul livre qui éclaircit les points obscurs de l'Ancien Testament et du Nouveau Testament et qui prend le relais de l'explication de la providence divine à partir de l'ascension de Jésus, en passant par son retour, jusqu'à la proclamation du Royaume des Cieux sur la Terre.

Lc 22 :18 « *Car, je vous le dis, je ne boirai plus désormais du fruit de la vigne, jusqu'à ce que le royaume de Dieu soit venu* ».

D'ailleurs, si aujourd'hui la science ne croit pas que c'est Moïse qui a écrit le Pentateuque, c'est aussi à cause de non-rupture entre l'histoire du Deutéronome, qui marqua aussi la fin de la vie de Moïse, et le livre de Josué. Mais là, c'est la science. Pour nous, les religieux, c'est le contenu qui compte. Et le doute qui caractérise la science concernant l'auteur du Pentateuque, nous nommons ce doute du nom de Moïse et nous disons que c'est une personne réelle.

On parle toujours d'un homme de Dieu au présent comme nous pouvons le lire « (Jésus lui dit) quiconque vit et croit en moi ne mourra jamais »(Jn 11 : 26).

Dans la Bible, on nous dit comme situation ayant prévalu avant le Big-bang : « *l'esprit de Dieu se mouvant dans les eaux* »(Ge 1 :3), soit les énergies en train d'actionner la matière originelle selon la version scientifique. Dans le Livre de la Transformation, dont nous avons restitué le principe fondamental au Tome I, on nous dit que :» *de l'action du Yin et Yang sur le métal, le bois, l'eau, le feu et la terre que toutes choses ont été formées* ». Et dans les modèles antiques occidentaux, on nous parle *de l'amour et de la haine sur les quatre éléments* selon Empédocle.

En combinant les trois pensées, nous pouvons dire que les ténèbres et l'Esprit de Dieu, le Yin et le Yang, l'amour et la haine, s'étant unis en une force au commencement, se mouvaient au-dessus des éléments représentés par les « eaux »dans la Bible, les « sphérus »dans le Modèle antique occidental et l'Univers condensé dans la science actuelle, jusqu'au jaillissement de la lumière (rayonnement, feu intense) suivi du Big-bang ou séparation des eaux d'avec les eaux (Bible), créant les autres éléments avant l'émergence des galaxies.

Nous, les religieux, nous disons que c'est Dieu qui est le créateur de toutes choses, même les moindres, à travers un chaînon évolutif, à partir d'un élément originel ou primitif. Pour la science, cet élément primitif complet formé après le Big-bang, c'est l'hydrogène. Quand on a l'hydrogène, on a tous les éléments de l'Univers. Mais l'hydrogène lui-même est composé des particules élémentaires appelées les quarks.

Donc, dans le monde minéral, la création a suivi tout un processus physique, selon la volonté de Dieu, exprimée par la phrase « Dieu dit ». Ce ne fut pas un processus simultané d'un jour au lendemain. Nous en avons déjà parlé à l'introduction du Tome I de la collection des livres « Les Versets des savants ». Tout a commencé à partir d'une seule particule originelle et son antiparticule issues des caractéristiques duales de Dieu, comme on le développe dans le Principe de la création du Rév. Dr Sun Myung Moon. La première possédant les attributs de Yang et la seconde ceux de Yin. Après des multiples annihilations et recréations, décrites dans la mécanique quantique, on est abouti à l'élément complet où se sont combinées pour la première fois les particules élémentaires. Pour la science, jusque-là, ceci a eu lieu après le Big-bang.

Après les « eaux »dans la Genèse, Moïse parle directement de la production de la lumière, tandis que le livre des transformations et les modèles antiques occidentaux parlent directement du feu. Avant la lumière et la chaleur dans la nature, il y a le feu. Mais, à l'œil nu, cela paraît simultané compte tenu de la vitesse de la lumière dans le vide soit 300 000 km /s. Nous avons dit que « l'eau »dans les trois modèles était composée des particules qui ont généré l'hydrogène.

L'hydrogène est un nom scientifique, avons-nous dit, créé par le chimiste français Lavoisier, qui signifie « ce qui génère de l'eau ». Lavoisier, avons-nous dit, n'a pas su qu'il avait rejoint la Bible et les autres livres antiqucs. On voit que la science et ces trois sagesses antiques parlent le même langage.

C'est à partir des études de ce qui se passe à l'intérieur des étoiles que les scientifiques nous offrent les schémas de la formation des éléments. Cette connaissance est très capitale pour les croyants aussi, qui sont comme moi et qui questionnent la nature, parfois sans trouver des réponses.

Ainsi, pour satisfaire la curiosité de mes lecteurs, répétons ce schéma scientifique de la formation des éléments pour une bonne compréhension par tout le monde. Je peux résumer une histoire biblique, mais faire un résumé scientifique dans une langue qui n'est pas ma langue maternelle comporte des risques d'altération. Mais mon but est seulement que mes lecteurs comprennent comment les minéraux se forment. Ainsi, je vais me passer de beaucoup de choses pour ne présenter que l'essentiel.

Selon la science, après le Big-bang, les premiers atomes à se former furent l'hydrogène. Par la force contractive, la température des atomes d'hydrogène en se liant a augmenté progressivement jusqu'à atteindre des dizaines de millions de degrés et celle-ci les amène à se fusionner entre eux et donner naissance à l'hélium. Ce processus est appelé processus de fusion thermonucléaire (nommé nucléosynthèse primordiale). Les éléments ainsi créés continuent à se condenser par gravitation, tout en s'échauffant. Lorsque la température au centre des celle-ci atteint encore plusieurs millions de degrés, des réactions nucléaires se produisent et une étoile est née.

Une fois l'hydrogène consommé à l'intérieur de l'étoile, celle-ci n'est plus composée que d'un cœur d'hélium qui s'effondre, élevant ainsi considérablement la température de l'étoile. Cette température va permettre à de nouvelles réactions de fusion thermonucléaire de s'enclencher. C'est la nucléosynthèse stellaire. Ainsi la fusion de l'hélium et de l'hydrogène à l'intérieur de l'étoile aboutit à la formation de x de **carbone**... Le carbone ainsi produit peut également réaliser une fusion avec l'hélium, ce qui crée des x d'oxygène et ainsi de suite... La répétition de ce type de processus – épuisement du combustible nucléaire, suivi d'effondrement et de réchauffement – permet de créer les x des différents éléments chimiques connus jusqu'au fer.

Le fer est généralement considéré comme étant le stade final de la chaîne des réactions de fusion nucléaire au sein des étoiles. Sa particularité est qu'il a le noyau le plus stable de tous les éléments. Ainsi, arrivé à ce stade, la fusion ne peut continuer à évacuer son énergie en construisant des éléments plus lourds. L'étoile commence alors à absorber son énergie au lieu de l'émettre. Et cela entraine son implosion. Une fois que l'étoile explose, l'augmentation de la température qu'elle dégage, créée encore d'autres éléments plus lourds.

Tout ce qui est écrit ici est pour permettre à mes lecteurs de comprendre comment les éléments se créent à l'intérieur des étoiles à partir, comme je l'ai dit, de l'atome d'hydrogène.

Dans ce schéma de création des éléments, la science reconnaît la formation, à la dernière étape, du fer qui est mentionné dans le Livre des Transformations sous l'appellation de métal, et que de la collection des livres « Les Versets des savants »a dévoilé cet élément au Tome I.

En effet, après la production du fer il s'ensuit une explosion de l'étoile qui, en cassant ses couches externes, propulse dans l'espace, dans une explosion appelée supernova, les éléments qu'elle a fabriqués comme le cobalt, le nickel, l'or, la platine et tant d'autres que nous retrouvons dans la nature, y compris les molécules de vie.

Dans une étoile, la réaction de fusion s'autoalimente, c'est-à-dire que l'énergie produite par les réactions de fusion déclenche d'autres fusions. Ceci confirme nos propos dites au début de ce chapitre concernant le froid et la chaleur extrême comme phénomènes principaux de changement d'état de la matière. Ainsi, les noyaux formés par fusions et désintégrations successives ont tendance à se disposer en couches superposées, les plus légers vers la surface, les plus lourds vers le centre. L'accumulation de noyaux lourds en son centre finit par déséquilibrer l'étoile qui va, dans certains cas, exploser en nova et disséminer ces noyaux dans l'espace sous forme de gaz et d'astéroïdes. Les gaz formeront de nouvelles étoiles.

Les astéroïdes composés parfois de métaux purs, comme le fer, vont s'entrechoquer et s'agglomérer entre eux pour former des planètes. C'est ainsi que le sous-sol de la planète Terre est riche en métaux divers qui proviennent de lointaines réactions de fusion. C'est ce qui a fait dire aux scientifiques que l'homme (la création) est le produit de la poussière des étoiles. Mais, étant donné qu'il fut formé sur la Terre, la Bible et le Coran disent plutôt qu'il est le produit de la poussière de la Terre. La science a parlé de la situation en amont, croyant mieux faire, et les deux livres sacrés en aval. Mais il s'agit de la poussière de l'Univers comme en a conclu le Principe de la création du Rév. Dr Sun Myung Moon.

En voici l'illustration d'une étoile découpée :

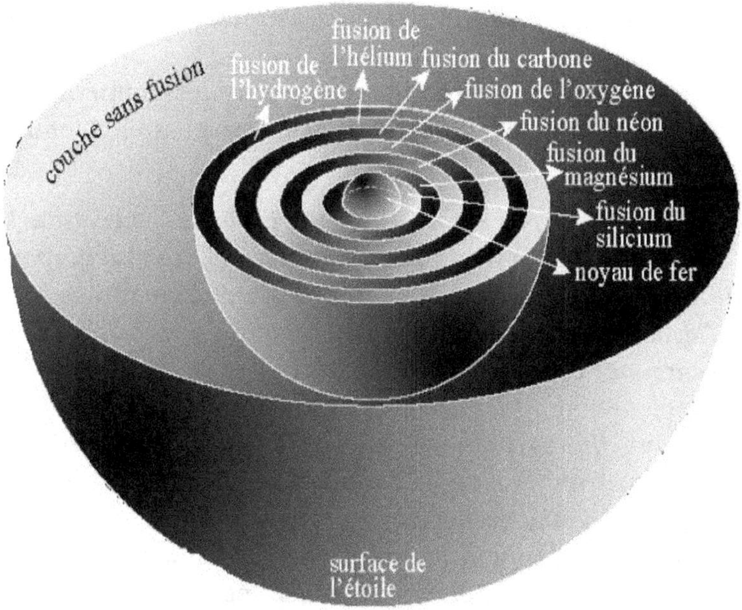


**Figure 12 Source : L'ÉNERGIE ET LA MATIÈRE : PETITE EXPLORATION DU MONDE DE LA PHYSIQUE**

Le nom de l'atome est déterminé par son nombre de proton. *Quand on a un proton, on est en face d'hydrogène. En se fusionnant pour former 2 protons, ça crée l'hélium. En se fusionnant de nouveau, on aboutit à 3 protons et ça crée le lithium. La suite de ces fusions font qu'*un atome de carbone a 6 protons et un atome de Fluor 9, un atome de fer 26, etc. cet avec ce nombre qu'on est arrivé à établir le tableau de Mendeleïev.

Avec le verset « l'Or et les diamants appartiennent à Dieu », beaucoup de croyants pensent que Dieu a passé son temps pour les fabriquer. À partir de la marmite ci-dessus, représentant l'étoile, Dieu, en créant les particules dont la fusion devait aboutir à la formation d'hydrogène, savait déjà qu'il venait de former tous les éléments et les matières, y compris l'homme.

Après, ce fut seulement une question des températures pour déterminer les explosions nucléaires possibles comme nous pouvons le lire :

« *La transformation d'hydrogène en hélium nécessite 12 millions de degrés. La transformation d'hélium en carbone nécessite cent millions de degrés. Les étoiles massives vont au-delà de la transformation du carbone. La transformation du carbone nécessite 600 millions de degrés, la transformation du néon un milliard de degrés, la transformation de l'oxygène (donnant du silicium et du soufre) deux milliards de degrés, la transformation du silicium (qui conduit au fer) quatre milliards de degrés. Au-delà du fer, les réactions thermonucléaires ne permettent plus de donner de l'énergie par fusion. Du coup, l'étoile s'éteint ou implose (supernova)* ».

(Cfr : http://www.matierevolution.fr/spip.php ?article, Big bang ou pas Big Bang, le 15/05/2009 par FaberSperber, Robert Paris)

Après l'implosion, la grande chaleur soufflée par l'étoile donne encore naissance à d'autres éléments plus lourds.

Donc, sur la base des éléments dans la marmite, que Moïse a appelée Abîme (Ge 1 :2), au début, lors de la formation d'une étoile jusqu'à sa cuisson, on aboutit à une soupe composée des molécules de plusieurs éléments. C'est ainsi que dans Les Modèles Orientaux, les réactions thermonucléaires, provoqué par la gravitation causée par le Yin et le Yang qui a tendance a formé un tout, peut s'articuler aisément :

« *De la relation entre le yang et yin, les cinq éléments fondamentaux de l'Univers furent créés à savoir le métal, le bois, l'eau, le feu et la terre. À partir de ces cinq agents, toutes les choses en sont venues à exister* ».

(Cfr : Présentation du Principe Divin, éd. Culture et Paix, Paris).

Il en est de même pour les modèles antiques occidentaux qui l'attribuent à une confrontation entre l'amitié et la haine, représentant les premières énergies de l'Univers et non les sentiments biologiques.

Les peuples orientaux et occidentaux étant les maîtres de la philosophie, je les laisse développer eux-mêmes leurs modèles, étant donné que je viens d'ouvrir la porte qui était fermée depuis l'Antiquité.

# CHAPITRE VI
## Les phénomènes inexpliqués dans le ciel

Dans le ciel, il se passe parfois beaucoup de phénomènes compliqués qui incitent parfois les astrophysiciens à revoir les théories émises. Nous voulons offrir certaines de nos hypothèses sur ces phénomènes en nous basant sur leurs observations.

Je vous vous informe que je suis astronome amateur et j'ai fait mon stage à l'Observatoire des Baronnies Provençales au sud de la France. Ce fut très dur pour un Africain qui a grandi dans le climat tropical et qui y est habitué, de se retrouver, dès sa première entrée en Europe, en train de travailler, vers 1h00 du matin, à des températures de moins de 10°C sans préparation d'un équipement adéquat. Mais, en tant que cosmologue autodidacte, ce fut une fierté pour moi de contempler et d'apprendre à analyser les objets dont je parle.

L'analyse que nous voulons faire, même si ça ne concorde pas avec les explications des scientifiques, mais du moins ça nous de faire passer nos théories.

# Section 1
# Les astres binaires et solitaires

## 1.1. Les étoiles

Nous avons déjà parlé de la formation des étoiles selon la science. Ici, nous essayons de raisonner sur certains phénomènes que nous constatons dans le Ciel avec nos appareils astronomiques et qui sont encore inexplicables scientifiquement.

Nous constatons parfois des étoiles jumelles dans les systèmes doubles, où les deux tournent autour de leur centre de masse commun et cela est une grande préoccupation pour les scientifiques concernant leur formation.

En effet, la plupart des étoiles se forment au sein d'immenses nuages moléculaires qui sont un réservoir de gaz à l'intérieur des galaxies. Les étoiles naissent lorsque ces nuages sont comprimés par la gravité. Plus la masse devient compacte, plus elle attire la matière environnante.

Pendant qu'elle s'accroît en agrégeant toujours de la matière, on parle alors de la protoétoile. Une fois qu'elle a avalé toute la matière se trouvant dans sa sphère gravitationnelle et les autres matières pendant son oscillation, sa croissance cesse. Cela va non seulement enclencher les réactions de fusion mais aussi une perturbation de son orbite initiale suite à la masse acquise. Cela l'entraîne parfois à quitter son système et à se retrouver soit isolée, soit à se positionner proche d'une autre étoile créant ainsi un lien gravitationnel.

## 1.2. Les planètes et les satellites

On parle des planètes flottantes quand il s'agit des astres de masse planétaire qui n'orbitent autour d'aucune étoile. Une trentaine d'astres de taille planétaire, errant dans l'espace, ont été repérés dans la nébuleuse d'Orion.

(Cfr : Ciel&Espace Aout 2005; Planètes flottantes entre deux eaux,

Pour mieux nous expliquer comment ces phénomènes arrivent, appliquons pour la première fois le principe d'Archimède dans la relativité générale. Cette loi de physique s'explique de la manière suivante :

« *Tout corps partiellement ou totalement immergé dans un fluide subit des forces de pression équivalentes à une force unique appelée poussée. Cette poussée, verticale et dirigée de bas en haut, est d'intensité égale au poids du fluide déplacé (fluide dont le corps occupe la place). Son point d'application est le centre de gravité du fluide, appelé centre de poussée (le centre de poussée ne coïncide pas nécessairement avec le centre de masse du corps). La poussée d'Archimède est donc une force exercée vers le haut. Ainsi, le poids d'un corps immergé dans un fluide est inférieur à son poids réel : c'est le poids apparent du corps* ». (Cfr : "Archimède, principe d'." Microsoft® Encarta® 2009 [DVD]. Microsoft Corporation, 2008.)

Dans l'Univers, le tissu de l'espace-temps remplace le fluide et la nébuleuse moléculaire prend la place du corps flottant. En étant éparpillé, la pression de la nébuleuse moléculaire déforme moins le tissu de l'espace-temps au niveau de son axe, parce que la force se trouve répartie horizontalement.

Pour un cas précis, je me suis livré à une expérience dans une rivière dont l'eau se limitait au niveau de ma hanche. Malgré ma masse inchangée, lorsque je me mettais débout, mes pieds se retrouvaient au sol et, dans une grande rivière, je coulerais jusqu'à un niveau où l'eau commencerait à m'emporter. Mais quand je me couchais sur le dos, à l'horizontal je perdais l'axe et je flottais, car ma pression envers l'eau se retrouvait répartie d'une manière horizontale.

Donc, quand une nébuleuse entame le processus de la transformation vers l'étoile, l'axe de la gravité auquel la matière se déverse exerce plus de pression sur le tissu de l'espace-temps pouvant l'entrainer à un nouveau cycle orbital. Cette explication est aussi valable pour ce que nous avons dit concernant les étoiles isolées et doubles.

Encore une fois ici, j'ai découvert une explication scientifique qui confirme mes arguments et s'énonce ainsi :

« *Quand un liquide ou un gaz se contracte, il tourne... On retrouve en effet cette propriété d'un gaz en contraction dans une galaxie en formation. Elle se contracte par gravitation et se met à tourner. Mais dans quel sens va-t-elle tourner ? Rien ne permet de le dire. Cette rotation est une rupture de symétrie.*"

(Cfr : http://www.matierevolution.fr/spip.php ?article, **La symétrie brisée**, 22/03/2009, par Robert Paris)

Mon pays est pauvre à cause de l'inexploitation de ces potentialités et mes expériences sont à la portée de tout le monde. Pour revenir sur ce que nous venons de dire, au lieu d'aller vous mouiller à la rivière, prenez seulement deux papiers duplicateurs. Tenez l'un au bras gauche et l'autre à droite. Laissez-les tomber. Ils arrivent au sol presque au même moment. Ensuite, laissez l'un comme tel et faites de l'autre une boule. Tenez-les entre les bras et laissez-les tomber encore au même moment. Malgré qu'ils aient la même masse, le papier en boule tombe directement vers le sol, alors que l'autre continue de flotter un peu dans l'air qui sert de fluide. Cette expérience permet à tout le monde de comprendre la loi d'Archimède et tout ce que je viens de dire concernant la contraction des nébuleuses.

Le changement de la position orbitale peut créer des désordres dans l'espace qui se manifestent par des phénomènes qui font étonner des astronomes. Je dis « peut créer »parce que l'observation n'est pas à la portée d'une vie humaine.

Je n'ai jamais eu le temps de jouer aux billards, mais supposons que ma cible se trouve au fond et que je devrais donner un grand coup à la boule pour l'atteindre et la faire déplacer. Dans l'astronomie, cela ressemble à une collision totale qui peut entraîner la fusion ou la désintégration. Toutes les boules qui seront frôlées au passage par la boule que j'ai tirée avec toute mon énergie, vont subir des changements de position. Certaines en entraineront aussi d'autres à changer leur position en les percutant ou en les frôlant. Et, par pur hasard, à travers ces frôlements, l'un peut me faire gagner du point alors que je ne l'avais pas visé. Scientifiquement, on parlera d'une création inattendue. En astronomie, frôler ne veut pas dire tout simplement toucher le corps, mais passer dans la zone de gravité. Cela peut faire vaciller le corps, comme le phénomène des marées, c'est la collision partielle.

Ceux pour qui le mot marée est tout à fait nouveau, quand la lune est présente dans le ciel, sa gravité attire les eaux océaniques situées directement en dessous, provoquant une marée haute; c'est-à-dire une augmentation du niveau de l'eau. Cela entraîne dans une autre zone une diminution de niveau de l'eau, c'est la marée basse.

Les astronomes savent avec quelle vitesse exorbitante les corps se déplacent dans l'espace. Il suffit tout simplement qu'un grand corps percute l'autre pour que la situation que j'ai décrite ci-haut avec la boule de billard, se produise.

Une étoile peut aller se retrouver à côté d'une étoile, une protoétoile dont le cycle n'était pas arrivé à son terme peut se retrouver proche d'une étoile en tant que Jupiter chaude. Une planète peut aller se retrouver à côté d'une autre planète devenant sa lune ou vice-versa. D'autres au contraire, à cause de l'impact, en franchissant la limite de Chandrasekhar de 1,4 masse solaire, se fusionne à leur compagnon en leur cédant la matière. Certains corps se retrouvent dans des endroits isolés de là où ils devraient être et d'autres finiront par tourner dans le sens contraire des autres planètes, toujours à cause de l'impact.

Pour deux cas précis d'observation :

– L'analyse des roches linéaires faite jusque-là a démontré que la lune est un morceau de la planète Terre mais qui s'est détaché quand un corps, nommé Théia qui avait la taille de Mars, l'a percutée. Cet impact a projeté des matériaux de la Terre dans l'espace et ceux-ci se sont agglomérés pour former la Lune, tournant dans une orbite autre que la Terre.

– Comme dans les accidents terrestres aussi, une voiture peut se retrouver le devant tourné vers la direction opposée où elle roulait et cela étonne souvent plus d'un passant. De la même façon, c'est une énigme pour les astronomes de constater que certaines planètes tournent sur elles-mêmes dans le sens inverse (ou **sens rétrograde**) de celui des autres planètes.

Pour un cas de prédilection :

– Les astronomes ont constaté que la galaxie d'Andromède, située à 2,55 millions d'années-lumière du Soleil, fonce sur nous à 130 km/s ! Elle devrait donc entrer en interaction avec la Voie lactée dans 4,5 milliards d'années. Comme conséquence, le Soleil pourrait se trouver éjecté dans l'espace inter galactique et d'autres étoiles se retrouveraient éparpillées par rapport aux orbites qu'elles occupaient dans leur galaxie d'origine.

(Cfr : Science&Vie Hors-Série n°288, 09/2019, p.71 par S. Devos).

### 1.3. Les trous noirs

Il n'y a pas que des planètes solitaires, mais aussi des trous noirs comme nous pouvons encore le lire :

« *Un trou noir qui erre seul dans l'espace ! C'est l'étonnante observation qui vient d'être faite grâce au télescope spatial Hubble de la Nasa. Ce trou noir super massif retrouvé en dehors de sa galaxie a été qualifié de "flottant", en référence aux quelques dizaines de "planètes flottantes" repérées ces dernières années et qui ne sont plus liées gravitationnellement à leur étoile. Le nom officiel de ce monstre errant est quasar 3C 186. Selon le scénario proposé, deux galaxies (dont l'une était l'hôte de 3C 186) se seraient percutées. Résultat : elles auraient propulsé le trou noir résultant de la fusion dans la direction opposée à la collision... l'éloignant ainsi peu à peu de sa galaxie.* »

(Cfr ;sciencesetavenir.fr/un-trou-noir-se-promene

-solitaire-dans-l-espace_112651)Par AzarKhalatbari le 06.05.2017).

Ce qui vient de confirmer tout ce que nous avons dit est la dernière phrase de la citation ci-dessus à savoir :

« *Selon le scénario proposé, deux galaxies (dont l'une était l'hôte de 3C 186) se seraient percutées. Résultat : elles auraient propulsé le trou noir résultant de la fusion dans la direction opposée à la collision... l'éloignant ainsi peu à peu de sa galaxie* »

(Cfr ;sciencesetavenir.fr/un-trou-noir-se-promene

-solitaire-dans-l-espace_112651) Par AzarKhalatbari le 06.05.2017).

L'image d'un trou noir érrant

**Figure 13 Un trou noir supermassif dénudé de sa galaxie, parcourt l'Univers en toute liberté et à grande vitesse par Stéphanie Schmidt, 4 novembre 2016 , trustmyscience.com. Le trou noir B3 1715+425, situé à 2 milliards d'années-lumière.**

# CHAPITRE VII
# Les phénomènes inexpliqués dans le ciel

# Section 1
# La stabilité galactique et la progression de l'Univers

## 1.1. La stabilité galactique

Par stabilité galactique, nous voulons expliquer à nos lecteurs, dont la majorité ne sont pas dans le domaine de la science, comment les astres se tiennent en équilibre à l'intérieur d'une galaxie. Tous les chrétiens pensent qu'à la fin du monde, les étoiles vont tomber sur leurs têtes (Mt 24 : 29) et que les astres se trouvent au-dessus de nous. Ce livre apprend aussi aux croyants à dissiper leur ignorance et à mieux connaître l'Univers.

En effet, jusque-là les scientifiques ont découvert que l'Univers est plat, c'est-à-dire que si nous soulevons nos têtes pour voir le Soleil ou les étoiles, cela ne veut pas dire que nous regardons au-dessus de nous. La Terre étant ronde, en rotation et translation continues, il nous arrive, par le seul fait de soulever la tête, de regarder en dessous de nous, ou à l'horizontale ou à la verticale, et quelquefois au-dessus de nous. Donc, si marchons sur la terre, ce n'est pas qu'elle se trouve en dessous de nos pieds, mais c'est parce que la gravitation nous maintient à elle.

Aujourd'hui les scientifiques se posent beaucoup de questions sur la théorie de l'équilibre dans l'Univers et ont chaque fois mal au dos quand deux ou plusieurs astres s'alignent. Ils se posent aussi des questions sur ce qui se passera en cas d'une probable collision. Certes, cela aura des grandes conséquences sur la vie actuelle. D'où l'importance de la cosmologie, même si celle-ci est incapable de résoudre de tels problèmes aux grandes masses des astres qui nous entourent. Ces phénomènes se sont déroulés pendant des milliards d'années après le Big-bang jusqu'à ce qu'on aboutisse à la stabilité actuelle due à cette explication littéraire et théorique tirée de mes déductions :

Toute masse génère une énergie gravitationnelle. Étant en mouvement, elle génère un champ de forces appelé force de gravité. Nous pouvons aussi appeler cela un vent énergétique. Cette énergie entraine le gaz environnant qui se manifeste sous forme de radiations. Ces propos rejoignent la théorie de la ceinture de radiations, pour ceux qui veulent un approfondissement scientifique. (Cfr : radiations, ceinture de. Microsoft® Encarta® 2009 [DVD]. Microsoft Corporation, 20.

Par des mouvements de translation (mouvement giratoire d'astre dans l'espace autour de son orbite) et de rotation (mouvement circulaire d'un corps qui tourne autour de son axe ou sur lui-même), les astres produisent des vents énergétiques qui s'influencent entre eux. La vitesse et le mouvement produits par un grand astre influencent l'astre, ou les astres, le plus proche par un phénomène qu'on appelle gravitation, l'entrainant et l'emmenant à tournoyer aussi. C'est le cas, par exemple, de Neptune où la rotation rapide d'Uranus fait que c'est la planète la plus turbulente du système solaire. (cfr : les planètes du système solaire ; encarta).

Il faut aussi noter que les vitesses rotatives et translatives de chaque astre créent en soi son autoprotection en résistant à la gravitation de l'astre le plus proche. C'est ainsi que dans l'espace intergalactique on rencontre, dans le vide, le gaz très chaud allant jusqu'à 10 millions de degrés.

La gravitation entre deux astres proches se présente comme un fil élastique qu'on tire de part et d'autre. À ce moment-là, l'astre le moins dense joue la défensive. C'est ce que la science qualifie des forces centrifuges de l'un et centripètes de l'autre. C'est pour dire que la masse de l'astre joue aussi un grand rôle pour maintenir sa stabilité autour de son orbite, malgré les fluctuations dues à ces phénomènes d'élasticité.

Scientifiquement, nous pouvons dire que la manière dont un corps se déplace dans l'espace est déterminée en grande partie par la force de l'attraction gravitationnelle, qui s'exerce entre tous les éléments matériels dans son amas de galaxies. Par là nous pouvons dire que les planètes groupées autour du Soleil subissent l'influence de la puissance de son champ gravitationnel.

Prenons un aimant et un autre objet métallique (en fer). Si l'aimant est gros, sa force magnétique attire l'objet vers lui. Mais s'il est petit, il va à la rencontre de l'objet. Mais si les deux ont presque une même masse, l'attraction sera là mais les objets resteront à leur place. Seul le flottement prouvera qu'il y a attraction s'ils sont suspendus à un fil dans le vide. Dans un espace interstellaire, cela se manifeste par des mouvements rotatifs et translatifs autour de l'objet à forte gravitation. Donc, la force gravitationnelle sur un objet peut être rendue nulle par la masse ou l'éloignement de l'objet sur lequel elle s'exerce.

D'ailleurs, les deux dernières planètes du système solaire furent découvertes par le mouvement irrégulier constaté dans la planète précédente. Après la découverte d'Uranus, les astronomes s'aperçurent avec étonnement que la nouvelle planète ne tournait pas rond. Son déplacement était perturbé par la présence d'un corps massif, inconnu, dont plusieurs mathématiciens entreprirent de déterminer la position. C'est par là qu'on découvrit Neptune, la huitième planète du système solaire. Comme Uranus, Neptune ne semblait pas non plus se déplacer normalement sur son orbite et les astronomes se mirent à rechercher l'astre perturbateur. C'est ainsi que Pluton, quoiqu'il ne soit plus considéré comme une planète, fut découvert. Actuellement, on pense qu'il y a encore une autre planète qui se cache. Si tel est le cas, elle devrait être tellement molle qu'elle peut être confondue au noir spatial.

**Figure 14**
**https://www.podcastscience.fm/dossiers/2019/09/30/la-naissance-des-planetes/**

La marée haute observée dans les océans est aussi un autre exemple de la force gravitationnelle. En effet, quand la lune se trouve au-dessus de l'océan, sa gravitation attire l'eau vers elle et cela crée un soulèvement du niveau de l'océan. La même influence est aussi exercée par le soleil.

Pour Albert Einstein, le corps à grande masse courbe le tissu de l'espace-temps et attire les petits corps à orbiter autour de lui. Par exemple, d'après Newton la Terre tourne autour du Soleil car celui-ci exerce une force gravitationnelle sur notre planète. Pour Einstein, c'est une perturbation de l'espace-temps introduite par la masse du Soleil qui est à l'origine de son attraction sur la Terre.

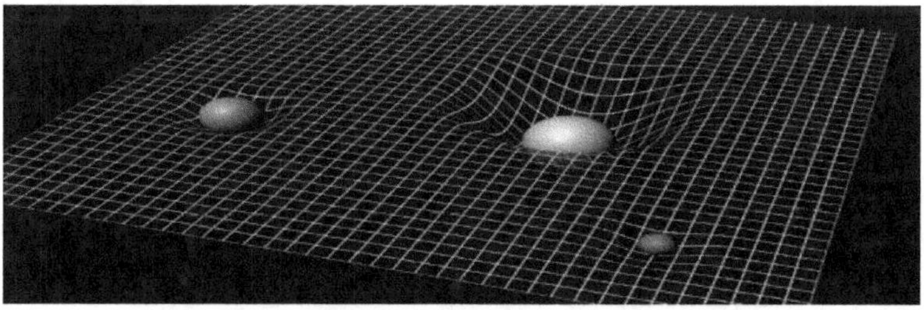

**Figure 15 Illustration de la courbure de l'espace-temps en proportion à la masse et la densité des astres.**

Crédits : ESA. La natte représente l'espace et les boules les corps célestes.

En savoir plus sur trustmyscience.com/reflexion-n1-lespace-temps-courbe-massel'énergie/#PgQ3oxZGuxYyBS6.

# Section 2
# La protection de la Voie lactée

## 2.1. La protection du système solaire dans la Voie lactée

Ces analyses ne sont qu'une façon extérieure d'interpréter les phénomènes. Dans le cadre de l'astrothéologie, pour qu'il puisse y avoir une création parfaitement ordonnée dans la Voie lactée, c'est plutôt le Principe anthropique et le Principe de la création du Rév. Dr Sun Myung Moon qui viennent au premier plan. Pourquoi dans la Voie lactée seulement ?

Il y a des seigneurs de l'Univers qui résident dans la Voie lactée qu'on appelle les humains.

Nous avons dit au Tome I de la collection des livres « Les Versets des savants »et qui s'intitule « la Cosmologie selon les modèles biblique et antique », qu'après le Big-bang, ou la Séparation des eaux d'avec les eaux selon la Bible, Dieu s'est préoccupé directement de la cible à atteindre. C'est pourquoi Moïse a parlé directement de la terre avec comme caractéristique principale, une planète porteuse de vie (Ge 1 :11), malgré qu'à cette étape (au 3e jour), la vie ne pouvait pas encore germer.

Et on verra dans la Bible, qu'après avoir positionné le point où devait être la planète porteuse de vie à la troisième période, dénommée le troisième jour biblique, Dieu se préoccupa enfin des autres astres à la quatrième période. C'est comme quand on construit d'abord ce qui est principal et pour sa protection, et qu'on entreprend enfin les travaux secondaires.

Les travaux secondaires, c'est effectivement ce qui s'est passé le quatrième jour biblique, c'est-à-dire la création des luminaires et des grands gouffres pour la protection de la Voie lactée en général et du système solaire en particulier. À travers les collisions, tout dans la Voie lactée fut tellement bien positionné que c'est presque la seule galaxie où les théories astronomiques y répondent. Au centre de notre galaxie, il y a un trou noir nommé Sagittarius A*.

Et comme je le dirai en ce qui concerne l'importance du trou noir dans les chapitres qui suivent, Sagittarius A* se présente au centre de la Voie lactée comme un chien de garde qui veille pour la sécurité galactique. Connaissant tout cela, les astronomes devraient être les premiers à dire merci à Dieu par rapport aux théologiens pour toutes ces merveilles de l'Univers.

Sagittarius est le nom latin de Sagittaire, qui est une constellation illustrée par un centaure décochant une flèche et prêt à tirer. Par-là, nos ancêtres voulaient réellement démontrer que le marchepied de Dieu est intouchable.

En effet, les constellations, selon le Dico encarta, sont des constructions imaginaires élaborées depuis plus de 4 000 ans par les hommes, permettant de définir une cartographie du ciel afin de repérer et de localiser les étoiles et les objets astronomiques du ciel. (Cfr : **Microsoft ® Encarta ® 2009. Tous droits réservés**).

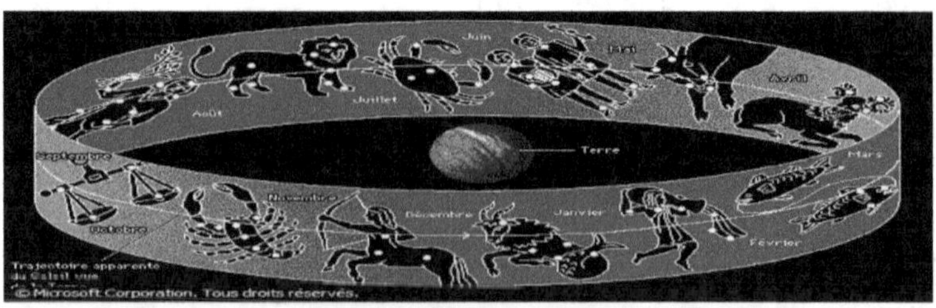


**Figure 16 Constellations du zodiaque. © Microsoft Corporation. Tous droits réservés. Microsoft ®**

**Encarta ® 2009. © 1993-2008 Microsoft Corporation. Tous droits réservés**

**Constellation des Gémeaux**. Castor et Pollux. © Domaine public

**Figure 17**
**Futurasciences.com/buildsv6/images/mediumoriginal/2/2/c/22c953ad83_65471_castorfs.jpg**

(En reliant les différentes étoiles par des lignes, les anciens astronomes en ont fait ressortir des dessins qu'on appelle des constellations).

Tout ce que nous venons de dire, nous l'avons résumé au Tome I de la collection des livres « Les Versets des savants »et qui s'intitule « la Cosmologie selon les modèles biblique et antique »à travers les propos suivants : dans les carrières de pierres ou des mines, pour se frayer un chemin ou l'exploiter, on utilise les explosifs. Pour le commun des mortels qui n'est pas dans le secret, ce n'est qu'une explosion de feu et il peut en répandre la nouvelle. C'est ce dont j'ai parlé ci-haut au sujet de l'analyse extérieure. Mais pour celui qui était dans le secret, il dira que l'opération a été bien menée en se concentrant sur le chemin et non sur les débris. Le chemin est la cible ou l'objectif.

Le Big-bang a créé beaucoup de débris, mais pour Dieu, c'est la formation de la Voie lactée en général et de la Terre en particulier qui était visée. Voilà pourquoi Moïse, qui connaissait le but que Dieu, parle de la « séparation des eaux avec les eaux », tandis que les savants, qui sont loin du secret de Dieu, parle du Big-bang.

Nous disons aux savants que tous les phénomènes de l'avant Big-bang jusqu'à l'après-Big-bang avaient comme finalité notre existence. C'est ainsi qu'après avoir créé l'homme en dernier, Dieu s'exclama « ceci est très bon »(Ge 1 :31) et s'octroya un repos au septième jour (à ne pas confondre avec nos jours de 24 heures comme il est expliqué dans le chapitre I de ce livre).

# CHAPITRE VIII
## Les trous noirs

Nous voulons offrir ici une approche différente sur la conception des trous noirs par rapport aux théories classiques.

# Section 1
# Formation des trous noirs

## 1.1. L'Abîme primitif

Dans le Ciel, il y a l'espace et des choses visibles telles que les étoiles, les planètes, les exoplanètes, les comètes, les météorites, les nébuleuses, etc... Mais on a encore découvert des espaces tourbillonnants dont la Bible fut la première à en parler, en les qualifiant d'Abîme.

Ge *1 :**2** La terre était informe et vide : il y avait des ténèbres à la surface de l'**abîme**, et l'esprit de Dieu se mouvait au-dessus des eaux*

Quand j'ai voulu connaitre ce que le mot « abîme »signifiait en recourant au glossaire de Free Bible, j'ai découvert une définition qui m'a beaucoup surpris. Elle s'énonce ainsi :

*« Monde mystérieux de l'océan primitif, lieu des ténèbres et des puissances mauvaises, de la détresse et de la perdition. »*

Cette définition casse le concept scientifique qui qualifiait l'avant Big-bang d'aporie ou d'inexistant. J'ai restitué scientifiquement chaque nom de ce verset au Tome I de la collection des livres « Les Versets des savants »et qui s'intitule « la Cosmologie selon les modèles biblique et antique », en démontrant l'existence de l'avant Big-bang. À travers cette définition, on voit que même l'avant Big-bang fut très animé jusqu'à l'aboutissement de la température extrême de l'Univers condensé.

Scientifiquement, l'existence des trous noirs fut prédite en 1916 par l'astronome allemand Karl Schwarzschild, sur la base de la théorie de la relativité générale. Mais le terme « Trou noir »fut inventé par le physicien américain John Wheeler en 1967 en constatant qu'il y a des zones tourbillonnantes dans l'espace où, si un corps ou un rayonnement est attiré à l'intérieur, il ne peut théoriquement plus en sortir en raison de sa force gravitationnelle considérable. Ceci répond à la définition biblique de « l'Abîme »qui est un lieu des ténèbres et des puissances mauvaises (forte gravitation), de la détresse et de la perdition (rien ne peut théoriquement plus en sortir).

Dans le verset biblique « *il y avait les ténèbres dans la surface de l'abîme* »Moïs aurait parlé de trou à la place de l'abime. Mais étant donné que ce fut un trou où des phénomènes mystérieux et inconnus se déroulaient à l'intérieur, il l'appela abîme. Donc, le meilleur nom c'est celui d'Abîme que Moïse a utilisé par rapport au terme « trou noir »utilisé par la science. Littéralement, un trou noir décrit un trou dont on ne peut voir la profondeur. Mais un abîme est un trou ; non seulement on ne peut pas voir la profondeur, mais qu'il y a des phénomènes mystérieux qui se passent à l'intérieur. Entre John Wheeler (avec le trou noir) et Moïse (avec l'Abîme), qui a réellement donné un vrai nom à ce phénomène du ciel ?

Tous les astrophysiciens contemporains, avons-nous dit, qui ont raisonné sur l'avant Big-bang, parlaient de l'existence d'un trou noir. Mais le phénomène, et son vrai nom, a été déjà dévoilé en 1500 ans de cela av. J.-C. sous le nom d'Abîme.

Le nombre de plus en plus croissant de trous noirs qu'on découvre dans le Ciel commence à semer des doutes, à savoir si réellement tout est issu des étoiles qui ont explosé. Ce sont les micro trous noirs dont la science dit qu'ils se sont formés peu après le Big-bang, à la naissance de l'Univers actuel. Mais avec la notion de mouvement de l'Univers énoncée dans ce livre, de l'axe jusqu'au sommet, la vitesse rotative n'étant pas la même, nous l'avons dit, cela ne peut qu'aboutir à la formation des trous noirs et d'autres phénomènes électriques qui se déroulent dans l'Univers.

**La photographie d'un trou noir**

*« Les astrophysiciens ont obtenu la première image d'un trou noir en utilisant les observations du télescope Event Horizon du centre de la galaxie M87. L'image montre un anneau lumineux formé par la lumière qui se courbe de manière intense autour d'un trou noir 6,5 milliards de fois plus massif que le Soleil ».*

(Cfr :futura-sciences.com/sciences/Univers-premiere-image-trou-noir-supermassif, Laurent SACCO, le 13/04/2019).

Nous avons déjà parlé des trous noirs dans l'explication sur le mot « abîme »utilisé dans la Bible au Tome I de la collection des livres « Les Versets des savants ». Ici, nous voulons donner une explication basée sur des phénomènes similaires sur la terre pour mieux la faire comprendre au commun des mortels. Nous avons dit littéralement qu'un trou noir est une cavité sombre dans l'espace où il y a une forte activité gravitationnelle attirant vers l'intérieur les éléments environnants, et que même la lumière ne peut y échapper. Pour Stephen Hawking, il disloque même les particules créant le rayonnement d'Hawking.

Actuellement, on retrouve beaucoup de mini trous noirs dans l'Univers. La science explique ces phénomènes comme étant, pour les uns, issus des phases très primitives de l'Univers à sa naissance et pour les autres, comme les résultantes des étoiles qui ont épuisé leur carburant et se sont affaissées sur elles-mêmes (événement local). On observe aux contours des trous noirs une puissante énergie prête à avaler, à broyer les planètes ou les étoiles vagabondes et à les expulser ensuite pour un nouveau cycle. Donc, le trou noir est un lieu d'action et d'attraction, d'où la qualification de « l'abîme »dans la Bible.

Il existe aussi des trous noirs dits supers massifs au milieu de chaque galaxie, contenant de quelques millions à quelques milliards de masses solaires dans les galaxies, mais la science jusque-là n'a pas d'explication sur la façon dont ils se sont formés. On parle souvent de la collision entre trous noirs se fusionnant. D'autres récentes études disent que ces trous noirs seraient nés avant même les galaxies dont ils occupent le noyau.

Revenons aux trous noirs qui se forment après que les étoiles ont épuisé leur soi-disant carburant ou hydrogène. L'Univers connaît un vaste mouvement rotatif qui n'épargne aucun espace, ce qui rend les formules mathématiques constantes, et c'est moi qui le dis. Il est même rempli de l'énergie noire (les ténèbres à la surface de l'abîme selon la Bible). Ainsi, dès qu'une étoile se fond en elle-même, si l'Univers n'arrive pas à combler l'espace vide qu'elle a laissé, il se forme autour d'elle un tourbillon gravitationnel, connu sous le nom de micro trou noir qui s'étend jusqu'à son noyau. Pour la science, sa puissance d'attraction est déterminée par la densité de son noyau.

Donc, le courant qu'on voit autour du trou noir peut aussi s'expliquer littéralement par le mouvement de vent qui est en action dans l'Univers et celui-ci génère des grandes énergies. L'eau et l'air étant des fluides qui se comportent de la même manière, nous pouvons comprendre le courant dans le trou noir par l'explication des courants marins dans nos fleuves ou océans.

Quand il y a un abîme dans nos fleuves, il se forme un tourbillon. La seule différence est que dans les fleuves ou les océans, l'eau le remplit jusqu'à atteindre les mêmes niveaux que la surface, si bien qu'on voit le tourbillon, mais on ne voit pas l'eau couler dans le fond. Ce tourbillon engloutit jusqu'en bas toutes les matières qui flottent au-dessus et attire même celles qui sont au contour avant de les expulser par le même mouvement.

Il en est même dans le trou noir, celui-ci est rempli par le vent céleste comme une tornade en vue d'en combler le vide générant une forte énergie gravitationnelle. Les matières qui passent tout autour sont attirées, par sa gravitation, vers le fond où elles sont broyées et une partie peut être expulsée dans l'espace, c'est ce que les scientifiques appellent la singularité gravitationnelle. Parfois même ces trous capturent, par leur puissante attraction gravitationnelle, tout ce qui est matériel et immatériel passant autour d'eux et l'engloutissent dans un mouvement spiral sans possibilités d'en sortir à cause de leur profondeur.

Pour le savant Stephen Hawking, avons-nous dit, cette attraction est tellement puissante qu'elle arrive à scinder même les paires particules-antiparticules, générant une lumière dénommée rayonnement de Hawking. (Stephen Hawking, Une brève histoire du temps, trad. I. Naddeo-Souriau, Paris, Flammarion, 1989).

# Section 2
# L'importance des trous noirs

## 2.1. Les casseroles de l'Univers

Toutes les explications littérales, comme je l'ai mentionné ci-dessus, ont fait l'objet des observations des scientifiques sans toutefois que ces derniers entrent dans les »pourquoi ». Donc, je suis le premier à parler sur l'importance des trous noirs dans l'Univers.

En effet, les trous noirs étant effectivement sombres, ils sont détectés de plusieurs manières.

– En parlant du tourbillon, j'ai évoqué le cas des matières qui sont englouties et expulsées. Scientifiquement, les trous noirs sont détectés par la lumière émise par les gaz qui sont aspirés à l'intérieur et dont le tourbillon augmente leur température à mesure qu'ils tombent. Ceux qui n'émettent pas de lumière sont quand même détectés par l'émission des rayons x produits par les mêmes gaz.

– Il en est de même pour le cas de la matière; en tombant vers un trou noir, elle s'échauffe sous l'effet des frottements, tout en émettant une énorme luminosité.

– Pour les trous noirs super massifs se trouvant pour la plupart au centre des galaxies, leur présence est révélée par les mouvements accélérés des étoiles qui les entourent, causés par les forces du tourbillon gravitationnelle de ces trous.

De manière plus générale, les trous noirs étant invisibles, c'est l'interaction entre eux et leur environnement qui témoigne de leur existence.

(Cfr : futurascience.fr/**Structure d'un trou noir et classification, par Loïc Villain**, le 03/02/2016).

Toutefois, les choses apparaissent plus compliquées que nos simples explications pour faire comprendre à tous, les phénomènes se déroulant dans l'Univers. Certains savants disent mêmes que le fond des trous noirs donne accès à d'autres Univers pour ceux qui croient aux multivers.

Donc, dans la phrase biblique « *La terre était informe et vide; il y avait des ténèbres à la surface de l'abîme, et l'Esprit de Dieu se mouvait au-dessus des eaux...* »(Ge 1 :1-3); l'abîme représente une sorte de trou noir; les »eaux »correspondent à des particules originelles en train, soit d'être englouties, soit en train de se condenser déformant le tissu de l'espace-temps, et l'esprit de Dieu représente la force provoquant cette gravitation.

*La modélisation d'un trou noir*

*On les représente généralement sous la forme de gigantesques siphons, capables de déformer l'espace-temps autour d'eux (les lignes bleues sur l'illustration). (Cfr : Joe Bergeron,* ***Encarta ® 2009. La modélisation d'un trou noir).***

D'où la phrase biblique clôturant le premier jour précédant le Big-bang : « *Dieu dit : Que la lumière soit! Et la lumière fut* »; Moïse attribuant l'émergence de cette lumière à Dieu car cela faisait partie du processus de la création.

**Ge 1 :2 « …** il y avait des ténèbres à la surface de l'**abîme**… »

Cet abîme qui s'est multiplié par des mini trous noirs après le Big-bang, joue parfois le rôle de préfet de discipline pour les astres errants ou qui dévient de leur orbite devenant une menace pour les autres, surtout pour la Terre qui est le marchepied de Dieu.

De tels astres se retrouveront aspirés, broyés et éjectés pour un nouveau cycle de formation dans une orbite où ils pourront se stabiliser. Autrement dit, l'organisation ne se retrouve pas que chez le règne animal. Il est apparu que des trous noirs massifs se retrouvent au milieu de chaque galaxie, jouant plusieurs rôles dont celui de la stabilité galactique. Ils se comportent comme des charges neutres et apparaissent comme des tourbillons provoqués par les astres qui tournoient autour d'eux et qui y versent la totalité de la force qu'ils génèrent. Sans cela, les galaxies connaîtraient aussi en leur sein, une grande expansion avec des conséquences que seuls les cosmologistes connaissent.

Lisons cet article tiré de l'internet parut dans Futurascience.fr pour ce qui est de l'importance du trou noir en tant que préfet de discipline dans l'Univers :

« *Un trou noir colossal a littéralement englouti une étoile alors qu'elle passait à proximité. C'est ce que révèlent deux études publiées le 25 août 2012 dans la revue Nature. En fait, c'est grâce au satellite Swift, qui a perçu un flux élevé de rayons gamma, que le trou noir a été repéré. Une observation inédite que la NASA l'a reproduite dans une animation. On peut y découvrir le fameux trou noir géant s'éveiller puis absorber l'étoile voisine. Cette sorte d'union donne naissance à une spirale formée par un jet de particules tournoyant et émettant un puissant rayonnement* ».

Donc, les trous noirs nettoient l'Univers.

**L'image d'un trou noir nettoyeur** (c'est moi qui le qualifie ainsi)

**Figure 18 Un trou noir supermassif dénudé de sa galaxie, parcourt l'Univers en toute liberté et à grande vitesse par Stéphanie Schmidt, 4 novembre 2016 , trustmyscience.com**.

il s'agit du trou noir B3 1715+425, situé à 2 milliards d'années-lumière. Quasiment nu, dépouillé de sa galaxie, il traverse l'Univers à une vitesse de 2000 kilomètres par seconde soit 120 000 km/h. Les astronomes pensent que dans environ un milliard d'années, le trou noir supermassif B3 1715+425 sera devenu totalement invisible car il n'aura plus aucune étoile pour avaler et l'alimenter, mais qu'il continuera sa course folle à travers l'Univers, sans laisser de traces.

(Cfr : https ://trustmyscience.com/un-trou-noir-supermassif -denude-parcourt-l-Univers/...)

Ainsi, nous concluons par cette déduction de Joanne Baker :

« *Les trous noirs supermassifs pourraient être les thermostats qui régulent la croissance des galaxies* ».

(Cfr : J.Baker : 50 clés pour comprendre l'astronomie, éd. Dunod, Paris 2016, p.143).

# CHAPITRE IX
## Les voyages intergalactiques

« *Tout ce que l'œil voit, est donné au pouvoir de l'homme* » **(F. Phanzu)**.

La galaxie ou le monde le plus proche du nôtre, c'est-à-dire de la Voie lactée, s'appelle la galaxie d'Andromède. Elle contiendrait environ mille milliards d'étoiles. On ne sait même pas s'il y a à l'intérieur, des planètes qui ressemblent à la nôtre. Notre propre galaxie, la Voie lactée, ne nous a pas encore livré tous ses secrets. Chaque jour les télescopes nous dévoilent de nouvelles choses.

**Notre Galaxie la Voie Lactée vue de profil**

**Figure 19 Taille : 100 000 années-lumière – Flèche rouge = le Soleil**

*http://villemin.gerard.free.fr/Science/Galaxie_fichiers/image037.jpg*

*Grande sœur de notre galaxie, Andromède : l'autre monde le plus proche de nous*

**Figure 20 Copyright Nasa, JPL, California Institute of Technology**

*https://fr.cdn.v5.futura-sciences.com/buildsv6/images/mevoie-lactee-galaxie-andromede.jpg*

La distance entre notre galaxie et la galaxie d'Andromède voisine 2,54 millions d'années-lumière. Cela veut dire que le rayon du Soleil qui ne met que 8 minutes pour atteindre la terre, avec sa vitesse de 300 000 km/s mettra, dans un espace vide et sans poussière, 2 540 000 années pour atteindre cette galaxie. Il n'y a même pas moyen de tirer un exemple avec nos engins spatiaux qui mettront plus d'un milliard d'années pour l'atteindre et à condition que la science soit accessible aux technologies suivantes :

– Un engin utilisant comme énergie les rayons solaires et, dès qu'il aura atteint l'espace où ces rayons n'ont plus d'impact, qu'ils soient relayés par les rayons de l'étoile qui suit ; ce qui est peu probable vu la distance d'une étoile à l'autre ;

– Un engin utilisant comme carburant les gaz qu'il peut aspirer dans l'espace et transformer l'hydrogène qu'ils contiennent en carburant. Actuellement, on sait que l'élément le plus abondant dans l'Univers, l'hydrogène, peut servir à beaucoup de choses, jusqu'à la production et la distribution de l'électricité.

– Un engin, muni de batteries qui s'auto-rechargent à travers des générateurs susceptibles de restituer à la batterie plus ou moins la tension gaspillée. Mais saura t'elle tenir tout ce temps sans être endommagé ?

– Un engin comportant des lampes, alimentées par l'énergie éolienne d'où s'échappe le vent des moteurs, pour alimenter les panneaux solaires. D'où la section suivante : « La création d'un soleil artificiel ».

– Soit un engin combinant ses quatre technologies, voire plus.

## Section 1
## La création d'un soleil artificiel

La création d'un soleil artificiel a pour but de créer une source d'énergie permanente. Elle doit se faire par un mécanisme indépendamment du moteur. Elle doit tirer son énergie à partir du mouvement ou de la vitesse de l'engin, et transformer, comme une éolienne ou une pédale de vélo, cette énergie en lumière. La lumière alimentera à son tour les panneaux solaires lors de la crise des rayons solaires.

En effet, lorsque la lumière du Soleil rencontre les cellules photovoltaïques dont est constitué le panneau solaire, les photons émis par cette lumière sont absorbés et cela génère l'électricité. C'est l'effet photoélectrique. Le bien-fondé de ce mécanisme est de mettre fin aux caprices du mouvement naturel de vent et des rayons solaires. Ainsi, c'est tous les engins roulants qui finalement auront leur éolienne indépendamment de l'énergie dépensée par le moteur.

Pour les véhicules solaires, on n'aura plus besoin des rayons permanents du Soleil. Il suffit seulement de mettre des ampoules au-dessus des panneaux solaires, et ces ampoules seront alimentées par la force du vent lors des déplacements du véhicule. Même les véhicules électriques auront ainsi une énergie de réserve en exploitant ce système.

L'énergie éolienne c'est l'énergie cinétique du vent qui, en faisant tourner les hélices, est convertie en énergie mécanique ou électrique. Dans les sondes spatiales ou d'autres engins, outre l'utilisation qu'on peut en faire, cette énergie va alimenter des ampoules qui seront concentrées sur les panneaux solaires et qui joueront le rôle du Soleil.

D'où m'est venue cette idée ?

En isolant ma calculatrice solaire des rayons du Soleil, j'ai remarqué qu'en l'approchant de n'importe quelle source lumineuse (ampoules ou bougies) le tableau s'affichait de nouveau et la calculatrice fonctionnait correctement. Cela donne comme loi que toute lumière peut être transformée en énergie électrique ou thermique. Pour avoir le cœur net sur cette loi, car ceci n'est pas un livre de foi, je me suis procuré une torche à panneaux solaire. Après avoir épuisé toute la charge, j'ai placé le panneau solaire de la torche près d'une ampoule électrique de 100 watts. À l'instant même, j'ai vu la lampe-témoin du chargement s'allumer et quelques minutes après, la torche et son ampoule extérieure se sont allumées. Après avoir accumulé un peu de charge, j'ai isolé la torche et son panneau dans un endroit sombre. J'ai connecté le panneau à la torche et j'ai allumé cette dernière. J'ai approché l'ampoule de la torche près de son panneau et de nouveau la lampe-témoin s'est allumée, indiquant le processus d'auto recharge. C'est après ces expériences que j'ai émis les idées ci-dessus que je peux qualifier des lois d'auto charge.

Cette loi permettra désormais aux ingénieurs d'améliorer les panneaux solaires pour que les ampoules, à défaut de rayons solaires, puissent offrir les mêmes rendements que ces derniers. Si l'expérience aboutit, que Dieu seul soit loué. Si c'est déjà d'application, cela confirmera que je ne raisonne pas dans le vide.

Comme les astrophysiciens, durant mon enfance je raisonnais aussi sur la façon dont on peut atteindre les galaxies éloignées appelées, dans le langage courant, les autres mondes. J'étais arrivé à la conclusion que cela ne pourrait se faire que si la lumière pouvait transporter la matière, ou si l'appareil était propulsé par un feu en arrière. À cette époque-là, j'ignorais complètement le mode de fonctionnement des fusées qui se propulsaient par un jeu de feu par l'arrière. Et j'ignorais aussi que les savants de la NASA travaillaient déjà sur cette hypothèse.

En plus, il a été constaté dans la mécanique quantique qui étudie des phénomènes liés au monde microscopique, que la masse d'une particule est si négligeable que le choc avec un photon, la déplace immédiatement

De telles idées, pour un habitant d'un pays sous-équipé, prennent naissance dans son cerveau et meurent dans son cœur.

Heureusement, actuellement l'Afrique peut être fier des prouesses du Sud-Africain M. Elon Musk, résidant aux États-Unis, pour la réussite de son projet de SpaceX.

De toutes les façons, pour des voyages interstellaires ou intergalactiques, outre la vitesse, il faut des engins laboratoires qui peuvent s'auto-suffire en carburant ou en énergie à au moins 90 %. Des engins qui peuvent se passer de la contrainte de la nature, comme celui avec lequel le prophète Élie s'envola au Ciel dans l'Antiquité.

Nous avons relaté les prouesses scientifiques du prophète Élie dans le Tome V de la collection des livres « Les Versets des savants »et qui a pour titre « De Noé à Barack Obama ».

Pour ce qui est du Soleil artificiel, quand j'ai conçu cet article, j'ignorais que cela faisait déjà partie des préoccupations des scientifiques et je fus surpris pendant que je corrigeais mon manuscrit à travers cette article :

*« Alors que des scientifiques américains essayent de reproduire l'équivalent d'un trou de ver, en Chine, un « soleil artificiel »est plutôt à l'ordre du jour. L'expression n'est pas entre guillemets pour rien : comme pour le trou de ver, il ne s'agit pas vraiment de reconstituer un véritable soleil, mais plutôt de générer sur Terre une réaction physique similaire ».*

(https://www.numerama.com/sciences/594597-a-quoiservira-le-soleil-artificiel-que-prepare-la-chine-pour-2020.html par Marcus Dupont-Besnard, 19 décembre 2019).

Comme on peut le lire, mes idées vont au-delà de ce que la science est encore en train de concevoir, car, moi je rêve déjà d'un Soleil artificiel sur les engins mobiles.

Tout comme les ordinateurs ont commencé par des grosses machines jusqu'à ce que ces dernières soient remplacées par des transistors, les circuits intégrés et les micro-processeurs pour aboutir au mini-ordinateur, le soleil artificiel chinois ouvre aussi un chemin pour qu'on aboutisse un jour au mini soleil avec une multitude d'application.

## Section 2
## L'importance des recherches spatiales

Souvent, en Afrique noire, particulièrement en RDC, quand les gens voient que je m'intéresse à la cosmologie, ils me posent la question, qu'est-ce-que vous recherchez au juste ? Et même quand j'ai sollicité la signature de mon employeur dans l'ordre de mission tendant à me faciliter l'obtention du visa pour la formation en astronomie pour une durée de 15 jours, la réponse fut négative. Comme je n'avais pas assez de moyens pour l'obtention du visa, j'ai dû forcer la main du consulat en payant mes frais de participation à la formation, qui couvraient aussi les frais de séjour car on devrait être interné et je pris même un crédit bancaire pour le billet d'avion que j'annexai aux dossiers.

Donc la recherche spatiale, surtout pour les croyants fondamentalistes, ne revêt souvent aucune importance. Ils assimilent cela à une recherche de Dieu qui ne fait qu'accroître l'athéisme. Qui n'a pas dans la mémoire la célèbre phrase de l'astronaute russe Youri Gagarine qui a dit : « J'ai sillonné le Ciel, mais je n'ai pas vu Dieu ».

Ce que nous devons savoir est que l'Univers fut confié entre les mains de l'homme par Dieu, et cela à travers les versets suivants :

Gé 1 : 2 « La terre était informe et vide »(Univers primitif).

Gé 1 : 28 « Dieu les bénit, et Dieu leur dit : Soyez féconds, multipliez, remplissez la terre (Univers), et l'assujettissez ».

Au Tome I de la collection des livres « Les Versets des savants »et qui s'intitule « la Cosmologie selon les modèles biblique et antique », j'avais dit, dans le point concernant la responsabilité de l'homme, que la recherche spatiale est liée dans nos gênes. Le chemin pour aboutir aux résultats dans ces recherches nous fait découvrir ce à quoi on ne s'attendait pas. L'invention du microscope, que son fabricant inventa seulement pour voir des choses minuscules sans idée de ce qu'il adviendrait plus tard, a largement contribué aux progrès de la médecine.

La plupart des choses que nous utilisons aujourd'hui sont dues à la recherche spatiale. Très souvent, les recherches sont si compliquées qu'il est difficile de trouver le lien de cause à effet. L'étude de la lumière d'une étoile nous a amenés à capturer les lignes d'ombre dans le spectre électromagnétique, ce qui nous a permis de découvrir comment analyser la composition chimique des objets sans les toucher ni les disséquer.

La recherche de la vie sur Mars nous a conduits à créer des dispositifs qui analysent efficacement la présence de bactéries dans des environnements aseptiques.

Regarder un trou noir nous permettra d'avoir de nouvelles données, qui apporteront de nouvelles théories, qui apporteront de nouvelles inventions qui donneront des avantages indiscutables à l'humanité.

Le GPRS qui, hier, faisait partie du domaine spatial, est devenu un outil indispensable pour nous tous.

En parlant avec les vols Apollo sur la lune, située en 384 402 km de la Terre, l'homme s'est sûrement posé la question : pourquoi je ne peux pas aussi converser avec mon frère situé à quelques kilomètres de moi avec un téléphone sans fil? La réponse est qu'aujourd'hui nous avons les appareils portables pour la communication.

Il y en a plein d'autres exemples, dont l'amélioration du résultat nous avance vers la perfection ou plus spécialement vers la matérialisation du Royaume des cieux sur la Terre.

## CHAPITRE X
## Les extraterrestres

La majorité des savants pensent que nous, les Terriens, ne sommes pas les seuls dans l'Univers. Des recherches, avec des très gros budgets, sont effectuées pour retrouver les autres créatures sur d'autres planètes ou exoplanètes. Une exoplanète est une planète située hors du système solaire, orbitant autour d'une autre étoile que le Soleil. On les qualifie des planètes extrasolaires.

En effet, la Bible fait de la planète Terre le centre de création de toute vie et l'homme comme étant la créature la plus intelligente de l'Univers (Ge 1 :28).

La vie extraterrestre fait référence à toute forme de vie qui ne provient pas de la Terre, qu'elle appartienne au règne végétal ou animal (microbes compris). Certains cosmologistes pensent que la vie extraterrestre s'étend des simples organismes, sous forme de bactéries, aux civilisations qui sont beaucoup plus avancées que celle des êtres humains. L'étude de la vie extraterrestre fait partie du domaine des exobiologistes.

La recherche des extraterrestres fait partie de ce qu'on appelle le paradoxe de Fermi. C'est en 1950 que le professeur de physique Enrico Fermi fut le premier à se poser la question de savoir où se trouvaient les autres civilisations extraterrestres.

# Section 1
# Le point de vue de la Science et de la Bible

## 1.1. Le point de vue de la science

« Nous devrons nous méfier d'entrer en contact avec les extraterrestres »
(Stephen Hawking)

Stephen Hawking fait partie, comme tant d'autres grands savants, de ceux qui croient avec conviction qu'il y a d'autres vies plus intelligentes sur d'autres planètes que la Terre. Ces déclarations sont légion sur le web, la dernière fut un avertissement où il nous met en garde d'entrer en contact avec eux.
(Cfr : fredzone.org/stephen-hawking-pense-toujours-que -nous-devons-nous-mefier-des-extraterrestres-554).

Certaines ondes radio émises par certaines étoiles qu'on ne peut atteindre, ni même voir malgré nos télescopes, ont été interprétées comme des signaux venant des extraterrestres.
**(Cfr : Des signaux extraterrestres détectés par les équipes de Stephen Hawking ;** Paris Match| Publié le 04/09/2017 par Camille Hazard)

## 1.2. Le point de vue de la Bible

Selon la Bible, Dieu a remis l'Univers entre les mains de l'homme et lui a ordonné de le dominer : c'est-à-dire le connaître et le maîtriser. C'est ce à quoi aboutira un jour la science quand elle va commencer à répondre au pourquoi et cessera de se contenter seulement sur le comment. À ce moment-là on va commencer à parler plus de l'astrothéologie. Lisons :

Ge1 :27-28 « *Dieu créa l'homme à son image, il le créa à l'image de Dieu, il créa l'homme et la femme. Dieu les bénit, et Dieu leur dit : Soyez féconds, multipliez, remplissez la terre, et assujettissez-la; et dominez sur les poissons de la mer, sur les oiseaux du ciel, et sur tout animal qui se meut sur la terre* ».

Donc, selon Moïse, à travers ses écrits dans la Bible et sur lesquels je m'aligne, l'homme est l'être le plus intelligent dans l'Univers et il est le maître. C'est lui le fils de Dieu, le créateur de l'Univers. Et il n'a été formé dans aucune autre planète que la Terre, tout comme les autres êtres vivants.

Mais qu'en serait-il si un jour on découvrait réellement les extraterrestres ? Cela humilierait-il la Bible ?

# Section 2
# La recherche des extraterrestres

## 2.1. La manifestation des extraterrestres dans la Bible

Nous voulons aborder un point qui étonnera plus d'une personne : c'est la manifestation des extraterrestres dans l'une des histoires bibliques. Je tiens déjà à signaler à mes lecteurs que ce point n'a rien à voir avec notre point de vue, à savoir si les extraterrestres existent. Mais ça serait aussi pour moi incompétent si je ne l'évoquais pas, car cette histoire m'a toujours intrigué tout comme d'autres croyants qui lisent la Bible avec attention. J'ai répondu à certains sur les sites Web.

Je sais que ça donnera du zèle aux partisans des extraterrestres, mais pas à moi. L'important pour moi c'est que les gens puissent voir la main de Dieu dans la création. Si un jour on découvrait une vie intelligente, cela devrait avoir un rapport avec l'histoire du prophète Élie, développée au tome V de la collection des livres « Les Versets des savants »et qui s'intitule « De Noé à Barack Obama ». Je laisse à chacun d'y apporter son appréciation.

Les livres de la collection « Les Versets des savants »recensent les versets bibliques ayant souvent un lien avec la science et qui ne sont pas exploités dans les sermons parce qu'on ne sait pas comment les interpréter.

Lisons cette histoire biblique qu'on pense qu'elle peut avoir un lien avec les extraterrestres :

Ge 6 :***1*** *Lorsque les hommes eurent commencé à se multiplier sur la face de la terre, et que des filles leur furent nées,* ***2*** *les fils de Dieu virent que les filles des hommes étaient* *belles, et ils en prirent pour femmes parmi toutes celles qu'ils choisirent.* **3** *Alors l'Éternel dit : Mon esprit ne restera pas à toujours dans l'homme, car l'homme n'est que chair, et ses jours seront de cent vingt ans.* **4** *Les géants étaient sur la terre en ces temps-là, après que les fils de Dieu furent venus vers les filles des hommes, et qu'elles leur eurent donné des enfants : ce sont ces héros qui furent fameux dans l'antiquité.*

Comme on le voit, Moïse avait vraiment le souci de répondre à tout ce que les gens de son époque se posaient comme question et dans tous les domaines. C'est ainsi que nous avons scindé les livres « Les Versets des savants »en plusieurs tomes pour continuer à développer ces idées dans d'autres domaines. Croyez-vous qu'il soit toujours un mythe ?

Dans cette histoire biblique écrite par Moïse, il y a deux catégories d'hommes : les hommes et leurs femmes d'un côté et les fils de Dieu de l'autre. Ces fils de Dieu étaient-ils des esprits ou des anges ? Nous savons qu'un esprit ou un ange ne peut concevoir avec un être humain. Pour qu'il puisse y avoir conception naturelle, il faut que les deux sexes opposés puissent avoir les chromosomes sexuels ou hétérosomes compatibles. Ces éléments ne se retrouvent pas dans un esprit ou un ange.

Mais, du point de vue spirituel, ce que les savants ne croient pas, un esprit peut influencer l'esprit du bébé qui va naître et cela par coopération ou par l'incarnation à la personne physique au moment où celle-ci est en train de s'accoupler avec une femme. C'est pour cela que, tout comme on prie avant de manger, les croyants doivent aussi prier avant de faire l'acte sexuel et y associer Dieu. Ceci pour éviter la transmission de mauvais esprits à son partenaire, comme Ève l'a fait et cela influença Caïn. Ce point de la chute de l'homme qui est resté un mystère jusqu'à ce jour est développé et expliqué dans le Principe divin du Rév. Dr Sun Myung Moon dans son mouvement l'Église de l'Unification, devenue depuis son ascension « La Sainte Famille du Parent Céleste ».

D'ailleurs, développer l'attitude de prière avant l'acte sexuel, conduit à un profond échange de l'un avec l'autre et prévient que l'acte sexuel se déroule comme un combat. Entre parenthèse, la société s'est fortement corrompue que l'usage d'un acte sexuel ressemblant à un combat est devenu un modèle. Mais, par-là, on blesse les parois intérieures de la femme à son mépris. Nous en parlerons au Tome V qui s'intitule « De Noé à Barack Obama ».

Pour revenir sur notre sujet, les fils de Dieu qui sont mentionnés ici, ont eu des enfants avec les filles des hommes, démontrant qu'ils avaient la même physiologie que les humains, c'est-à-dire qu'ils n'étaient pas des esprits ou des anges. Un point important qui les différencie des humains est leur morphologie. Ils étaient des géants selon le schéma biblique et cela a suivi leur progéniture. En plus, en étant capables de concevoir avec les filles des hommes, cela démontre qu'ils avaient les chromosomes des humains, et de leur progéniture avec les filles des hommes sont issus des grands savants et des géants, démontrant qu'ils avaient une force et une intelligence très supérieure.

Étaient-ils des extraterrestres ou provenaient-ils d'un autre endroit par rapport à là où se déroulait l'histoire providentielle ? En tout cas, moi je crois à la deuxième assertion et je ne l'impose à personne. Je crois aussi à cette histoire, car Moïse, le savant des savants, n'a rien inventé. Une seule chose qui est sûre, c'est que Moïse les qualifia de fils de Dieu tout comme Adam a été aussi qualifié de fils de Dieu (Lc 3 : 38), ainsi que Jésus (Mc1 : 1) et le couple Moon, actuellement.

Les trois furent, dans l'ordre : le parent physique de l'humanité déchue, le parent spirituel de l'humanité rachetée et le parent de la renaissance physique et spirituelle de l'humanité actuelle. Ces positions d'origine céleste sont non démocratiques. Ça fait partie de la souveraineté de Dieu. Donc, si on passe son temps à critiquer ce point de vue, cela ne changera rien du tout à ce qu'a été la volonté de Dieu. Jésus a dit : « Entrez dans la chambre et priez. »(Mt 6 :6).

Donc, tout ce qu'on peut en conclure est que Moïse, en les qualifiant de fils Dieu, nous montre déjà que même si un jour on découvrait les extraterrestres, Dieu n'est pas écarté dans l'histoire de leur création, car la Bible en a déjà parlé et les a mêmes décrits, si réellement ils provenaient d'une autre planète.

Alors la question que mes lecteurs se poseront est celle de savoir où sont partis ces créatures et leurs descendants aujourd'hui. La réponse est simple : cette histoire a eu lieu avant le déluge et si on se base sur l'esprit de la lettre, leur acte serait l'élément déclencheur car leur perversion n'avait pas plu à Dieu. Ainsi, toute leur race fut balayée, y compris la race humaine à l'exception de la famille de Noé. C'était un nettoyage de la Terre.

La Bible ne dit-il pas que, à ce temps-là toutes les écluses des cieux s'ouvrirent, c'est-à-dire le déchainement général de toutes les forces de la nature ?

Ge 7 : **11** *En ce jour-là, toutes les sources du grand abîme jaillirent, et les écluses des cieux s'ouvrirent...***23** *Tous les êtres qui étaient sur la face de la terre furent exterminés, depuis l'homme jusqu'au bétail, aux reptiles et aux oiseaux du Ciel : ils furent exterminés de la terre. Il ne resta que Noé, et ce qui était avec lui dans l'arche ».*

Pour ceux qui veulent connaître la vraie suite de l'histoire du déluge, je leur recommande la lecture du Tome V de la collection des livres « Les Verscts des savants »et qui s'intitule « De Noé à Barack Obama », un livre contenant les détails des histoires sensationnelles de la Bible liées à la science et répondant à la question « où en sommes-nous providentiellement aujourd'hui ? »

En voyant comment la colère de Dieu s'est déchainée après la liaison de ces fils de Dieu avec les hommes, je me demande si le célèbre astrophysicien anglais Stephen Hawking n'a pas raison de nous prévenir de ne pas entrer en contact avec les extraterrestres quoique, personnellement, je ne crois pas à leur existence.

Si c'étaient réellement des extraterrestres, l'histoire du déluge leur a servi des leçons pour ne plus entrer en contact avec les terriens. Et si un jour ils revenaient, ce sont les mâles qui en paieraient le prix, car toutes nos belles femmes nous seraient arrachées. De quoi donner raison à Stephen Hawking. (Cfr : fredzone.org/stephen-hawking-pense-toujours-que-nous-devons-nous-mefier-des-extraterrestres-554).

Croire aux extraterrestres ou pas, cela n'a rien à voir avec aucun des modèles cosmologiques. Ce sont des spéculations individuelles liées au droit de penser de chacun. En disant que moi je ne crois pas aux extraterrestres, j'exclus les êtres microscopiques qui parfois peuvent être véhiculés par les vents, certains objets ou d'autres courants au sein d'autres planètes.

## 2.2. Les extraterrestres dans l'Univers

Aujourd'hui, dans le cadre du programme SETI (Search for Extraterrestrial Intelligence), des millions de dollars sont dépensés pour rechercher nos cousins sur d'autres planètes. Dans un autre programme, « the Breakthrough Starshot », la mission est plutôt d'aller chasser ces extraterrestres. On parle aussi des projets d'établissement de colonies sur la lune et sur la planète Mars par l'Américain d'origine sud-africaine Elon Musk, concepteur de SpaceX.

Mais tout ce que nous pouvons dire, c'est qu'il appartient à l'homme d'apporter la vie ailleurs, selon ce qui est écrit en :

**Ge 1 : 28** *Dieu les bénit, et Dieu leur dit : Soyez féconds, multipliez, remplissez la terre (l'Univers), et l'assujettissez.*

À cela, Elon Musk pouvait avoir raison alors qu'il ignorait, avant la parution de ces collections, que son œuvre contribue au dessein divin.

Donc, Dieu a confié l'Univers entre les mains de l'homme et c'est à lui d'en faire bon œuvre. C'est son terrain. Depuis les temps anciens, l'homme a toujours été fasciné par le fait de trouver une exoplanète susceptible d'abriter la vie et où il y a la vie. Et nous ne pouvons qu'encourager ces recherches, car chacune d'elles mène toujours à la découverte de quelque chose et contribue au développement de la science et au bien-être de l'homme.

Par exemple, la communication sans fil, conçue au départ pour les appareils volants, nous sert maintenant quotidiennement.

Ce point me permet de revenir à la question de savoir : « et si un jour on découvrait la vie ailleurs » ?

Actuellement, dans l'espace il y a les débris des engins terrestres qui y circulent et qui peuvent aussi véhiculer les graines de la vie. Si ces graines se collent sur une comète ou une lune telle qu'Encelade ou Europe (satellite), cela peut avoir des répercussions après des milliers d'années. Surtout que beaucoup de satellites s'y écrasent déjà en y répandant leur huile.

Nous avons dit qu'on a découvert des bactéries qui vivent parfois à 40 km de la Terre. Elles peuvent se coller sur les parois d'un engin spatial et être récupérées par les geysers géants de l'un ou l'autre des satellites de la planète

Saturne et reprendre vie, tout en se multipliant. Ce que nous voulons dire est que, quelle que soit la vie, si petite soit-elle, découverte sur un astre autre que la Terre, elle aura toujours, après analyse, une origine terrestre.

Je croyais être le seul à pouvoir développer une telle pensée révolutionnaire avec assurance. Mais quel ne fut pas ma surprise en découvrant un article où un astrophysicien a émis à la même longueur d'onde que moi, mais, avec des termes appropriés. Lisons :

*« Une nouvelle idée vient en tout cas d'être avancée par un physicien de l'Université d'Édimbourg (Écosse, Royaume-Uni) dans un article déposé sur arXiv. ArjunBerera travaille d'ordinaire dans le domaine de la théorie quantique des champs de particules appliquée à la cosmologie…Mais il s'est intéressé ici à l'impact des grains de poussières interstellaires et interplanétaires sur l'atmosphère de la Terre à hautes altitudes. Il a découvert que certaines de ces poussières, qui peuvent aller à une vitesse de l'ordre de 70 km/s, sont suffisamment rapides pour que, lors de chocs avec certaines particules situées à 150 km de la surface de notre Planète, ces dernières puissent être éjectées et partir dans le vide interplanétaire, voire interstellaire. Or, ces particules peuvent contenir des molécules organiques très complexes, et même des bactéries ou des virus. La Terre pourrait donc avoir dispersé des germes de vie dans le Système solaire et peut-être au-delà. »*

(Cfr : futura science.com, Origine de la vie : nouvelle piste avec des poussières interstellaires, *par Laurent Sacco, le 23/11/2017).*

Toutefois l'auteur de l'article a conclu par cette phrase dans le même article : « *il reste à comprendre comment la vie elle-même est apparue* ». La préoccupation des scientifiques dans cette phrase faisait aussi partie de la préoccupation de Moïse. Et il nous dit que l'auteur de la Création est Dieu.

La Bible dit *: « Puis Dieu dit : Que la terre produise de la verdure »(Ge 1 :11)*, et ailleurs *: »Dieu dit : Que les eaux produisent en abondance des animaux vivants »(Ge 1 :20).*

Ce point fait partie désormais de la préoccupation des chercheurs comme nous pouvons les lire :

*« le Chroococcidiopsis vient sans doute de devenir l'ennemi n°1 des exobiologistes. Une équipe américaine a montré la grande résistance de cette cyanobactérie aux conditions extrêmes de Mars (UV et froid). En effet, elle survivrait jusqu'à 5 minutes sur le sol de la planète rouge, tout en laissant derrière elle des biosignatures, enzymes et chlorophylle, pendant plusieurs heures. C'est suffisant pour' créer de faux vestige d'une vie martienne. Ainsi, voyageant avec la sonde, cette bactérie pourrait contaminer les roches lors de leur prélèvement et faire échouer une mission de recherche de vie. (Cfr : Ciel&Espace n° 423 – Aout 2005; une algue a risque pour l'exobiologie).*

À la lumière du Principe de la création du Rév. Dr S. M. Moon, on sait désormais que derrière ces phrases « Dieu dit, Dieu fit, Dieu créa, Dieu forma », il se cache les notions de temps et du travail. La réalisation de l'idéal de Dieu dans le schéma de la création biblique, restitué dans le Modèle Cosmologique Universel, fut évolutive et caractérisée par des processus physico-chimiques que la science est appelée à découvrir pour mieux apprécier le travail de Dieu, ce qu'on appelait auparavant le « hasard de la nature ».

Depuis le début de l'apparition des livres de la collection « Les Versets des savants », nous n'avons cessé de dire que la célèbre phrase des scientifiques, à savoir « le hasard de la nature », soit remplacée par « selon la volonté de Dieu »ou, scientifiquement, « l'énergie ou la force première Universelle »en attendant que la science trouve l'explication sur un phénomène.

Comme on le voit, les mystères demeurent toujours dont

le plus grand « c'est le passage du spirituel au vide »car, dans les particules virtuelles, les schémas de la création étaient déjà inscrits par Dieu. Ce passage, nous l'avons démontré, était effectué par une rotation dégressive à la vitesse de **302.752 x $10^{18}$ km/s**.

Comme je l'ai dit, derrière la phrase « Dieu dit »se cache beaucoup de processus physico-chimiques. Ce qui nous intéresse ici, c'est l'aboutissement d'un même ordre dans la chronologie scientifique et biblique, démontrant que Moïse n'a pas monté une histoire que la science, la traitant ainsi, a rejetée.

# Section 3
# L'implantation de la vie dans l'Univers

## 3.1. La terre, plate-bande de l'Univers

La terre est une plate-bande pour l'Univers. Les livres de la collection « Les Versets des savants »qui incitent encore aux recherches, ne défendent pas non plus qu'on cherche des traces de vie sur d'autres planètes. Mais on trouve sur la Terre des animaux (microbes compris) et des plantes qui vivent parfois dans des endroits où règnent des conditions climatiques ou environnementales extrêmes. Des animaux qui nous étonnent par leur hibernation et leur adaptation. Des plantes qui se nourrissent des cendres volcaniques ou des gaz et des minéraux des mines abandonnées, mais où on retrouve de la verdure. Des écosystèmes au fin fond des océans ou des grottes ne bénéficiant pas directement de la lumière du Soleil.

Ce sont de telles plantes et de tels microbes et animaux qu'on devrait déjà commencer à étudier en vue de leur implantation sur d'autres exoplanètes et planètes, si on peut les atteindre, tout en respectant l'ordre de la création, à commencer par les végétaux, c'est-à-dire les algues ou le plancton. Si ceux-ci arrivent à s'adapter en y inspirant le gaz en présence et en expirant leur gaz, la planète deviendra à la longue vivable.

En effet, on attribue parfois aux planctons la production de l'oxygène qui nous est chère. Les exobiologistes disent que pour qu'il y ait la vie il faut la présence des trois ingrédients : chaleur, eau sous forme liquide et nutriments.

Pourquoi les végétaux d'abord après avoir créé un étang ou en rendant liquide la glace contenue sur une planète ? Parce que ceux-ci se nourrissent des éléments minéraux.

Et ce n'est pas ce qui manque sur les exoplanètes et autres planètes.

En effet, les planctons, qui font partie des premiers êtres vivants, sont constitués de plantes et d'animaux minuscules et se divisent en deux catégories. La plus petite est le phytoplancton, le plancton végétal. L'autre catégorie, c'est le plancton animal connu sous le nom de zooplancton. Le zooplancton se nourrit des phytoplanctons.

(*Cfr : Melvin et G. Berger : Qu'est-ce qui fait onduler l'océan ? éd. Nouveaux Horizons – ARS, Paris 2012, p.20*).

Cela confirme le schéma biblique démontrant que ce sont les plantes qui ont été créées avant les animaux.

Les phytoplanctons vont exploiter comme nourriture la lumière des astres brillants et les minéraux présents dans le liquide. En se nourrissant ainsi, ils fabriqueront de l'oxygène qui, en se s'échappant dans l'atmosphère, peut rendre la planète vivable. Ceux-ci peuvent faire germer certaines créatures adaptées pour les milieux en question, comme l'a dit Louis Pasteur, à partir des germes déjà présents dans l'atmosphère.

En effet, à travers le souffle de vie, Dieu a mis à la disposition de l'Univers, le mystère intérieur pour que la vie germe partout. Ce qui reste, ce sont les conditions biologiques, qui sont extérieures, et qui ne sont remplies, jusqu'à maintenant, que sur la planète Terre.

Ces plantes (phytoplanctons) vont devenir ensuite les nutriments pour les autres êtres, d'après l'ordre établi par Dieu. Ces plantes en se multipliant, seront capables, par la photosynthèse, de modifier la composition de l'atmosphère de la planète visée en transformant, par exemple, le dioxyde de carbone en oxygène comme elles l'ont fait pour la Terre, selon les scientifiques, ou en rendant la glace liquide, expérience non encore tentée.

La photosynthèse est un processus chimique naturel où

la lumière solaire transforme des produits chimiques en énergie à partir des êtres vivants, surtout des végétaux.

Même si d'autres éléments vitaux pour la croissance de la vie pouvaient faire défaut, les expériences de la chimiste Frances Arnold et de ses collègues du Caltech qui ont réussi, en 2016, à amener une enzyme de la bactérie Rhodothermus marinus à catalyser des liaisons carbone-silicium peuvent servir de leçon. Autrement dit, ils sont parvenus à créer un processus « naturel »qui intègre du silicium à des molécules organiques. (Cfr : C. Bonneau, Science & Vie Hors-Série n°288, 09/2019, p.55).

Nous avons évoqué le paragraphe ci-dessus pour expliciter ce que nous entendons par : « Ces plantes, en se multipliant seront capables de modifier la composition de l'atmosphère de la planète visée. »

Lisons ces versets :

Ge 1 : ***29*** *Et Dieu dit : Voici, je vous donne toute herbe portant de la semence et qui est à la surface de toute la terre, et tout arbre ayant en lui du fruit d'arbre et portant de la semence : ce sera votre nourriture.* ***30*** *Et à tout animal de la terre, à tout oiseau du Ciel, et à tout ce qui se meut sur la terre, ayant en soi un souffle de vie, je donne toute herbe verte pour nourriture. Et cela fut ainsi.*

Après avoir écrits ceci, je m'en doutais qu'un jour, j'aboutirai sur cet autre article scientifique :

« *L'un des nombreux paramètres à prendre en compte dans le cadre de la colonisation spatiale est la production d'oxygène pour l'équipage. L'installation d'un biotope végétal est généralement l'idée retenue pour produire naturellement de l'oxygène. Toutefois, les scientifiques cherchent d'autres moyens pour remplacer ou compléter la serre végétale.* » **(Cfr : trustmyscience.com/technologie-produit-oxygene-**

**depuis-co2-pourrait-aider-colonisation-mars ; par Thomas Boisson, le 28/05/2019)**.

Outre les plantes, dont certains s'adaptent même dans les milieux volcaniques, et d'autres se nourrissant des minéraux, il y a aussi des extrémophiles, dans cette catégorie, on retrouve certaines bactéries vivant sous terre sans lumière et sans eau et se nourrissant des roches. D'autres vivent même à 40 km au-dessus de la terre et, certaines se nourrissent même de méthane et d'ammoniac.

Nous savons que les recherches ont déjà débuté pour cela. Actuellement, avec la fonte de glaces causée par le réchauffement climatique, la science arrive à faire revivre certaines graines et bactéries qui étaient enfouies dans la calotte glaciaire il y a des milliers d'années. Ceci devrait déjà faire relancer la problématique de l'implantation de la vie sur les planètes autres que la Terre.

Lisons pour cela un article tiré dans l'internet dans le site Athlentico du 14 Décembre 2015. Futura science.com/magazines/santé

« *En 2007, des scientifiques américains ont ainsi mis la main sur des colonies de bactéries gelées depuis 500 000 ans. Mieux, ils ont réussi à en faire revenir quelques-unes à la vie ! Un exploit incroyable que n'importe quel autre animal ne pourrait reproduire... En 2012, la biologiste russe NadejdaMironova affirmait ainsi à l'AFP que ces micro-organismes "ont probablement des mécanismes permettant de conserver la viabilité."*

Après avoir suivi un documentaire scientifique à la télévision, je fus surpris par la capacité des tardigrades de vivre gelés dans la neige et je me suis dit, voici un animal que je mentionnerai dans mon livre comme candidat sur d'autres planètes.

Le lendemain, en entrant dans le web pour connaitre davantage sur cet animal, je fus surpris que d'autres savants l'eussent aussi déjà pointé comme nous pouvons le lire : Le 20/01/2016 à 11 :47 – Jean-Luc Goudet, Futura-Science :

« *Les tardigrades, des cousins des arthropodes de petites tailles, vivent partout où il y a de l'eau, dans les océans, dans les eaux douces mais aussi dans les sols humides et au sein des mousses. Ces animaux se sont adaptés aux conditions extrêmes, notamment le froid et la dessiccation, en étant capables de se dessécher complètement. Le record vient de tomber avec deux individus et un œuf qui ont passé plus de trente ans au congélateur avant de reprendre leurs activités et, même, de se reproduire* ».

Un autre article concernant leur résistance parut dans le même site au 03/12/2017 :

*« Les tardigrades (dont le nom signifie « marcheurs lents ») sont les formes de vie les plus résistantes sur Terre. Par exemple, récemment des chercheurs ont pu réveiller deux individus et un œuf après 30 ans passé à -30 °C en état de « vie arrêtée », ou cryptobiose. Ils sont capables d'endurer des températures supérieures à 150 °C, des pressions élevées jusqu'à 300 fois celle de l'atmosphère terrestre, de résister à des doses mortelles de rayons ultraviolets, ou encore de survivre au vide spatial. Cette incroyable petite créature de 0,5 mm de long est capable de vivre jusqu'à 60 ans. Les chercheurs n'ont pas fini de découvrir ses prouesses... En effet, pour les rayer de notre monde, il faudrait un évènement capable de faire bouillir les océans – ce qui devrait se produire dans environ un milliard d'années, voire plus, sous le joug de notre soleil en déclin. »*

Et, dernièrement une autre découverte a été encore faite chez les tardigrades dont on peut lire :

« *Les tardigrades sont ces animaux invertébrés qui*

*possèdent d'étonnantes facultés, notamment celle de s'être adaptée pour vivre dans les environnements les plus hostiles. Parmi les centaines d'espèces, il en est une, Hypsibiusexemplaris, qui vient de révéler une autre de ces fascinantes capacités, celle de résister à des doses mortelles de rayonnement UV.Par exemple, parmi les 1.300 espèces découvertes, certaines résistent au vide spatial. Au néant. À la stricte absence de tout – et aussi à la solitude. Ces tardigrades ont peaufiné leurs capacités. Jusqu'à ce que leur fluorescence leur confère une tolérance aux rayons UV mortels, relate une étude parue dans BiologyLetters ».*

(Cfr :https://www.futura-sciences.com/planete/actualites /animaux-encore-autre-

Superpouvoir -chez-tardigrades/ par Éléonore Solé, Publié le 16/10/2020).

Certains chercheurs disent même que le tardigrade pourrait survivre sur une planète telle que Mars car il est même habitué à vivre dans un milieu où souffle l'acide sulfurique. Quant à nous, nous disons que le souffle seul ne suffit pas pour faire d'un être vivant un bon candidat au monde extraterrestre. Il faut aussi penser à ses nutriments et aux nutriments de ces nutriments. Ce c'est qui complique l'équation et le résout aussi.

En plus, on parle maintenant de la congélation de certains organes et semences de l'homme qu'on peut même réanimer trente ans après. Tout cela démontre que l'homme n'est plus loin de conquérir l'Univers et cela fait partie du plan de Dieu. Donc, plutôt que de rechercher des extraterrestres, nous devrions plus nous focaliser sur la façon d'exploiter et d'apporter la vie ailleurs pour l'intérêt de l'humanité.

Nous avons des hôtes qui peuvent nous devancer, notamment les bactéries, certains végétaux et insectes, pour aller préparer l'environnement. Mais le plus grand problème auquel les scientifiques se butent est comment aller bombarder ces êtres sur des astres qui se trouvent à plusieurs milliards de kilomètres au sein de notre galaxie et à plusieurs années-lumière en dehors de celle-ci.

Le programme « the Breakthrough Starshot »semble avoir trouvé la réponse en utilisant de minuscules « nanocrafts »volant sur des voiles poussés par des faisceaux de lumière. Mais, comme je l'ai dit dans le chapitre d'avant Big-bang, seule la découverte de la particule de la matière noire, qui peut être poussée par les faisceaux lumineux, résoudra ce problème. Donc, en connaissant la consistance de ces particules, on peut créer une voile qui peut être poussée aussi par des faisceaux de lumière.

Une matière qui peut être poussée par la lumière ou la chaleur, cela faisait aussi partie de mes rêves d'enfance. Pour la chaleur, on a déjà trouvé la réponse à travers les fusées à propulsion. Mais, comme je l'ai développé au Tome V de la collection des livres « Les Versets des savants »qui s'intitule « De Noé à Barack Obama », dans l'antiquité, quelqu'un a créé une fusée qui décolla à une vitesse proche de celle de la lumière et ceux qui étaient là ne surent même pas la direction qu'elle a prise. (2 Rois 2 : 11).

Espérons que les concepteurs du programme « the Breakthrough », le physicien Yuri Milner et son équipe, arriveront à réaliser les prouesses du prophète Élie, dont ils pouvaient lire la restitution scientifique de son histoire au Tome V de la collection des livres « Les Versets des savants ».

À la deuxième ère après le Big-bang, soit à la troisième période biblique, alors qu'on était encore pendant la période de formation et des collisions galactiques, la planète Terre fut décrite par Moïse comme étant déjà porteuse de vie, alors qu'il ne s'agissait que des molécules organiques comme on en découvre maintenant partout.

Lisons :

Ge 1 : **11** *Puis Dieu dit : Que la terre produise de la verdure, de l'herbe portant de la semence, des arbres fruitiers donnant du fruit selon leur espèce et ayant en eux leur semence sur la terre. Et cela fut ainsi.* **12** *La terre produisit de la verdure, de l'herbe portant de la semence selon son espèce, et des arbres donnant du fruit et ayant en eux leur semence selon leur espèce. Dieu vit que cela était bon.* **13***" Ainsi, il y eut un soir, et il y eut un matin : ce fut le troisième jour.*

Cette particularité était pour spécifier que les molécules organiques se sont formées très tôt dans l'histoire de l'Univers, mais celles qui se trouvaient sur la planète Terre seraient porteuses de vie. Alors pourquoi ne pas créer un mécanisme d'arrosage dans un astéroïde puisqu'il y a déjà des molécules de vie, même si on ne sait pas quelle vie cela va donner ?

# CHAPITRE XI
## Science et Religion

## Section 1
## L'appel de Dieu aux savants

Dieu parle à un prophète, à un sage ou à un chercheur selon ses préoccupations et les besoins providentiels de son époque. Mais, comme je l'ai dit auparavant, Dieu ne se contredit jamais. Ce sont plutôt nos interprétations qui font de Lui un être contradictoire, comme l'a dit l'astrophysicien Aurélien Barrau « la pathologie, ce sont nos théories et non l'Univers ». (Cfr : conférence : Qu'y avait-il avant le Big-bang ?).
À travers les différents livres prophétiques de plusieurs religions et d'autres écrits antiques, nous découvrons que la parole de Dieu se complète. Des prophètes ayant parlé parfois à des milliers de générations différentes ont eu à professer la même chose mais en apportant un étage de plus. C'est cet étage de plus qui fait que les conservateurs rejettent la nouvelle prophétie et traite le prophète d'hérétique et cela a pour conséquence de générer des nouvelles religions.

Si la parole de Dieu contenue dans le Principe Divin du couple Moon peut donner aux chercheurs les éclaircissements sur l'origine de l'Univers et le mécanisme qui est à la base de sa dynamique, alors pourquoi ne pas s'habiller de l'humilité de pouvoir l'écouter et de l'étudier. Le Royaume des Cieux, dit-on, appartient à ceux qui sont comme les enfants, c'est-à-dire ceux qui se montrent humbles plus que Nicodème et Jean-Baptiste.

Mt 18 : 18 :4 C'est *pourquoi, quiconque se rendra humble comme ce petit enfant sera le plus grand dans le royaume des cieux.*

Nicodème, qui fut un docteur des lois de l'époque de Jésus, c'est-à-dire un savant et un chercheur, fut le seul à reconnaitre à Jésus le titre de docteur, mais s'est comporté en adulte et a eu honte de le rencontrer pendant la journée. Un vrai chercheur n'a pas honte d'aller à la recherche de la vérité durant la journée, comme nous pouvons le lire :

Jn 3 : *2 Nicodème vint auprès de Jésus, de nuit, et lui dit : Rabbi, nous savons que tu es un docteur venu de Dieu; car personne ne peut faire ces miracles que tu fais, si Dieu n'est avec lui.*

Mais, il est quand même allé, lui qui fut un docteur d'Israël (Jn 3 : 10) et un chef (Jn 3 : 1), c'est-à-dire un conservateur des lois juives. Nous par contre, nous avons la facilité d'inviter un enseignant chez nous.

C'est ainsi qu'il est écrit :

Hé 4 :*7 Dieu fixe de nouveau un jour – aujourd'hui – en disant dans David bien longtemps après, comme il est dit plus haut : Aujourd'hui, si vous entendez sa voix, N'endurcissez pas vos cœurs. 13 Nulle créature n'est cachée devant lui, mais tout est nu et découvert aux yeux de celui à qui nous devons rendre compte.*

Savez-vous par exemple que si on commençait à étudier le mal qui se cache derrière les choses interdites à la consommation en se demandant « pourquoi doit-on s'abstenir de certains choses et gestes »défendus par Moïse, on remonterait à la source des virus les plus dévastateurs de l'humanité ? J'ai fait un recensement des ces choses et gestes au Tome V. En plus, connaissant les conséquences dévastatrices de certains virus, Moïse a été la première personne dans l'histoire à défendre à l'homme de porter sa main à la bouche sans la laver. Et, j'ai aussi proposé un autre geste barrière lié à notre monde électronique par rapport à ce que Moïse avait proposé et ce que la médecine actuelle nous propose.

Et, pour faire peur aux Israélites, Moïse avait associé cette interdiction au péché en leur disant que c'est une impureté.

***Mc 7 : 1*** *Les pharisiens et quelques scribes, venus de*
*Jérusalem, s'assemblèrent auprès de Jésus.* ***2*** *Ils virent*
*quelques-uns de ses disciples prendre leurs repas avec des*
*mains impures, c'est-à-dire, non lavées.* ***3*** *Or, les pharisiens et*
*tous les Juifs ne mangent pas sans s'être lavé soigneusement*
*les mains, conformément à la tradition des anciens.*
***18*** *Jésus dit à ses disciples : Vous aussi, êtes-vous donc sans*
*intelligence ? Ne comprenez-vous pas que rien de ce qui du*
*dehors entre dans l'homme ne peut le souiller ?*

Dans les versets ci-dessus, Jésus connaissait que ces commandements n'avaient rien avoir avec les péchés, mais qu'il était lié avec les microbes dont Moïse ne pouvait leur expliquer.

# Section 2
# Forum

## 2.1. Pourquoi n'avons-nous toujours pas trouvé de signes de vie extraterrestre malgré tous nos progrès technologiques ?

Dans les livres de la collection « Les Versets des Savants » qui fait la restitution biblique du schéma de la création, il est dit que Dieu en créant l'homme, lui a établi en tant que seigneur de l'Univers par cette bénédiction "Dominez la terre et l'assujettissez" (Gen 1 : 28–29). Ceci veut dire que c'est l'homme qui est au centre de l'Univers et il lui appartient de le raviver ou d'apporter la vie ailleurs.

Actuellement, on a déjà découvert plusieurs exo-terre, c'est-à-dire des planètes qui remplissent certaines conditions susceptibles d'abriter la vie. Mais, si la vie biologique peut apparaitre automatiquement dans ces planètes après une dégradation des mucus, alors, l'apparition de la vie serait réduite en une formule mathématique. Or, la vie, que ça soit celle d'une bactérie ou d'un virus, est sacrée s'il n'est pas dérangé en dedans de son territoire.

La recherche de la vie et des conditions d'existence sur les autres planètes fait l'objet d'une science nouvelle, l'exobiologie. Louis Pasteur avait déjà prouvé que la vie n'apparait seulement parce que les conditions sont réunies. Depuis la première apparition dans une planète quelque part qui pour nous est la Terre, la vie ça se transmet. Ainsi, quand on a étudié par exemple l'origine des Amérindiens et des aborigènes, on a découvert qu'ils descendent de peuples asiatiques.

Aucun continent n'a produit lui-même ces habitants. La présence de l'eau à servi à l'immigration pour remplir la Terre. Or, quand on parle de la vie extraterrestre, il y a des grands gouffres qui sépare la terre des autres planètes pour la transmission de la vie. Certes, au sein du système solaire, la communication ou la transmission de la vie d'une planète à l'autre peut se faire à travers les météorites. Voilà pourquoi, il ne serait pas étonnant qu'on y découvre un jour la vie dans le système solaire. Mais, nous avons dit qu'après analyse, on découvrira que sa source est terrienne. (Cfr : **Microsoft ® Encarta ® 2009. © 1993-2008 Microsoft Corporation**).

## 2.2. Quel est le phénomène naturel le plus bizarre sur terre, que les scientifiques ne peuvent toujours pas expliquer ?

La conscience au sein des êtres vivant. Toutefois la Bible en cite la source à travers le verset suivant : "*L'Éternel Dieu forma l'homme de la poussière de la terre, il souffla dans ses narines un souffle de vie et l'homme devint un être vivant*". (Ge 2:7). Ce verset est restitué et développé d'une manière scientifique dans le livre Ce livre comme en témoigne aussi cette citation du Rév. Dr Sun Myung Moon :

*« Si vous entrez dans un état mystique, vous comprendrez qu'un seul grain de sable contient tous les principes de l'Univers. Vous verrez même dans un seul atome l'harmonie infinie et inépuisable de l'Univers. Malgré notre compréhension limitée, nous ne pouvons nier qu'un réseau complexe de force est à l'origine de toute existence. Les molécules contiennent des atomes et les atomes des particules élémentaires. Pourtant, mêmes ces entités ne sont pas dépourvues de conscience. Chacune est dotée d'une conscience et d'un but spécifique ».*

(Cfr : Cheon Seong Gyeong, FFPMU, p.85).

### 2.3. Partant de la notion « tout ce qui commence doit finir », notre Univers a-t-il un début ? Si oui, serait-il juste de l'appeler éternel ?

Si le début de l'Univers est-elle que les astrophysiciens nous l'expliquent, alors, il aura effectivement une fin. Mais, pour les croyants, l'Univers a été créé par un Être éternel transcendant le temps et l'espace. Cet être c'est Dieu. Celle-ci vient d'être démontré dans le livre " la cosmologie selon les modèles biblique et antique". Si tel est le cas, alors, tout a été prévue pour qu'il n'ait pas de fin. Un jour les scientifiques découvriront les lois qui feront que l'Univers n'aura pas de fin. Les versets Bibliques existent déjà, comme nous pouvons les lire :

*Ecl 1 : **4** Une génération s'en va, une autre vient, et la terre subsiste toujours*

*Ps 78 : **69** Et il bâtit son sanctuaire comme les lieux élevés, Comme la terre qu'il a fondée pour toujours*

*Ps 148 : **4** Louez-le, cieux des cieux, Et vous, eaux qui êtes au-dessus des cieux ! **5** Qu'ils louent le nom de l'Éternel ! Car il a commandé, et ils ont été créés. **6** Il les a affermis pour toujours et à perpétuité ; Il a donné des lois, et il ne les violera point.*

Comme on le voit dans ce dernier verset, j'ai raison de prédire qu'il y a des lois établies qui feront que l'Univers en général et l'humanité en particulier soit éternel. Ce sont ces lois que les astrophysiciens vont découvrir un jour. Albert Einstein avait déjà raisonné à cela quand il a voulu justifié sa théorie d'Univers statique.

# Conclusion générale

Dans ce livre, nous avons abordé des sujets d'ordre générale qui ne sont pas encore confirmés en cosmologie, c'est-à-dire non encore intégrés au modèle standard, voire à la relativité générale. Nous avons abordé ces sujets, non pas pour imposer des nouveaux points d'interrogation, mais en essayant plutôt d'apporter notre contribution.

Ainsi, tout au long de notre travail, en essayant de tracer un chemin de l'invisible au visible, nous nous sommes donnés à l'exercice le plus assidu en cosmologie. Parfois nous avons manqué de mots pour exprimer nos idées, et nous étions obligés d'emprunter ceux qui sont utilisés dans la littérature mais qui, parfois, ne répondent pas exactement à ce que nous pensons. Par exemple, le mot rayonnement a un sens profond pour moi, parce que cela faisait aussi partie de la transformation du spirituel au physique selon qu'il est écrit : « Au commencement Dieu créa les cieux et la terre »(Ge 1 :1).

Pour les astrophysiciens, quand ils parlent des rayonnements, ils voient seulement des phénomènes se passant dans l'Univers physique ou l'Univers d'après Big-bang. Toutefois, nous avons abordé tous les points avec un langage facile qui peut permettre désormais au commun des mortels de prendre part aux débats cosmologiques car l'Univers appartient à tous et non seulement aux astrophysiciens. Tels ont toujours été les vœux de leurs pères fondateurs. Ce sont ces vœux que nous sommes en train d'accomplir à travers les différents Tomes des livres de la collection « Les Versets des savants ».

Notre quête pour résoudre certaines énigmes qui sont encore sur la table des astrophysiciens, nous a amené à parler de celles liées à l'avant Big-bang, notamment de l'évolution des particules virtuelles aux particules réelles. Dans le processus du Big-bang, nous nous sommes intéressés aux énergies qui ont provoqué ce rebond de l'Univers. Dans l'après Big-bang, nous nous sommes intéressés à certains phénomènes qui viennent détruire les théories établies. Et nous avons clôturé notre quête, du moins dans ce livre, par un chapitre sur les extraterrestres.

La chose la plus importante dans les livres de la collection « Les Versets des savants »est que les lecteurs bénéficient des conseils que nous y apportons dont nous sommes parfois nous-mêmes ignorants.

# BIBLIOGRAPHIE

## I. LIVRES

Présentation du principe divin : éd. Culture et Paix, Paris, 2013

Le Principe divin, niveau 4, introduction

Pensée de l'unification, Séoul, Corée le 12 septembre 1973

Claude Sarrailh, Le secret de la vie, éd. Librinova, Paris, 2018

J.Baker : 50 clés pour comprendre l'astronomie, éd. Dunod, Paris 2016

**Le physicien Richard Feynman dans *Leçons de physique***

Damian Grint, les mystères de l'Univers, éd. Christophe Colomb, Paris, 1985

Broglie (Louis, duc de), la Physique nouvelle et les Quanta, Paris, Flammarion, 1974

Blandine Plucher, la physique quantique pour les nuls, éd. First, Paris 2018,

Melvin et Gilda Berger : les tornades tourbillonnent-elles vraiment ? Ed. JOUVE, Paris, 2012

Melvin et G. Berger : Qu'est-ce qui fait onduler l'océan ? éd. Nouveaux Horizons – ARS, Paris 2012

Stephen Hawking, Une brève histoire du temps, trad. I. Naddeo-Souriau, Paris, Flammarion, 1989

Défis de la science-Le monde.fr, la Théorie du Tout

Voyage dans le cosmos ; Le vide et le néant – édité par RBA Collecionables, S.A.U. Barcelone, 2020, P.10

Stefen Hawkins, L'Univers des faits aux théories

Jean Bricmont, Mécanique quantique pour **non-physiciens**, UCL-FYMA, Louvain-la-Neuve (Belgium)

II. ENCYCLOPEDIE

"Archimède, principe d'." Microsoft® Encarta® 2009 [DVD]. Microsoft Corporation, 2008

*"chromodynamique quantique." Microsoft® Encarta® 2009 [DVD]. Microsoft Corporation, 2008*

*"lepton." Microsoft® Encarta® 2009 [DVD]. Microsoft Corporation, 2008*

"Poussière interstellaire." *Wikipédia, l'encyclopédie libre.* 27juil 2016

:"gravitation." Microsoft® Encarta® 2009 [DVD]

« Naine blanche." Microsoft® encarta® 2009 [DVD]. Microsoft Corporation, 2008

Encarta : Électron

Gene ; Microsoft ® Encarta ® 2009

Interaction forte ; Microsoft ® Encarta ® 2009

*Joe Bergeron,* ***Encarta ® 2009. La modélisation d'un trou noir***

Les planètes du système solaire ; encarta

**Microsoft® Encarta® 2009. © 1993-2008 Microsoft Corporation**

Neutrino." Microsoft® Encarta® 2009 [DVD]. Microsoft Corporation, 2008

Particules élémentaires." Microsoft® Encarta® 2009 [DVD]. Microsoft Corporation, 2008

Radiations, ceinture de." Microsoft® Encarta® 2009 [DVD]. Microsoft Corporation

Théorie du Bing Bang ; **Microsoft ® Encarta ® 2009**

Wikipédia ; « Elementaryparticle"

Wikipédia : Grande Unification

Wikipédia : Matière baryonique

www.wikipédia ; AXION

www.WIKIPEDIA ; CAST
*Empédocle, Wikipédia*
Pre-Big-bang ; Wikipédia
Big bounce ; Wikipédia

III. REVUES

Pour la science, dossier Hors-série Juillet 1997 *Les trous noirs*
Ciel & espace, n°365 Octobre 2000 *Trous noirs, comment les débusquer ?*
Science&Vie Hors-Série n°288, 09/2019, p.71 par S. Devos
Hugo Leroux, Science&VieHors Série n°288, 09/2019, p.58
C.Bonneau, Science&VieHors Série n°288, 09/2019, p.55
David Adam, « *The Strange story of Peter Lynds* »*[archive], The Guardian*, 14 août 2003
Martin Bojowald, » *What happened before the Big Bang ?* », *Nature Physics*, vol. 3, n° 8, 2007, p. 523–525

IV. ARTICLES

Bulletin de l'Union des Physiciens n°593 (Avril 1977) et n°577 (Octobre 1975)
CERN ; Chasser les nuages dans le LHC Posted by Corinne Pralavorio
Nouvelle du CERN
**Des signaux extraterrestres détectés par les équipes de Stephen Hawking** ; Paris Match| Publié le 04/09/2017 par Camille Hazard
**Un flot en provenance du cœur du Soleil** ; Par Joël Ignasse, le 21.10.2014

V. SITES WEB

http://www.matierevolution.fr/spip.php ?08- Lumière et matière, des lois issues du vide,mardi 14 juillet 2009, par Robert Paris http://www.matierevolution.fr/spip.php ?article38Les contradictions des quanta, 02/06/2007, par FaberSperber, Robert Paris

http://www.matierevolution.fr/spip.php ?article43,Le vide destructeur/constructeur de la matière, 01/07/2010, par FaberSperber, Robert Paris

http://www.matierevolution.fr/spip.php ?article, Big bang ou pas Big Bang, le 15/05/2009 par FaberSperber, Robert Paris

http://www.matierevolution.fr/spip.php ?article, **La symétrie brisée**, 22/03/2009, par Robert Paris

*http://www.matierevolution.*fr/spip.php ?article, **Les bulles de vide et la matière, le 16/05/2008**, Robert Paris

trustmyscience.com/nouvelle-etude-matiere-noire-plus-ancienne-que-big-bang/ par Stéphanie Schmidt, 9 août 2019

**trustmyscience.com/technologie-produit-oxygene-depuis-co2-pourrait-aider-colonisation-mars ; par Thomas Boisson, le 28/05/2019**

https ://trustmyscience.com/un-trou-noir-supermassif -denude-parcourt-l-Univers/...)

trustmyscience.com/authot/Thomas Boisson·18 novembre 2020

http://www.elementschimiques.fr/ ?fr/decouverte/origine -de-la-matiere

nationalgeographic.fr/sciences/einstein-est-il-le-pere-de-la -bombe-atomique, De Erin Blakemore

npa2009.org/idees/einstein-et-la-bombe-atomique, Ross Harrold

http://www.ac-grenoble.fr/college/sand.la-motte-servolex /documents/Sciences%20

futura-sciences.com/sciences/Univers-premiere-image -trou-noir-supermassif, Laurent SACCO, le 13/04/2019

futurascience.fr/ **Structure d'un trou noir et**

**classification, par Loïc Villain**, le 03/02/2016
futurascience.com/10questions essentielles sur l'Univers/ le 19/08/2019
futurascience.com, Hayabusa 2 : Mascot s'est posé sur Ryugu et débute ses activités scientifiques, par Remy Decourt,Publié le 04/10/2018).
futura science.com, Origine de la vie : nouvelle piste avec des poussières interstellaires, *par Laurent Sacco, le 23/11/2017*
WWW Futurascience ; AXION
www.futurasciences, WIMP ; définition
10 questions essentielles sur l'Univers. J.P. Luminet, www.Futura-Sciences
futurasciences, Matière noire : l'expérience Xenon 100 n'a pas vu de Wimps. L. SACCO, Publié le 22/04/2011
Express.fr, les premières secousses du Big-bang expliquées par Grichka Bogdanov, par Jérémie Pham-Lê, publié le 18/03/2014
fredzone.org/stephen-hawking-pense-toujours-que-nous-devons-nous-mefier-des-extraterrestres-554
lejournal.cnrs.fr/articles/la-matière-noire-court-toujours 04.06.2018, par Xavier Müller
*Alain Bouquet CNRS & Paris7; L'énigme de la matière noire*
**Cécile Dumas ; *Science et Avenir.fr*** 19/05/11
*DidierVerkin De 26/06/1999* lapp.in2p3.fr/neutrinos/sources.
lestoutespremieresfois.com/1er-coup-daccelerateur-de-lexpansion-cosmique ; par Fabrice, *Actualisé le 8 mai 2014*
nouvelobs.com/planete/une-etrange-planete-solitaire-flotte-dans-l-espace.html. Publié le 10 octobre 2013
**sciencesetavenir.fr/qu-est-ce-que-la-matiere-noire-et-l-energie-noire** Par Erwan Lecomte et AzarKhalatbari le 31.10.2018
sciencesetavenir.fr/un-trou-noir-se-promene-solitaire-dans-l-espace_112651)Par AzarKhalatbari le 06.05.2017

zevenzeur.files.wordpress.com, le vide quantique
Livescience.fr- Et si la matière noire était née avant le Big Bang ? Marcus Dupont-Besnard, le 09 août 2019.
https://insidetheperimeter.ca/fr/cosmologie-comparee-des-theoriciens-discutent-du-grand-rebond/publié par TENILLE BONOGUORE*le* 01 AOÛT 2017
http://thomas.lepeltier.free.fr/cr/bojowald-Univers-en-rebond.html
https://www.perimeterinstitute.ca/fr/news/grand-boum-ou-grand-rebond, par Erin Bow, le 06 juillet 2016
Tribune.fr du 5 mai 2020
https://www/toms.guide/ **Et si le Big Bang n'était pas à l'origine de l'Univers ?** par **AURIANE POLGE**, le 10 août 2020
https://cordis.europa.eu/article/id/88907-the-big-bang-versus-the-big-bounce/fr
https://www.books.fr/le-monde-davant-le-big-bang/
Publié dans le magazine Books n° 19, février 2011
**http://planete.gaia.free.fr/astronomie/cosmologie/sans.commencement.html" \l "01"**

VI. DOCUMENTAIRES SCIENTIFIQUES

**Les secrets du Cosmos : la théorie du champ de Higgs**
« **D'où provient l'énergie du Big-bang** » de Hubert Reeves
Aurélien Barrau ; conférence : Qu'y avait-il avant le Big-bang ?
**les nébuleuses** »écrit par Darryl Rehr
« **Hubble vus de l'espace** »d'Ivan SEMEMIUK

# Sommaire

Librinova
www.librinova.com

www.ingramcontent.com/pod-product-compliance
Lightning Source LLC
LaVergne TN
LVHW052257200926
848481LV00002B/397

*Dedication*

*To all who look up at the night sky and wonder.*

# Table of Contents

# PART ONE

# INTRODUCTION TO THE INVISIBLE

# CHAPTER ONE

# What You Can't See Can Hurt You

---

**The Invisible Architects of the Universe**

Imagine standing in a vast, darkened room. You know something enormous lurks in the darkness before you, something so massive that it warps the very floor beneath your feet, pulling everything inexorably toward it. You cannot see it. You cannot touch it. You cannot shine a light on it because light itself disappears into its depths. Yet you know it's there because of what it does to everything around it.

This is not a thought experiment or a nightmare. This is the reality of black holes, the most extreme objects in our universe, and they are far more common than you might think. At the heart of nearly every large galaxy, including our own Milky Way, there lurks a supermassive black hole, millions or even billions of times more massive than our Sun. Scattered throughout the galaxies are countless smaller black holes, the remnants of massive stars that died catastrophic deaths. Together, these invisible monsters shape the cosmos in ways both beautiful and terrifying.

Black holes represent one of the great paradoxes of modern science: the most influential objects in the universe are, by definition, impossible to see. They are regions of spacetime where gravity has become so intense that nothing, not matter, not light, not even information itself, according to some interpretations can escape once it crosses a certain threshold. They are cosmic censors, hiding their innermost secrets behind an impenetrable veil called the event horizon.

Yet despite their invisibility, or perhaps because of it, black holes have captured human imagination like few other scientific concepts. They appear in our science fiction, our nightmares, and our most profound questions about the nature of reality. They force us to confront the limits of our understanding and challenge our most basic assumptions about space, time, and the laws of physics.

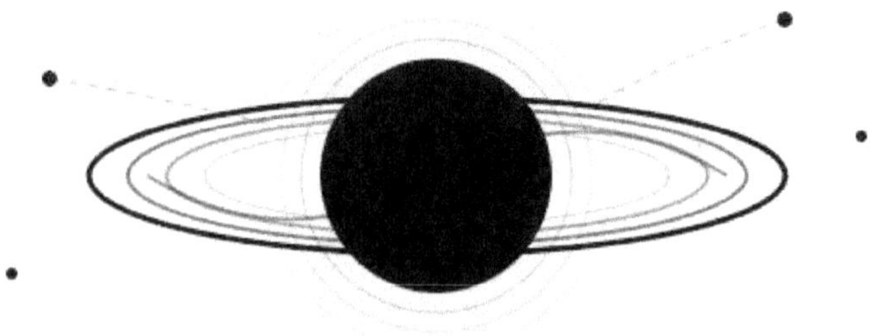

*Figure 1.1: An artist's conception of a black hole with its accretion disk and gravitational influence on nearby stars*

### A History Written in Darkness

The story of black holes begins not with telescopes or advanced mathematics, but with a simple question asked over two centuries ago: what if a star were so massive that even light could not escape its gravitational pull?

In 1783, an English clergyman and natural philosopher named John Michell posed this very question. Working from Isaac Newton's theory of gravity and the contemporary understanding that light might have mass, Michell calculated that a star 500 times the radius of the Sun with the same density would have an escape velocity exceeding the speed of light. He called these hypothetical objects "dark stars," and while his reasoning was based on physics we now know to be incorrect, his intuition was remarkably prescient.

Thirteen years later, the French mathematician Pierre-Simon Laplace independently arrived at the same concept in his book "Exposition du système du Monde." But then, for over a century, the idea lay dormant. In the Newtonian universe, it was an interesting curiosity, nothing more. Light, it turned out, had no mass, and the question seemed moot.

Everything changed in 1915 when Albert Einstein published his general theory of relativity. Einstein's revolutionary insight was that gravity was not a force in the traditional sense, but rather a curvature of spacetime itself. Massive objects don't pull on other objects; instead, they warp the fabric of space and time around them, and objects follow the curves in this warped spacetime. It was a complete reimagining of how the universe works at its most fundamental level.

Within months of Einstein publishing his field equations, a German physicist named Karl Schwarzschild found an exact solution to these equations. Remarkably, Schwarzschild did this while serving in the German army during World War I, calculating by candlelight in the trenches on the Russian front. His solution described the gravitational field around a non-rotating spherical mass, and it contained something strange: a radius at which the equations seemed to break down, where the curvature of spacetime became infinite.

This radius, now called the Schwarzschild radius, would later be understood as the event horizon of a black hole. If all the mass of an object were compressed within its Schwarzschild radius, you would create a region from which nothing, not even light, could escape. But in 1916, this seemed like a mathematical oddity, not a physical reality. Surely nature would never permit matter to be compressed so extremely. Even Einstein himself rejected the idea that such objects could actually exist.

The physics community remained skeptical for decades. How could something so bizarre exist in the real universe? It wasn't until the 1960s, driven by new observations of incredibly energetic phenomena in distant galaxies and the theoretical work of physicists like Roger Penrose, Stephen Hawking, and John Wheeler, that black holes transitioned from mathematical curiosities to accepted astrophysical objects. It was Wheeler, in 1967, who popularized the term "black hole", a name that perfectly captured both the object's appearance and its inescapable nature.

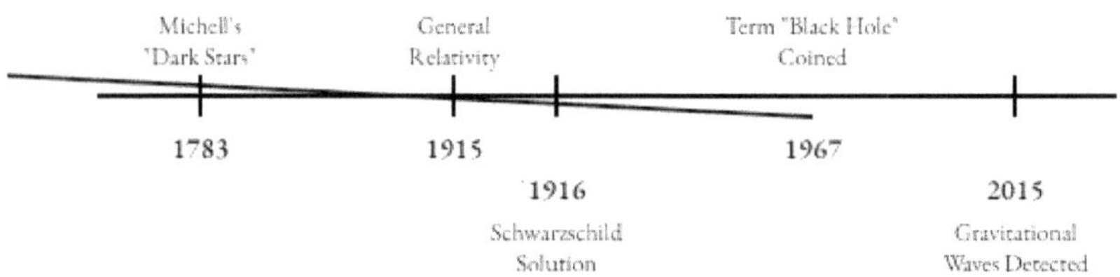


*Figure 1.2: A timeline of major milestones in black hole science*

**Why Black Holes Matter**

You might wonder why we should care about these extreme objects. After all, the nearest known black hole is thousands of light-years away, hardly an immediate threat to our daily lives. But black holes are far more than exotic curiosities at the fringes of space. They are fundamental to understanding how the universe works, how it evolved, and possibly where it's headed.

First and foremost, black holes are the universe's sculptors. The supermassive black holes at the centers of galaxies don't just sit there passively; they actively shape the galaxies around them. As matter falls into these cosmic giants, it heats up and releases enormous amounts of energy, sometimes outshining all the billions of stars in the galaxy combined. This energy drives powerful winds and jets that can trigger or suppress star formation across the entire galaxy. In a very real sense, the galaxy you see is shaped by the invisible monster at its heart.

Our own Milky Way galaxy contains a supermassive black hole called Sagittarius A* (pronounced "Sagittarius A-star") at its center. It weighs about 4 million times as much as our Sun, and it sits roughly 26,000 light-years from Earth. While it's currently rather quiet, feeding only on the occasional wisp of gas or unlucky star, it has likely had violent periods in the past that shaped our galactic home.

Black holes also serve as nature's most extreme laboratories. Near a black hole, gravity becomes so intense that space and time behave in ways that defy our everyday intuition. Time slows down. Space stretches. The normal rules seem to bend and break. By studying black holes, we can test our theories of physics under the most extreme conditions imaginable, conditions we could never recreate in any Earth-based laboratory.

Einstein's general relativity has passed every test we've thrown at it, including extremely precise measurements made near black holes. Yet we know that general relativity cannot be the final word. It breaks down at the very center of a black hole, at the singularity, where our equations give nonsensical results like infinite density and infinite curvature. This tells us that we need a deeper theory, one that successfully merges general relativity with quantum mechanics. Black holes are the proving ground for this quest.

Perhaps most profoundly, black holes force us to confront fundamental questions about the nature of reality. What happens to information that falls into a black hole? Does it disappear forever, violating one of the core principles of quantum mechanics? Or is it preserved somehow, perhaps encoded on the event horizon like a hologram? This question, known as the black hole information paradox, has occupied some of the greatest minds in physics for decades and has led to revolutionary new ideas about how the universe might work at its most fundamental level.

**The Paradox of Darkness**

One of the most fascinating aspects of black holes is that they are defined by what they are not, by absence rather than presence. A black hole is a region where matter has collapsed so completely that it has disappeared from view, leaving behind only gravitational effects. The "hole" part of the name is literal: there's a hole in the visible universe, a place where we can look but never see.

This creates a profound irony. The objects that most powerfully affect their surroundings are precisely the objects we cannot directly observe. We can never see the surface of a black hole because it has no surface, just an event horizon, a point of no return beyond which no information can reach us. Everything we know about black holes comes from observing their effects on things around them: stars that orbit invisible companions, gas that heats to millions of degrees as it spirals inward, light that bends around them like water around a drain.

It's rather like trying to understand a person you can never meet, whose existence you infer only from the way others react to them. You see people being pulled in a certain direction, hear them talk about this invisible presence, watch as things disappear when they get too close. You can make sophisticated deductions about what this person must be like, but you can never verify those deductions directly. You can never shake their hand, look them in the eye, or ask them questions.

This fundamental inscrutability has made black holes both frustrating and fascinating to scientists. Every observation is indirect, every conclusion tentative. Yet over the past half-century, scientists have developed increasingly clever ways to "see" the unseeable. We've learned to read the gravitational signature of black holes in the orbits of nearby stars, to detect the X-rays screaming from superheated matter about to cross the event horizon, and most recently, to capture the shadow of a black hole's event horizon against the glow of its accretion disk and to hear the spacetime ripples from colliding black holes.

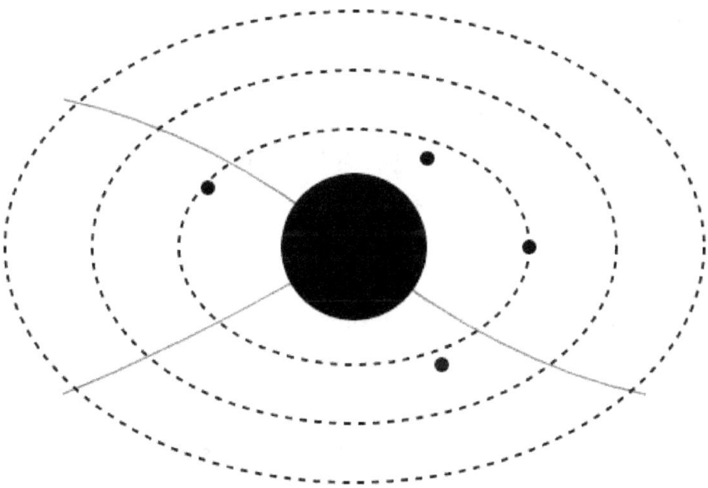

*Figure 1.3: How we detect black holes: through the orbital motions of nearby stars and the bending of light*

**From Theory to Reality**

For most of the 20th century, black holes remained theoretical constructs. Physicists could write equations about them, but whether they actually existed in nature was an open question. The tide began to turn in the 1960s when astronomers discovered quasars, incredibly bright objects in the distant universe that outshone entire galaxies yet were compact enough to vary in brightness over days or weeks.

The only plausible explanation was that quasars were powered by supermassive black holes actively feeding on surrounding matter. As gas spiraled into these giants, friction heated it to millions of degrees, causing it to radiate enormous amounts of energy before taking its final plunge past the event horizon. This was our first compelling evidence that black holes weren't just mathematical abstractions, they were real, and they were doing dramatic things.

In 1971, astronomers identified the first strong candidate for a stellar-mass black hole: Cygnus X-1, a powerful X-ray source in the constellation Cygnus. The X-rays appeared to come from a companion star whose outer layers were being stripped away by an invisible object. By measuring the orbit of the visible star, astronomers determined that its companion had to be at least 15 times the mass of the Sun, yet it emitted no light. The only known object that could fit this description was a black hole.

Since then, the evidence has become overwhelming. We've discovered thousands of black hole candidates, ranging from a few times the Sun's mass to tens of billions of solar masses. We've watched stars orbit the supermassive black hole at the center of our galaxy, their motions betraying the presence of something massive and dark. We've seen jets of matter shooting from galactic centers at nearly the speed of light, powered by the rotational energy of spinning black holes.

In 2015, a new era of black hole astronomy began when the Laser Interferometer Gravitational-Wave Observatory (LIGO) made the first direct detection of gravitational waves, ripples in spacetime predicted by Einstein a century earlier. The waves were created by two black holes, each about 30 times the mass of the Sun, spiraling into each other and merging in a catastrophic collision that released more energy in a fraction of a second than all the stars in the visible universe combined. For the first time, we could "hear" black holes, detecting them through their gravitational influence on the fabric of spacetime itself.

Then, in 2019, the Event Horizon Telescope collaboration released the first-ever image of a black hole's event horizon or more precisely, its shadow. By coordinating radio telescopes around the world to create an Earth-sized virtual telescope, scientists captured an image of the supermassive black hole at the center of the galaxy M87. The image showed exactly what theory predicted: a dark circle surrounded by a bright ring of light, the photons that managed to orbit the black hole just outside the point of no return.

These achievements represent more than just technological triumphs. They confirm that the bizarre predictions of general relativity, predictions that seem to violate common sense are actually how the universe works. Black holes exist. They are out there, warping spacetime, swallowing matter, and shaping galaxies. What began as a mathematical curiosity has become one of the most important areas of modern astrophysics.

**What This Book Will Cover**

This book is your guide to understanding these remarkable objects, from their basic physics to their role in the cosmos to the deepest mysteries they present. We'll start from the ground up, assuming no prior knowledge beyond basic curiosity. If you've never studied physics, that's perfectly fine. If you have, you'll find deeper insights into topics you may already know.

In the chapters ahead, we'll explore how stars live and die, and how the most massive stars end their lives in spectacular explosions that can leave black holes behind. We'll dive into the anatomy of black holes, understanding what an event horizon really is, what happens at the singularity at the center, and why these objects are such extreme environments.

We'll tour the "black hole zoo," from stellar-mass black holes formed from collapsed stars to the supermassive behemoths that lurk in galactic centers, to the hypothetical micro black holes and primordial black holes that might exist but have never been observed. We'll investigate what would happen if you fell into a black hole (spoiler: it wouldn't be pleasant) and explore the strange time dilation effects that occur near these objects.

We'll examine how scientists detect and study objects that are, by definition, invisible. We'll discuss the revolutionary discoveries enabled by gravitational wave astronomy and the stunning images captured by the Event Horizon Telescope. And we'll delve into the profound theoretical questions that black holes raise: Do they destroy information? Are they gateways to other universes? What happens at the singularity where our physics breaks down?

Throughout this journey, we'll encounter some of the most brilliant minds in physics, from Einstein to Hawking, from Penrose to Thorne and see how their ideas have shaped our understanding of these cosmic enigmas. We'll also confront the limits of our knowledge and the questions that remain unanswered, because for all we've learned about black holes, they still hold secrets we haven't begun to unravel.

**A Journey into the Unknown**

Black holes represent something profound about the human quest to understand the universe. They are objects so extreme that they challenge our intuition, so strange that they seem to belong in science fiction rather than science fact. Yet they are real, and understanding them requires us to expand our conception of what is possible.

There's something deeply satisfying about understanding the universe at its extremes. Black holes strip away everything unnecessary and reveal physics in its purest, most concentrated form. They are cosmic laboratories where we can test our theories under conditions that make particle accelerators look tame by comparison. They force us to think clearly about concepts like space, time, matter, and energy.

But beyond the physics, black holes also speak to something more fundamental in human nature, our desire to explore the unknown, to push past boundaries, to shine light into dark places even when that light can never return. We are creatures who evolved to fear the dark, yet we have pointed our finest instruments toward the darkest objects in the universe, determined to understand them.

This book is an invitation to join that journey. It's a trip to the edge of human knowledge, to places where spacetime itself breaks down, where the normal rules no longer apply. It's a journey into darkness, yes, but one that will illuminate your understanding of the cosmos in ways you might not expect.

The great physicist John Archibald Wheeler, who gave black holes their name, once said that black holes teach us that "space can be crumpled like a piece of paper into an infinitesimal dot, that time can be extinguished like a blown-out flame, and that the laws of physics that we regard as 'sacred,' as immutable, are anything but." This is both humbling and exhilarating. It reminds us that the universe is far stranger and more wonderful than we ever imagined.

So let us begin our exploration of these dark hearts of galaxies. Let us venture into the realm where matter, energy, space, and time behave in ways that defy everyday experience. Let us discover what science has learned about the most extreme objects in existence and what mysteries still remain.

Welcome to the world of black holes. What you can't see can indeed hurt you, but it can also teach you, amaze you, and forever change how you think about the universe you inhabit.

**The Road Ahead**

As we embark on this journey through the book, it's worth taking a moment to appreciate the intellectual path that lies ahead. Understanding black holes requires us to build up our knowledge systematically, starting with familiar concepts and gradually venturing into increasingly strange territory.

We'll begin in Part II by understanding the life cycle of stars, because you cannot understand black holes without understanding what came before them. Stars are nuclear furnaces, burning hydrogen into helium and heavier elements, supported against gravitational collapse by the outward pressure of this nuclear burning. But when a massive star exhausts its fuel, nothing can support it against its own gravity. The result is a catastrophic collapse that can leave behind a black hole, the ultimate victory of gravity over all other forces.

This stellar context matters because it tells us something profound: black holes are not foreign intruders in our universe but rather the natural endpoints of stellar evolution for the most massive stars. They are as much a part of the cosmic ecosystem as planets, nebulae, or galaxies themselves. Every black hole was once a star, and every massive star will eventually face the question of what happens when the fires go out.

From there, we'll examine the anatomy of black holes themselves in Part III. We'll learn what the event horizon really represents, not a physical surface but a mathematical boundary in spacetime, a point of no return. We'll grapple with the concept of the singularity, where all the mass of the collapsed star is compressed into a point of infinite density, and where our current theories of physics break down completely. We'll discover that black holes can rotate, and that this rotation creates strange effects like frame-dragging, where spacetime itself is pulled around by the spinning black hole.

Understanding the varieties of black holes explored in Part IV will reveal the vast range of scales on which these objects operate. A stellar-mass black hole might weigh 10 times as much as the Sun and have an event horizon just 30 kilometers across. A supermassive black hole might weigh 10 billion solar masses and have an event horizon larger than our entire solar system. Both are black holes, governed by the same physics, yet they exist in vastly different contexts and play very different roles in the cosmos.

Perhaps most viscerally compelling are the chapters in Part V that explore what actually happens near a black hole. The tidal forces, the difference in gravitational pull between your head and your feet would tear apart any object that ventured too close. Time itself slows down near the event horizon, so that if you watched someone fall into a black hole, you would never actually see them cross the event horizon; they would appear to freeze at the boundary, growing dimmer and redder as time dilation became extreme. Meanwhile, from the perspective of the falling person, they would cross the horizon in finite time and plunge toward the singularity, perhaps in mere fractions of a second for a stellar-mass black hole.

The observational chapters in Part VI will show you how scientists have performed the seemingly impossible task of studying invisible objects. The techniques are ingenious and varied: watching stars orbit invisible companions, detecting X-rays from superheated gas, measuring gravitational waves, creating virtual Earth-sized telescopes. Each method reveals different aspects of black hole physics, and together they have built up an increasingly complete picture of these objects.

Finally, the theoretical explorations in Part VII will take us to the cutting edge of physics, where black holes intersect with the deepest questions about quantum mechanics, information, and the nature of reality itself. Here we'll find that despite all we've learned, black holes still pose fundamental puzzles that some of the brightest minds in physics are working to solve. These aren't just academic exercises, they're clues to a deeper understanding of how the universe works at its most fundamental level.

Throughout all of this, we'll maintain a balance between accessibility and accuracy. Physics has its own language, mathematics and while we'll avoid drowning in equations, we won't shy away from the concepts they represent. You don't need to understand the mathematics to grasp the ideas, but the ideas themselves are worth grappling with. They may be strange, they may be counterintuitive, but they are the best understanding of reality that centuries of scientific investigation have produced.

This journey will change how you see the night sky. When you look up at the stars, you'll know that scattered among them are objects so extreme they warp the very fabric of reality. You'll understand that at the center of our own galaxy, there lurks a black hole millions of times more massive than our Sun, around which hundreds of billions of stars orbit. You'll appreciate that the universe is far stranger, far more extreme, and far more wonderful than our ancestors ever imagined.

So turn the page, and let's begin our descent into darkness, not the darkness of ignorance, but the darkness at the heart of galaxies, where physics reaches its most extreme expression and where the universe reveals some of its deepest secrets.

CHAPTER TWO

# The Building Blocks

*Understanding Gravity*

---

**The Universal Force**

Gravity is the architect of the universe. It gathered primordial hydrogen into the first stars. It assembled stars into galaxies and galaxies into clusters. It keeps your feet on the ground and the Moon in orbit around Earth. It is the force that ultimately creates black holes, and understanding gravity, truly understanding it, is essential to understanding why black holes exist and how they behave.

Yet gravity is also the weakest of the four fundamental forces of nature. The electromagnetic force that holds atoms together is vastly stronger. You can demonstrate this with a simple refrigerator magnet: that small piece of magnetized metal can overcome the gravitational pull of the entire Earth when it lifts a paperclip. A single atom's electrical forces completely overwhelm the gravitational attraction between atoms. If gravity is so weak, how can it dominate on cosmic scales? How can it create objects so extreme that nothing, not even light, can escape them?

The answer lies in two key properties of gravity. First, gravity is always attractive, it only pulls, never pushes. Unlike electromagnetism, where positive and negative charges cancel each other out, there is no "negative mass" to counteract positive mass. Second, gravity is cumulative. The more mass you have, the stronger the gravitational pull becomes. Put enough mass in one place, and gravity becomes not just strong but overwhelming, dominant, irresistible.

To understand black holes, we need to understand gravity at progressively deeper levels. We'll start with Isaac Newton's brilliant insight that unified falling apples with orbiting moons. Then we'll see how Albert Einstein revolutionized our understanding, revealing that gravity isn't a force at all in the traditional sense, but rather the curvature of spacetime itself. Finally, we'll explore why this curved spacetime can become so extremely warped that it creates a black hole.

**Newton's Universal Law**

In 1687, Isaac Newton published his Philosophiæ Naturalis Principia Mathematica, one of the most important scientific works ever written. In it, he presented his law of universal gravitation, a remarkably simple equation that could explain everything from the trajectory of a thrown stone to the orbits of planets around the Sun.

Newton's insight was that the same force that makes an apple fall from a tree also keeps the Moon in orbit around Earth and Earth in orbit around the Sun. This was revolutionary. Before Newton, the heavens and Earth were thought to operate by different rules. Newton unified them under a single law: every particle of matter in the universe attracts every other particle with a force that depends on their masses and the distance between them.

Specifically, the gravitational force between two objects is proportional to the product of their masses and inversely proportional to the square of the distance between them. Double the mass of one object, and you double the gravitational force. Double the distance, and the force decreases by a factor of four. This inverse-square law means that gravity weakens rapidly with distance, but it never quite reaches zero, no matter how far apart two objects are, they still exert some gravitational pull on each other, however tiny.

Newton's law worked beautifully. Astronomers could use it to predict planetary positions centuries into the future with remarkable accuracy. When the orbit of Uranus showed small discrepancies from Newton's predictions, astronomers used those discrepancies to predict the existence and location of a previously unknown planet, Neptune, which was subsequently discovered almost exactly where the calculations said it should be. This was a stunning triumph for Newtonian gravity.

For more than two centuries, Newton's law of gravitation seemed like the final word on the subject. It could explain virtually every gravitational phenomenon that scientists could observe. But there were hints of trouble. The orbit of Mercury, the innermost planet, showed a tiny but measurable discrepancy that couldn't be explained by Newtonian gravity, even accounting for the gravitational influence of all the other planets. And conceptually, there was a problem: Newton's law described gravity as an instantaneous action at a distance. If the Sun suddenly disappeared, Earth would immediately fly off in a straight line. But how could the Earth "know" instantaneously that the Sun had vanished?

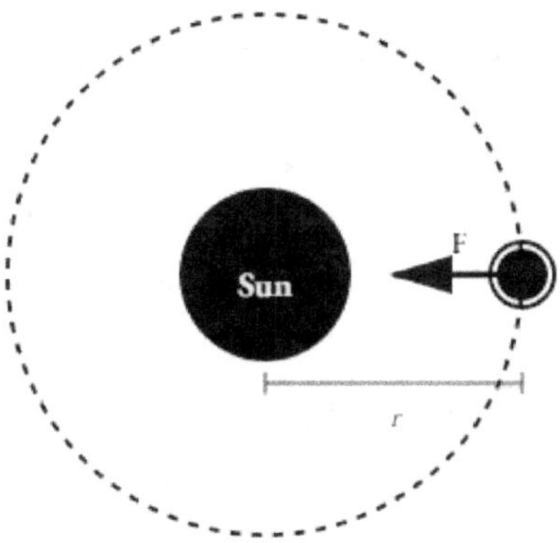


$F = G(m_1 m_2)/r^2$

*Figure 2.1: Newton's law of universal gravitation - the force between two masses decreases with the square of the distance*

### The Escape Velocity Concept

Before we move to Einstein's revolution, there's one more crucial concept from Newtonian physics we need to understand: escape velocity. This is the minimum speed an object needs to completely escape from a gravitating body's pull without any additional propulsion. It's the speed that balances kinetic energy (the energy of motion) against gravitational potential energy (the energy associated with position in a gravitational field).

For Earth, the escape velocity is about 11 kilometers per second, or roughly 25,000 miles per hour. Launch a rocket at this speed or faster, and it will escape Earth's gravitational pull and head into space. Launch it slower, and it will eventually fall back to Earth (or go into orbit if launched horizontally at the right altitude and speed).

The escape velocity depends on two things: the mass of the object you're trying to escape from and your distance from its center. More massive objects have higher escape velocities. Being closer to an object also means facing a higher escape velocity. The escape velocity from the Sun's surface is about 618 kilometers per second, much higher than Earth's because the Sun is so much more massive.

Now here's where it gets interesting for black holes. What if you had an object so massive, or so compact, that the escape velocity from its surface exceeded the speed of light? This was the question that John Michell pondered in 1783. In Newtonian physics, there's no fundamental limit to how fast something can go, so it seemed like just an interesting curiosity, a star so massive that light couldn't escape it.

But we now know that nothing can travel faster than light. It's not just a practical limitation; it's a fundamental law of nature, woven into the very structure of spacetime. So if the escape velocity exceeds the speed of light, nothing can escape. Not matter, not energy, not information. You have created a black hole.

The Newtonian calculation of where this happens gives us the Schwarzschild radius, named after Karl Schwarzschild who derived it properly using Einstein's general relativity. For any given mass, the Schwarzschild radius tells you how small you'd need to compress that mass to create a black hole. For the Sun, it's about 3 kilometers. Compress all of the Sun's mass into a sphere with a radius of 3 kilometers, and you'd have a black hole. For Earth, the Schwarzschild radius is about 9 millimeters, less than the size of a grape.

These seem like absurdly extreme compressions, and indeed they are. Under normal circumstances, nothing could compress matter to such densities. The electromagnetic forces between atoms would resist. The pressure of electrons refusing to occupy the same quantum state would resist. But in the death throes of a massive star, when the core collapses under its own weight, these resistances can be overcome. Gravity, patient and relentless, eventually wins.

**Einstein's Revolutionary Insight**

By the early 20th century, physics was in crisis. Newton's laws worked beautifully for everyday situations, but cracks were appearing. The orbit of Mercury didn't quite match predictions. More fundamentally, Einstein's special theory of relativity, published in 1905, had shown that nothing could travel faster than light, which conflicted with Newton's idea of instantaneous gravitational action at a distance.

Einstein spent the next ten years grappling with how to make gravity compatible with relativity. What he arrived at in 1915 was nothing short of revolutionary: gravity isn't a force at all. Instead, mass and energy curve the fabric of spacetime, and objects simply follow the straightest possible paths through this curved spacetime. What we perceive as the "force" of gravity is actually just objects following the natural geometry of curved spacetime.

This is admittedly a strange idea. We're used to thinking of space as an empty stage on which events unfold, and time as a separate dimension that flows uniformly everywhere. Einstein united space and time into a single four-dimensional continuum called spacetime, and showed that this spacetime isn't rigid and flat but flexible and dynamic. Mass and energy curve it, and this curvature tells matter how to move.

Einstein himself offered an elegant summary: "Matter tells spacetime how to curve, and spacetime tells matter how to move." It's a beautiful feedback loop. The Sun's mass creates a depression in spacetime around it, like a bowling ball on a trampoline. Earth, moving through this curved spacetime, naturally follows an orbital path around the Sun, not because it's being pulled by a force but because it's following the curvature of spacetime itself.

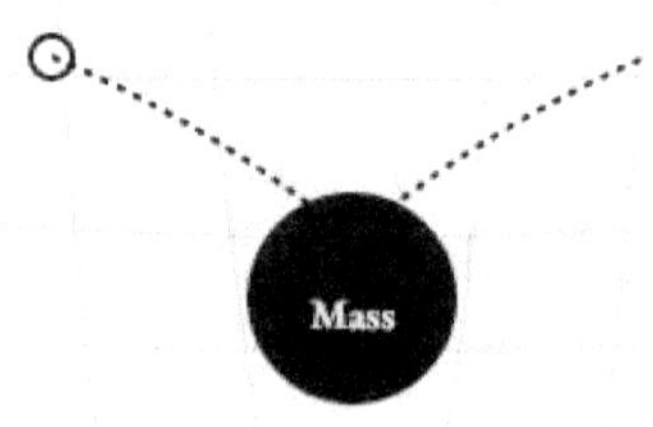


Curved Spacetime

*Figure 2.2: Einstein's vision - mass curves spacetime, and objects follow the curves*

### The Rubber Sheet Analogy

The most common way to visualize Einstein's curved spacetime is the "rubber sheet" analogy. Imagine spacetime as a stretched rubber sheet. Place a bowling ball (representing a massive object like a star) on the sheet, and it creates a depression. Now roll a marble across the sheet. If you roll it far from the bowling ball, it travels in a straight line. But if you roll it near the bowling ball, its path curves as it passes through the depression. Roll it at just the right speed and angle, and it might even orbit around the bowling ball, trapped in the depression.

This analogy is useful, but it has limitations we should acknowledge. For one thing, it represents three-dimensional space (actually just two dimensions of space plus depth) when in reality we're dealing with four-dimensional spacetime (three dimensions of space plus one of time). The analogy also makes it seem like gravity needs a pre-existing gravitational field (Earth's gravity pulling the bowling ball down into the sheet), when in fact the curvature of spacetime is gravity, there's no additional force needed.

Despite these limitations, the rubber sheet analogy captures something essential: in Einstein's view, gravity is geometry. The presence of mass and energy reshapes the arena in which physics takes place. Objects don't move in straight lines through flat space while experiencing a gravitational force; they move in what are actually straight lines (called geodesics) through curved space.

This geometric understanding of gravity makes several predictions that differ from Newton's theory. For one, light should be affected by gravity, not because light has mass (it doesn't), but because light travels through spacetime, and spacetime can be curved. During a solar eclipse in 1919, astronomers measured the positions of stars that appeared near the Sun in the sky and found that their apparent positions were shifted by exactly the amount Einstein's theory predicted. The Sun's mass had bent the path of the starlight passing near it. This observation made Einstein world-famous overnight.

Another prediction is that time itself should run at different rates in different gravitational fields, a phenomenon called gravitational time dilation. Clocks run slower in stronger gravitational fields. This isn't some peculiar property of clocks; time itself actually passes more slowly. This has been confirmed to exquisite precision by comparing atomic clocks at different altitudes, and it's not just a theoretical curiosity, GPS satellites must account for gravitational time dilation to maintain accurate positioning.

**The Path to Black Holes**

Einstein's equations of general relativity are complex, they relate the curvature of spacetime to the distribution of mass and energy within it through a set of ten interrelated differential equations. Finding exact solutions to these equations is notoriously difficult. Einstein himself wasn't sure that his equations could describe a real physical object that would curve spacetime so extremely that it would trap light.

But Karl Schwarzschild, working in the trenches during World War I, found an exact solution to Einstein's equations for the spacetime around a non-rotating spherical mass. His solution showed that if you compressed enough mass into a small enough region, you would indeed create a point of no return, a surface beyond which nothing, not even light, could escape. This surface is now called the event horizon, and the object it encloses is a black hole.

What happens at the event horizon is that the curvature of spacetime becomes so extreme that all future-directed paths point inward. Imagine you're in a boat on a river approaching a waterfall. Far from the waterfall, you can row in any direction, upstream, downstream, or across the current. As you get closer to the edge, it becomes harder to row upstream, but it's still possible. But once you cross a certain point, even rowing with all your might upstream, you're still being carried toward the falls. That point of no return is like the event horizon of a black hole, except that instead of a current in water, it's the structure of spacetime itself that admits no escape.

At and beyond the event horizon, the roles of space and time are fundamentally altered. Outside the event horizon, you can stay at a fixed position in space while moving forward in time. Inside the event horizon, moving forward in time necessarily means moving inward in space toward the singularity. The singularity isn't a place in space that you could, in principle, avoid, it's a moment in your future that you cannot avoid, like next Thursday. Once inside the event horizon, reaching the singularity is as inevitable as next Thursday arriving.

The radius of the event horizon, the Schwarzschild radius, depends only on the mass of the black hole. The formula is beautifully simple: the Schwarzschild radius is approximately 3 kilometers times the mass in units of solar masses. A black hole with the mass of the Sun would have an event horizon 3 kilometers in radius. A black hole with 10 solar masses would have an event horizon 30 kilometers in radius. A supermassive black hole with a billion solar masses would have an event horizon of 3 billion kilometers, about 20 times the distance from the Earth to the Sun.

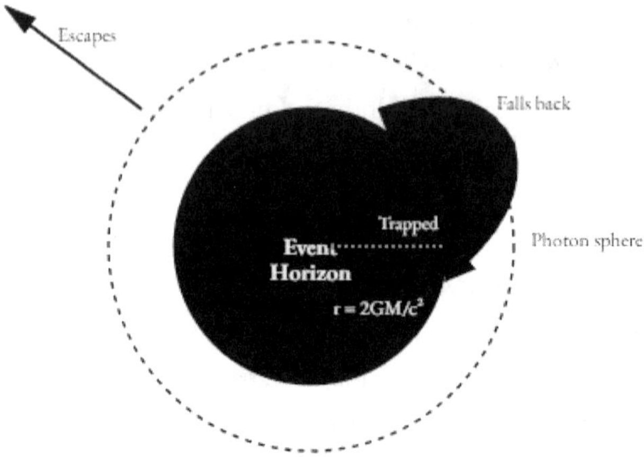


*Figure 2.3: Light paths near a black hole - inside the event horizon, all paths lead inward*

**The Nature of Spacetime Curvature**

To truly appreciate what's happening at a black hole, we need to delve a bit deeper into what we mean by "curved spacetime." In flat spacetime, the kind we experience in everyday life far from any massive objects, the Pythagorean theorem works: the distance between two points is the square root of the sum of the squares of the coordinate differences. Parallel lines never meet. The angles of a triangle add up to 180 degrees.

In curved spacetime, these familiar rules break down. Parallel lines can converge or diverge. The angles of a triangle might add up to more or less than 180 degrees. The "distance" between two events (where an event is a point in both space and time) depends not just on their spatial separation but also on the path taken through spacetime to connect them and importantly, on the gravitational field through which that path passes.

Near a massive object, spacetime curves in such a way that clocks run slower and rulers measure differently than they would in flat spacetime. The stronger the gravitational field, the more pronounced these effects become. Near a black hole, the curvature becomes extreme. Time dilation becomes so severe that from the perspective of a distant observer, time appears to stop at the event horizon. Spatial distances become distorted in ways that our everyday intuition finds impossible to grasp.

One way to think about this is through the concept of tidal forces. These aren't really separate forces but rather manifestations of spacetime curvature. If you're in orbit around Earth, your feet (being slightly closer to Earth than your head) want to orbit slightly faster than your head. This creates a stretching effect. Near a black hole, this differential becomes extreme, so extreme that it would tear apart any object, stretching it lengthwise while compressing it horizontally, in a process astrophysicists have informally dubbed "spaghettification."

The curvature of spacetime near a black hole also affects the behavior of light in dramatic ways. Light always travels at the speed of light (that's essentially a tautology), but in curved spacetime, the paths it follows can be bent into curves, spirals, or even closed loops. There's a region around a black hole called the photon sphere, located about 1.5 times the Schwarzschild radius from the center, where light can orbit the black hole in circular paths. This creates the theoretical possibility of seeing the back of your own head if you were at exactly the right location, though this would be the least of your concerns at such a location.

**Mass, Density, and the Compactness Problem**

It's crucial to understand that black holes aren't defined by having enormous mass, they're defined by having enormous density or, more precisely, extreme compactness. You could, in principle, make a black hole from any amount of mass if you could compress it into a small enough volume. The critical factor is getting the mass inside its Schwarzschild radius.

Consider Earth. As we mentioned earlier, Earth's Schwarzschild radius is about 9 millimeters. Earth itself has a radius of about 6,400 kilometers. So Earth would need to be compressed by a factor of more than 700 million to become a black hole. The Sun's Schwarzschild radius is 3 kilometers, while the Sun's actual radius is about 700,000 kilometers, a compression factor of more than 200,000 would be needed.

These seem like impossible compressions, and under normal circumstances, they are. Matter resists compression through several mechanisms. At ordinary densities, atoms have a certain size because of the electromagnetic repulsion between electrons. Push atoms closer together, and this repulsion increases dramatically. In the cores of planets and white dwarf stars, electron degeneracy pressure, a quantum mechanical effect that prevents electrons from being squeezed into the same quantum state, provides additional resistance.

In neutron stars, the density is so high that electrons are forced to combine with protons to form neutrons, and neutron degeneracy pressure provides the resistance against further collapse. A neutron star might pack 1.4 solar masses into a sphere just 20 kilometers across, an almost incomprehensibly high density where a teaspoonful of matter would weigh as much as Mount Everest.

But there's a limit even to neutron degeneracy pressure. For stars above about 2-3 solar masses (the exact limit is still debated), even neutron degeneracy pressure isn't enough to resist gravitational collapse. Nothing known to physics can stop the collapse. The core shrinks past its Schwarzschild radius, the event horizon forms, and a black hole is born. Gravity has won absolutely.

**Why Gravity Wins**

This brings us to a profound question: why does gravity ultimately win? Why is it that if you get enough mass in one place, no force in nature can prevent the formation of a black hole?

The answer lies in gravity's unique properties. All the other forces have mechanisms for resistance. The electromagnetic force can be attractive or repulsive, and charges tend to neutralize each other. The strong nuclear force, which holds atomic nuclei together, only operates over extremely short ranges. The weak nuclear force, responsible for certain types of radioactive decay, is even weaker and shorter-ranged than the strong force.

But gravity has no opposing force. It's always attractive, never repulsive. There's no negative mass to counteract positive mass. And it's cumulative, the more matter you gather, the stronger the gravitational pull becomes, which helps you gather even more matter, which strengthens the gravitational pull further. It's a runaway process when enough mass is present.

Moreover, in Einstein's general relativity, energy itself gravitates. This creates a feedback loop in extreme gravitational collapse. As matter falls inward and gains kinetic energy, that energy itself contributes to the gravitational field, making the collapse even stronger. As space is compressed and tidal forces stretch matter, the energy in these processes also contributes to gravity. The more extreme the collapse becomes, the more it feeds on itself.

This is why black holes are, in a sense, inevitable. Given Einstein's equations, given the properties of matter, and given enough mass in a small enough space, nothing can prevent a black hole from forming. It's not a flaw in the equations or a sign that we've misunderstood something, it's a genuine feature of how gravity works in our universe.

The mathematical physicist Roger Penrose proved in the 1960s what are called "singularity theorems," which demonstrate that under very general conditions, gravitational collapse in general relativity inevitably leads to singularities, points where spacetime curvature becomes infinite and our equations break down. These theorems suggest that singularities aren't rare exceptions or artifacts of simplified models but rather generic features of gravitational collapse. Once an event horizon forms, the formation of a singularity inside it is essentially inevitable according to general relativity.

**The Limits of Our Understanding**

This brings us to an important point about the current state of physics. General relativity is an extraordinarily successful theory. It's been tested countless times and has passed every test with flying colors, from the precession of Mercury's orbit to the detection of gravitational waves from colliding black holes. Within its domain of applicability, it appears to be exactly right.

But general relativity also tells us where it breaks down. At the singularity of a black hole, the theory predicts infinite curvature and infinite density, physical impossibilities that indicate we've reached the limits of the theory's validity. Similarly, at the moment of the Big Bang, general relativity predicts a singularity, again suggesting its own breakdown.

The problem is that general relativity is a classical theory, it doesn't incorporate quantum mechanics, which governs the behavior of matter and energy at very small scales. At the singularity of a black hole, where all the mass is compressed into an infinitesimally small region, quantum effects must become important. But we don't yet have a complete theory of quantum gravity that could describe what actually happens in these extreme conditions.

This is one of the great outstanding problems in theoretical physics: reconciling general relativity, which describes gravity and the large-scale structure of the universe, with quantum mechanics, which describes the behavior of particles and fields at the smallest scales. String theory, loop quantum gravity, and other approaches attempt to bridge this gap, but a complete, experimentally verified theory of quantum gravity remains elusive.

What this means for black holes is that while we can confidently describe what happens outside and at the event horizon using general relativity, what happens at the very center, at the singularity, remains genuinely unknown. The singularity might not actually be a point of infinite density; it might be some kind of quantum structure that we can't yet describe. But whatever it is, it's hidden behind the event horizon, beyond the reach of observation.

### Gravity as the Cosmic Sculptor

Understanding gravity at these progressively deeper levels, from Newton's inverse square law to Einstein's curved spacetime to the quantum mysteries at singularities gives us the foundation we need to truly understand black holes. Gravity is not just one force among many; it's the architect of cosmic structure, the sculptor of galaxies, and ultimately, the creator of the most extreme objects in the universe.

Black holes represent gravity pushed to its absolute limit, the point where spacetime curvature becomes so extreme that it creates a one-way membrane in the universe. They are the places where our best current theories of physics break down, pointing toward deeper truths we have yet to fully grasp. They are laboratories for testing Einstein's theory in the most extreme conditions imaginable and proving grounds for future theories of quantum gravity.

As we move forward in this book, we'll see how gravity takes center stage in the life and death of stars, how it creates the exotic phenomena we observe near black holes, and how it shapes the evolution of entire galaxies. Every strange property of black holes, from time dilation to spaghettification to the impossibility of escape, ultimately stems from the nature of gravity as described by Einstein's general relativity.

Gravity may be the weakest of the fundamental forces, but given enough matter and enough time, it becomes unstoppable. It is patient, persistent, and ultimately victorious. In black holes, we see the final triumph of gravity over all other forces, a triumph so complete that it reshapes the very fabric of reality itself.

# PART TWO

# THE LIFE AND DEATH OF STARS

# CHAPTER THREE

# How Stars Live

---

### Cosmic Furnaces

Stars are the fundamental building blocks of the visible universe. They illuminate galaxies, forge the chemical elements necessary for life, and through their deaths, create the conditions for black holes to form. To understand black holes, we must first understand stars, how they are born, how they live, and ultimately, how they die. The story of a star's life is the story of a constant battle between two opposing forces: gravity trying to crush the star inward, and pressure from nuclear fusion pushing outward. For most of a star's life, these forces remain in exquisite balance. But that balance cannot last forever.

Every star you see in the night sky is a massive ball of plasma, superheated gas so hot that electrons have been stripped from their atoms. At the core of each star, temperatures and pressures reach levels so extreme that atomic nuclei can overcome their natural repulsion and fuse together, releasing tremendous amounts of energy in the process. This nuclear fusion is what makes stars shine, and it is what keeps them from collapsing under their own immense gravitational weight.

Our own Sun is a fairly typical star, though that very typicality makes it somewhat special, most stars are actually smaller and dimmer than the Sun. Every second, the Sun converts about 600 million tons of hydrogen into helium through nuclear fusion. In the process, about 4 million tons of matter are converted directly into energy according to Einstein's famous equation $E=mc^2$. This might sound like the Sun is losing mass at an alarming rate, but given that the Sun weighs about $2 \times 10^{30}$ kilograms (that's a 2 followed by 30 zeros), it can sustain this rate of fusion for about 10 billion years. The Sun is currently about halfway through its main-sequence lifetime.

But not all stars are created equal. The mass of a star determines almost everything about its life, how long it will live, how bright it will shine, what color it will be, and crucially for our purposes, how it will die. Understanding this relationship between stellar mass and stellar fate is essential to understanding where black holes come from.

## The Birth of Stars

Stars are born in vast clouds of gas and dust called molecular clouds or stellar nurseries. These clouds, composed primarily of hydrogen with a smattering of helium and trace amounts of heavier elements, can be hundreds of light-years across and contain enough material to form thousands or even millions of stars. The Eagle Nebula, with its famous "Pillars of Creation" photographed by the Hubble Space Telescope, is one such stellar nursery where stars are actively forming.

For most of their existence, these clouds are in rough equilibrium. The random motions of gas molecules create an outward pressure that balances the inward pull of gravity. But this equilibrium is precarious. If a portion of the cloud becomes slightly denser, perhaps due to a shock wave from a nearby supernova, the gravitational influence of a passing star, or simply random fluctuations, gravity in that region can begin to overcome the pressure.

Once this happens, a runaway process begins. As the dense region contracts, its gravitational pull strengthens, drawing in more material. As more material falls in, the region becomes denser still, and gravity grows stronger yet. This is gravity doing what it does best: amplifying small perturbations into large-scale structures. What begins as a slight overdensity in a cloud becomes a collapsing knot of gas that will eventually become a star.

As the cloud collapses, it heats up. This might seem counterintuitive, shouldn't things get colder when they shrink? But in fact, when gas is compressed, it heats up, just as a bicycle pump gets warm when you compress air to inflate a tire. The collapsing cloud is doing work against the random motions of its particles, and that work gets converted into thermal energy. The denser the cloud becomes, the hotter it gets.

Initially, the cloud can radiate this heat away as infrared radiation, allowing the collapse to continue. But as the center grows denser and denser, it becomes increasingly opaque to radiation. Heat generated in the core becomes trapped, and the temperature begins to rise dramatically. When the core temperature reaches about 10 million degrees Kelvin, something remarkable happens: hydrogen nuclei begin to fuse together to form helium.

This is the moment a star is born. Nuclear fusion in the core generates an enormous outward pressure that halts the gravitational collapse. The protostar has become a true star, entering what astronomers call the main sequence, the long stable period that will constitute the majority of its life.

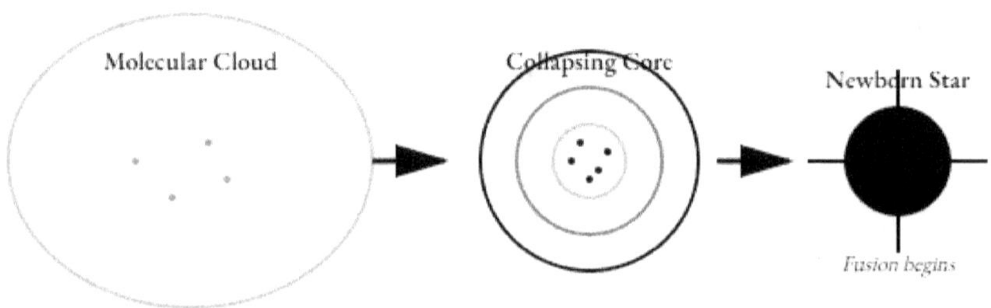


*Figure 3.1: The birth of a star from a collapsing molecular cloud*

**The Main Sequence: A Star's Prime of Life**

The main sequence is the longest and most stable period in a star's life. During this phase, the star is fusing hydrogen into helium in its core, and the energy released by this process creates enough outward pressure to balance the inward pull of gravity. This is a state of hydrostatic equilibrium, the star is neither expanding nor contracting, but maintaining a stable size.

The process by which hydrogen fuses into helium is elegantly simple in principle but complex in detail. In the cores of stars like the Sun, the primary mechanism is called the proton-proton chain. Two hydrogen nuclei (which are just single protons) fuse together to form deuterium (heavy hydrogen, with one proton and one neutron). This deuterium then fuses with another proton to form helium-3 (two protons, one neutron). Finally, two helium-3 nuclei fuse to form helium-4 (two protons, two neutrons), releasing two protons in the process that can start the cycle again.

In more massive stars, where core temperatures exceed about 18 million degrees Kelvin, a different process called the CNO cycle (carbon-nitrogen-oxygen cycle) dominates. This process uses carbon, nitrogen, and oxygen as catalysts to convert hydrogen into helium. The CNO cycle is more temperature-sensitive than the proton-proton chain, which means it's much more efficient at higher temperatures. This is why massive stars shine so much more brightly than smaller ones.

And herein lies one of the great ironies of stellar evolution: the more massive a star is, the shorter its life. You might think that a star with more fuel would last longer, but the opposite is true. Massive stars burn through their fuel at a prodigious rate because their cores are hotter and the nuclear reactions proceed much faster. A star with 10 times the Sun's mass might have 10 times as much fuel, but it burns that fuel at more than 1,000 times the rate, giving it a main-sequence lifetime of only about 20 million years, a mere eyeblink compared to the Sun's 10-billion-year lifetime.

The most massive stars, those with 50 or 100 times the Sun's mass, might live for only a few million years. They shine with the luminosity of hundreds of thousands of Suns, burning furiously bright but burning out fast. These are the stars that will eventually produce the stellar-mass black holes we'll discuss in later chapters. Their brief, violent lives end in spectacular explosions that can, under the right circumstances, leave black holes behind.

At the other end of the scale, the smallest stars, red dwarfs with only a fraction of the Sun's mass burn their fuel so slowly and efficiently that they can remain on the main sequence for hundreds of billions of years, far longer than the current age of the universe. None of these stars have died yet; every red dwarf that has ever formed is still shining today. These stars are so parsimonious with their fuel that they will outlive all other types of stars, continuing to shine long after giants and supergiants have burned out and died.

**The Stellar Thermostat**

One of the remarkable things about main-sequence stars is their stability. The Sun has been shining with roughly constant brightness for billions of years, varying by less than a fraction of a percent. This stability is maintained by a beautiful self-regulating mechanism that works like a cosmic thermostat.

Suppose, for a moment, that the rate of nuclear fusion in the Sun's core increased slightly. This would release more energy, creating more pressure, which would cause the core to expand. But as the core expands, its temperature and density decrease, and the rate of fusion drops back down. The system self-corrects, returning to equilibrium.

Conversely, if the fusion rate decreased, the core would contract slightly, which would increase temperature and density, which would increase the fusion rate back to normal. This negative feedback loop keeps main-sequence stars remarkably stable over billions of years. It's similar to how a thermostat maintains a constant temperature in your house, any deviation from the set point triggers a response that brings the system back to equilibrium.

This stability is crucial for life. Earth has been orbiting a stable Sun for billions of years, receiving a fairly constant amount of energy that has allowed complex life to evolve. If the Sun were prone to large variations in output, life on Earth would be constantly challenged by dramatic climate swings. The stellar thermostat has, in a very real sense, made life possible.

But this stability comes at a cost. As the star fuses hydrogen into helium, the chemical composition of the core gradually changes. Helium is denser than hydrogen, and it doesn't fuse at the temperatures and pressures that prevail in the cores of main-sequence stars. The helium just accumulates, like ash from a fire, building up in the center of the star. This accumulation is slow but inexorable, and it sets the stage for the next phase of stellar evolution.

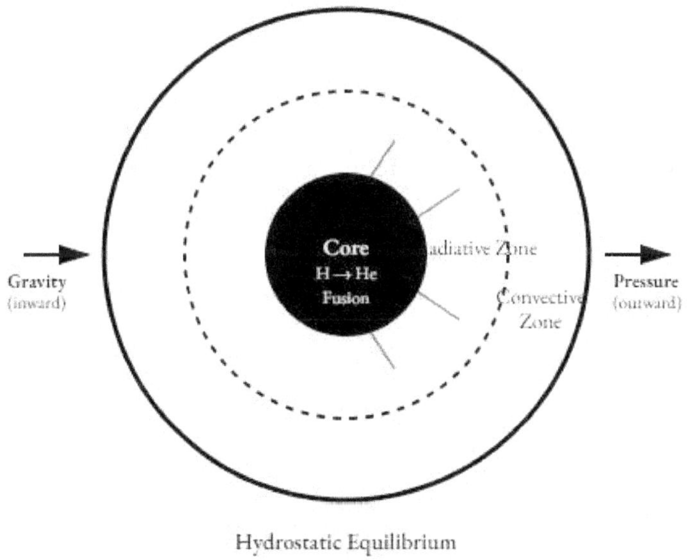


*Figure 3.2: A main-sequence star in hydrostatic equilibrium - gravity balanced by pressure from fusion*

**The Hertzsprung-Russell Diagram**

In the early 20th century, two astronomers working independently, Ejnar Hertzsprung in Denmark and Henry Norris Russell in the United States made a discovery that would transform our understanding of stellar evolution. They plotted stars on a graph with temperature on one axis and luminosity (brightness) on the other, and found that stars didn't scatter randomly across this diagram. Instead, they fell into distinct groups.

The most prominent feature of what became known as the Hertzsprung-Russell diagram, or H-R diagram, is the main sequence, a diagonal band running from hot, luminous blue stars in the upper left to cool, dim red stars in the lower right. This band represents stars in the hydrogen-burning phase of their lives, the phase we've been discussing. The position of a star on the main sequence is determined primarily by its mass: more massive stars are hotter and more luminous, placing them higher and to the left on the diagram.

But the H-R diagram also revealed other groups of stars. Giants and supergiants occupy the upper right, stars that are cool in temperature but extremely luminous because they're enormously large. White dwarfs cluster in the lower left, hot but dim because they're very small. These different regions represent different stages in stellar evolution, and mapping out how stars move through the H-R diagram over their lifetimes has been one of the great triumphs of 20th-century astrophysics.

The H-R diagram is more than just a classification scheme. It's a tool for understanding stellar evolution and, by extension, for understanding the fate that awaits different stars. A star's path through the H-R diagram is largely determined by its initial mass. Low-mass stars like red dwarfs will remain on the main sequence for hundreds of billions of years before evolving into white dwarfs. Medium-mass stars like the Sun will eventually swell into red giants before also ending as white dwarfs. But high-mass stars, the ones that interest us most for black hole formation will follow a more dramatic path.

**Mass Determines Destiny**

In stellar astronomy, there's a saying: "mass is destiny." The mass of a star when it forms determines almost everything about its life and death. This isn't just true in a general sense; there are specific mass thresholds that determine fundamentally different evolutionary paths.

Stars with less than about 0.08 solar masses never achieve core temperatures high enough to fuse hydrogen. They're called brown dwarfs, failed stars that glow dimly from the heat of their gravitational contraction but never truly ignite. They gradually cool and fade over trillions of years.

Stars between about 0.08 and 0.5 solar masses can fuse hydrogen but will do so completely, they'll mix their material thoroughly enough that eventually all their hydrogen can participate in fusion, not just the hydrogen in the core. When they finally exhaust their fuel, they'll simply cool and contract, becoming helium white dwarfs. Interestingly, the universe isn't old enough yet for any of these stars to have completed their evolution.

Stars between about 0.5 and 8 solar masses, including our Sun, will develop a more complex structure. When they exhaust the hydrogen in their cores, the helium core will contract and heat up while hydrogen fusion continues in a shell around the core. This causes the outer layers to expand dramatically, and the star becomes a red giant. Eventually, the core temperature rises high enough to fuse helium into carbon and oxygen. After complex later stages involving thermal pulses and mass loss, these stars end their lives as white dwarfs composed of carbon and oxygen.

Stars between about 8 and 20-25 solar masses go even further. They can fuse carbon into heavier elements, then neon, then oxygen, then silicon, building up a layered structure like an onion with different fusion processes occurring in different shells. But there's a limit to how far this can go, and that limit is iron. Fusing elements up to iron releases energy, but fusing iron or heavier elements actually consumes energy. Once a star's core is converted to iron, fusion can no longer support it against gravity.

For these intermediate-mass stars, the result is a core-collapse supernova, a catastrophic explosion that we'll discuss in detail in the next chapter. The core collapses to form a neutron star, an object so dense that protons and electrons are forced together to form neutrons. A neutron star packs roughly 1.4 solar masses into a sphere only about 20 kilometers across.

But it's the most massive stars, those born with more than about 20-25 solar masses, that concern us most in this book. For these giants, even neutron degeneracy pressure cannot halt the core collapse. Nothing in physics can prevent the core from shrinking past its Schwarzschild radius. A black hole forms, and for the first time in the star's life, gravity achieves total victory. The star hasn't just died; it has removed itself from the visible universe, leaving behind only its gravitational influence.

**The Chemical Legacy of Stars**

Before we move on to discuss stellar death in detail, it's worth pausing to appreciate one of the most profound aspects of stellar evolution: stars are the cosmic alchemists that have created most of the chemical elements in the universe.

In the immediate aftermath of the Big Bang, the universe was composed almost entirely of hydrogen and helium, with trace amounts of lithium and beryllium. That's it. Every atom of carbon in your body, every atom of oxygen you breathe, every atom of iron in your blood, every atom of calcium in your bones, all of these were forged in the cores of stars or in the violent explosions that mark stellar death.

The carbon and oxygen that form the bulk of your body were created in the cores of red giant stars through helium fusion. The heavier elements, phosphorus, sulfur, calcium and iron were created in the cores of massive stars in the final stages of their evolution, or in the supernova explosions themselves. Elements heavier than iron, like gold, silver, and uranium, are created primarily in the incredibly extreme conditions of neutron star collisions or certain types of supernovae.

This means that you are literally made of stardust. The atoms that compose your body were forged in stellar furnaces billions of years ago, scattered into space when those stars died, incorporated into new clouds of gas and dust, and eventually assembled into the solar system and Earth. As the astronomer Carl Sagan famously said, "The nitrogen in our DNA, the calcium in our teeth, the iron in our blood, the carbon in our apple pies were made in the interiors of collapsing stars. We are made of starstuff."

This chemical enrichment of the universe is an ongoing process. The first generation of stars, formed from the primordial hydrogen and helium of the Big Bang, contained no heavy elements at all. They're called Population III stars, and none have ever been directly observed, they all died billions of years ago. Their deaths enriched the interstellar medium with the first heavy elements, which were incorporated into the second generation of stars, called Population II stars. These in turn created more heavy elements, leading to Population I stars like our Sun, which contain a few percent heavy elements by mass.

This process of stellar nucleosynthesis, the creation of new elements in stars, is still happening today. Every star that's currently fusing hydrogen is creating helium. Massive stars currently in their later stages of evolution are creating carbon, oxygen, silicon, and iron. And somewhere in the universe right now, a massive star is exploding in a supernova, creating the heaviest elements and scattering them into space where they'll eventually be incorporated into new stars, planets, and perhaps even new forms of life.

## The Slow Build Toward Catastrophe

As a massive star progresses through its life, it builds up a complex internal structure. The core, where temperatures and pressures are highest, fuses the heaviest elements. Surrounding this are shells where lighter elements are fusing. In the final stages of a massive star's life, it might have a layered structure like an onion: an iron core in the center, surrounded by shells of silicon, oxygen, neon, carbon, helium, and finally hydrogen in the outermost layers.

Each stage of fusion happens faster than the one before. A massive star might spend millions of years fusing hydrogen, hundreds of thousands of years fusing helium, hundreds of years fusing carbon, a few years fusing oxygen, and only a few days fusing silicon into iron. This acceleration happens because each successive stage releases less energy per fusion reaction and requires higher temperatures to proceed, meaning the star must contract more between stages and burn through its fuel faster.

The creation of an iron core is the beginning of the end. Iron, sitting at the peak of the binding energy curve, cannot be fused to release energy. It can only be broken apart or fused to heavier elements by inputting energy. For the first time in the star's life, the core is generating no outward pressure to counteract gravity. The iron core just sits there, growing as the surrounding silicon shell continues to fuse and deposit more iron onto it.

When the iron core reaches a critical mass, about 1.4 solar masses, known as the Chandrasekhar limit, it can no longer support itself even through electron degeneracy pressure. At this point, catastrophe strikes. The core collapses in a fraction of a second, and the star's long, stable life comes to a violent end. What happens next depends critically on the star's mass, and we'll explore those different paths in the next chapter.

But the key point is this: the peaceful, stable period of a star's main-sequence life is building toward this moment. Every fusion reaction, every conversion of hydrogen to helium, every photon produced in the core, is part of a process that will inevitably lead to the star's demise. For the most massive stars, that demise will create a black hole, the ultimate triumph of gravity over all other forces.

**A Stellar Census**

Looking at the night sky, you might think that bright, massive stars are common. After all, the brightest stars we can see with the naked eye are predominantly blue and white giants and supergiants. But this is deeply misleading. These stars are visible precisely because they're so luminous, not because they're common.

In reality, the stellar population is dominated by small, dim red dwarf stars. For every massive star capable of forming a black hole, there are thousands or even tens of thousands of red dwarfs. The stellar initial mass function, the distribution of masses among newly formed stars, is heavily weighted toward low masses. Stars form at all masses, but low-mass stars form far more frequently than high-mass stars.

This has important implications for black hole formation. While every star more massive than about 20-25 solar masses will likely form a black hole when it dies, such stars are rare. They might constitute only a tiny fraction of a percent of all stars. Yet given the vastness of the universe and the hundred billion or so stars in a typical galaxy, even this small fraction adds up to enormous numbers. Our own Milky Way galaxy likely contains tens of millions to hundreds of millions of stellar-mass black holes, the remnants of massive stars that died over the galaxy's 13-billion-year history.

The rarity of massive stars also means that black hole formation is, in cosmic terms, a fairly uncommon event in any given region of space. In the Milky

Way, a star massive enough to form a black hole dies perhaps once every few thousand years on average. But multiply this by the hundred billion galaxies in the observable universe, and you realize that somewhere in the cosmos, a new black hole is being born several times per second.

**Setting the Stage**

Understanding how stars live, the delicate balance they maintain during their main-sequence phase, the different evolutionary paths determined by their mass, the gradual changes in composition that build toward their eventual demise is essential groundwork for understanding black holes. Black holes aren't separate from the story of stars; they're the final chapter in the story of the most massive stars.

A star's life is a story of balance and inevitability. For millions or even billions of years, fusion pressure holds gravity at bay. The star exists in a state of controlled thermonuclear explosion, constantly on the edge of catastrophe but held in check by its own self-regulating mechanisms. It's a precarious equilibrium, and it cannot last forever.

As the star ages and its composition changes, the balance shifts. The core grows denser and hotter. Fusion proceeds through heavier and heavier elements. The pace accelerates. And finally, when the core can fuse no further, when iron has been reached and there's no more energy to be extracted from fusion, gravity finally wins. What happens next, the spectacular death of the star and the possible formation of a black hole is the subject of our next chapter.

But before we move on to stellar death, take a moment to appreciate the staggering fact that we've just described: every massive star carries within it the seeds of its own destruction, and those seeds will inevitably grow into one of the most extreme objects in the universe. The same nuclear furnace that allows the star to shine, that allows it to maintain its structure and produce the heavy elements necessary for life, is also counting down to the moment when it will create something that no light can escape from, a tear in the fabric of spacetime itself.

CHAPTER FOUR

# Stellar Death and Black Hole Birth

---

### The Gentle Deaths

Not all stars die the same way. The manner of a star's death, whether gentle or catastrophic, whether leaving behind a cooling ember or a black hole depends almost entirely on how much mass it was born with. We must understand the full spectrum of stellar death to appreciate why black holes form and why they are the exclusive fate of only the most massive stars.

For stars like our Sun, death comes not with a bang but with a whimper or rather, with a beautiful, gentle exhalation. When the Sun exhausts the hydrogen in its core some 5 billion years from now, it will not explode. Instead, it will swell into a red giant, its outer layers expanding until they engulf the inner planets, possibly including Earth. The core will contract and heat until helium fusion ignites, burning helium into carbon and oxygen. This phase will last only about 100 million years, a brief encore after billions of years on the main sequence.

Eventually, the helium too will be exhausted. But the Sun lacks sufficient mass to ignite carbon fusion. The core, now composed of carbon and oxygen, will simply contract under its own weight while the outer layers, no longer supported by fusion, will drift away into space, forming a beautiful planetary nebula, one of the most aesthetically stunning objects in the universe, with glowing shells of gas illuminated by ultraviolet radiation from the exposed core.

What remains is a white dwarf, a dense Earth-sized ember with roughly half the Sun's mass packed into a sphere about the size of our planet. A teaspoonful of white dwarf material would weigh about 5 tons on Earth. This incredible density is maintained not by fusion or thermal pressure, but by electron degeneracy pressure, a quantum mechanical effect that prevents electrons from being forced into identical quantum states. The white dwarf will gradually radiate away its residual heat over trillions of years, eventually becoming a cold dark black dwarf, though the universe isn't old enough yet for any black dwarfs to exist.

This is the fate awaiting the vast majority of stars in the universe. All stars with initial masses less than about 8 solar masses will end their lives as white dwarfs. It's a dignified end, a quiet fading rather than a violent explosion. The star returns most of its material to the interstellar medium, enriched with the heavier elements forged in its core, and leaves behind a compact remnant that slowly cools over cosmic time scales.

But for more massive stars, death is far more dramatic.

### Core Collapse: The Point of No Return

When a star more massive than about 8 solar masses exhausts its fusion fuel, events unfold with terrifying speed. As we saw in the previous chapter, such stars build up layered structures in their final days, with an iron core surrounded by shells of lighter elements still undergoing fusion. The iron core grows as silicon fusion in the surrounding shell deposits more iron onto it. And then, when the core reaches about 1.4 solar masses, the Chandrasekhar limit, catastrophe strikes.

At this critical mass, electron degeneracy pressure, which has been supporting the core, suddenly fails. The core has become so dense and the gravitational pressure so intense that a process called electron capture begins to dominate. Electrons are forced into protons, creating neutrons and releasing neutrinos.

This has two devastating effects: first, it removes the electrons that were providing degeneracy pressure, eliminating the core's main source of support. Second, the neutrinos carry energy away from the core, cooling it and reducing thermal pressure.

With its support mechanisms failing, the core collapses. And it doesn't collapse slowly, it falls inward at approximately one-quarter the speed of light. In less than a second, a core the size of Earth collapses to a sphere perhaps 50 kilometers across. This is one of the most violent events in physics, releasing gravitational potential energy at a rate that briefly exceeds the luminosity of all the stars in the visible universe combined.

The collapse would continue indefinitely, shrinking the core to zero size, were it not for one final line of defense: neutron degeneracy pressure. When the core reaches nuclear density, the density at which neutrons are essentially touching, neutron degeneracy pressure brings the collapse to a sudden, violent halt. The inner core rebounds, like a ball bouncing off a floor, sending a shock wave rushing outward through the infalling outer layers of the core.

This shock wave, reinvigorated by a torrent of neutrinos streaming from the newly formed neutron core, blasts through the star's outer layers and ejects them into space at speeds of tens of thousands of kilometers per second. The star has exploded in what we call a core-collapse supernova, one of the most energetic events in the universe. For a few weeks, a single supernova can outshine an entire galaxy of hundreds of billions of stars.

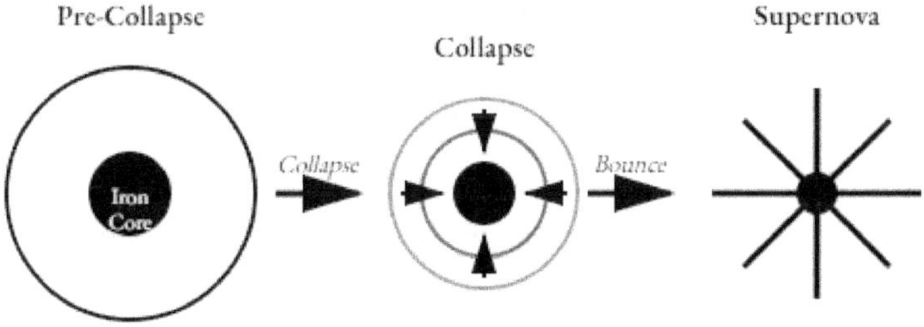


*Figure 4.1: The core-collapse process leading to a supernova explosion*

**Neutron Stars: Gravity's Penultimate Victory**

In the aftermath of a core-collapse supernova, if the original star was between about 8 and 20-25 solar masses, the collapsed core remains as a neutron star. This is one of the most exotic objects in the universe, a city-sized sphere containing more mass than the Sun, where matter exists in a state found nowhere else in the cosmos.

A neutron star is, as its name suggests, composed almost entirely of neutrons packed together at nuclear density. Imagine taking Mount Everest and compressing it down to the size of a grain of sand, that gives you some sense of the density involved. A teaspoonful of neutron star material would weigh about a billion tons, as much as all the humans on Earth combined, and then some.

The surface gravity on a neutron star is about 200 billion times stronger than on Earth. If you somehow stood on a neutron star's surface (an impossible feat for many reasons), you would weigh as much as 200 billion copies of yourself on Earth. The escape velocity approaches half the speed of light. Atoms cannot exist in their normal form, they're crushed into a degenerate sea of neutrons, with a thin crust of atomic nuclei packed into a crystalline lattice.

Neutron stars often spin at extraordinary rates, sometimes hundreds of times per second, due to conservation of angular momentum during the core collapse, like an ice skater spinning faster as they pull their arms in. Many neutron stars have intense magnetic fields, trillions of times stronger than any magnetic field we can produce on Earth. When these rapidly spinning neutron stars emit beams of radiation from their magnetic poles, and those beams sweep across Earth like a lighthouse, we detect them as pulsars, cosmic beacons that tick with remarkable precision.

But neutron stars represent gravity's penultimate victory, not its ultimate triumph. Neutron degeneracy pressure, like electron degeneracy pressure before it, has a limit. There exists a maximum mass that a neutron star can support, somewhere between 2 and 3 solar masses, though the exact value is still debated and depends on the poorly understood properties of matter at nuclear densities.

This maximum mass is called the Tolman-Oppenheimer-Volkoff limit, named after the physicists who first calculated it. It represents the final threshold. Below this mass, neutron degeneracy pressure can hold gravity at bay, at least for a while. Above this mass, nothing in physics can prevent further collapse. The star must collapse past its Schwarzschild radius. An event horizon forms. A black hole is born.

**When Nothing Can Stop the Crush**

For the most massive stars, those born with more than about 20-25 solar masses, even the spectacular resistance of neutron degeneracy pressure is insufficient. When these giants undergo core collapse, the collapsing core is simply too massive. It blows through the neutron degeneracy pressure barrier like it isn't there. Nothing can stop the collapse.

This is gravity's ultimate victory, the point where no force in nature, no quantum mechanical effect, no property of matter can resist further compression. The core continues to collapse past the point where neutron stars would form. It shrinks past its Schwarzschild radius, the point of no return. At that moment, an event horizon forms, a one-way surface in spacetime from which nothing, not even light, can escape.

What happens inside the event horizon is hidden from the rest of the universe forever. The core presumably continues to collapse, eventually reaching a singularity, a point of infinite density where the curvature of spacetime becomes infinite and our equations break down. But the event horizon shields this singularity from view, hiding it behind an impenetrable veil. The star has effectively removed itself from the visible universe, leaving behind only its gravitational influence and a region of spacetime so warped that it admits no escape.

The formation of a black hole is not gradual. Once the collapsing core crosses its Schwarzschild radius, the event horizon snaps into existence essentially instantaneously (or at least as instantaneously as anything can happen given the constraints of relativity). One moment, you have a collapsing neutron core; the next moment, you have a black hole. There's no intermediate state, no gradual darkening. The transition is sharp and absolute.

Interestingly, from the perspective of a distant observer, the collapse would appear to slow down as the surface approaches the Schwarzschild radius, due to extreme gravitational time dilation. Light from the collapsing surface would be redshifted, stretched to longer, redder wavelengths and dimmed. The surface would appear to freeze at the horizon, growing dimmer and dimmer, fading from view over time but never quite vanishing. This is why black holes were sometimes called "frozen stars" in the early days of general relativity research.

But from the perspective of the collapsing matter itself, there's no pause, no freezing. The surface crosses the event horizon in finite time and continues its headlong rush toward the central singularity. The matter doesn't "know" it has crossed the event horizon until it's too late to do anything about it. This is the strange duality of black hole formation: from outside, the process seems to take forever; from inside, it happens quickly and inevitably.

**The Mass Gap and Uncertainty**

The story of stellar death and black hole formation involves several mass thresholds that we've mentioned: stars below about 8 solar masses become white dwarfs; stars between about 8 and 20-25 solar masses produce neutron stars; and stars above about 20-25 solar masses produce black holes. But these boundaries are not sharp lines, they're fuzzy regions where our understanding becomes uncertain.

One particularly interesting puzzle is what's called the "mass gap" in compact object masses. For decades, observations suggested that neutron stars topped out at about 2-3 solar masses, while the smallest black holes observed were at least 5 solar masses. This left a gap, a range of masses where no compact objects seemed to exist. Was this gap real, indicating some physical process that prevents objects in this mass range from forming? Or was it merely an observational bias, a limitation of our ability to detect objects in this mass range?

Recent observations, particularly from gravitational wave detectors like LIGO and Virgo, have begun to fill in this gap. We've detected collisions involving compact objects with masses in the previously empty range. Some of these might be unusually massive neutron stars, some might be unusually light black holes, and determining which is which remains challenging. The gap, if it exists, may be narrower than we thought, or it may not be a true gap at all but rather a region where both neutron stars and black holes can exist depending on the details of the collapse.

This uncertainty reflects deeper uncertainties in our understanding of extremely dense matter. The exact properties of matter at nuclear densities and beyond, the equation of state in physics parlance are not well known. We can't recreate such conditions in laboratories on Earth, and we can't directly observe the interiors of neutron stars or the formation of black holes. We must rely on theoretical calculations and indirect observations, and there's still considerable uncertainty in the results.

What we do know is that there exists some mass above which black hole formation is inevitable. Whether that threshold is sharp or gradual, whether it's at 2 solar masses or 3 or somewhere in between, the fundamental point remains: gravity has a maximum strength that matter can resist. Beyond that maximum, nothing can prevent the formation of a black hole.

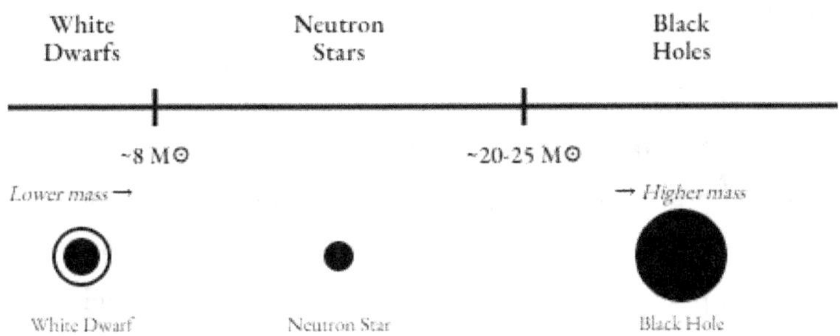


*Figure 4.2: The relationship between stellar mass and final fate*

## Supernova Types and Black Hole Formation

Not all supernovae are the same, and understanding the different types helps us understand when and how black holes form. Astronomers classify supernovae based on their spectra, the wavelengths of light they emit, and their light curves, how their brightness changes over time.

Type II supernovae, and their cousins Type Ib and Ic, are the core-collapse supernovae we've been discussing. They result from the deaths of massive stars. Type II supernovae show hydrogen in their spectra, indicating that the star retained its hydrogen envelope when it exploded. Type Ib and Ic supernovae lack hydrogen. These stars lost their outer hydrogen layers to stellar winds or mass transfer to a companion star before they exploded, leaving behind only the helium and heavier element layers.

Among core-collapse supernovae, those that form black holes are thought to be somewhat dimmer on average than those that form neutron stars. This might seem counterintuitive, shouldn't a more massive star produce a more energetic explosion? But the energy of a supernova depends on how much energy escapes into space versus how much energy goes into compressing the core. If too much energy goes into the collapse, driving it past the point where a neutron star would form, less energy is available for the explosion. In extreme cases, the collapse might be so complete that little or no explosion occurs at all.

This phenomenon is sometimes called a "failed supernova" or "direct collapse." The star's outer layers simply fall into the forming black hole, accreting onto it rather than being explosively ejected. From a distance, the star would appear to simply vanish, fading from view as its light is swallowed by the newly formed event horizon. There is some observational evidence that such events occur, massive stars that disappear from view without the telltale brightening of a supernova.

Type Ia supernovae, by contrast, are a completely different phenomenon. They occur when a white dwarf in a binary system accretes matter from its companion until it exceeds the Chandrasekhar limit and undergoes thermonuclear explosion, a runaway fusion reaction that completely destroys the white dwarf. Type Ia supernovae don't produce black holes or neutron stars; they leave no remnant at all, just an expanding shell of debris. However, they're important for astronomy because they have very consistent peak luminosities, making them valuable as "standard candles" for measuring cosmic distances.

### The Role of Rotation and Magnetic Fields

Real stars are more complex than the simplified spherical models we've been discussing. They rotate, they have magnetic fields, and they often exist in binary systems. All of these factors can influence how a star dies and whether it forms a black hole.

Rotation is particularly important. A rapidly rotating core can resist collapse more effectively than a non-rotating one, because centrifugal effects provide additional support against gravity. This might shift the boundary between neutron star and black hole formation to higher masses for rapidly rotating stars. Conversely, rotation can also make the collapse more complex, potentially leading to asymmetric explosions or the formation of a disk of matter around the newly formed compact object.

Some of the most energetic explosions in the universe, gamma-ray bursts are thought to be associated with the formation of black holes from rapidly rotating massive stars. In these scenarios, the collapsing core forms a black hole, but not all the star's material falls in immediately. Instead, some of it forms an accretion disk around the black hole. The black hole's rotation and magnetic fields can tap into the rotational energy of this disk, launching powerful jets of matter and energy along the rotation axis at nearly the speed of light. When one of these jets points toward Earth, we observe it as a gamma-ray burst, a brief flash of high-energy radiation that can outshine the entire universe in gamma rays for a few seconds.

Magnetic fields also play a crucial role in the collapse process and the subsequent explosion. The magnetic field of the progenitor star can be enormously amplified during core collapse, reaching strengths quadrillions of times stronger than Earth's magnetic field. This amplified magnetic field can channel the explosion, create asymmetries, and influence whether and how much matter falls back onto the compact remnant.

Binary interactions add yet another layer of complexity. Many massive stars exist in binary systems, where they orbit a companion star. The two stars can exchange mass, with material flowing from one star to the other. This mass transfer can strip away a star's outer layers, alter its evolution, and change whether it ultimately forms a neutron star or black hole. Binary systems that survive the supernova can eventually produce binary compact objects, neutron star-neutron star, neutron star-black hole, or black hole-black hole binaries that will eventually merge, producing gravitational waves in the process.

### The Chandrasekhar and Tolman-Oppenheimer-Volkoff Limits

We've mentioned these mass limits several times, but they're so central to understanding stellar death that they deserve closer examination. Both represent fundamental thresholds beyond which certain types of matter cannot support themselves against gravity.

The Chandrasekhar limit, approximately 1.4 solar masses, is the maximum mass that can be supported by electron degeneracy pressure. It was calculated by Subrahmanyan Chandrasekhar in 1930, when he was just 19 years old and traveling by ship from India to England to begin graduate studies. His calculation showed that white dwarfs cannot exist above this mass, a result that was controversial at the time but has been thoroughly validated by observation. This limit determines the maximum mass of a white dwarf and also marks the core mass at which massive stars undergo core collapse.

The Tolman-Oppenheimer-Volkoff limit, calculated independently by Richard Tolman, J. Robert Oppenheimer, and George Volkoff in 1939, is the maximum mass that can be supported by neutron degeneracy pressure. Unlike the Chandrasekhar limit, which can be calculated precisely, the TOV limit depends on the equation of state of matter at nuclear densities, which is not well known. Current estimates place it somewhere between 2 and 3 solar masses, with the exact value depending on how matter behaves under these extreme conditions.

These limits exist because of quantum mechanics. Degeneracy pressure arises from the Pauli exclusion principle, which states that no two fermions (particles with half-integer spin, like electrons and neutrons) can occupy the same quantum state. When matter is compressed to extreme densities, particles are forced into higher energy states to avoid violating this principle. This creates a pressure that resists further compression.

But there's a limit to how much pressure degeneracy can provide. As more mass is added, gravity becomes stronger, requiring even higher degeneracy pressure to resist it. At some point, the required pressure would demand that particles move faster than the speed of light, which is impossible. That's the fundamental origin of these mass limits: they represent the point where quantum mechanical resistance runs up against the speed of light limit imposed by relativity.

Beyond the TOV limit, no known form of matter or pressure can resist gravitational collapse. Some theoretical possibilities have been proposed, strange quark stars, for instance, where quarks exist freely rather than being confined within neutrons but even these exotic forms of matter would have their own maximum masses. There appears to be no way around it: accumulate enough mass in one place, and black hole formation becomes inevitable.

**Observing Stellar Death**

Supernovae are among the most spectacular events that astronomers can observe. A nearby supernova can be brighter than all other stars in its host galaxy combined, visible even in broad daylight if it occurs close enough. The last supernova in our own Milky Way galaxy that was visible to the naked eye occurred in 1604, Kepler's Supernova, observed and recorded by the astronomer Johannes Kepler and many others around the world.

More recently, in 1987, a supernova occurred in the Large Magellanic Cloud, a small galaxy orbiting the Milky Way, at a distance of about 168,000 light-years. Supernova 1987A was the closest observed supernova since the invention of the telescope. Astronomers detected not just light but also a burst of neutrinos, ghostly particles produced in enormous numbers during core collapse and capable of traveling through the entire star unimpeded. The detection of these neutrinos, arriving hours before the visible light, confirmed our basic understanding of the core-collapse process.

Supernova 1987A left behind a neutron star, not a black hole. The progenitor star was massive but apparently not quite massive enough to form a black hole. However, we've observed many other supernovae whose properties suggest black hole formation, particularly those associated with gamma-ray bursts. We've also detected the aftermath of stellar collapse directly through gravitational waves, as we'll discuss in later chapters.

Modern astronomy uses networks of automated telescopes to scan the sky nightly, searching for transient events like supernovae. We now discover thousands of supernovae per year in distant galaxies. By studying the properties of these explosions, their spectra, their light curves, their host galaxies, astronomers can constrain the physics of stellar death and black hole formation.

One emerging area of study is what are called "transients", brief astronomical events that don't fit neatly into existing categories. Some of these might represent new types of stellar death or exotic modes of black hole formation. The field is evolving rapidly as our observational capabilities improve and we discover phenomena that don't match our existing theoretical frameworks.

### The Newborn Black Hole

When a stellar-mass black hole first forms from core collapse, it's remarkably small, typically with an event horizon only about 10 to 100 kilometers in radius, depending on the mass. This is comparable to the size of a city. Yet packed into this small volume is the mass of many Suns, creating a gravitational field so intense that spacetime itself is profoundly warped.

The newly formed black hole may initially be surrounded by debris from the supernova, material that didn't achieve escape velocity and is falling back onto the black hole. This material forms an accretion disk, a swirling disk of matter spiraling inward toward the event horizon. As material in the disk rubs against neighboring material, friction heats it to millions of degrees, causing it to emit intense X-rays before it crosses the event horizon and vanishes forever.

The black hole may also receive a "kick" during formation, a recoil velocity of hundreds of kilometers per second imparted by asymmetries in the collapse or the supernova explosion. These kicks can be strong enough to eject the black hole from its birth cluster or even from its host galaxy entirely, sending it careening through space as a solitary wanderer.

Over time, the young black hole will settle down. The accretion disk will dissipate as material either falls into the black hole or is blown away by radiation pressure. The black hole will cool from the heat of its formation. What remains is a silent, dark object, invisible except for its gravitational influence on nearby matter and its distortion of passing light.

This stellar-mass black hole will remain essentially unchanged for billions or even trillions of years, unless it encounters more matter to accrete or merges with another compact object. Through Hawking radiation, a quantum mechanical effect we'll discuss in later chapters, it will very slowly evaporate, but for stellar-mass black holes, this process takes far longer than the current age of the universe. For all practical purposes, the black hole is eternal, a permanent scar on the fabric of spacetime left by a star that pushed gravity past the point of no return.

## From Death to Darkness

The journey from stellar death to black hole birth is one of the most dramatic transformations in nature. A massive star, shining bright for millions of years, fusing lighter elements into heavier ones, warming planets and illuminating space, this glorious beacon of nuclear fire reaches the end of its fuel supply and, in a matter of seconds, collapses into a dark hole in space from which not even light can escape.

It's a transformation from the brightest objects in the universe to the darkest. From the most visible to the most hidden. From a star that illuminates to a void that absorbs. And yet, despite their darkness and invisibility, black holes are not endings but transformations. They represent a new phase of existence, a new way for matter and energy to interact with spacetime.

In the following chapters, we'll explore what black holes are like, their anatomy, their properties, and the exotic phenomena that occur near them. But we should never forget where they come from. Every stellar-mass black hole was once a star, burning in the night. Understanding their origin helps us appreciate both the violence of their birth and the strange serenity of their existence thereafter. They are the ultimate products of stellar evolution, the final victory of gravity in its ancient struggle against the forces that hold matter apart.

# PART THREE

# ANATOMY OF A BLACK HOLE

# CHAPTER FIVE

# The Event Horizon

*The Point of No Return*

---

## Defining the Boundary

The event horizon is perhaps the most defining feature of a black hole, the boundary that separates the inside from the outside, the escapable from the inescapable, the visible universe from the hidden realm beyond. It is a surface in spacetime, not in space alone, and crossing it is the ultimate one-way journey. Once you pass through the event horizon, no force in the universe, no amount of thrust, no physical process whatsoever can bring you back out. Your future lies inexorably inward, toward the singularity at the center.

Yet despite its dramatic significance, the event horizon is not a physical surface in the ordinary sense. It's not made of matter or energy. You couldn't touch it or see it directly. If you were falling toward a black hole, you wouldn't encounter a wall or a barrier as you crossed the event horizon. In fact, for a sufficiently massive black hole, you might not feel anything unusual at all as you crossed. The event horizon is better understood as a mathematical surface, a boundary in spacetime where the causal structure of the universe fundamentally changes.

The event horizon marks the location where the escape velocity equals the speed of light. Inside this boundary, even traveling at light speed directly outward would still result in getting closer to the singularity. This isn't because something is pulling you faster than light speed, nothing can travel faster than light. Rather, it's because spacetime itself is so severely curved that all forward-in-time paths lead inward. The very geometry of spacetime has been warped to such an extreme that "outward" ceases to be a possible direction of travel.

To understand the event horizon, we must grapple with some of the strangest predictions of general relativity and confront how profoundly different the universe becomes when gravity reaches such extreme intensities. The event horizon is where the universe reveals that space and time are far more malleable, far more interconnected, and far stranger than our everyday experience suggests.

**The Schwarzschild Radius**

For a non-rotating black hole, what physicists call a Schwarzschild black hole, the radius of the event horizon is given by an elegant formula discovered by Karl Schwarzschild in 1916. The Schwarzschild radius depends only on the mass of the black hole: it equals twice the gravitational constant times the mass, divided by the speed of light squared. In practical terms, the Schwarzschild radius is approximately 3 kilometers times the mass of the black hole measured in solar masses.

This means a black hole with the mass of the Sun would have an event horizon with a radius of about 3 kilometers. A black hole with 10 solar masses would have a radius of 30 kilometers. The supermassive black hole at the center of our Milky Way, Sagittarius A*, with a mass of about 4 million solar masses, has an event horizon with a radius of roughly 12 million kilometers, about 17 times the radius of the Sun, though packed with a million times more mass.

The linear relationship between mass and radius is surprising and important. If you double the mass of a black hole, you double its radius. This is very different from ordinary objects, where doubling the mass would only increase the radius by a factor of the cube root of two (about 1.26) if density remained constant. For black holes, the "density" (mass divided by the volume inside the event horizon) actually decreases as the black hole gets more massive. A supermassive black hole has an average density lower than that of water, though this average is misleading, as the actual mass is concentrated at the central singularity, not distributed throughout the volume.

The Schwarzschild radius also tells us something profound: you can make a black hole from any amount of mass, provided you compress it into a small enough volume. Compress the Earth to the size of a marble (about 9 millimeters in radius), and it would become a black hole. Compress Mount Everest to smaller than a nanometer, and it too would form a black hole. There's no minimum mass required, only a minimum compactness. Of course, actually achieving such compressions for anything less massive than a stellar core is far beyond any known physical process.

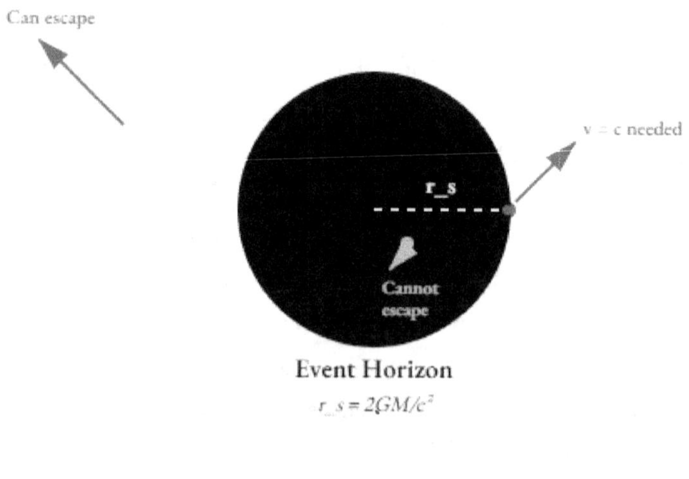


*Figure 5.1: The event horizon at the Schwarzschild radius - the boundary beyond which escape is impossible*

**Not a Physical Barrier**

One of the most important things to understand about the event horizon is that it's not a physical surface or barrier. There are no "walls" there, no material structure, no discontinuity in matter or energy. An astronaut falling into a black hole wouldn't encounter any resistance at the event horizon. They wouldn't feel a jolt or a sensation of passing through something. For a large enough black hole, they might not notice anything special at all when crossing the horizon.

This is profoundly counterintuitive. How can a boundary that fundamentally changes what's possible, that separates the escapable from the inescapable be physically undetectable to someone crossing it? The answer lies in understanding that the event horizon is a feature of spacetime geometry, not a feature of any matter or field in space.

Think of it this way: imagine you're hiking in mountains, and you reach the summit. On one side of the summit, all streams flow north; on the other side, they all flow south. The continental divide, the boundary between these two drainage basins is a real geographic feature with profound consequences for where water ends up. Yet if you walk across it, you don't necessarily feel anything. There's no wall, no fence (usually), no obvious physical marker. It's simply the place where the slope of the land changes from tilting one way to tilting the other.

The event horizon is similar, except instead of the slope of land, it's the "slope" of spacetime that matters. Outside the event horizon, spacetime is tilted such that forward-in-time paths can lead either inward or outward. At the event horizon, spacetime is tilted to exactly the critical angle. Inside the event horizon, spacetime is tilted so steeply that all forward-in-time paths lead inward, no matter which spatial direction you try to move in.

This is why the event horizon is sometimes called a "null surface", it's the boundary where outward-directed light rays can hover in place, neither escaping nor falling in, though any perturbation would cause them to do one or the other. It's a knife-edge in spacetime geometry, and once you've crossed to the wrong side of that edge, there's no going back.

**The Horizon for Different Observers**

Here's where things get truly strange: the location of the event horizon depends on your perspective, specifically on your reference frame and your motion. For a distant, stationary observer, the event horizon is at the Schwarzschild radius. But for someone falling into the black hole, the situation is more nuanced.

A freely falling observer, someone who is falling into the black hole without firing rockets or resisting would cross the event horizon in finite time according to their own clock. In fact, for a stellar-mass black hole, the time from crossing the horizon to reaching the singularity might be only a fraction of a second. The falling observer doesn't see the event horizon as a special location. They can look around, see the universe behind them (albeit highly distorted), and wouldn't necessarily realize they'd crossed the point of no return until they tried to turn back and found it impossible.

But for a distant observer watching the person fall in, something very different appears to happen. As the falling person approaches the event horizon, they appear to slow down. Time dilation becomes increasingly severe, and the light from the person becomes increasingly redshifted, stretched to longer wavelengths. The falling person appears to asymptotically approach the horizon, getting closer and closer but never quite reaching it, while simultaneously becoming dimmer and redder. Eventually, they fade from view entirely, not because they've crossed the horizon (from the distant observer's perspective, they never quite do), but because the light from them becomes so redshifted and dimmed that it's undetectable.

This creates a strange duality: from the falling person's perspective, they cross the horizon and continue inward in finite time. From the distant observer's perspective, they never quite reach it. Both perspectives are valid within their own reference frames. This is one of the profound lessons of relativity: there isn't always a single "correct" description of events. Different observers, in different states of motion and different gravitational fields, can have fundamentally different, yet equally valid perspectives on what happens.

This duality led to an early name for black holes: "frozen stars." From the outside, matter falling onto a collapsing star would appear to freeze at the surface as it approached what would become the event horizon. The star would appear to hang forever on the edge of becoming a black hole. But this is an artifact of the external perspective. From the perspective of the collapsing matter itself, the event horizon forms and the collapse continues unabated.

**One-Way Membrane**

The event horizon is best understood as a one-way membrane in spacetime. Things can cross it in one direction, inward, but nothing can cross it in the other direction, outward. It's a perfect trapdoor in the universe, a surface that allows passage one way but absolutely forbids passage the other way.

This one-way nature is absolute. It's not a matter of needing more thrust or more energy. It's not a technical limitation that might be overcome with sufficiently advanced technology. It's a fundamental feature of how spacetime is structured. Inside the event horizon, "outward" is not a direction that exists in your future light cone, the set of all places and times you could possibly reach by traveling forward in time.

To understand why this is so absolute, we need to think about the structure of spacetime. In normal spacetime, your future light cone, the set of all events that could be in your causal future, extends outward in all spatial directions. Given enough time and the ability to travel at light speed, you could reach anywhere in the universe. But inside an event horizon, your future light cone tips inward. All possible futures, all possible forward-in-time paths, lead toward the singularity. The singularity isn't just a place you'll probably reach, it's a moment in your inevitable future, like next Tuesday.

This is why even light cannot escape from inside the event horizon. Light always travels at the speed of light (by definition), and it always follows null geodesics, paths through spacetime that represent the fastest possible journey between events. But inside the event horizon, even these fastest-possible paths lead inward. Light emitted inward heads quickly toward the singularity. Light emitted outward initially moves away from the singularity, but the curvature of spacetime is so extreme that it curves back inward and eventually reaches the singularity anyway.

This one-way nature has profound implications. Information that crosses the event horizon is lost to the outside universe, at least according to classical general relativity. Events that occur inside cannot send signals to the outside. The region inside the event horizon is causally disconnected from the external universe. It's not just hidden; it's fundamentally inaccessible.

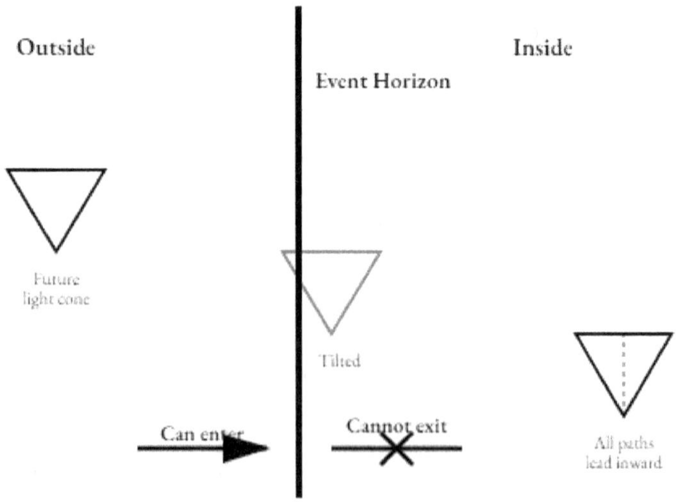

*Figure 5.2: The event horizon as a one-way membrane - light cones tip inward, making outward travel impossible*

**Time and Space Exchange Roles**

Perhaps the strangest aspect of crossing an event horizon is that inside it, the roles of time and space become exchanged in a sense. This is one of the most mind-bending predictions of general relativity, and it's crucial for understanding why escape is impossible.

Outside the event horizon, you can stay at a fixed position in space while moving forward in time. You can stand still (relative to the black hole) and just wait. Your position in space is something you have control over, you can move left or right, forward or backward, up or down. But you have no control over time, you inexorably move forward in time at one second per second, unable to stop or reverse.

Inside the event horizon, this relationship flips. The radial direction, the direction toward or away from the singularity, becomes timelike rather than spacelike. Moving "inward" is no longer a choice about where you go in space; it's as inevitable as moving forward in time. You cannot avoid moving toward the singularity any more than you can avoid experiencing next Tuesday. Meanwhile, what were previously timelike separations become spacelike, conceptually, different "times" inside the event horizon are more like different "places."

This is admittedly abstract and difficult to visualize, because it involves a complete restructuring of spacetime that has no analogue in our everyday experience. But the key point is this: inside the event horizon, reaching the singularity is not something that might happen if you're unlucky or if you fail to escape. It's something that must happen, built into the causal structure of spacetime itself. The singularity is in your future, period. Not in your possible futures, in your inevitable future.

This exchange of roles also explains why the event horizon is a surface of infinite redshift for outside observers. Time essentially stops at the horizon from an external perspective. Light emitted at the horizon takes infinite time (as measured by a distant observer) to reach any finite distance away from the horizon. This is why nothing can be seen to cross the horizon from outside, the light showing the crossing is infinitely delayed.

**Size Matters: Stellar vs. Supermassive Black Holes**

The experience of crossing an event horizon depends dramatically on the mass of the black hole. For a stellar-mass black hole, say 10 solar masses, the event horizon has a radius of only about 30 kilometers. The gravitational field near the horizon is incredibly intense, and the tidal forces (the difference in gravitational pull between your head and your feet) would be enormous. You would be torn apart by these tidal forces long before reaching the horizon, in a process that's informally called "spaghettification."

But for a supermassive black hole like the one at the center of our galaxy, with millions or billions of solar masses, the situation is completely different. The event horizon might be millions of kilometers in radius. Because tidal forces decrease with increasing black hole mass (for a given distance from the singularity), you could actually cross the event horizon of a supermassive black hole without feeling anything unusual at all.

This is a remarkable fact: you could cross the point of no return, the boundary between the escapable universe and the inescapable interior of a black hole, and not notice anything special about the moment you did so. You would still be alive, still intact, still able to look around and make observations. Only later, perhaps when you tried to fire your rockets and found yourself still falling inward no matter which direction you thrust, would you realize you'd crossed the horizon.

Of course, this reprieve is temporary. Even in a supermassive black hole, the tidal forces grow without bound as you approach the singularity, and you would eventually be torn apart. But the crossing of the horizon itself could be, paradoxically, a gentle and unremarkable moment, the moment when your fate was sealed, yet you felt nothing special.

This scale-dependence of the horizon-crossing experience highlights an important point: the event horizon is primarily a global feature of spacetime geometry, not a local feature. Its significance comes from what it represents for your causal future, not from any extreme local conditions at the horizon itself. The extreme conditions, the infinite tidal forces, the breakdown of physics are at the singularity, hidden away at the center.

**Surface Area and Information**

The event horizon has a well-defined surface area, given by 4π times the square of the Schwarzschild radius. For a non-rotating black hole, this is 16π times the gravitational constant squared times the square of the mass, divided by the fourth power of the speed of light. This might seem like just a geometric curiosity, but it turns out to be deeply important.

The surface area of the event horizon plays a crucial role in black hole thermodynamics. Stephen Hawking and Jacob Bekenstein showed in the 1970s that the area of the event horizon is proportional to the entropy of the black hole, a measure of the amount of information that's hidden inside. Every time something falls into a black hole, the horizon area increases, and the black hole's entropy increases accordingly.

There's a fundamental limit to how much the horizon area can decrease in any physical process. The area can stay the same or increase, but it can never decrease, this is the "second law of black hole thermodynamics," analogous to the second law of ordinary thermodynamics that says entropy can never decrease in a closed system. This suggests a deep connection between the geometry of black holes and the fundamental principles of thermodynamics and information theory.

The holographic principle, one of the most profound ideas in modern theoretical physics, emerged from thinking about the entropy of black holes. This principle suggests that all the information contained within a volume of space can be encoded on the boundary of that volume, like a hologram. The event horizon of a black hole may be nature's way of showing us this principle at work. All the information about what fell into the black hole is somehow encoded on the two-dimensional event horizon, rather than in the three-dimensional interior.

These ideas connect black hole physics to quantum mechanics, information theory, and the fundamental structure of spacetime in ways we're still working to fully understand. The event horizon, which began as a purely geometric feature of Einstein's equations, turns out to be a window into some of the deepest mysteries of physics.

**Multiple Horizons**

For rotating black holes, which are probably the norm in nature, the structure becomes more complex, with multiple horizons. A rotating black hole has an outer event horizon (similar to the Schwarzschild event horizon) and an inner event horizon, with a region between them called the ergosphere. In the ergosphere, spacetime is dragged around the black hole so intensely that nothing can remain stationary, even light must move in the direction of the black hole's rotation.

The outer event horizon of a rotating black hole is the true point of no return, once you cross it you cannot escape back to the external universe. The inner event horizon is more subtle and less well understood. Between these two horizons, strange things become possible in principle, including extraction of energy from the black hole's rotation (the Penrose process) and, in theory, time travel, though the latter is likely rendered impossible by quantum effects.

For a maximally rotating black hole, one spinning as fast as possible without tearing itself apart, the two horizons coincide, and the geometry becomes even stranger. Such black holes are described by the Kerr metric, after Roy Kerr who discovered the solution in 1963. Real astrophysical black holes are probably rotating, formed from the collapse of rotating stellar cores or the merger of rotating compact objects, so understanding the Kerr geometry is essential for understanding actual black holes in nature.

We'll explore rotating black holes and the ergosphere in more detail in later chapters. For now, the key point is that the simple picture of a single event horizon at the Schwarzschild radius applies only to the idealized case of a non-rotating black hole. Real black holes have richer structure, with the event horizon being the outer boundary of a more complex region.

**Observing the Unobservable**

If the event horizon is the boundary beyond which nothing can escape, how can we ever hope to observe it? The answer is that we can't observe the event horizon itself, it's black by definition, but we can observe its shadow and its effects on nearby matter and light.

When the Event Horizon Telescope collaboration released the first image of a black hole in 2019, what they captured was not the event horizon itself but its shadow, a dark region against a bright background of light from the accretion disk. Light that passes too close to the black hole is captured and never escapes, creating a dark silhouette that's about 2.6 times larger than the actual event horizon (due to the bending of light paths near the black hole). This shadow is the closest we can come to "seeing" the event horizon directly.

We can also observe matter falling toward the event horizon. As matter spirals inward in an accretion disk, it heats up from friction and emits intense radiation. The closer it gets to the event horizon, the more extreme the conditions become. The innermost stable circular orbit, the closest that matter can orbit the black hole without plunging directly in, is at 3 times the Schwarzschild radius for a non-rotating black hole. Inside this radius, matter inevitably spirals inward and crosses the event horizon, disappearing from view.

The radiation from matter just outside the event horizon carries signatures of the extreme spacetime curvature. Light is gravitationally redshifted, time-dilated, and its path is bent by the black hole's gravity. By studying this radiation in detail, we can map the spacetime geometry near the event horizon and test whether black holes behave as general relativity predicts. So far, observations match the predictions remarkably well.

**Crossing the Threshold**

The event horizon represents one of the most profound boundaries in physics, a dividing line between the accessible universe and a hidden realm from which no information can return. It's a threshold that, once crossed, cannot be uncrossed. It's a point of no return in the most absolute sense possible.

Yet it's also a boundary that, in itself, need not be dramatic or violent. For a large enough black hole, you could cross it without noticing, without pain, without any local indication that something momentous had just happened. Only the global structure of spacetime would reveal that you'd sealed your fate, that your future now inevitably included an appointment with the singularity.

This combination of profound significance and potential local gentleness makes the event horizon one of the most fascinating features of black holes. It's where Einstein's general relativity reveals its most extreme predictions, where the causal structure of spacetime is fundamentally altered, where time and space exchange their roles, and where the universe creates perfect one-way membranes that allow passage in one direction only.

The event horizon is not just the defining feature of a black hole, it's a laboratory for understanding spacetime itself, a testing ground for our theories of gravity and quantum mechanics, and a constant reminder that the universe is far stranger than our intuition suggests. It's the threshold between the known and the unknowable, the visible and the forever hidden, the escapable and the inescapable.

As we continue our exploration of black holes in the following chapters, the event horizon will remain central to our discussion. Whether we're discussing what happens to someone falling into a black hole, how black holes evaporate through Hawking radiation, or how they might encode information on their surfaces, the event horizon is where these mysteries play out. It's the stage on which some of physics' deepest puzzles are performed, and understanding it is essential to understanding black holes themselves.

# CHAPTER SIX

# The Singularity

*Where Physics Breaks*

---

### The Heart of Darkness

At the very center of every black hole, hidden behind the event horizon, lies the singularity, a point where all the black hole's mass is concentrated, where spacetime curvature becomes infinite, where density becomes infinite, and where all our equations break down and give nonsensical results. The singularity is where physics as we know it fails, where the theories that describe everything else in the universe reach their limits and confess their own inadequacy.

The singularity is perhaps the most mysterious feature of black holes, and in many ways the most troubling. It represents not just an extreme physical condition but a fundamental boundary of human knowledge. Our best theory of gravity, Einstein's general relativity, predicts that singularities must exist inside black holes, but it also tells us that at the singularity, its own predictions become meaningless. The theory points toward its own breakdown, like a map that ends with "here be dragons."

What actually exists at the center of a black hole? Is there really a point of infinite density, or does quantum mechanics intervene at small scales to prevent such an impossibility? Does time end at the singularity, or does it continue in some way we don't understand? These questions touch on the deepest unsolved problems in theoretical physics, problems that may require a complete revolution in our understanding of space, time, matter, and energy.

The singularity is where the two great pillars of 20th-century physics, general relativity and quantum mechanics collide and demand reconciliation. It's where the universe seems to be telling us that we're missing something fundamental about how reality works at its deepest levels. Understanding the singularity, or rather understanding why we can't understand it, is essential to appreciating both the power and the limitations of modern physics.

**Infinite Density, Infinite Curvature**

According to general relativity, the singularity is a point of infinite density. All the mass of the black hole, whether it's 10 solar masses or 10 billion, is compressed into a region of literally zero volume. This produces an infinite density, which seems physically impossible. How can something have zero size but still contain mass? What does "infinite density" even mean as a physical concept?

The singularity also represents a point of infinite spacetime curvature. We've discussed how mass curves spacetime, and how this curvature is what we experience as gravity. Near a black hole, spacetime is severely curved. At the event horizon, the curvature is extreme. But at the singularity, the curvature becomes infinite. Tidal forces, the stretching forces caused by differences in gravitational pull become infinite. Time dilation becomes infinite. All the quantities that describe spacetime geometry diverge to infinity.

When physicists encounter infinities in their theories, it's usually a sign that something is wrong. Infinities typically indicate that a theory is being pushed beyond its domain of validity, that it's being applied in a regime where it shouldn't apply. In quantum field theory, infinities crop up all the time, but physicists have developed sophisticated techniques called renormalization to handle them. But the infinities at a black hole singularity are different, they can't be removed or absorbed by any known mathematical technique. They seem to be genuinely predicting that physical quantities become infinite, which is nonsensical.

The presence of these infinities strongly suggests that general relativity is not the complete story. At the extreme densities and tiny scales of the singularity, quantum effects must become important. We need a theory of quantum gravity, a theory that successfully combines the principles of quantum mechanics with general relativity to describe what really happens at the center of a black hole. But we don't yet have such a theory, at least not one that's complete and well-tested.

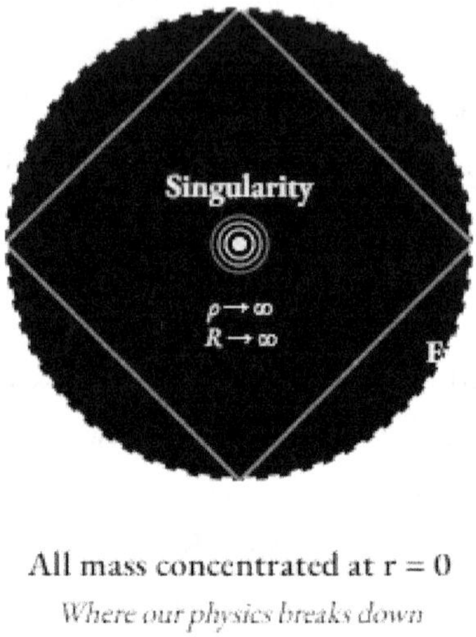


*Figure 6.1: The singularity at the center of a black hole - where density and curvature become infinite*

## Point or Ring? The Nature of Singularities

Not all singularities are the same. The type of singularity at the center of a black hole depends on whether the black hole is rotating. For a non-rotating, spherically symmetric black hole, a Schwarzschild black hole, the singularity is indeed a point. All the mass is concentrated at a single point with zero volume, located at the exact center of the black hole.

But for a rotating black hole, a Kerr black hole, which is probably what all real astrophysical black holes are, the singularity is not a point but a ring. Technically, it's a ring-shaped region in space where the equations break down. This ring singularity lies in the equatorial plane of the black hole, perpendicular to the rotation axis. It has zero thickness but a finite radius that depends on how fast the black hole is spinning.

The ring singularity is even stranger than the point singularity in some ways. Mathematical solutions to Einstein's equations suggest that inside a rotating black hole, there might be closed timelike curves, paths through spacetime that loop back on themselves, potentially allowing time travel to the past. There might also be a region inside the black hole that connects to another universe or another region of spacetime, a wormhole of sorts.

However, these exotic possibilities are almost certainly unphysical. They arise from extending the mathematical solutions beyond where they should reasonably apply. When matter collapses to form a black hole, it likely carries instabilities and quantum effects that would make these exotic features impossible. The equations might allow time travel and wormholes in idealized situations, but nature probably forbids them through effects that our current theories don't fully capture.

Whether point or ring, the fundamental problem remains the same: the singularity is a place where our equations give infinite answers to well-defined questions. This is physics telling us that we don't yet understand what's really going on at the center of a black hole.

**Cosmic Censorship**

One of the most important features of black hole singularities is that they are hidden behind event horizons. The singularity is always inside the black hole, invisible to external observers, causally disconnected from the rest of the universe. This leads to an important hypothesis in general relativity called cosmic censorship, proposed by Roger Penrose in 1969.

The cosmic censorship conjecture states that all singularities produced by gravitational collapse are hidden behind event horizons, that nature never produces a "naked singularity" visible to the external universe. If this is true, it means that while singularities might exist, their potentially problematic features are always hidden from view, unable to affect the rest of spacetime.

This conjecture is still unproven in its most general form, though it's true for many specific cases that have been studied. There are some exotic scenarios in the equations where naked singularities might form, but these typically involve very special, fine-tuned initial conditions that probably never occur in nature. Most physicists believe that cosmic censorship is likely true, though proving it rigorously remains an open problem.

Cosmic censorship is important because it provides a kind of quarantine for the breakdown of physics. If singularities are always hidden behind event horizons, then the infinite densities and curvatures at singularities can't affect the external universe. The region where physics breaks down is sealed off from the region where physics works normally. This allows us to use general relativity to describe black holes and their effects on the universe without worrying too much about what happens at the singularity itself.

In a sense, the event horizon is nature's way of sweeping the singularity under the rug. The breakdown of our theories is hidden away where it can't cause problems for the rest of physics. This is both convenient and frustrating, convenient because it allows us to study and use black hole physics despite not fully understanding the singularity, frustrating because it means we can never directly observe the region where our theories fail and learn from that failure.

**The Information Paradox**

The singularity is intimately connected to one of the deepest puzzles in theoretical physics: the black hole information paradox. This paradox arises from a conflict between general relativity and quantum mechanics regarding what happens to information that falls into a black hole.

In quantum mechanics, information is never truly destroyed. The quantum state of a system might change and evolve, but it always contains the same amount of information, this is called unitarity, and it's a fundamental principle of quantum theory. If you know the quantum state of a system at one time, and you know the laws of physics, you can in principle calculate its quantum state at any other time, past or future. Information is conserved.

But what happens when something falls into a black hole? According to classical general relativity, the information about what fell in is lost to the external universe. It's trapped behind the event horizon, unable to escape. If the object hits the singularity and is destroyed there, the information would seem to be genuinely destroyed, violating the quantum mechanical principle of information conservation.

Stephen Hawking's discovery in the 1970s that black holes emit radiation, now called Hawking radiation, made this paradox even more acute. Hawking radiation causes black holes to slowly evaporate. A black hole emits thermal radiation, gradually losing mass, and eventually disappearing entirely. But thermal radiation is random, it carries no information about what fell into the black hole. So when the black hole finally evaporates, where did the information go? Was it destroyed at the singularity? Did it escape somehow in the Hawking radiation? Or is it somehow preserved in the final burst of radiation as the black hole vanishes?

This paradox has occupied theoretical physicists for decades. Various solutions have been proposed. Maybe information is encoded in subtle correlations in the Hawking radiation that we don't yet know how to calculate. Maybe information is preserved on the event horizon in some way, consistent with the holographic principle. Maybe the singularity isn't really a point of destruction but some kind of quantum structure where information is preserved in a form we don't understand.

The information paradox is really a paradox about the singularity. If we knew what really happens at the center of a black hole, if we had a complete quantum theory of gravity we might understand how information is preserved or where it goes. The fact that we can't resolve this paradox is a sign of how much we still don't understand about the physics of singularities.

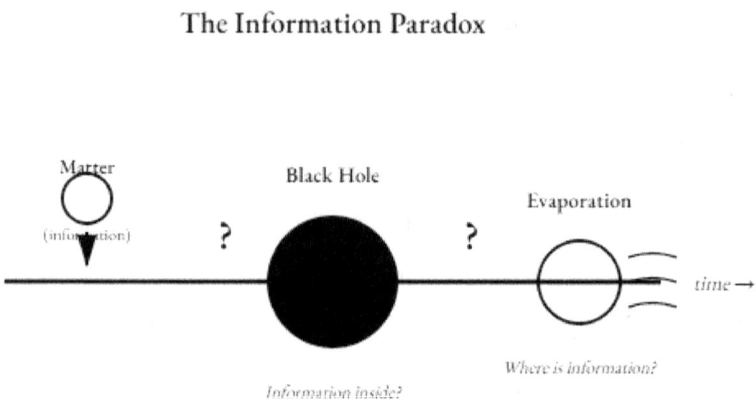


*Figure 6.2: The information paradox - what happens to information when matter falls into a black hole?*

## Singularity Theorems

In the 1960s, Roger Penrose and Stephen Hawking proved a series of mathematical theorems, now called the singularity theorems, which showed that singularities are not rare or special cases in general relativity but rather generic features of gravitational collapse. If you have a reasonable amount of mass in a small enough region, and if Einstein's equations govern gravity, then under very general conditions, a singularity must form.

These theorems were revolutionary because they showed that singularities couldn't be avoided by appealing to symmetries or special conditions. Earlier solutions like Schwarzschild's were highly symmetric, perfectly spherical, non-rotating, existing in otherwise empty space. One might have thought that real astrophysical collapse, which is messy and asymmetric, might avoid forming singularities. But the singularity theorems showed this wasn't the case. Singularities are inevitable consequences of general relativity under fairly generic conditions.

The theorems apply not just to black holes but also to the Big Bang. The theorems show that if the universe is expanding and contains matter, then tracing the expansion backward in time leads inevitably to a singularity, the Big Bang singularity where the universe had infinite density and zero size. Just as black hole singularities represent the endpoint of gravitational collapse, the Big Bang singularity represents the starting point of cosmic expansion.

However, the singularity theorems also show us the limits of general relativity. They prove that the theory predicts its own breakdown, that it leads to situations where it can no longer be applied. This is a sign that general relativity, for all its successes, is not the final theory of gravity. It's an incomplete theory that points toward something deeper, a quantum theory of gravity that might resolve singularities or show that they're not really singular after all.

### Quantum Gravity and Possible Resolutions

The existence of singularities is one of the main motivations for developing a theory of quantum gravity. At the Planck scale, about $10^{-35}$ meters, the scale where quantum effects of gravity should become important, the classical description of spacetime as a smooth continuum probably breaks down. Spacetime itself might have some kind of quantum structure, a graininess or fuzziness that prevents genuine singularities from forming.

Several approaches to quantum gravity suggest different possibilities for what might replace the singularity. In loop quantum gravity, one of the leading approaches, space itself is quantized, it comes in discrete units rather than being infinitely divisible. In this theory, the collapse that would classically lead to a singularity might instead be halted by quantum effects at the Planck scale, producing a highly compressed but not truly singular region. The collapsing matter might even bounce, potentially creating a new universe on the "other side" of the black hole.

In string theory, another major approach to quantum gravity, fundamental particles are replaced by tiny vibrating strings. The theory includes higher dimensions beyond the familiar three of space and one of time. Singularities in string theory are often "resolved", when you examine them closely using the full machinery of string theory, the apparent singularity turns out to be something else, perhaps a region of smooth but highly curved space in the higher-dimensional theory.

Some physicists have proposed that black hole singularities might be replaced by exotic objects like "fuzzballs", quantum states of strings that have no singularity and no sharp event horizon, but which look like classical black holes from the outside. Others have suggested that the singularity might be a place where spacetime transitions into something completely different, perhaps a region where our usual notions of space and time don't apply at all.

All of these are speculative ideas, constrained by mathematics and consistency requirements but not yet tested by experiment or observation. The challenge is that the conditions near a singularity, the Planck density and the Planck curvature are so extreme that we have no way to recreate them in laboratories. We can't build particle accelerators powerful enough to probe Planck-scale physics. Our only laboratories for quantum gravity are the extreme conditions in the early universe and inside black holes, and both are hidden from direct observation.

## The Journey to the Singularity

For a hypothetical observer falling into a black hole, the journey to the singularity would be brief, potentially just a fraction of a second for a stellar-mass black hole. As they fall inward from the event horizon, they would experience increasing tidal forces. These forces arise because gravity is stronger closer to the singularity, so the parts of your body closer to the center experience stronger gravity than the parts farther away.

For a stellar-mass black hole, these tidal forces would become extreme well before you reached the singularity itself. You would be stretched lengthwise while being compressed from the sides, pulled into a long thin strand, the process informally called "spaghettification." The tidal forces would eventually exceed the molecular and atomic forces holding your body together, and you would be torn apart. As you got closer still, even atoms would be torn apart, then nuclei, until you were reduced to a stream of fundamental particles rushing toward the singularity.

What happens to these particles as they reach the singularity is unknown. According to classical general relativity, they reach a point of infinite density and infinite tidal forces. Presumably, this is where quantum gravity effects would take over, but we don't know what would actually happen. The particles might be destroyed in some sense, their information perhaps preserved in subtle quantum correlations. Or they might transition into some other form of existence that we can't describe with our current theories.

For a supermassive black hole, the journey would be different. The tidal forces at the event horizon would be mild, you could cross without noticing. But as you fell inward, the forces would grow. Eventually, inevitably, you would reach a point where the tidal forces became extreme, and the same fate would await you as in a stellar-mass black hole. The singularity would destroy you or transform you into something unrecognizable, just as surely, just at a different distance from where you crossed the event horizon.

Of course, no one will ever make this journey and report back. The singularity is forever hidden behind the event horizon, and no information about what happens there can return to the external universe. We can only theorize, calculate, and wonder about what lies at the heart of every black hole.

**Time and the Singularity**

One of the strangest aspects of the singularity is its relationship to time. Inside the event horizon, as we discussed in the previous chapter, the roles of time and space partially exchange. The singularity is not just a place in space, it's a moment in time, or at least it has timelike qualities.

For someone falling into a black hole, reaching the singularity is inevitable in the same way that reaching next Tuesday is inevitable. You can't avoid it by moving in space; it's in your future regardless of what you do. The singularity is spacelike from the perspective of external observers (they could in principle know about simultaneous events at different points along the singularity), but it's timelike from the perspective of infalling observers (it's in their future, a moment they must reach).

This temporal aspect of the singularity raises profound questions. If time ends at the singularity, what does that mean? Does time literally stop? Or does it continue in some form we don't understand? Some interpretations of quantum gravity suggest that time might be an emergent phenomenon, arising from something deeper and more fundamental. At the singularity, perhaps the underlying structure from which time emerges is revealed or breaks down.

There's also the question of whether the singularity is reached at a finite or infinite time. From the perspective of someone falling in, the singularity is reached in finite proper time, the time measured by their own clock. But what does this mean for time itself? If time is just a coordinate in spacetime, and spacetime itself is breaking down at the singularity, then the question of "when" the singularity is reached may not have a well-defined answer.

**Primordial and Other Exotic Singularities**

The singularities inside black holes aren't the only singularities predicted by general relativity. The Big Bang, the beginning of our universe, is also described by general relativity as a singularity, a moment when all of space was compressed to zero volume and infinite density. In a sense, the Big Bang singularity is like a time-reversed black hole singularity, an explosion outward from a point of infinite density rather than a collapse inward to such a point.

Just as we expect quantum gravity to resolve black hole singularities, we expect it to resolve the Big Bang singularity. The very early universe, at times less than the Planck time (about $10^{-43}$ seconds) after the Big Bang, was at energies and densities where quantum gravity effects must have been important. Our current theories can't describe what happened at that earliest moment, but various approaches to quantum gravity suggest possibilities: the universe might have bounced from a previous contracting phase, or time itself might have emerged gradually from a timeless quantum state, or space might have had different dimensionality in those earliest moments.

There might also be other types of singularities in the universe. Cosmic strings, hypothetical one-dimensional defects in spacetime would have singularities along their length. Domain walls, two-dimensional defects would have singularities on their surfaces. These exotic objects might have been produced in the very early universe during phase transitions, though none have been observed. If they exist, they would provide different types of singularities to study and constrain theories of quantum gravity.

There's also speculation about "naked singularities", singularities not hidden behind event horizons. If cosmic censorship is violated in some situations, we might in principle be able to observe a singularity directly. This would be both scientifically valuable (we could study the physics of singularities observationally) and potentially dangerous (a naked singularity might be able to influence the external universe in unpredictable ways). However, most physicists believe that cosmic censorship holds and naked singularities don't exist in nature.

**The Singularity as a Physical Prediction or Mathematical Artifact?**

A fundamental question remains: are singularities real physical features of the universe, or are they mathematical artifacts of an incomplete theory? Do singularities actually exist in nature, or are they signs that we're pushing general relativity beyond its domain of validity?

Most physicists lean toward the latter interpretation. The appearance of infinities in a physical theory is usually a sign that the theory is breaking down, that it's missing some important physics that becomes relevant in the extreme regime. Just as classical mechanics breaks down at high speeds and must be replaced by special relativity, and just as classical physics breaks down at atomic scales and must be replaced by quantum mechanics, general relativity probably breaks down at Planck scales and must be replaced by quantum gravity.

If this view is correct, then the singularity is not a real physical object but a placeholder, a sign saying "quantum gravity needed beyond this point." What replaces the singularity in a complete quantum theory of gravity might be something with enormous but finite density and curvature, or it might be something completely different that doesn't fit our current categories of matter, energy, space, and time.

However, some features of the singularity might survive in a quantum theory. The fact that matter and information are irretrievably lost behind the event horizon, if that remains true in quantum gravity, means that something important happens at the center of a black hole, even if it's not a classical singularity. The endpoint of gravitational collapse might be strange and quantum mechanical, but it's still probably something quite different from ordinary spacetime.

### Living with Ignorance

One of the remarkable features of black hole physics is that we can study and understand black holes quite well despite not knowing what's at the center. The event horizon shields the singularity from the external universe, and most properties of black holes, their masses, spins, charges, how they affect nearby matter, how they produce gravitational waves when they merge can be calculated using general relativity without needing to know what's happening at the singularity.

This is similar to how we can study atomic physics quite well without fully understanding the strong nuclear force that holds atomic nuclei together, or how we can study chemistry without quantum mechanics (though quantum mechanics makes chemistry more precise). There are levels of description, and sometimes you can understand one level quite well even while being uncertain about deeper levels.

But the singularity remains a tantalizing mystery. It represents the ultimate extreme of physics, the point where everything we know breaks down. Understanding what replaces the singularity in a complete theory of quantum gravity would likely teach us profound things about the nature of space, time, and matter. It might reveal that space and time are not fundamental but emerge from something deeper. It might show us how information is preserved in black hole evaporation. It might even connect to other deep mysteries like the nature of dark energy or the origin of the universe.

The singularity is where physics breaks, but it's also where physics points toward something new and deeper. Every theory has its limits, and when we reach those limits, we have the opportunity to discover new theories that go further. The singularity is one of the signposts showing us where to look for the next revolution in physics.

### The Unknowable Heart

In the end, the singularity remains deeply mysterious, perhaps the most mysterious feature of black holes. It's the place where all the mass of the black hole resides, yet also the place where our understanding fails completely. It's predicted by our best theory of gravity, yet that theory admits its predictions are nonsensical there. It's hidden behind an event horizon, forever inaccessible to external observation, yet its properties might influence black hole physics in subtle ways we're still discovering.

The singularity reminds us that for all our progress in understanding the universe, there are still fundamental mysteries at the heart of physics. We don't yet have a complete theory of quantum gravity. We don't know what really happens at the center of a black hole. We don't know how information is preserved, or how the Big Bang really began, or what the ultimate fate of matter is when it crosses an event horizon.

These gaps in our knowledge aren't failures, they're opportunities. They're the frontier of physics, the place where the next generation of scientists will make their discoveries. The singularity is where our current maps end and future exploration must begin. It's a boundary not just in space but in knowledge itself, marking the edge of what we currently understand about the universe.

As we continue our journey through the physics of black holes in the following chapters, the singularity will remain present in the background, the hidden heart of every black hole, the place where physics breaks, the ultimate mystery waiting to be solved. Understanding black holes means, in part, making peace with this mystery, accepting that there are questions we can't yet answer while continuing to push at the boundaries of what we can know.

CHAPTER SEVEN

# The Anatomy Beyond the Basics

---

**Layers of Complexity**

Black holes are more than just event horizons and singularities. Real black holes, especially those actively feeding on surrounding matter, have a rich and complex structure with multiple regions, each governed by different physics and producing different observable phenomena. The simple picture of a dark sphere against space is just the beginning. Around and near black holes exist photon spheres where light orbits in circles, accretion disks where matter spirals inward at tremendous speeds, ergospheres where spacetime itself is dragged into rotation, and jets that shoot matter and energy outward at nearly the speed of light.

Understanding this anatomy, the various regions and features that exist around black holes is essential for understanding how we detect black holes, how they interact with their environments, and how they shape the evolution of galaxies. Each feature arises from fundamental physics: the curvature of spacetime, the conservation of angular momentum, the behavior of matter and energy in extreme gravitational fields, and the interplay between gravity and electromagnetism.

In this chapter, we'll explore the intricate structure that exists around black holes, from the photon sphere just outside the event horizon to the vast jets that can extend for millions of light-years. We'll see how black holes are not isolated objects but dynamic systems that interact dramatically with their surroundings, transforming gravitational potential energy into some of the most energetic phenomena in the universe.

### The Photon Sphere

Just outside the event horizon of a black hole lies a remarkable region called the photon sphere, a spherical surface where gravity is so strong that light can orbit the black hole in circular paths. For a non-rotating black hole, the photon sphere is located at exactly 1.5 times the Schwarzschild radius, or about 4.5 kilometers times the black hole's mass in solar masses.

At this distance from the black hole a photon traveling tangentially, perpendicular to the radial direction, will follow a circular orbit around the black hole, neither falling in nor escaping to infinity. It's a precarious orbit, though. Any slight perturbation inward, and the photon spirals into the event horizon. Any slight perturbation outward, and it escapes to infinity. The photon sphere represents an unstable equilibrium, a knife-edge in spacetime geometry.

The photon sphere has some remarkable properties. If you could somehow position yourself exactly at the photon sphere and look tangentially, you would theoretically see the back of your own head, light leaving the back of your head would orbit the black hole and return to your eyes. Of course, this is purely theoretical; you couldn't actually survive at the photon sphere, and the extreme gravitational lensing would distort the image beyond recognition.

More importantly, the photon sphere plays a crucial role in what we observe when we look at black holes. The famous image from the Event Horizon Telescope shows a bright ring surrounding a dark shadow. That bright ring corresponds roughly to the photon sphere, its light from the accretion disk that's been bent by the black hole's gravity, including light that's made partial orbits around the black hole before reaching our telescopes. The dark region inside is the black hole's shadow, which extends to about 2.6 times the Schwarzschild radius due to the capture of light by the black hole.

For rotating black holes, the situation becomes more complex. The photon sphere becomes an oblate spheroid rather than a perfect sphere, and its size depends on the black hole's spin and on whether the photon is orbiting in the same direction as the black hole's rotation (prograde) or opposite to it (retrograde). Prograde photon orbits can exist closer to the event horizon than retrograde ones, because they're assisted by the dragging of spacetime around the spinning black hole.

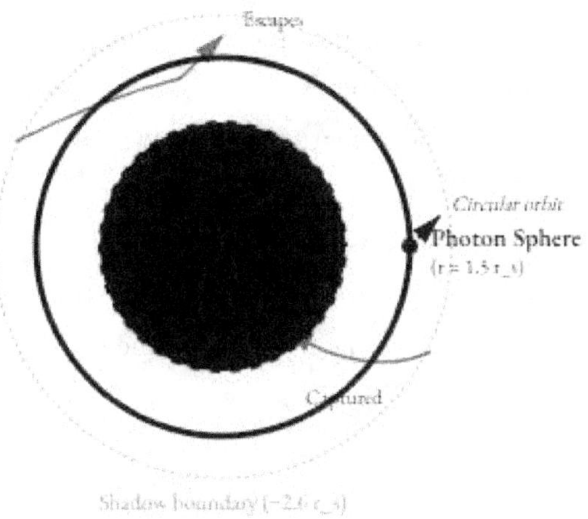


*Figure 7.1: The photon sphere where light can orbit the black hole in circular paths*

### The Innermost Stable Circular Orbit (ISCO)

While light can orbit at the photon sphere, massive objects (anything with mass, as opposed to massless photons) cannot orbit stably that close to a black hole. For massive objects, there's a different critical radius called the innermost stable circular orbit, or ISCO. This is the closest distance at which matter can orbit a black hole in a stable circular orbit.

For a non-rotating black hole, the ISCO is located at exactly 3 times the Schwarzschild radius, about 9 kilometers times the black hole mass in solar masses. Inside this radius, there are no stable circular orbits. Matter can still orbit temporarily, but these orbits are unstable, any slight perturbation causes the matter to spiral either outward (if perturbed outward) or inward toward the event horizon (if perturbed inward, which is far more likely given the friction and collisions in an accretion disk).

The ISCO is crucial for understanding accretion disks. As matter spirals inward in an accretion disk, transferring angular momentum outward through friction and magnetic fields, it can maintain a relatively stable orbit down to the ISCO. But once matter crosses the ISCO, it rapidly plunges inward, crossing the event horizon in a fraction of an orbital period. This means the accretion disk has a sharp inner edge at approximately the ISCO, and inside that edge is a relatively empty region (though not completely empty, there's still matter plunging inward from the ISCO).

The location of the ISCO depends dramatically on the black hole's spin. For a maximally rotating black hole with prograde (same direction as rotation) orbits, the ISCO can be as close as 0.5 times the Schwarzschild radius, right at the event horizon itself. For retrograde orbits (opposite to the rotation), the ISCO moves outward to as far as 4.5 times the Schwarzschild radius. This is one of the most important effects of black hole rotation: it allows matter to orbit much closer to the event horizon before plunging in, which has significant consequences for the energy extraction efficiency.

The difference in ISCO location between rotating and non-rotating black holes affects how much energy can be extracted from accretion. As matter spirals from large distances down to the ISCO, it converts gravitational potential energy into kinetic energy and then into heat and radiation through friction. The closer the ISCO is to the event horizon, the more energy can be extracted before the matter plunges in. For a non-rotating black hole, about 6% of the rest mass energy of the accreting matter can be converted to radiation. For a maximally rotating black hole, this can reach 42%, far more efficient than nuclear fusion, which converts less than 1% of rest mass to energy.

**The Accretion Disk**

When matter falls toward a black hole, it almost never falls straight in. Due to conservation of angular momentum, the matter forms a swirling disk, an accretion disk, that gradually spirals inward as angular momentum is transported outward. Accretion disks are among the most energetic and spectacular structures in the universe, capable of converting gravitational potential energy into radiation with remarkable efficiency.

In an accretion disk, matter orbits the black hole in roughly circular paths, with each parcel of matter moving slightly slower than the matter just inside it (because orbital velocity increases closer to a gravitating body, up to a point). This differential rotation creates friction between adjacent layers of the disk. The friction heats the disk, causing it to radiate energy, and it also transports angular momentum outward, allowing matter to spiral inward.

The temperature of the disk increases as you move inward, because the closer you are to the black hole, the more gravitational potential energy has been converted to heat. For stellar-mass black holes accreting at typical rates, the inner regions of the disk can reach temperatures of millions of degrees, hot enough to emit X-rays. For supermassive black holes, the temperatures are lower (because the tidal forces are weaker for a given distance from the event horizon), but the disks are much larger and can still be incredibly luminous, sometimes outshining entire galaxies.

The structure of accretion disks is complex and still not fully understood. Different regions of the disk can exist in different states. The outer regions might be relatively cool and geometrically thin, with matter orbiting in a disk that's much wider than it is tall. The inner regions might be hot and geometrically thick, puffed up by radiation pressure and magnetic fields. There might be a hot, tenuous corona above and below the disk where X-rays are produced through inverse Compton scattering.

Magnetic fields play a crucial role in accretion disk physics. The disk material is ionized plasma, gas so hot that electrons are stripped from atoms and plasma interacts strongly with magnetic fields. The magnetorotational instability, discovered in the 1990s, is now thought to be the primary mechanism for angular momentum transport in disks. This instability causes magnetic fields to amplify and create turbulence in the disk, which effectively transports angular momentum outward and allows matter to flow inward.

Accretion disks are not smooth and steady. They can be highly variable, flickering on timescales from milliseconds to years. They can undergo state transitions, suddenly changing from one regime to another. They can be disrupted by magnetic field reconnection events, launching blobs of plasma outward. All of this variability is observed in real astrophysical systems and provides clues about the physics of accretion.

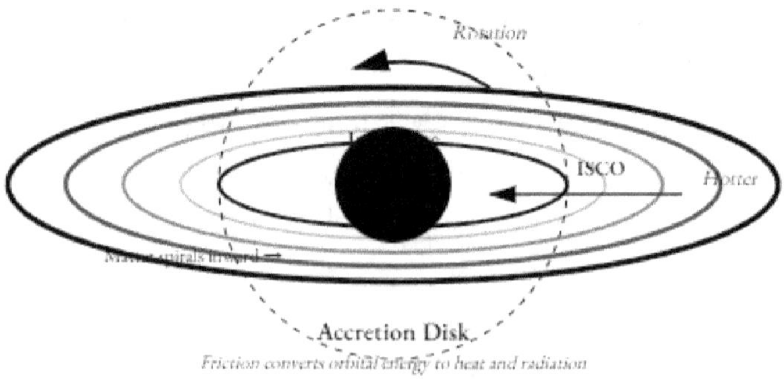


*Figure 7.2: An accretion disk spiraling inward toward the black hole's ISCO*

### The Ergosphere and Frame Dragging

For rotating black holes, one of the most exotic features is the ergosphere, a region outside the event horizon where spacetime itself is dragged around by the black hole's rotation. The ergosphere is bounded by the event horizon on the inside and by a surface called the ergosurface or static limit on the outside. The shape of the ergosphere is not spherical but oblate, flattened at the poles and bulging at the equator.

Inside the ergosphere, spacetime is rotating so rapidly that nothing can remain stationary relative to distant stars. Even if you fired your rockets at maximum thrust, trying to hover in place, you would still be dragged around the black hole in the direction of its rotation. The spacetime itself is moving, carrying you with it. This effect is called frame dragging or the Lense-Thirring effect, and it occurs around any rotating mass, though it's only significant for very massive or very rapidly rotating objects.

The ergosurface, the outer boundary of the ergosphere, touches the event horizon at the poles and extends farthest from the event horizon at the equator. For a maximally rotating black hole, the ergosurface at the equator reaches out to twice the Schwarzschild radius. Between the event horizon and the ergosurface is the ergosphere, a region where strange things become possible.

Most notably, the ergosphere is where the Penrose process can occur. Proposed by Roger Penrose in 1969, this is a mechanism for extracting energy from a rotating black hole. The basic idea is that a particle entering the ergosphere can split into two, with one particle falling into the black hole with negative energy (relative to infinity) while the other escapes with more energy than the original particle had. The escaping particle has extracted energy from the black hole's rotation, causing the black hole to spin down slightly.

This might sound like a violation of conservation of energy, but it's not. The particle that falls into the black hole has negative energy as measured at infinity, meaning it actually reduces the black hole's mass. The black hole's total energy (mass-energy plus rotational energy) decreases, while the escaping particle carries away more energy than was originally brought in. The black hole's rotation slows down, and its spin energy is converted to the kinetic energy of the escaping particle.

While the Penrose process is theoretically possible, it's probably not very efficient in practice with individual particles. However, a similar mechanism might operate on large scales in accretion disks. The Blandford-Znajek process, proposed in 1977, is a mechanism by which magnetic fields threading the ergosphere can extract rotational energy from the black hole, potentially powering the enormous jets we observe from some black holes. This is one of the leading explanations for how black holes can produce jets with luminosities exceeding that of entire galaxies.

**Jets: Cosmic Particle Accelerators**

Perhaps the most spectacular feature of some black holes is their jets, highly collimated beams of matter and energy that shoot outward from near the black hole at speeds very close to the speed of light. These jets can extend for millions of light-years, far beyond the galaxy hosting the black hole, making them among the largest structures associated with individual objects in the universe.

Jets are observed in a wide variety of black hole systems, from stellar-mass black holes in our galaxy (in systems called microquasars) to supermassive black holes at the centers of active galaxies (quasars, blazars, and radio galaxies). The jets from supermassive black holes can carry enormous amounts of energy and momentum, potentially affecting the evolution of their host galaxies and the surrounding intergalactic medium.

The exact mechanism by which jets form is still not completely understood, but the basic picture involves magnetic fields and rotation. As matter spirals inward in the accretion disk, it carries magnetic field lines with it. These field lines can become twisted and amplified, threading through the inner disk and the black hole's ergosphere. The spinning black hole and the rotating disk can twist these magnetic fields into a helical structure along the rotation axis.

The magnetic fields act like a nozzle, channeling matter and energy into narrow beams along the rotation axis, perpendicular to the accretion disk. Material flowing along the magnetic field lines is accelerated to relativistic speeds, possibly by electromagnetic forces, possibly by radiation pressure, possibly by a combination of mechanisms. The result is a jet of plasma moving at 99% or more of the speed of light, carrying prodigious amounts of energy away from the black hole.

Jets can be remarkably stable, maintaining their collimation over millions of light-years. This is extraordinary when you consider that the jet originates from a region only light-hours or light-days across (for a supermassive black hole) but remains coherent over distances millions of times larger. The stability is thought to be maintained by magnetic fields, with the helical magnetic structure providing both collimation and stability against perturbations.

Not all accreting black holes produce jets, and we don't fully understand why. It seems to depend on the black hole's spin (rapidly rotating black holes are more likely to produce jets), the accretion rate (too high or too low might suppress jet formation), and the magnetic field configuration. There may be different accretion states, with jets turning on and off as the system transitions between states.

Jets are important for several reasons beyond their intrinsic impressiveness. They transport energy and matter far from the black hole, affecting their environment on galactic and even intergalactic scales. They can trigger or suppress star formation in galaxies. They can heat the gas in galaxy clusters, preventing it from cooling and forming stars. They're also natural particle accelerators, accelerating particles to energies far beyond what we can achieve in human-built accelerators, potentially producing ultra-high-energy cosmic rays.

**The Corona**

Above and below the accretion disk, extending inward toward the black hole, is a region called the corona, a hot, tenuous atmosphere of plasma with temperatures reaching hundreds of millions of degrees. The corona is analogous to the Sun's corona, the hot outer atmosphere visible during solar eclipses, but far more extreme.

The corona is thought to be heated by magnetic field reconnection events and possibly by the dissipation of turbulence from the disk below. Despite being extremely hot, the corona is also very diffuse, it contains far less mass than the disk. Its importance lies not in its mass but in its role in producing high-energy X-rays.

Lower-energy photons from the disk can pass through the corona, where they interact with the hot electrons. Through a process called inverse Compton scattering, these photons gain energy from the electrons, being boosted to X-ray energies. This is one of the primary mechanisms for producing the X-ray emission we observe from accreting black holes.

The corona also illuminates the accretion disk from above, causing fluorescence, particularly an iron fluorescence line at 6.4 keV that's one of the most important diagnostic tools for studying black holes. This iron line is broadened and distorted by the extreme Doppler shifts and gravitational redshifts near the black hole, and by carefully analyzing the line's shape, astronomers can map the spacetime geometry near the event horizon and measure the black hole's spin.

The exact geometry and structure of the corona are still debated. It might be a relatively uniform layer above and below the disk. It might be patchy, with hot spots that come and go. It might be concentrated in the innermost regions near the black hole. Different models make different predictions for the observed X-ray spectrum and variability, and comparing these predictions to observations is an active area of research.

**Winds and Outflows**

Not all matter that approaches a black hole eventually falls in. Many accreting black holes produce powerful winds, outflows of matter driven away from the system by radiation pressure, magnetic forces, or thermal pressure. These winds can carry away significant amounts of mass and energy, sometimes even exceeding the mass accretion rate onto the black hole.

There are different types of outflows with different origins. Disk winds are driven by radiation pressure, when the luminosity of the accretion disk approaches the Eddington limit (the maximum luminosity a steadily accreting object can have before radiation pressure overcomes gravity), the radiation can push matter outward faster than gravity can pull it in. These winds can be quite fast, reaching thousands of kilometers per second.

Thermal winds are driven by heating of the outer disk or the atmosphere above the disk. When gas is heated to high temperatures, its thermal pressure can overcome the gravitational binding, and it flows outward. Line-driven winds, similar to those seen in massive stars, can occur when radiation is absorbed by spectral lines, transferring momentum to the gas and driving it outward.

These winds are important for regulating the growth of black holes and for affecting their environments. A black hole accreting at or near the Eddington rate can drive winds that expel much of the surrounding gas, effectively limiting how fast the black hole can grow. These winds can also enrich the surrounding medium with heavy elements processed in the hot disk, contribute to the heating and stirring of the interstellar or intergalactic medium, and potentially trigger or suppress star formation in surrounding regions.

**Gravitational Lensing**

The intense gravity near a black hole doesn't just affect matter, it also bends the paths of light passing nearby. This gravitational lensing can create multiple images of background objects, magnify them, distort them, and even create ring-like patterns. Einstein's theory of general relativity predicts exactly how light should be bent by gravity, and observations of gravitational lensing provide some of the strongest tests of the theory in extreme conditions.

Near a black hole, lensing effects are extreme. Light from the far side of the accretion disk can be bent over the top or bottom of the black hole, allowing us to see parts of the disk that would otherwise be hidden. This creates a characteristic appearance: we see a bright ring around the black hole's shadow, with contributions from both the near and far sides of the disk.

The famous Event Horizon Telescope image of M87* shows this lensing in action. The bright crescent is actually light from the entire accretion disk, with the far side of the disk lensed and brought into view around the black hole. The image is brighter on one side than the other due to relativistic beaming, matter moving toward us appears brighter than matter moving away, and one side of the rotating disk is always moving toward us while the other moves away.

Gravitational lensing near black holes can create exotic effects. Photons can orbit the black hole multiple times before escaping, creating multiple lensed images at progressively larger angles from the black hole. There can be an infinite series of these "photon rings," though the higher-order rings become exponentially dimmer and harder to detect. Future observations with improved resolution might be able to detect and measure these photon rings, providing even more precise tests of general relativity.

### The Plunging Region

Between the ISCO and the event horizon lies what's called the plunging region. In this region, matter is no longer in stable orbit but is falling rapidly inward toward the event horizon. The plunging region is largely empty compared to the accretion disk, matter crosses it relatively quickly, in a fraction of an orbital period but it's not completely empty.

Matter in the plunging region is moving at a significant fraction of the speed of light. It's also experiencing extreme tidal forces and gravitational redshift. Any radiation emitted from the plunging region is highly redshifted and dimmed, making it difficult to observe directly. Most of the energy has already been extracted from the matter by the time it reaches the ISCO; the plunging region is where matter makes its final approach to the point of no return.

The boundary between the accretion disk and the plunging region, roughly at the ISCO, is where some of the most interesting physics occurs. Matter transitions from slowly spiraling inward to rapidly plunging. The sudden change in dynamics can create features in the emission spectrum. The stress and dissipation patterns change. For rapidly rotating black holes where the ISCO is very close to the event horizon, this transition region can be a significant source of emission.

### Putting It All Together

A real black hole system, then, is far more than just a dark sphere. It's a complex, dynamic structure with multiple components: the central black hole with its event horizon and singularity; the photon sphere where light orbits; the ISCO marking the inner edge of stable orbits; the accretion disk with its multiple temperature and density zones; the ergosphere where spacetime is dragged around the rotating black hole; the corona above and below the disk; jets shooting outward along the rotation axis; winds and outflows driven by radiation and thermal pressure; and dramatic gravitational lensing effects that distort and amplify light from the disk.

Each of these components can be observed through different techniques and wavelengths. The accretion disk emits thermal radiation from infrared to X-rays depending on its temperature. The corona produces high-energy X-rays through inverse Compton scattering. The jets emit radio waves through synchrotron radiation and can produce gamma rays through inverse Compton scattering at higher energies. Winds can be detected through absorption features in the spectrum. Gravitational lensing affects the appearance and spectrum of all the emission.

Understanding this anatomy allows astronomers to diagnose black hole systems. By observing the spectrum, variability, and spatial structure of the emission, we can infer the black hole's mass, spin, accretion rate, and magnetic field configuration. We can test general relativity by comparing the observed lensing and spectral features to theoretical predictions. We can study the physics of accretion, jet formation, and particle acceleration in extreme environments we could never recreate in laboratories.

The anatomy of black holes reveals that these objects, for all their reputation as cosmic vacuum cleaners that swallow everything, are actually extraordinarily dynamic and productive systems. The process of matter falling into a black hole releases more energy per unit mass than any other process in the universe except for matter-antimatter annihilation. Black holes are engines that convert gravitational potential energy into radiation, kinetic energy of outflows, and the energy of jets and magnetic fields.

As we continue to improve our observational capabilities, building more sensitive X-ray telescopes, creating larger interferometric arrays for higher-resolution radio observations, detecting gravitational waves from black hole mergers, we'll be able to probe this anatomy in ever-greater detail. We'll map the spacetime near the event horizon with increasing precision, watch matter cross the ISCO and plunge into the black hole, trace the formation and evolution of jets, and test Einstein's theory in its most extreme regime.

The black hole, that ultimate symbol of cosmic darkness and mystery, turns out to be surrounded by some of the brightest and most energetic phenomena in the universe. Its anatomy is a testament to the richness of physics in extreme conditions, where gravity shapes spacetime into exotic geometries, where magnetic fields and plasma dynamics create structures on scales from kilometers to millions of light-years, and where matter and energy perform their final dance before crossing the event horizon and vanishing from our universe forever.

# PART FOUR

# THE BLACK HOLE ZOO

CHAPTER EIGHT

# Stellar-Mass Black Holes

---

**The Stellar Remnants**

Stellar-mass black holes are the corpses of massive stars, the final stage of stellar evolution for stars born with more than about 20-25 times the mass of the Sun. These black holes typically range from about 3 to 100 solar masses, with event horizons only tens to hundreds of kilometers in radius, small enough to fit comfortably within a large city, yet containing more mass than our entire Sun. They are the most common type of black hole in the universe by number, scattered throughout galaxies as the inevitable endpoints of stellar death.

Understanding stellar-mass black holes is crucial for several reasons. First, they're our best laboratories for studying black hole physics in detail. Being relatively nearby, the closest known stellar-mass black hole is only about 1,000 light-years away. We can observe them with far greater precision than the supermassive black holes at galactic centers. Second, they're the primary sources of stellar-mass gravitational waves, the ripples in spacetime that we've only recently learned to detect. And third, studying how these black holes form, evolve, and interact with their environments helps us understand both stellar evolution and the large-scale structure of galaxies.

Stellar-mass black holes represent a fascinating intersection of extreme physics. They're small enough that the tidal forces near their event horizons are lethal, any object venturing too close would be torn apart by spaghettification. Yet they're massive enough to significantly warp spacetime, creating all the exotic phenomena we've discussed in previous chapters: event horizons, frame dragging, photon spheres, and accretion disks. They're simultaneously the most common black holes and among the most difficult to detect, hiding in the darkness of space until they betray their presence through their gravitational effects on nearby matter.

**Formation: The Death Throes of Massive Stars**

As we explored in Chapter 4, stellar-mass black holes are born in the catastrophic core-collapse supernovae of massive stars. When a star with an initial mass above about 20-25 solar masses exhausts its nuclear fuel, its iron core collapses in a fraction of a second. If the core's mass exceeds the Tolman-Oppenheimer-Volkoff limit, somewhere between 2 and 3 solar masses, not even neutron degeneracy pressure can halt the collapse. The core continues to shrink past its Schwarzschild radius, an event horizon forms, and a black hole is born.

But the process is more complex and variable than this simple picture suggests. The exact mass threshold for black hole formation depends on many factors: the star's initial composition, its mass loss during its lifetime, whether it's in a binary system, and the details of the supernova explosion mechanism. Some massive stars might produce neutron stars rather than black holes if they lose enough mass to stellar winds before they die. Others might produce black holes through "failed supernovae" where the collapse is so efficient that little explosion occurs, the star simply disappears, imploding into a black hole with minimal fanfare.

The mass of the resulting black hole is not simply the mass of the progenitor star. Much of the star's mass is blown away in the supernova explosion or lost to stellar winds over the star's lifetime. The black hole that forms typically has a mass that's a fraction of the original stellar mass, perhaps one-third to one-half for very massive stars. This means that to produce a 10 solar mass black hole, you need a star that started with perhaps 25-30 solar masses.

Recent observations have revealed surprises in the mass distribution of stellar-mass black holes. Gravitational wave detections from LIGO and Virgo have found black holes more massive than astronomers expected, some exceeding 50 or even 60 solar masses. These massive black holes pose puzzles: What kind of stars produced them? Did they form through normal stellar evolution, or through the merger of smaller black holes? Are we missing something about mass loss in massive stars, or about how black holes form?

The environment where a star forms also matters. In regions with low metal content, what astronomers call "low metallicity", stars can retain more mass throughout their lives because they drive weaker stellar winds. This might allow the formation of more massive black holes. Some of the massive black holes detected through gravitational waves might have formed in such low-metallicity environments, possibly in the early universe when heavy elements were scarce.

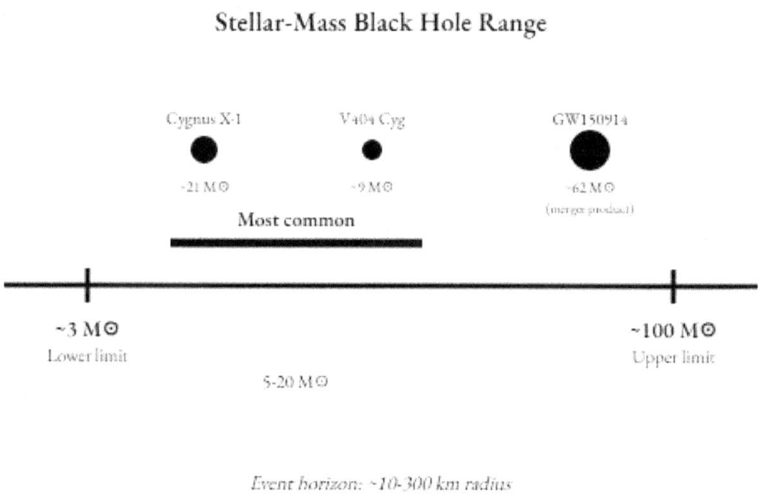


*Figure 8.1: The mass range of stellar-mass black holes with notable examples*

## X-ray Binaries: The First Detections

The first stellar-mass black holes were discovered not through direct observation, black holes emit no light of their own but through their effect on companion stars in binary systems. When a black hole has a normal star as a companion, and when the two are close enough, matter from the companion can be pulled toward the black hole, forming an accretion disk. As this matter spirals inward, friction heats it to millions of degrees, hot enough to emit intense X-rays.

These X-ray binary systems were first detected in the 1960s and 1970s when X-ray astronomy became possible with rocket-launched and satellite-based detectors. The X-rays cannot penetrate Earth's atmosphere, so ground-based observation is impossible. We needed to get above the atmosphere to discover these systems. When astronomers began cataloging X-ray sources in the sky, they found that many of the brightest sources were compact objects in binary systems.

The challenge was distinguishing black holes from neutron stars. Both produce X-rays through accretion, and both are compact objects invisible at optical wavelengths. The key diagnostic is mass. By observing the orbital motion of the visible companion star, how fast it moves and how its spectrum shifts due to the Doppler effect, astronomers can use Newton's laws of motion to calculate the mass of the unseen compact object. If that mass exceeds about 3 solar masses, it's too massive to be a neutron star, it must be a black hole.

Cygnus X-1, discovered in 1964, became the first widely accepted black hole candidate. It's an X-ray source in the constellation Cygnus, consisting of a black hole with a mass of about 21 solar masses orbiting a blue supergiant star. Matter flowing from the supergiant to the black hole produces intense, variable X-ray emission. The variability is rapid, flickering on timescales of milliseconds, indicating that the emitting region is very small, consistent with the inner accretion disk around a stellar-mass black hole.

Since Cygnus X-1, dozens of stellar-mass black holes have been confirmed in X-ray binaries in our galaxy. Each discovery adds to our understanding of black hole demographics, how common they are, what their mass distribution looks like, and how they interact with companion stars. Some of these systems are transients, they flare up when fresh material falls onto the black hole, then fade back to quiescence when the accretion rate drops. Others maintain relatively steady X-ray emission over years or decades.

**The Population: How Many Stellar-Mass Black Holes Exist?**

One of the fundamental questions about stellar-mass black holes is: how many are there? In our galaxy alone, how many stellar-mass black holes have been produced over its 13-billion-year history? The answer has important implications for understanding galactic evolution, gravitational wave astronomy, and the ultimate fate of stellar populations.

Based on our understanding of stellar evolution and the initial mass function, the distribution of stellar masses at birth, astronomers estimate that the Milky Way should contain somewhere between 10 million and 100 million stellar-mass black holes. This wide range reflects our uncertainties about several key factors: exactly what mass stars produce black holes versus neutron stars, how much mass is lost to stellar winds and supernovae, and the history of star formation in our galaxy over cosmic time.

But here's the remarkable thing: despite these millions of black holes, we've only confidently identified a few dozen. The vast majority of stellar-mass black holes are completely isolated, drifting through the galaxy in darkness, detectable only by their gravitational influence. They're invisible unless they happen to be accreting matter or gravitationally lensing background light.

The black holes we've found in X-ray binaries represent only the tip of the iceberg, those lucky enough to have a companion star that's feeding them matter. For every black hole in a binary, there might be hundreds or thousands of isolated black holes that we have no way of detecting with current technology. They're out there, scattered through the galaxy, carrying on their silent existence as permanent scars in the fabric of spacetime.

Recent searches have begun to find isolated black holes through gravitational microlensing. When a black hole passes in front of a background star, its gravity bends the starlight, causing the star to appear to brighten temporarily. Several candidates have been identified this way, though confirming them as black holes rather than other compact objects remains challenging. As microlensing surveys improve, we should be able to better census the isolated black hole population.

**Gravitational Waves: A New Window Opens**

Everything changed for stellar-mass black hole astronomy on September 14, 2015, when the Laser Interferometer Gravitational-Wave Observatory (LIGO) detected the merger of two black holes, each about 30 solar masses, located over a billion light-years away. This event, dubbed GW150914, was the first direct detection of gravitational waves, ripples in spacetime predicted by Einstein a century earlier but never before observed.

The detection revolutionized our understanding of stellar-mass black holes in several ways. First, it confirmed that binary black hole systems exist and can merge within the age of the universe. Before this detection, it wasn't certain that black holes would actually collide, there were theoretical concerns that they might not form in close enough binaries, or that energy losses might not be efficient enough to bring them together within cosmic time.

Second, the masses of the merging black holes were higher than expected based on the known population of black holes in X-ray binaries. The black holes in GW150914 were about 29 and 36 solar masses, significantly more massive than most black holes found through X-ray observations. This suggested that the population of stellar-mass black holes detectable through gravitational waves might be different from the population detectable through X-rays, perhaps because they formed in different environments or from different types of progenitor stars.

Third, gravitational wave observations opened up the entire universe to black hole studies. X-ray observations are limited to our galaxy and nearby galaxies, X-rays from distant sources are too faint to detect. But gravitational waves from merging black holes can be detected across cosmic distances. LIGO and Virgo can detect black hole mergers billions of light-years away, allowing us to study black holes throughout the universe and across cosmic history.

Since that first detection, dozens of black hole mergers have been observed. The catalogs keep growing, revealing a rich population of merging binary black holes with a variety of masses, mass ratios, and spins. Each detection is not just a confirmation that these systems exist, it's a precise measurement of mass, spin, distance, and orbital parameters that adds to our understanding of black hole demographics and evolution.

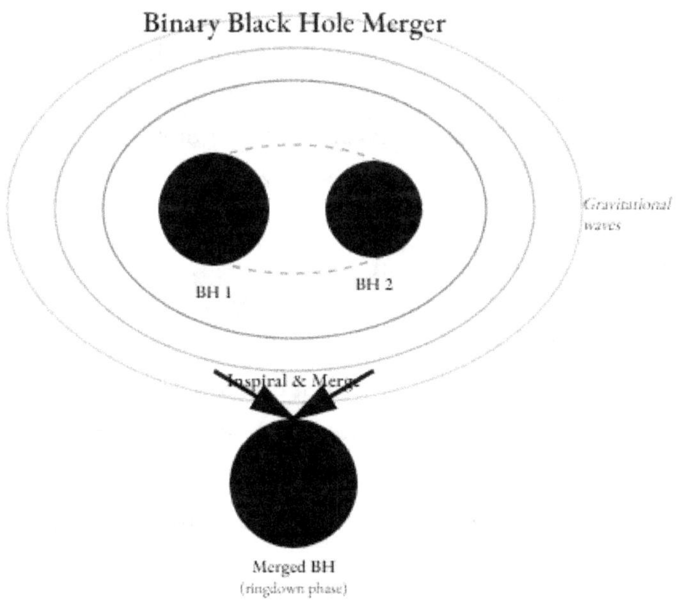

*Figure 8.2: Binary black holes inspiraling and merging, emitting gravitational waves*

**Black Hole Spins**

One of the key properties of a black hole, beyond its mass, is its spin. A black hole can be non-rotating (a Schwarzschild black hole) or rotating (a Kerr black hole), and the spin has profound effects on the spacetime geometry around the black hole and on the efficiency of accretion and jet production. Measuring black hole spins has become one of the most important goals in black hole astrophysics.

Black hole spin is typically characterized by a dimensionless parameter that ranges from 0 (non-rotating) to 1 (maximally rotating). A maximally rotating black hole is spinning as fast as physically possible, any faster and it would cease to be a black hole. The spin affects the size and location of the innermost stable circular orbit, the shape of the ergosphere, the efficiency of energy extraction, and the appearance of the accretion disk.

Measuring the spin of stellar-mass black holes is challenging but possible through several techniques. The most direct method uses X-ray spectroscopy of the iron fluorescence line from the accretion disk. The extreme Doppler shifts and gravitational effects near the black hole distort this line in ways that depend on the black hole's spin. By carefully modeling the line shape, astronomers can infer the spin parameter.

Another method uses the thermal spectrum of the accretion disk. The inner edge of the disk is at the ISCO, which moves inward as the black hole spins faster. A smaller ISCO means matter can orbit closer before plunging in, reaching higher temperatures. By measuring the disk temperature and luminosity, and knowing the black hole's mass, astronomers can infer where the inner edge is and thus determine the spin.

Gravitational wave observations also measure spin, though indirectly. The orbital dynamics of merging black holes depend on their spins, the spins affect how the orbits evolve and how the gravitational waves are emitted. By analyzing the gravitational wave signal in detail, scientists can extract information about the spins of both black holes before the merger and the spin of the remnant black hole afterward.

Measurements so far show that stellar-mass black holes have a wide range of spins, from nearly zero to near-maximal. Some black holes are spinning slowly, perhaps because they formed from stellar cores that weren't rotating rapidly. Others are spinning very fast, possibly because they accreted matter with high angular momentum or formed from rapidly rotating progenitors. Understanding the spin distribution and what it tells us about formation mechanisms remains an active area of research.

**Microquasars: Stellar-Mass Black Holes with Jets**

Some stellar-mass black holes in binary systems produce jets, collimated outflows of matter and energy similar to those seen from supermassive black holes in active galaxies, but on much smaller scales. These systems are called microquasars, drawing the analogy to quasars powered by supermassive black holes.

The jets from microquasars can extend for light-years, moving at significant fractions of the speed of light. They emit radiation across the electromagnetic spectrum, from radio waves to gamma rays. The jets are powered by the accretion disk and possibly by the extraction of rotational energy from the spinning black hole through the Blandford-Znajek process.

Studying microquasars gives us insights into jet formation and propagation in a more controlled setting than the jets from supermassive black holes. Microquasars are nearby (in our galaxy or nearby galaxies), and their jet dynamics evolve on observable timescales, days to years rather than millions of years. We can watch the jets turn on and off, see them precess and wobble, and observe their interaction with the surrounding interstellar medium in real time.

One of the best-studied microquasars is SS 433, a system containing a black hole (or possibly a neutron star, the mass is near the boundary) that produces jets with a velocity of about 26% the speed of light. The jets precess, wobble like a spinning top, completing a full cycle every 162 days. This precession creates a distinctive corkscrew pattern in the jets that extends for hundreds of light-years. The system is bright enough in radio waves and X-rays that we can study its jet structure in considerable detail.

Another remarkable example is V404 Cygni, a black hole of about 9 solar masses that underwent a major outburst in 2015 after 26 years of quiescence. During this outburst, it produced jets that changed direction on timescales of hours, something never before observed. The rapid jet reorientation might be due to the Lense-Thirring effect, frame dragging caused by the black hole's spin acting on a tilted accretion disk.

**Isolated Black Holes and Rogue Wanderers**

Most stellar-mass black holes are not in binary systems and are not accreting matter. They're isolated objects drifting through space, completely dark and invisible except through their gravitational influence. These isolated black holes represent the majority of the stellar-mass black hole population, but they're extraordinarily difficult to detect.

When massive stars die in supernovae, the explosion is often asymmetric, giving the newly formed black hole a "kick", a velocity of hundreds of kilometers per second in a random direction. These kicks can be strong enough to eject the black hole from its birth cluster or even from the galaxy entirely if the kick is large enough and the black hole forms near the galaxy's edge. Many stellar-mass black holes are probably wandering through the galactic halo or even intergalactic space, forever isolated.

Even black holes that remain in the galactic disk eventually separate from their birth environments as stellar clusters disperse. Over millions of years, most black holes become solitary wanderers, orbiting the galactic center along with billions of stars but interacting with nothing, accreting nothing, emitting nothing, just warping the spacetime around them in silence.

The only way to detect such isolated black holes is through gravitational lensing. If a black hole passes in front of a background star, its gravity bends the light from that star, causing the star to brighten temporarily and sometimes creating multiple images. By carefully monitoring millions of stars and looking for these lensing events, astronomers can detect passing compact objects and, with detailed analysis, distinguish black holes from other possibilities like brown dwarfs or free-floating planets.

Several microlensing surveys are underway, and a few candidate isolated black holes have been identified. In 2022, two teams independently reported detections of what appear to be isolated stellar-mass black holes, one with a mass of about 7 solar masses, detected through their gravitational lensing of background stars. These detections, if confirmed, would be among the first of isolated stellar-mass black holes, the first looks at the vast dark population that pervades our galaxy.

## Black Holes in Globular Clusters

Globular clusters, dense, ancient balls of hundreds of thousands to millions of stars are particularly interesting environments for stellar-mass black holes. These clusters formed early in the galaxy's history and contain some of the oldest stars in the universe. They're also dense enough that stellar interactions are common, leading to interesting dynamics.

For a long time, it was thought that globular clusters wouldn't retain black holes. The black holes would receive kicks during their formation, and the cluster's escape velocity might be too low to retain them. Even if some remained, they would sink to the cluster center through dynamical friction and might be ejected through gravitational interactions with other black holes or stars.

But observations in the past two decades have revealed that some globular clusters do contain stellar-mass black holes, perhaps even dozens or hundreds of them. Radio and X-ray observations have found evidence of black holes accreting matter in globular clusters. Gravitational wave observations have shown that some black hole mergers occur in dense environments, possibly globular clusters. And dynamical modeling of cluster motions suggests that some clusters have populations of black holes near their centers, with the black holes' gravity affecting the motions of stars in the cluster.

The black holes in globular clusters can form binaries through dynamical interactions, two black holes encountering each other and becoming gravitationally bound. These binaries might eventually merge, producing gravitational waves. In fact, globular clusters might be important sources of black hole mergers for LIGO and Virgo, potentially explaining some of the merger rates and mass distributions observed.

**The Ultimate Fate of Stellar-Mass Black Holes**

What is the ultimate fate of a stellar-mass black hole? According to Hawking's calculations, black holes should slowly evaporate through quantum effects, emitting radiation and gradually losing mass. But for stellar-mass black holes, this process is extraordinarily slow. A black hole with 10 solar masses would take about $10^{67}$ years to evaporate, far longer than the current age of the universe (about $10^{10}$ years), and longer even than the time until the last stars burn out (about $10^{14}$ years).

For all practical purposes, stellar-mass black holes are eternal. They will outlast all stars, all planets, all normal matter structures. Long after the last star has died and the universe has grown cold and dark, the stellar-mass black holes will still be there, drifting through the expanding cosmos, interacting with nothing, changing imperceptibly slowly through Hawking radiation.

In the far future, black holes might be the most common objects in the universe. Stars will all have died, matter will have decayed or been consumed, but the black holes will remain. They will gradually evaporate, but this process will take so long that for most of the universe's future, black holes will dominate the inventory of massive objects.

Eventually, even black holes will evaporate completely, ending in a final burst of Hawking radiation. The stellar-mass black holes, descendants of massive stars that died billions or trillions of years earlier, will finally cease to exist, returning their mass-energy to the universe as thermal radiation. But this endpoint lies so far in the future, $10^{67}$ years or more, that it's almost incomprehensible. For now and for the foreseeable cosmic future, the stellar-mass black holes are permanent features of the universe.

### Stellar-Mass Black Holes in Context

Stellar-mass black holes occupy a special place in the hierarchy of black holes. They're small compared to supermassive black holes but massive compared to anything we encounter in everyday life. They're common in the universe but difficult to detect. They're the endpoints of stellar evolution but also potentially the seeds that grow into intermediate-mass black holes through mergers and accretion.

These black holes are laboratories for fundamental physics. The strong-field regime near their event horizons tests general relativity in ways that solar system observations cannot. The gravitational waves from their mergers provide precision measurements of mass, spin, and orbital dynamics. The

X-rays from their accretion disks probe the physics of matter in extreme conditions of density, temperature, and magnetic field.

Stellar-mass black holes are also important for understanding galactic ecology. They're the final resting places of heavy elements forged in massive stars. They can affect star formation and gas dynamics in their vicinity through their winds and jets. When they merge, they produce gravitational waves that carry energy away, potentially affecting the dynamics of their host environments.

As our observational capabilities continue to improve, with better X-ray telescopes, more sensitive gravitational wave detectors, larger microlensing surveys, and improved theoretical models, we'll learn more about these remarkable objects. We'll better understand their formation, their properties, their evolution, and their role in the cosmic ecosystem. We'll find more of them, measure their masses and spins more precisely, and perhaps discover exotic systems that don't fit our current understanding.

Stellar-mass black holes are the most tangible connection between the physics we understand, stars, nuclear fusion, supernovae and the extreme regime where gravity warps spacetime into exotic geometries. They're proof that the universe produces black holes not just as rare cosmic oddities but as the natural endpoints of stellar evolution, scattered throughout every galaxy, remnants of the massive stars that once shone brightly and now exist only as permanent warps in the fabric of spacetime.

# CHAPTER NINE

# Supermassive Black Holes

## Giants at the Centers of Galaxies

At the heart of nearly every large galaxy in the universe lurks a supermassive black hole, a monster with a mass millions to billions of times that of our Sun. These giants are fundamentally different from their stellar-mass cousins, not just in scale but in their origin, their behavior, and their influence on the cosmos. While stellar-mass black holes are the tombstones of individual stars, supermassive black holes are cosmic architects, shaping the very galaxies that host them and influencing the evolution of cosmic structure across billions of light-years.

The discovery that supermassive black holes exist at all was one of the great revelations of 20th-century astronomy. The realization that they're nearly ubiquitous in large galaxies, that our own Milky Way harbors a four-million-solar-mass black hole at its center transformed our understanding of galactic evolution. And the recognition that these black holes and their host galaxies evolve together, in a kind of cosmic symbiosis, has become one of the central themes of modern astrophysics.

Supermassive black holes are responsible for some of the most energetic and spectacular phenomena in the universe. When actively feeding, they power quasars, objects that can outshine entire galaxies of hundreds of billions of stars. They drive jets that extend for millions of light-years. They heat and stir the gas in galaxy clusters, affecting the formation of stars across vast cosmic volumes. They are, in a very real sense, the engines that drive galactic evolution.

### The Mass Scale

Supermassive black holes range from about one million solar masses to tens of billions of solar masses. The black hole at the center of our Milky Way, Sagittarius A* (pronounced "Sagittarius A-star"), weighs in at about 4 million solar masses. The black hole at the center of the nearby Andromeda Galaxy has a mass of about 100 million solar masses. At the extreme end, the black hole in the galaxy M87, the one famously imaged by the Event Horizon Telescope in 2019 has a mass of about 6.5 billion solar masses. And the most massive known black hole, in the galaxy TON 618, may exceed 60 billion solar masses.

These masses are almost incomprehensible. A billion-solar-mass black hole contains as much mass as a thousand Milky Way galaxies would contain in stars alone. Yet this enormous mass is compressed within the Schwarzschild radius, for a billion-solar-mass black hole, that's about 3 billion kilometers, or roughly 20 times the Earth-Sun distance. The entire mass of a thousand galaxies' worth of stars, concentrated in a region not much larger than our solar system.

The event horizons of supermassive black holes, while tiny compared to the galaxies that host them, are enormous compared to stellar-mass black holes. The event horizon of Sagittarius A* has a radius of about 12 million kilometers, about 17 times the radius of the Sun. The event horizon of M87* has a radius of about 20 billion kilometers, larger than the entire orbit of Pluto, and this is just the boundary of the black hole, not the full extent of its influence.

One of the remarkable consequences of this enormous size is that the tidal forces at the event horizon are actually quite weak. For a supermassive black hole, you could cross the event horizon without being torn apart by tidal forces. Those forces increase as you approach the singularity, but at the horizon itself, for a large enough black hole, they're survivable. This is in stark contrast to stellar-mass black holes, where you'd be shredded long before reaching the event horizon.

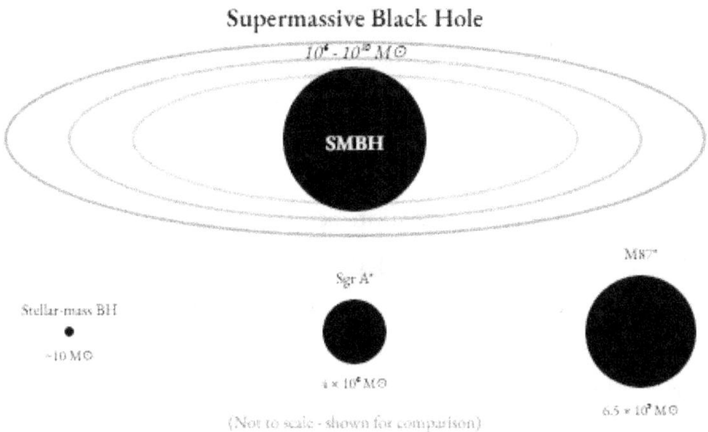


*Figure 9.1: A supermassive black hole at a galaxy's center with mass comparisons*

## Discovery: From Quasars to Galactic Centers

The story of supermassive black holes begins with quasars. In the early 1960s, astronomers identified radio sources that, when observed optically, appeared as faint, star-like points of light. But their spectra were bizarre, dominated by emission lines that were hugely redshifted, indicating that these objects were extraordinarily distant, billions of light-years away. If they were that distant yet still visible, they had to be phenomenally luminous, outshining entire galaxies despite appearing point-like.

These objects were dubbed "quasi-stellar radio sources," later shortened to "quasars." They posed an immediate puzzle: what could produce such enormous luminosities from such compact regions? The answer that gradually emerged was supermassive black holes. A black hole with a million to a billion solar masses, actively accreting matter, could convert gravitational potential energy into radiation with remarkable efficiency, up to 10% or more of the rest mass energy, far exceeding the roughly 0.7% efficiency of nuclear fusion.

The key insight was that quasars weren't exotic new types of objects but rather galaxies with actively feeding supermassive black holes at their centers. The black hole's accretion disk could indeed produce the observed luminosities. As matter spiraled inward, friction heated it to millions of degrees, producing intense radiation across the electromagnetic spectrum. The compact size of the emission region explained why quasars appeared point-like, the active region around the black hole might be only light-days or light-weeks across, far too small to resolve even with the best telescopes.

This led to a natural question: if some galaxies have actively accreting supermassive black holes producing quasar-like luminosities, do other galaxies also have supermassive black holes that are simply not actively feeding? The answer turned out to be yes. Through the 1980s and 1990s, astronomers found evidence for supermassive black holes in the centers of many nearby galaxies, including our own Milky Way.

The evidence came from observing stellar and gas motions near galactic centers. Stars orbiting close to the galactic center move at tremendous speeds, speeds that can only be explained by the gravitational pull of an enormous mass concentrated in a very small region. By measuring these orbital velocities and applying Kepler's laws, astronomers could calculate the mass of the central object. Time and again, they found masses of millions to billions of solar masses in regions too compact to be anything but a black hole.

**Sagittarius A*: Our Galactic Center**

The supermassive black hole at the center of our own Milky Way galaxy, Sagittarius A*, is the best-studied supermassive black hole in the universe, simply by virtue of being the closest. It's about 26,000 light-years from Earth, in cosmic terms, right in our backyard. This proximity allows us to observe it with a level of detail impossible for more distant supermassive black holes.

The evidence for Sagittarius A* being a supermassive black hole is overwhelming. Astronomers have tracked individual stars orbiting the galactic center for decades, measuring their positions and velocities with exquisite precision. One star, designated S2 (or S0-2), has an orbital period of just 16 years and comes within 120 astronomical units of Sagittarius A* at its closest approach, that's just 120 times the Earth-Sun distance, extraordinarily close on galactic scales.

The orbit of S2 and other stars near the galactic center can only be explained by a central mass of about 4 million solar masses concentrated within a region no larger than the orbit of Mercury around our Sun. No other known astrophysical object fits this description, not a cluster of stars, not a concentration of dark matter, but a supermassive black hole. The stars' orbits follow the predictions of general relativity with remarkable precision, providing some of the best tests of Einstein's theory in a strong gravitational field.

In 2022, the Event Horizon Telescope collaboration released an image of Sagittarius A*, the first image of the supermassive black hole at our galaxy's center. Like the earlier image of M87*, it showed a bright ring surrounding a dark central shadow, consistent with a rotating black hole with an accretion disk. The image confirmed what decades of indirect observations had suggested: there is indeed a black hole at the heart of our galaxy.

Despite its enormous mass, Sagittarius A* is currently quite quiet. It's not producing the intense radiation of an active quasar. The accretion rate is very low, it's essentially starving, feeding on only the occasional wisp of gas or unlucky star. But it hasn't always been quiet. Evidence suggests that a few million years ago, our galactic center may have been much more active, producing jets and intense radiation that have left their signatures in gas clouds far from the galactic center.

### How Supermassive Black Holes Form

One of the great unsolved puzzles in astrophysics is how supermassive black holes form. Stellar-mass black holes arise from the deaths of massive stars, we understand that process reasonably well. But supermassive black holes can't form this way. You can't get a billion-solar-mass black hole by starting with a 25-solar-mass stellar core. So where do they come from?

Several formation scenarios have been proposed, and it's possible that different mechanisms operate in different circumstances. One possibility is that supermassive black holes grow from stellar-mass "seeds." A stellar-mass black hole that forms in a gas-rich environment could begin accreting matter, gradually growing over millions of years. If it accretes steadily at or near the Eddington limit, the maximum rate at which an object can accrete before radiation pressure overcomes gravity, it could grow exponentially, doubling its mass every few tens of millions of years.

But there's a problem with this scenario: we observe quasars, actively accreting supermassive black holes at very high redshifts, corresponding to times when the universe was less than a billion years old. For a stellar-mass seed to grow into a billion-solar-mass black hole in less than a billion years would require sustained accretion at the Eddington limit with very high efficiency. This is possible but seems to require special conditions.

An alternative is that the seeds themselves were much more massive. In the early universe, the first generation of stars might have been extremely massive, hundreds or even thousands of solar masses, due to the absence of heavy elements that cool gas and allow fragmentation into smaller stars. These "Population III" stars could have died and formed intermediate-mass black holes of hundreds or thousands of solar masses, giving the supermassive black holes a head start.

Another possibility is direct collapse. Under certain conditions in the early universe, massive gas clouds might have collapsed directly into black holes without first forming stars. If a gas cloud of 100,000 solar masses or more could remain hot enough to avoid fragmenting into smaller pieces, it might collapse directly into an intermediate-mass black hole, which could then grow through accretion and mergers into a supermassive black hole.

Mergers also play a crucial role. When galaxies merge and in the early universe galaxy mergers were common, their central black holes can eventually spiral together and merge, forming a single, more massive black hole. Gravitational wave observations have confirmed that black holes can merge, and upcoming space-based gravitational wave observatories should be able to detect supermassive black hole mergers, providing direct evidence for this growth mechanism.

The truth is probably some combination of these mechanisms. Different black holes might have formed through different pathways. Some might have grown primarily through accretion, others through mergers. The field is actively investigating these questions, using observations of high-redshift quasars, simulations of early galaxy formation, and theoretical models of black hole growth.

## The Black Hole-Galaxy Relationship

One of the most surprising discoveries about supermassive black holes is that their masses are tightly correlated with properties of their host galaxies. The mass of the central black hole is proportional to the mass of the galaxy's central bulge, the spherical concentration of stars at the galaxy's core. It's also correlated with the velocity dispersion of stars in the bulge, a measure of how fast the stars are moving in random directions.

This correlation is remarkable because the black hole, despite its enormous mass, makes up only a tiny fraction of the galaxy's total mass, typically about 0.1% to 0.5% of the bulge mass. The black hole's gravitational influence extends only to the innermost region of the galaxy, perhaps the inner few light-years, while the galaxy extends for tens of thousands of light-years. Yet somehow, the black hole "knows" about the galaxy, and the galaxy "knows" about the black hole.

This correlation suggests that black holes and galaxies co-evolve. They grow together, influencing each other's development. The mechanism for this co-evolution is thought to be feedback: the black hole, when actively accreting, produces enormous amounts of energy in the form of radiation, winds, and jets. This energy heats and stirs the gas in the galaxy, regulating star formation. If the black hole accretes too much and becomes too luminous, it drives away the very gas that feeds it and the gas that forms new stars, quenching both black hole growth and star formation.

This feedback process can explain why the most massive galaxies are dominated by old stars with little ongoing star formation. Their supermassive black holes grew large enough to produce feedback that heated all the gas, preventing it from cooling and forming new stars. The black hole effectively self-regulates, growing until it produces enough energy to shut off its own food supply.

The black hole-galaxy correlation also has implications for galaxy mergers. When two galaxies merge, their central black holes eventually merge as well. The merged black hole has a mass roughly equal to the sum of the original black holes. Meanwhile, the merged galaxy has properties, bulge mass and velocity dispersion that reflect the combination of the two original galaxies. If the correlation holds in both original galaxies, it should also hold in the merged galaxy, and observations confirm that it does.

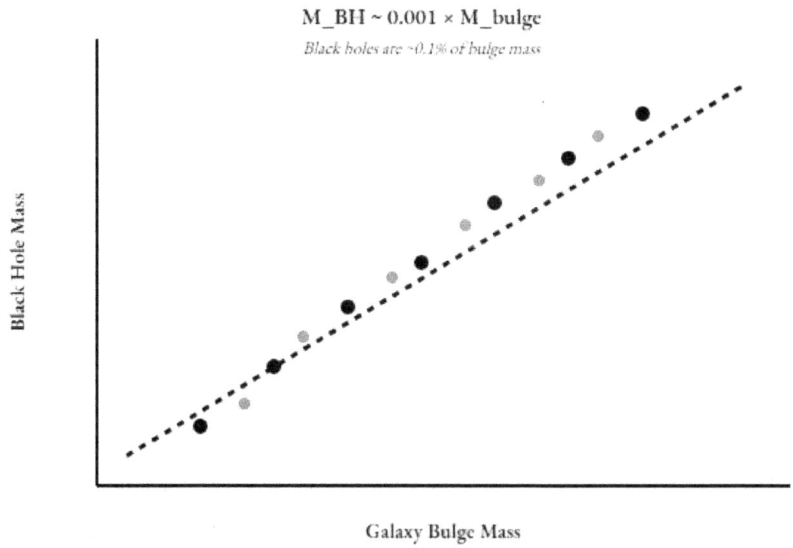


*Figure 9.2: The correlation between supermassive black hole mass and galaxy bulge mass*

## Active Galactic Nuclei

When a supermassive black hole actively accretes matter, it becomes what astronomers call an active galactic nucleus, or AGN. AGN comes in many varieties, quasars, blazars, Seyfert galaxies and radio galaxies but they're all fundamentally the same phenomenon: a supermassive black hole feeding on gas and dust, converting gravitational potential energy into radiation.

The differences between AGN types are largely due to viewing angle and accretion rate. A quasar is an extremely luminous AGN, typically seen when the accretion rate is high and we're viewing the system at an angle where we can see the bright accretion disk. A blazar is an AGN with a jet pointed nearly directly at us, so we see the jet emission Doppler-boosted to extreme brightness. A Seyfert galaxy is a spiral galaxy with a moderately active nucleus. A radio galaxy is typically an AGN in an elliptical galaxy with powerful radio jets.

The unified model of AGN proposes that these different types are all the same basic structure viewed from different angles and at different accretion rates. The central black hole is surrounded by an accretion disk. Outside the disk is a dusty torus, a donut-shaped cloud of gas and dust. Jets may emerge perpendicular to the disk. Depending on the viewing angle and the properties of the accretion, we classify the AGN differently, but the underlying physics is the same.

AGN were much more common in the early universe than they are today. Looking at distant quasars, looking back in time we see that the peak of AGN activity occurred when the universe was about 2-3 billion years old. Since then, AGN have become progressively rarer. Most supermassive black holes in the present-day universe are quiescent, accreting very little matter, like Sagittarius A*. This evolution reflects the changing availability of gas: in the early universe, gas was abundant and galaxy mergers were common, feeding supermassive black holes. As the universe aged, much of the gas was consumed in star formation or heated and expelled by feedback, leaving less fuel for black holes.

### Jets from Supermassive Black Holes

The jets produced by some supermassive black holes are among the most spectacular structures in the universe. These jets can extend for millions of light-years, far larger than the galaxies that host them. They transport enormous amounts of energy from the black hole's immediate vicinity to the far reaches of intergalactic space, affecting the evolution of galaxy clusters and the large-scale structure of the universe.

The jet from the galaxy M87, the same galaxy whose central black hole was imaged by the Event Horizon Telescope, extends for at least 5,000 light-years and has been traced even farther in radio observations. The jets from some radio galaxies extend for over a million light-years, forming giant lobes of radio emission on either side of the host galaxy. These jets carry as much kinetic energy as the rest-mass energy of millions of suns, sustained over millions of years.

How supermassive black holes produce such powerful jets remains an active area of research. The leading model involves the extraction of rotational energy from spinning black holes through the Blandford-Znajek process. Magnetic field lines threading the black hole's ergosphere can tap into its rotational energy, channeling matter and energy into narrow beams along the rotation axis. The jets are collimated, kept narrow by magnetic fields, and they remain stable over enormous distances through magnetic confinement.

These jets don't just look impressive, they have real astrophysical consequences. When a jet plows into the surrounding gas, it heats that gas, preventing it from cooling and forming stars. In galaxy clusters, jets from the central galaxy's supermassive black hole can heat the intracluster medium, balancing the cooling that would otherwise occur. This heating-cooling balance is crucial for understanding why galaxy clusters have the properties they do and why the most massive galaxies contain old stars rather than ongoing vigorous star formation.

**The Most Extreme: Ultramassive Black Holes**

At the upper end of the mass scale lie the ultramassive black holes, those exceeding 10 billion solar masses. These are the true monsters of the universe, found in the centers of the most massive galaxies. The black hole in TON 618, a distant quasar, may exceed 60 billion solar masses. The black hole in the galaxy Holmberg 15A is estimated at about 40 billion solar masses. These are the most massive single objects in the universe.

The event horizon of a 60-billion-solar-mass black hole would have a radius of about 180 billion kilometers, more than 1,000 times the Earth-Sun distance, far larger than our entire solar system. Yet this enormous structure is still tiny compared to the galaxy hosting it, which extends for hundreds of thousands of light-years. The black hole is a mote in the center of the galaxy, yet it influences the galaxy's evolution profoundly.

How black holes grow so massive is uncertain. They presumably grew through some combination of accretion and mergers over billions of years. They may reside in galaxies that have undergone multiple major mergers, with each merger bringing new gas for accretion and adding another black hole to the central monster. Or they may have formed in particularly gas-rich environments in the early universe where sustained rapid accretion was possible.

There may be a natural upper limit to black hole mass. As black holes grow more massive, their gravitational influence extends farther, but the accretion disk around them becomes less efficient at transporting matter inward. Additionally, more massive black holes produce more energetic feedback, which could limit their growth. Theoretical calculations suggest a maximum mass around 50-100 billion solar masses, though observational constraints are still uncertain. The discovery of black holes at or above this limit would challenge our understanding of how these objects grow.

**Supermassive Black Hole Mergers**

When two galaxies merge, their central supermassive black holes eventually spiral together and merge. This process, while inevitable given enough time, is complex and involves several stages. Initially, the two black holes orbit within the merged galaxy, separated by thousands of light-years. Dynamical friction, their gravitational interaction with stars and gas causes them to spiral inward over tens to hundreds of millions of years.

When the black holes get to within a few light-years of each other, they form a binary, orbiting each other while jointly orbiting the galactic center. At this point, dynamical friction becomes ineffective, there aren't enough stars in the immediate vicinity to continue extracting orbital energy. The system faces the "final parsec problem": how do the black holes get from a separation of a few light-years (a parsec or so) to the final merger?

Several mechanisms might overcome this problem. The binary could scatter stars that pass nearby, extracting orbital energy with each encounter. Interactions with a circumbinary accretion disk, a disk of gas orbiting both black holes could drive orbital decay. Or the galaxy's non-spherical potential, especially if the galaxy recently underwent a merger or has a triaxial shape, could keep feeding stars into the binary's vicinity. Some combination of these mechanisms likely operates in real systems.

Once the black holes get close enough, within a few Schwarzschild radii of each other gravitational wave emission becomes efficient. The binary radiates gravitational waves, losing energy and spiraling together ever faster. The final moments of the merger are extraordinarily energetic: two black holes, each potentially billions of solar masses, whirling around each other hundreds of times per second before merging. The gravitational waves from such an event carry as much power as all the light emitted by all the stars in the observable universe, though only for a brief moment.

These supermassive black hole mergers produce gravitational waves at frequencies too low for LIGO to detect, millihertz to nanohertz frequencies rather than the hundreds of Hertz that LIGO is sensitive to. But they should be detectable by pulsar timing arrays (which monitor millisecond pulsars for the tiny timing variations caused by passing gravitational waves) and by future space-based gravitational wave observatories like LISA. The detection of gravitational waves from supermassive black hole mergers would provide unique insights into how these systems evolve and test general relativity in a new regime.

**The Future of Supermassive Black Holes**

What is the ultimate fate of supermassive black holes? In the short term, meaning the next trillion years or so, they'll continue to evolve through occasional accretion and mergers. As galaxies continue to merge in the universe's ongoing gravitational evolution, supermassive black holes will merge as well, gradually growing larger. As gas supplies dwindle, fewer black holes will be actively accreting, and the era of bright quasars will fade further into the past.

In the very long term, supermassive black holes will be among the last objects in the universe. After stars have all burned out and even the longest-lived red dwarfs have faded, after white dwarfs have cooled to black dwarfs and neutron stars have grown cold, the black holes will remain. They'll evaporate through Hawking radiation, but for supermassive black holes, this process takes an almost incomprehensible time, $10^{98}$ years or more for the most massive black holes, far longer than the current age of the universe.

In this distant future, the universe will be dark and cold, populated mainly by black holes slowly evaporating in isolation. The supermassive black holes, the largest and longest-lived, will be the final holdouts against the heat death of the universe. They'll eventually evaporate completely, ending in bursts of Hawking radiation, but this endpoint lies so far in the future that it's nearly meaningless in any practical sense. For any timeframe we can meaningfully discuss, the supermassive black holes are eternal.

### Supermassive Black Holes in Context

Supermassive black holes represent one of the most important discoveries in modern astronomy. They're not just exotic objects of theoretical interest, they're integral components of galaxies, playing crucial roles in galactic evolution. They regulate star formation through feedback. They're responsible for some of the most energetic phenomena in the universe. They provide laboratories for testing general relativity in strong-field regimes we can't access any other way.

The realization that nearly every large galaxy contains a supermassive black hole has transformed our understanding of cosmic structure. Galaxies are not just collections of stars and gas, they're systems with central engines that influence their evolution. The symbiotic relationship between black holes and galaxies is one of the key insights of 21st-century astrophysics, with implications for understanding everything from galaxy formation to the large-scale structure of the universe.

As our observational capabilities continue to improve, with better imaging of event horizons, detection of gravitational waves from supermassive black hole mergers, and studies of the most distant quasars we'll continue to refine our understanding of these remarkable objects. We'll learn more about how they form, how they grow, how they influence their environments, and how they'll evolve over cosmic time. The supermassive black holes at the centers of galaxies are not just dark hearts, they're the engines that drive galactic evolution across the entire universe.

CHAPTER TEN

# The Exotic and Theoretical

## Beyond the Standard Picture

The stellar-mass and supermassive black holes we've discussed in previous chapters are well-established, observed repeatedly, and understood within the framework of general relativity and astrophysics. But these aren't the only kinds of black holes that physics allows or that theorists have imagined. Between the stellar-mass and supermassive regimes lies a mysterious gap. At scales far smaller than stellar masses lie hypothetical primordial black holes. And in the mathematical solutions to Einstein's equations lurk exotic possibilities: charged black holes, wormholes, white holes, and naked singularities.

Some of these exotic objects are purely theoretical, mathematical curiosities that probably don't exist in nature. Others might be real but simply haven't been detected yet. Still others occupy a gray area where the physics is uncertain and observations are ambiguous. This chapter explores the zoo of exotic and theoretical black holes, examining what physics predicts, what observations suggest, and where the boundaries of our knowledge lie.

Understanding these exotic possibilities is important even if most of them turn out not to exist. They help us understand the full scope of what general relativity allows, test the boundaries between mathematical possibility and physical reality, and prepare us for potential discoveries that might challenge our current understanding. The history of physics shows that what seems exotic or impossible often turns out to be real, black holes themselves were once considered mathematical curiosities before they became observational facts.

## Intermediate-Mass Black Holes: The Missing Link

Between stellar-mass black holes (up to about 100 solar masses) and supermassive black holes (starting at about a million solar masses) lies a vast gap. For decades, no black holes were convincingly detected in this intermediate-mass range, roughly from 100 to 100,000 solar masses. This gap was puzzling: why would nature produce black holes at both ends of the mass spectrum but skip the middle?

Intermediate-mass black holes, or IMBHs, would be particularly interesting because they might represent the seeds from which supermassive black holes grow. If supermassive black holes formed by accreting matter onto stellar-mass seeds, there should have been an intermediate phase when those seeds grew into IMBHs. Finding IMBHs in the present-day universe would provide crucial evidence for understanding how supermassive black holes formed.

The challenge is that IMBHs are difficult to detect. They're too massive to produce detectable X-rays through accretion in typical binary systems, the companion star would need to be unusually bright and massive. They're too small to affect stellar motions in galactic centers the way supermassive black holes do. They exist in an observational no-man's-land where traditional detection methods struggle.

Despite these challenges, evidence for IMBHs has begun to accumulate. Some globular clusters, dense stellar systems containing hundreds of thousands of stars, show kinematic evidence of central dark masses consistent with black holes of thousands of solar masses. Ultra-luminous X-ray sources (ULXs), X-ray sources that are too bright to be powered by stellar-mass black holes but not bright enough to be supermassive black holes might harbor IMBHs accreting at super-Eddington rates.

Most compellingly, gravitational wave observations have found black hole mergers that produce remnants in the intermediate-mass range. The event GW190521, detected in 2019, involved two black holes of about 85 and 66 solar masses merging to form a black hole of about 142 solar masses, firmly in the IMBH range. This was the first unambiguous detection of an intermediate-mass black hole, confirming that they exist at least as products of mergers.

How IMBHs form remains uncertain. They might form through runaway stellar collisions in dense clusters, where stars collide and merge repeatedly, building up a massive star that collapses into an IMBH. They might form from the direct collapse of very massive stars (hundreds of solar masses) that could have existed in the early universe or in metal-poor environments. Or they might form through repeated mergers of stellar-mass black holes, gradually building up mass over time. Different formation channels might operate in different environments, producing IMBHs with different properties.

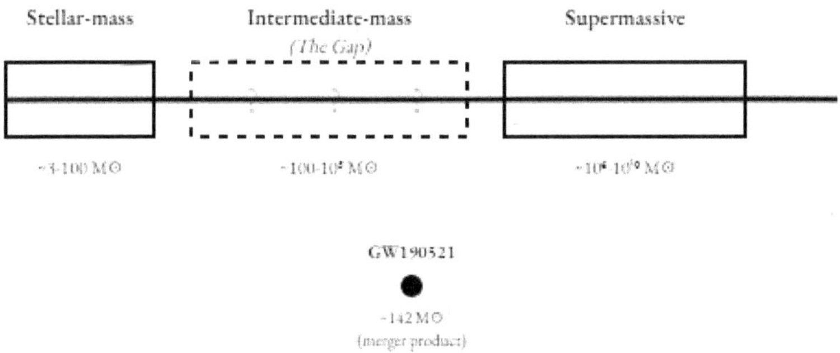


*Figure 10.1: The black hole mass spectrum showing the intermediate-mass gap*

## Primordial Black Holes

While stellar-mass and supermassive black holes form from astrophysical processes, stellar collapse and accretion in galaxies, there's another hypothetical class of black holes that could have formed in the very early universe: primordial black holes. These would have been created not from stellar collapse but from extremely dense regions in the primordial plasma that existed fractions of a second after the Big Bang.

In the first moments after the Big Bang, the universe was an incredibly hot, dense soup of particles and radiation. If there were regions that were slightly denser than average, and if those density fluctuations were large enough, they could have collapsed directly into black holes when the universe cooled enough for gravity to overcome pressure. These primordial black holes could have a wide range of masses, from less than a gram to thousands of solar masses, depending on when they formed and how large the density fluctuations were.

Primordial black holes are particularly interesting because they could potentially explain several cosmic mysteries. They've been proposed as candidates for dark matter, the mysterious substance that makes up about 85% of the matter in the universe but doesn't interact with light. If a significant fraction of dark matter consisted of primordial black holes in a certain mass range, it could explain the gravitational effects we observe without requiring exotic new particles.

However, observations have placed strong constraints on primordial black holes as dark matter. Searches for gravitational microlensing, the temporary brightening of background stars when a compact object passes in front of them have ruled out primordial black holes as the dominant dark matter component in most mass ranges. Gravitational wave observations have constrained the population of stellar-mass primordial black holes. And constraints from Big Bang nucleosynthesis, the cosmic microwave background, and other cosmological observations limit how many primordial black holes could have formed.

Despite these constraints, primordial black holes remain possible in certain mass ranges and could make up a small fraction of dark matter. They might also help explain the unexpectedly massive black holes detected through gravitational waves; if some of the "stellar-mass" black holes detected by LIGO are actually primordial rather than from stellar collapse, it would resolve puzzles about how such massive black holes could form from stars.

Very low-mass primordial black holes, those with masses less than about $10^{15}$ grams would have evaporated by now through Hawking radiation. In fact, the lack of a detected signature from evaporating primordial black holes places constraints on how many could have formed. Larger primordial black holes would still exist today, and detecting them would provide a window into the physics of the very early universe, potentially revealing information about density fluctuations and phase transitions in the first moments after the Big Bang.

### Micro Black Holes and the LHC

Could black holes be created in particle accelerators? In normal four-dimensional spacetime with the gravity we're familiar with, the answer is no, you'd need to concentrate enormous energy into a tiny region, far beyond what any conceivable accelerator could achieve. But some theoretical extensions to physics, particularly those involving extra dimensions of space, predict that gravity might become much stronger at very small scales. If this is true, particle collisions at the Large Hadron Collider (LHC) might create microscopic black holes.

These theoretical micro black holes would be tiny, perhaps only the Planck length ($10^{-35}$ meters) across and would have masses comparable to the collision energy, roughly a thousand times the proton mass. They would evaporate almost instantly through Hawking radiation, existing for only $10^{-27}$ seconds or so before decaying into a shower of particles. This decay would have a distinctive signature in particle detectors, and physicists have searched for such events at the LHC.

So far, no evidence for micro black hole production has been found. This null result places constraints on theories involving extra dimensions and quantum gravity effects at accessible energy scales. However, the possibility hasn't been completely ruled out, and searches continue. If micro black holes were discovered, it would revolutionize physics, providing direct experimental access to quantum gravity and confirming the existence of extra dimensions.

The safety of such experiments has been thoroughly examined. Even if micro black holes were produced, they would pose no danger. Their tiny mass and extremely short lifetime mean they'd evaporate before they could interact significantly with matter. Furthermore, cosmic rays with far higher energies than LHC collisions have been striking Earth and other astronomical bodies for billions of years without producing any dangerous effects. If nature produces micro black holes in cosmic ray collisions, they're clearly harmless.

### Charged and Rotating Black Holes

The black holes we've discussed so far are characterized by just two properties: mass and angular momentum (spin). But general relativity allows for a third property: electric charge. The Reissner-Nordström solution to Einstein's equations describes a charged, non-rotating black hole, while the Kerr-Newman solution describes a charged, rotating black hole, the most general stationary black hole solution in classical general relativity.

A charged black hole has some exotic properties. It has two event horizons instead of one, an outer and an inner horizon. Between these horizons, the geometry is strange, with timelike regions and null regions intermixed. Inside the inner horizon, there's a region where, in principle, one could avoid the singularity. The singularity itself, for a charged black hole, is repulsive rather than attractive, objects approaching it are pushed away by the electromagnetic field.

However, astrophysical black holes are almost certainly not significantly charged. If a black hole started to accumulate charge, it would quickly attract oppositely charged particles from the surrounding plasma, neutralizing itself. Any net charge would be incredibly tiny, the electromagnetic force is so much stronger than gravity that even a small charge would produce enormous forces. For a black hole to maintain significant charge, it would need to be isolated from any plasma or gas, which is essentially impossible in realistic astrophysical environments.

Nevertheless, the mathematical study of charged black holes is valuable. It helps us understand the full landscape of solutions to Einstein's equations. It reveals connections between electromagnetism and gravity in extreme conditions. And it provides toy models for exploring more exotic possibilities in quantum gravity and string theory, where charges might correspond to other types of fields beyond ordinary electromagnetism.

Rotating black holes, Kerr black holes, are much more relevant to astrophysics. Nearly all black holes should be rotating, since they form from rotating matter. The rotation affects the geometry dramatically, creating the ergosphere, changing the location of the innermost stable circular orbit, and enabling energy extraction through the Penrose process. We've discussed these features in earlier chapters, but it's worth noting that the Kerr solution, with its rich structure, is probably the correct description for essentially all real astrophysical black holes.

**White Holes: Time-Reversed Black Holes**

The equations of general relativity are time-symmetric, they work equally well whether time runs forward or backward. If black holes are solutions to these equations, then so are their time-reversed counterparts: white holes. A white hole is exactly like a black hole but with time running backward. While a black hole is a region you can enter but never leave, a white hole is a region you can leave but never enter.

In the mathematics, a white hole has an event horizon just like a black hole, but this horizon is past-directed rather than future-directed. Everything inside the white hole is expelled outward. Nothing from outside can fall in, any infalling matter is pushed back out by the extreme spacetime curvature. At the center is a "white" singularity, a place where matter and energy emerge rather than disappearing.

White holes are purely theoretical constructs that almost certainly don't exist in nature. The time-symmetry of Einstein's equations doesn't mean that solutions with opposite time directions are equally likely, thermodynamics breaks the time symmetry, favoring one direction of time over the other. A white hole would violate the second law of thermodynamics, expelling matter in an organized way rather than absorbing it in a disordered way.

More fundamentally, there's no known mechanism for forming a white hole. Black holes form from gravitational collapse, a process we understand well. What process would create a white hole? It would require a region of spacetime to suddenly begin expelling matter, apparently from nothing. This seems physically absurd, requiring special initial conditions that have no place in our cosmological history.

Some cosmologists have speculated that the Big Bang itself might be understood as a kind of white hole, a singularity from which matter and energy emerged. Others have proposed that the singularities inside black holes might be connected to white holes in other universes or other regions of spacetime through wormholes, though these ideas remain highly speculative. For practical purposes, white holes are mathematical curiosities that help us understand the structure of spacetime but probably have no physical counterparts in our universe.

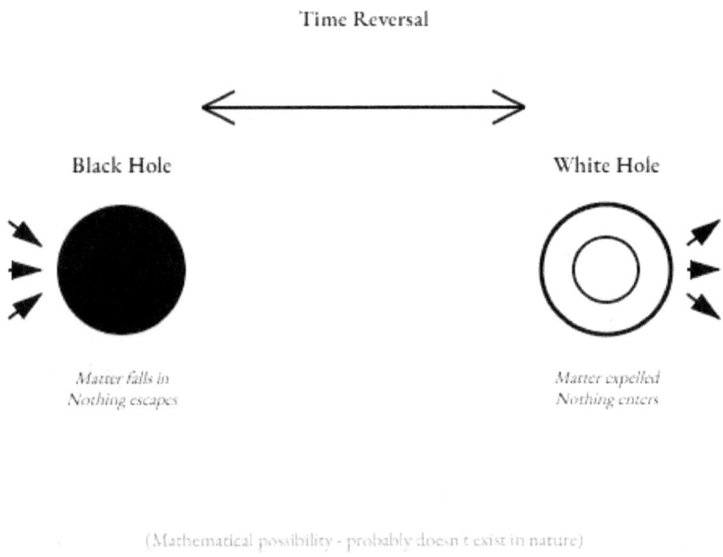


*Figure 10.2: Black holes versus white holes - time-reversed solutions*

**Wormholes: Shortcuts Through Spacetime**

Among the most exotic solutions to Einstein's equations are wormholes, hypothetical tunnels through spacetime connecting distant regions of the universe or even different universes. The mathematical description of a non-rotating black hole, when extended to its full geometry, actually includes a wormhole connecting to a white hole in another region of spacetime. This is called an Einstein-Rosen bridge, after the physicists who first studied it.

However, the Einstein-Rosen bridge is not a traversable wormhole. The throat of the wormhole pinches off faster than light could cross it, meaning nothing can actually travel through. Any attempt to traverse it results in being trapped as the wormhole collapses. To make a wormhole traversable, to create a stable tunnel that could be used for faster-than-light travel or time travel you would need exotic matter with negative energy density to hold the throat open.

Negative energy density sounds impossible, but quantum field theory allows for it in certain circumstances. The Casimir effect, for instance, involves negative energy densities in the vacuum between closely spaced conducting plates. However, the amounts of negative energy available through known quantum effects are tiny, far too small to stabilize a macroscopic wormhole. Creating a traversable wormhole large enough for a spaceship (or even an atom) would require amounts of negative energy that might be physically impossible to obtain.

Moreover, traversable wormholes lead to causality problems. A wormhole connecting two points in space could, in principle, be manipulated to connect two points in time, creating a time machine. But time machines lead to paradoxes, the famous grandfather paradox, for instance, where you travel back in time and prevent your own birth. While some physicists have proposed ways around these paradoxes, the general consensus is that nature probably forbids time machines through some mechanism we don't yet fully understand.

Stephen Hawking proposed a "chronology protection conjecture," suggesting that the laws of physics conspire to prevent the creation of time machines. Quantum effects might build up and destroy a wormhole just as it's about to become a time machine. Or perhaps the exotic matter required for traversable wormholes simply can't be assembled in the right configuration. The jury is still out on whether traversable wormholes are possible in principle, but most physicists are skeptical that they exist in practice.

Despite their likely non-existence, wormholes have been valuable for theoretical physics. They've helped us understand the structure of spacetime, explore the limits of general relativity, and develop new ideas in quantum gravity. They've also played important roles in discussions of the black hole information paradox and quantum entanglement, with some physicists proposing deep connections between wormholes and quantum mechanics.

**Naked Singularities**

The cosmic censorship conjecture, proposed by Roger Penrose, states that all singularities produced in gravitational collapse are hidden behind event horizons, that nature never produces "naked singularities" visible to the external universe. But the conjecture remains unproven, and some mathematical solutions to Einstein's equations do contain naked singularities under certain special conditions.

A naked singularity would be a region of infinite spacetime curvature and density that's not surrounded by an event horizon. Light and information could escape from it, making it visible to external observers. This is problematic because the singularity is a place where general relativity breaks down, where predictions become meaningless. If a naked singularity existed, the breakdown of physics would be visible to the universe at large, potentially allowing unpredictable and possibly catastrophic events.

For a rotating black hole, there's a maximum spin parameter beyond which the event horizon disappears, leaving the ring singularity naked. Similarly, for charged black holes, there's a charge-to-mass ratio beyond which the horizons vanish. But these extremal cases require very special conditions and are thought to be unstable, any perturbation would either push the system back below the extremal limit or cause it to collapse further.

More worryingly, some studies of gravitational collapse in non-spherical configurations have found scenarios where naked singularities might form. However, these scenarios typically require very special initial conditions, fine-tuned configurations that probably never occur in nature. Most physicists believe cosmic censorship holds, at least in all realistic situations, even if there might be contrived counterexamples in very special cases.

If cosmic censorship is violated and naked singularities can form, it would pose serious problems for physics. We couldn't predict what would emerge from a naked singularity, literally anything could happen, violating the determinism of physics. This is why most physicists hope cosmic censorship is true and why proving or disproving it remains an important open problem in general relativity.

### Firewall Paradox and Quantum Corrections

Recent theoretical work on black holes has uncovered new exotic possibilities related to quantum mechanics. The firewall paradox, proposed in 2012, suggests that quantum effects might create a "firewall" of high-energy particles at or just outside the event horizon. An infalling observer would be incinerated by this firewall rather than smoothly crossing the horizon as general relativity predicts.

The firewall paradox arises from trying to reconcile three seemingly incompatible principles: unitarity (information conservation in quantum mechanics), the equivalence principle (free-fall is indistinguishable from being in empty space), and the assumption that Hawking radiation carries away information. If all three are true, something has to give, and the firewall proposal suggests that the equivalence principle breaks down at the horizon.

This paradox remains unresolved and controversial. Some physicists argue for firewalls, others argue that information is somehow encoded in Hawking radiation in ways we don't understand, still others propose that quantum gravity effects modify the interior geometry of black holes in radical ways. The debate continues, with no clear consensus.

More broadly, quantum corrections to black hole geometry might be important. The classical picture of a black hole with a singularity at the center is based on general relativity, which ignores quantum effects. A complete quantum theory of gravity might replace the singularity with something else, a Planck-scale quantum region, a bounce that connects to another universe, or something entirely different. These quantum-corrected black holes might have very different interiors from what classical general relativity predicts, though the event horizon would still appear largely the same from outside.

### The Limits of Theory

The exotic black holes discussed in this chapter illustrate both the power and the limitations of theoretical physics. Mathematics allows for many possibilities, charged black holes, white holes, wormholes, naked singularities but nature may not realize all mathematical possibilities. Deciding what's physically real requires observations, experiments, and a deep understanding of not just general relativity but also quantum mechanics, thermodynamics, and the actual processes that occur in the universe.

Some exotic possibilities, like intermediate-mass black holes, have transitioned from theoretical speculation to observational reality. Others, like primordial black holes, remain possible but constrained. Still others, like white holes and traversable wormholes, seem increasingly unlikely to exist. And some, like the quantum structure of black hole interiors, await a complete theory of quantum gravity before we can make firm predictions.

What makes this exploration valuable is that it pushes at the boundaries of our understanding. Every exotic possibility we investigate teaches us something about the structure of spacetime, the limits of general relativity, the role of quantum mechanics in gravity, and the actual physical processes that operate in the universe. Even ruling out possibilities is progress, it tells us something about how nature works and what constraints limit the possible.

As observations continue to improve and theory advances, we'll likely discover new exotic phenomena we haven't yet imagined, while other theoretical possibilities will be firmly ruled out. The landscape of black hole physics will continue to evolve, with exotic ideas moving between the categories of speculation, possibility, likelihood, and established fact. This ongoing dialogue between theory and observation is how physics progresses, expanding the boundaries of what we know about these remarkable objects and the universe they inhabit.

**Looking Forward**

The future of exotic black hole physics is bright. Gravitational wave observatories are detecting black hole mergers across a range of masses, potentially filling in the intermediate-mass gap and testing formation scenarios. Improved observations of galactic centers might find intermediate-mass black holes in unusual locations. Cosmological observations continue to constrain primordial black hole scenarios while leaving open interesting possibilities.

Theoretical progress in quantum gravity, whether through string theory, loop quantum gravity, or other approaches might finally tell us what really happens at the center of a black hole and whether exotic possibilities like firewalls or quantum bounces are real. Better understanding of the interplay between quantum mechanics and gravity might reveal whether wormholes can exist or whether cosmic censorship always holds.

What's certain is that black holes, far from being completely understood, remain at the frontier of physics. The exotic and theoretical possibilities we've discussed in this chapter represent the cutting edge of black hole research, where theory meets observation and where our understanding of the universe continues to evolve. Whether as real objects or as theoretical guides, these exotic black holes help us explore the full richness of what Einstein's equations allow and what nature actually produces in our remarkable universe.

# PART FIVE

# WHAT HAPPENS NEAR A BLACK HOLE

CHAPTER ELEVEN

# Spaghettification and Tidal Forces

## The Stretching Power of Gravity

Imagine falling feet-first toward a black hole. As you approach the event horizon, you begin to notice a strange and increasingly uncomfortable sensation. Your feet, being closer to the black hole than your head, experience stronger gravity. The difference is slight at first, but it grows rapidly. Your feet are pulled harder than your knees, your knees harder than your hips, your hips harder than your chest. You're being stretched lengthwise, pulled into an ever-longer strand. Meanwhile, you're being compressed from the sides, squeezed narrower as the gravitational field tries to pull every part of you toward the center of the black hole.

This process has been informally dubbed "spaghettification" by physicists, a term that captures both the physical effect and the dark humor that sometimes pervades scientific discussions of extreme phenomena. More formally, what's happening is tidal disruption: the same type of force that creates ocean tides on Earth, but amplified to lethal extremes. Understanding tidal forces is crucial for understanding what happens to matter near black holes, from infalling astronauts to disrupted stars to the dynamics of accretion disks.

Tidal forces aren't unique to black holes, they occur wherever there's a gravitational gradient, a difference in gravitational pull across an extended object. The Moon creates tides on Earth through exactly this mechanism. But near black holes, tidal forces reach extremes found nowhere else in the universe, strong enough to overcome the molecular bonds holding matter together, strong enough to tear apart atoms, strong enough to stretch spacetime itself into geometries that defy everyday intuition.

### The Physics of Tidal Forces

To understand tidal forces, we need to recognize that gravity doesn't pull uniformly on extended objects. Consider a simple example: you're standing on Earth. Your feet, being closer to Earth's center, experience slightly stronger gravity than your head, about 0.3% stronger for a two-meter-tall person. This difference is tiny and completely overwhelmed by other forces like the strength of your bones and muscles. But the principle is the same near a black hole; only the magnitude is vastly different.

The tidal force on an object is proportional to the object's size and to the gradient of the gravitational field. For a black hole, the gravitational field gradient increases as you get closer and it increases dramatically. The tidal force goes as the inverse cube of the distance from the black hole's center (not just inverse square, like gravity itself). This means that if you halve your distance from the black hole, the tidal force increases by a factor of eight.

Mathematically, for an object of length L at a distance r from a black hole of mass M, the tidal force is proportional to $ML/r^3$. This tells us several important things. First, more massive black holes produce weaker tidal forces at their event horizons, counterintuitively you're safer (from tidal forces) falling into a supermassive black hole than a stellar-mass one. Second, larger objects experience stronger tidal forces than smaller ones. And third, tidal forces grow rapidly as you approach the black hole.

The physical mechanism is straightforward: each part of your body is trying to follow its own geodesic, its natural path through curved spacetime. But these geodesics converge toward the black hole's center. Parts of you closer to the black hole are on geodesics that point more directly toward it. The result is that you're stretched along the radial direction (toward and away from the black hole) while being compressed in the transverse directions (perpendicular to the radial direction). You're being molded into an ever-thinner, ever-longer strand.

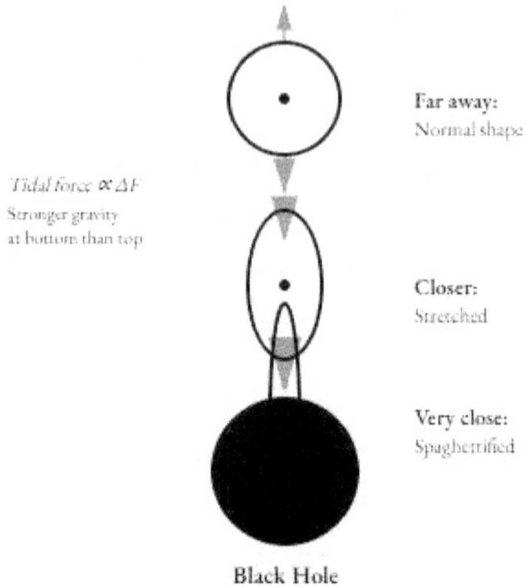


*Figure 11.1: Progressive spaghettification as an object approaches a black hole*

**When Does Spaghettification Occur?**

The critical question for any object approaching a black hole is: when do tidal forces become strong enough to overcome the forces holding the object together? For a human body, this happens when the tidal force exceeds the tensile strength of human tissue, roughly when the difference in acceleration between your head and feet exceeds about 10 to 100 times Earth's gravity, depending on the direction and exactly which tissues are being stressed.

For a stellar-mass black hole of 10 solar masses, this lethal threshold is reached at a distance of several hundred kilometers from the event horizon, well before you'd cross into the black hole. You'd be torn apart while still in the external universe, your remains spiraling inward as a stream of particles rather than as an intact body. Death would come not from crossing the event horizon but from tidal disruption in the approach.

But for a supermassive black hole, the situation is dramatically different. The tidal forces at the event horizon decrease with increasing black hole mass. For a million-solar-mass black hole, the tidal forces at the horizon are roughly human-survivable; you could cross the event horizon intact. For a billion-solar-mass black hole, you wouldn't even feel anything unusual as you crossed the point of no return. The tidal forces would be comparable to what you experience in Earth orbit.

This counterintuitive result, that bigger black holes are "gentler" stems from the fact that the event horizon radius increases linearly with mass (it's proportional to M), while tidal forces decrease with the cube of distance. At the horizon, the tidal force scales as $M/r^3 \sim M/(M)^3 \sim 1/M^2$. Double the black hole's mass, and the tidal force at the horizon decreases by a factor of four.

Of course, this is only a temporary reprieve. Once inside the event horizon, even of a supermassive black hole, the tidal forces grow without bound as you approach the singularity. Eventually, inevitably, you'll reach a point where you're torn apart, first into chunks, then into cells, then into molecules, then into atoms, and finally into subatomic particles. The singularity shows no mercy, regardless of the black hole's size. But the timing matters: for stellar-mass black holes, you die before crossing the event horizon; for supermassive ones, you cross alive and die later.

**Tidal Disruption Events**

Humans aren't the only things that can be spaghettified. Stars that wander too close to supermassive black holes can suffer the same fate, and when they do, the results are spectacular. These stellar tidal disruption events (TDEs) produce some of the brightest and most dramatic flares we observe in astronomy.

Every star has a tidal disruption radius, a distance from a black hole where the tidal forces become strong enough to overcome the star's self-gravity and tear it apart. This radius is typically about one hundred times the event horizon radius for a star like the Sun near a million-solar-mass black hole. If the star's orbit brings it inside this radius, it gets shredded. The debris forms a long stream, half falling into the black hole and half being flung outward into space.

The material that falls into the black hole doesn't all arrive at once. It returns at different times depending on the orbital mechanics of the disruption. This produces a characteristic light curve, the brightening and fading pattern over time. TDEs typically brighten rapidly as the first material reaches the black hole and begins to form an accretion disk, then fade over months to years as the supply of disrupted stellar material is consumed.

Astronomers have observed dozens of tidal disruption events, typically in the centers of galaxies that were previously quiet, their supermassive black holes weren't actively accreting until an unlucky star wandered too close. The flares can reach luminosities billions of times the Sun's output, temporarily making the galactic nucleus shine brighter than all the galaxy's stars combined. These events provide valuable information about black hole masses, stellar populations in galactic centers, and the physics of accretion.

The disruption process itself is violent and complex. As the star is stretched into a long stream, different parts of it experience different accelerations. The stream undergoes complex hydrodynamic interactions, shocks, turbulence, heating. Some of the stellar material might be compressed and heated enough to trigger nuclear fusion, briefly reigniting nuclear reactions in what was once the star's core. The debris cloud that forms is a chaotic environment where matter collides, radiates, and eventually either falls into the black hole or is expelled.

Not all stars that approach black holes are completely destroyed. If a star passes just outside the tidal disruption radius, it might be partially disrupted, losing some of its outer layers while remaining mostly intact. These partial TDEs can occur repeatedly, with the star losing a bit more mass on each close passage. Eventually, after several encounters, the star might be completely consumed, or it might be ejected from the galactic center by gravitational interactions, carrying with it the scars of its close encounters with the black hole.

**Tidal Forces in Accretion Disks**

Tidal forces play a crucial role in the structure and evolution of accretion disks. The disk exists in a region where tidal forces are strong enough to prevent matter from coalescing into larger objects but not so strong that they tear apart individual atoms. This balance determines where the disk can exist and how it behaves.

The Roche limit, named after the French astronomer Édouard Roche who first calculated it, is the distance within which tidal forces prevent a gravitationally bound object from holding itself together. For fluid bodies, like gas clouds or rubble piles, this limit is about 2.5 times the radius of the central object (for objects of similar density). Rigid bodies can survive closer, but eventually, even the strongest materials succumb to tidal stresses.

In an accretion disk, tidal forces contribute to the disk's vertical structure. The disk is thin, much wider than it is tall, in part because tidal forces compress it vertically while differential rotation stretches it horizontally. Material trying to orbit at a height above or below the disk plane experiences tidal forces that pull it back toward the plane, creating a flattened structure.

Tidal forces also affect the dynamics of matter within the disk. They contribute to the stress tensor, the internal forces within the disk material. Combined with pressure gradients, magnetic fields, and viscosity, tidal stresses help determine how matter spirals inward and how angular momentum is transported outward. Understanding the full role of tidal forces in disk physics remains an active area of research, particularly in understanding how turbulence and magnetic fields interact with the tidal environment.

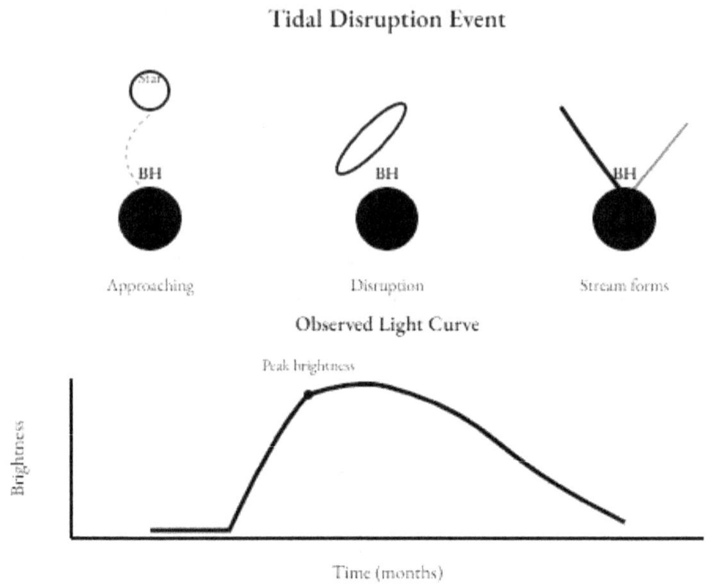


*Figure 11.2: Stellar tidal disruption event and resulting light curve*

## The Human Experience of Spaghettification

Let's return to the thought experiment of falling into a black hole and examine in more detail what you would actually experience. We'll consider a stellar-mass black hole of 10 solar masses, where tidal forces are severe, to make the effects dramatic.

At a distance of 1,000 kilometers from the event horizon, tidal forces are noticeable but survivable, perhaps like experiencing several times Earth's gravity as a stretching force along your body. Uncomfortable, but not immediately dangerous. Your feet feel heavier than normal, and you feel stretched, but your body can tolerate it.

At 500 kilometers, the forces have increased eightfold (remember, they go as the inverse cube of distance). Now the stretching is painful, like being on a medieval rack. The difference in force between your head and feet might be tens of Gs. Your spine is compressed, your joints are stressed, and blood flow is disrupted as your cardiovascular system struggles against the gradient.

At 200 kilometers, you're in serious trouble. The tidal forces exceed the tensile strength of human tissue. Your body begins to tear apart, starting with the weakest points, perhaps the connections between vertebrae, or major muscle attachments. You're being pulled into a long strand, your cross-section shrinking as you're stretched. The process is not instantaneous; it takes time for the tearing to propagate through your body, perhaps a few seconds of unimaginable agony.

By 100 kilometers, still outside the event horizon, you've ceased to exist as a recognizable human body. You're now a stream of biological material, mostly liquid at this point from the violence of the disruption, spiraling inward toward the black hole. Individual cells have been torn apart. Molecular bonds are breaking under the strain. You've been reduced to a cloud of increasingly disassociated matter.

As this stream crosses the event horizon and approaches the singularity, the tidal forces continue to grow without bound. Atoms are torn apart, nuclei are disrupted, and eventually even subatomic particles might be affected as the curvature of spacetime approaches the Planck scale. By the time what was once you reaches the singularity, it has been reduced to its most fundamental components, stretched across space and time in ways that our current physics cannot fully describe.

For a supermassive black hole, the experience would be very different. You could cross the event horizon intact, still conscious, still able to observe your surroundings. You might even survive for minutes or hours inside the event horizon, depending on the black hole's mass. But eventually, as you fell inward toward the singularity, the tidal forces would grow. The end would come, but much later and much closer to the singularity. Your final moments would still involve spaghettification, but the journey would be longer and initially less violent.

### Tidal Forces and Gravitational Waves

Tidal forces play a crucial role in gravitational wave production from binary systems. When two black holes orbit each other closely, each raises tides on the other or more precisely, each distorts the spacetime around the other. These tidal distortions extract energy from the orbit, causing the black holes to spiral together.

As the black holes approach merger, the tidal forces between them become extreme. Each black hole is stretching the spacetime around the other, creating oscillating distortions that propagate outward as gravitational waves. The amplitude of these waves depends on the tidal deformability of the black holes, how much they resist being distorted by external tidal forces.

Interestingly, black holes are not very tidally deformable in general relativity. They respond to external tidal forces, but in a specific way that depends only on their mass and spin. This is another manifestation of the "no-hair theorem", black holes in classical general relativity have no internal structure that could respond to tides in complex ways. Measuring the tidal deformability in gravitational wave signals provides a test of whether the merging objects are really black holes or something else, like neutron stars (which are much more tidally deformable) or exotic alternatives.

The strongest gravitational waves are produced just before merger, when tidal forces are most intense. The two black holes are pulling on each other with forces that deform the very structure of spacetime. The event horizons themselves are being distorted, stretched toward each other, before they merge into a single, highly distorted horizon that then "rings down" to a smooth, symmetric configuration. The gravitational waves from this process carry information about the tidal interactions, allowing scientists to test general relativity in this extreme regime.

**Tidal Heating**

Tidal forces don't just stretch and compress, they can also heat. When an object is repeatedly deformed by changing tidal forces, the internal friction converts mechanical energy into heat. This process, called tidal heating, is familiar from planetary science: Jupiter's tidal forces heat the interior of its moon Io, making it the most volcanically active body in the solar system.

Near black holes, tidal heating can be extreme. Matter in an accretion disk experiences varying tidal forces as it orbits, due to the changing distance and angle relative to the black hole. This contributes to the disk's heating, though it's typically less important than viscous heating from differential rotation. Still, in some configurations, particularly for eccentric orbits or in the presence of a companion black hole, tidal heating can be significant.

During tidal disruption events, tidal heating plays an important role. As the star is stretched, different parts of it move at different speeds and in different directions. This creates shocks and compressions within the stellar material, heating it. Some of this heating can be intense enough to trigger nuclear reactions in material that was previously below the threshold for fusion. The disrupted star might briefly shine brightly from these tidal compression shocks before the material disperses.

In binary black hole systems before merger, tidal heating might affect surrounding matter. If the binary is surrounded by a circumbinary accretion disk, the changing tidal forces as the black hole's orbit could heat the disk material, creating distinctive signatures in the electromagnetic emission. These signatures might be observable alongside gravitational waves, allowing multi-messenger observations of black hole mergers with surrounding matter, though such systems are probably rare.

**Measuring Tidal Effects**

Observing tidal effects near black holes provides important tests of general relativity and probes of the extreme environment near event horizons. Several observable phenomena carry imprints of tidal forces.

The X-ray spectra from accretion disks show features that depend on the disk's inner edge, which is determined partly by tidal forces. The innermost stable circular orbit, where tidal forces and orbital mechanics combine to set the boundary between stable orbits and the plunge region affects the disk temperature and thus the spectrum. By measuring these spectral features carefully, astronomers can infer the location of the ISCO and thus constrain the black hole's spin.

Tidal disruption events provide natural laboratories for studying tidal forces at work. The light curves and spectra of TDEs encode information about the disruption process, how the star was torn apart, how the debris stream evolved, how the material interacted as it fell back toward the black hole. Different theoretical models of the disruption process make different predictions, and observations are helping to refine our understanding of the physics involved.

Gravitational wave observations of binary black hole mergers measure tidal effects directly through the inspiral dynamics. The way the orbit evolves as the black holes approach each other depends on how they tidally interact. For black holes, this interaction is predicted precisely by general relativity. For other objects like neutron stars, tidal deformability is larger and measurably affects the gravitational wave signal. Comparing predictions to observations tests whether the merging objects behave like general relativistic black holes or something else.

Future observations with improved sensitivity will allow even more precise measurements of tidal effects. The next generation of gravitational wave detectors will measure tidal deformabilities more accurately, testing general relativity more stringently. Better X-ray spectroscopy will probe the inner accretion disk more precisely. And larger surveys will find more tidal disruption events, including rare variants that might reveal new physics.

**Tidal Forces in Extreme Conditions**

Near the singularity of a black hole, tidal forces become so extreme that they challenge our understanding of physics. The tidal acceleration, the difference in gravitational acceleration across even subatomic distances approaches and exceeds any force we understand. At the Planck scale, where quantum gravity effects should dominate, tidal forces might tear apart the very structure of spacetime.

What happens when tidal forces become strong enough to curve spacetime over distances smaller than a proton? Our current theories don't have good answers. General relativity predicts that tidal forces grow without bound as you approach the singularity, eventually becoming infinite. But infinity isn't a physical state, it's a signal that our theory has broken down.

Quantum gravity might modify the behavior of tidal forces near singularities. Some theories suggest that spacetime itself becomes discrete or foam-like at the Planck scale, which might limit how strong tidal forces can become. Others propose that the singularity is replaced by a quantum bounce or a Planck-star configuration, which would cut off the tidal forces before they become infinite. We won't know which, if any, of these ideas is correct until we have a complete theory of quantum gravity.

In the meantime, tidal forces near black holes remain one of the clearest indicators of where general relativity reaches its limits. They point us toward the questions we need to answer and the new physics we need to discover. Every observation of tidal effects near black holes is a data point constraining what quantum gravity must explain, bringing us closer to understanding what really happens at the centers of these remarkable objects.

**The Inexorable Pull**

Tidal forces embody one of the most fundamental aspects of gravity: it's not uniform. The universe is not a flat plane with constant gravitational acceleration but a curved spacetime with gradients, variations, and extremes. Near black holes, these gradients become so steep that they dominate the experience of matter and spacetime alike.

Understanding tidal forces is essential for understanding black holes because they represent gravity in its most unfiltered form, not as a gentle curving of orbits but as a violent stretching of space and time. They reveal that spacetime near black holes isn't just curved but warped in ways that tear apart anything venturing too close. They show us that the smooth geometries of general relativity, when pushed to extremes, produce effects that seem almost malevolent in their destructiveness.

Yet there's a strange beauty in spaghettification too, a mathematical elegance in how the inverse cube law produces such dramatic effects, a geometric necessity in how curved spacetime must stretch extended objects, a universality in how these effects apply equally to humans, stars, and spacetime itself. Tidal forces are a window into the fundamental nature of gravity, showing us not just what black holes do but why they must do it, given the structure of spacetime and the laws of physics.

As we've seen throughout this chapter, tidal forces are not just a gruesome detail of black hole physics but a central aspect of how these objects interact with their environments. From the spaghettification of infalling matter to the disruption of unlucky stars, from the structure of accretion disks to the dynamics of binary mergers, tidal forces shape black hole phenomenology at every scale. They are the manifestation of gravity's gradient, the price matter pays for approaching the point of no return, and a reminder that in the universe's most extreme environments, the familiar rules of physics give way to something far stranger and more violent.

CHAPTER TWELVE

# Time, Space, and the Warping of Reality

---

**The Malleability of Spacetime**

Time and space, the fundamental coordinates by which we navigate reality, are not the rigid, absolute frameworks that our everyday experience suggests. Near a black hole, these dimensions of existence become fluid, warped, and intertwined in ways that challenge our deepest intuitions about the nature of the universe. Time slows down, speeds up, or even exchanges roles with space. Distances stretch and shrink. The familiar laws of cause and effect take on strange new forms. Reality itself, in the vicinity of a black hole, becomes something profoundly different from what we experience in our everyday lives.

This warping of spacetime is not metaphorical, it's the literal physical reality described by Einstein's general theory of relativity. Black holes don't just exist in spacetime; they reshape it, molding the very fabric of the universe into exotic geometries. Understanding these effects requires us to abandon our preconceptions about time and space as separate, fixed dimensions and embrace the more accurate view of spacetime as a dynamic, unified entity that can be stretched, compressed, and twisted by the presence of mass and energy.

In this chapter, we'll explore how black holes warp the dimensions of existence. We'll see how time runs at different rates in different locations, how distances become ambiguous, how the past and future take on new meanings, and how the extreme curvature of spacetime produces effects that seem impossible yet are inescapable consequences of Einstein's equations. This is where black holes reveal most dramatically that the universe is far stranger than our intuitions suggest.

## Gravitational Time Dilation

Perhaps the most dramatic and counterintuitive effect of black holes is gravitational time dilation, the slowing down of time in strong gravitational fields. This is not an illusion or a measurement artifact; it's a genuine physical effect. Clocks run slower in stronger gravity, and near a black hole, this effect becomes extreme.

The mathematics of time dilation follows from the geometry of curved spacetime. Time, in general relativity, is measured by intervals along worldlines, paths through spacetime. In curved spacetime, these intervals depend on the gravitational field. The closer you are to a massive object, the more slowly time passes relative to someone farther away. The effect is usually tiny, for instance clocks at sea level on Earth run about 100 nanoseconds per day slower than clocks on mountaintops. But near a black hole, the effect becomes enormous.

At the event horizon of a black hole, time dilation becomes infinite from the perspective of a distant observer. This creates one of the most peculiar features of black holes: from the outside, you never actually see anything cross the event horizon. An object falling toward a black hole appears to slow down as it approaches the horizon, its motion becoming more and more sluggish. It appears to freeze at the horizon, growing dimmer and redder as time dilation and gravitational redshift combine to stretch the light to longer wavelengths and spread out the photons over increasingly long time intervals.

This creates a strange duality. From the perspective of someone falling into the black hole, they cross the event horizon in finite proper time, the time measured by their own clock. For a supermassive black hole, this might be mere minutes or hours from the event horizon to the singularity. But from the perspective of someone watching from a safe distance, the falling person takes infinite time to reach the horizon. They appear to asymptotically approach it, slowing down forever, never quite crossing.

Both perspectives are valid within their own reference frames. This is one of the lessons of relativity: there isn't always a single "correct" description of events. Different observers, in different states of motion or in different gravitational fields, can have fundamentally different yet equally valid experiences of the same physical situation. The falling observer crosses the horizon and continues to the singularity; the distant observer sees the falling observer frozen forever at the horizon. These aren't contradictory, they're complementary descriptions from different viewpoints.

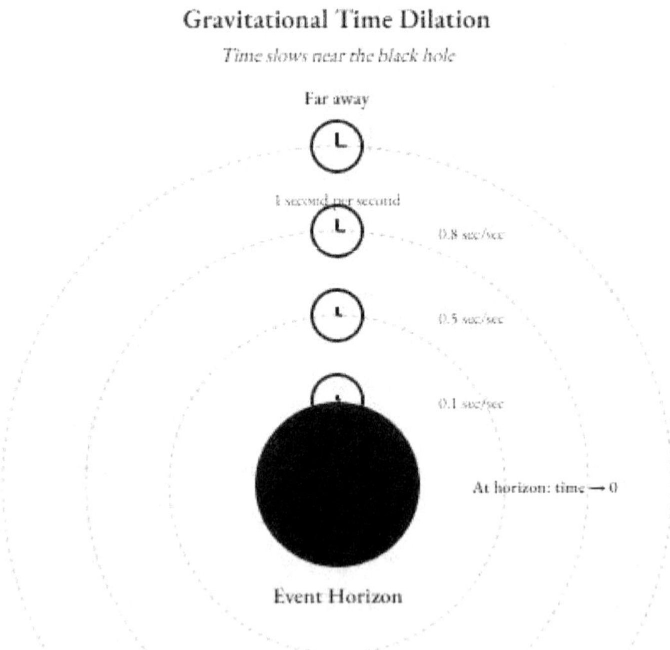


*Figure 12.1: Time dilation at different distances from a black hole*

**The Interstellar Scenario**

The science fiction film Interstellar brought gravitational time dilation to popular consciousness with its depiction of Miller's planet, a world orbiting close to a supermassive black hole where one hour on the surface equals seven years on Earth. While dramatized for storytelling, the scenario is based on real physics and illustrates time dilation effects in a tangible way.

For such extreme time dilation to occur, Miller's planet would need to orbit very close to the black hole's event horizon, so close that it would need to be a rapidly rotating black hole to allow a stable orbit that close. Even then, the planet would need to be at almost exactly the innermost stable circular orbit. At that location, orbiting a maximally rotating black hole, time dilation of roughly that magnitude is theoretically possible.

The practical consequences would be dramatic. If you spent one hour on such a planet, everyone you knew far from the black hole would age seven years. Your children would grow up, your friends would grow old, historical events would unfold, and you would have experienced none of it. Time would literally pass differently for you than for the rest of the universe. You wouldn't feel any different, your hour would feel like an hour, but the universe around you would have aged decades.

This isn't time travel in the science fiction sense, you're not visiting the past or future. You're simply experiencing time at a different rate due to your location in a gravitational field. You're still moving forward in time at one second per second by your own measurement, but the relationship between your time and distant time has changed. You've found a way to skip forward into everyone else's future by parking yourself in an extremely strong gravitational field.

Such extreme time dilation scenarios are theoretically possible but practically impossible for several reasons. The planet would be subject to intense tidal forces and would need to orbit with incredible precision, any perturbation could send it plunging into the black hole. The black hole would need to be rotating at nearly its maximum possible rate. And reaching such a planet would require enormous energy to match its orbital velocity. But the physics is sound: get close enough to a black hole, and time dilation of this magnitude becomes possible.

**Gravitational Redshift**

Time dilation has a direct observational consequence: gravitational redshift. Light emitted from near a black hole loses energy as it climbs out of the gravitational well, and this energy loss manifests as a shift toward longer, redder wavelengths. The redshift is directly related to the time dilation factor; if time runs half as fast near the black hole, photons emitted there will be redshifted to twice their emitted wavelength.

Gravitational redshift was one of the early tests of general relativity. Light from the surface of white dwarf stars, which have strong but not extreme gravitational fields, shows measurable redshift compared to the same spectral lines produced in laboratories on Earth. Near black holes, the effect becomes extreme. Light from the inner accretion disk, close to the event horizon, can be redshifted by large factors.

At the event horizon itself, the redshift becomes infinite. Light trying to escape from exactly the event horizon would be redshifted to infinite wavelength, essentially losing all its energy. This is another way of understanding why nothing can escape from the event horizon: any photon emitted outward from the horizon would be infinitely redshifted, arriving at distant observers with zero energy, which is equivalent to not arriving at all.

Astronomers use gravitational redshift to probe the regions near black holes. The iron fluorescence line from accretion disks, for instance, is shifted to lower energies by varying amounts depending on where in the disk it's emitted. Material in the inner disk, orbiting close to the black hole, produces photons that are significantly redshifted. By measuring the profile of this line, how it's broadened and shifted, astronomers can map the geometry near the black hole and test whether it matches the predictions of general relativity.

Gravitational redshift also affects the appearance of accretion disks. One side of the disk is moving toward us and one side away, creating Doppler shifts. But gravitational effects add another layer: material in the inner disk is more strongly redshifted than material in the outer disk. The combination of Doppler shifts, gravitational redshift, and relativistic beaming (where material moving toward us appears brighter) creates complex spectral line shapes that encode rich information about the black hole and its environment.

**Frame Dragging: The Twisting of Spacetime**

Rotating black holes add another exotic effect to the mix: frame dragging, also called the Lense-Thirring effect after the physicists who first predicted it. A rotating massive object doesn't just curve spacetime, it drags spacetime around with it, forcing nearby objects to rotate in the same direction.

Imagine spacetime as a fluid, though this is only an analogy. A rotating object is like a mixer blade spinning in that fluid, stirring it into circular motion. Objects near the rotating mass are carried along by this current in spacetime. They don't feel a force pulling them around; rather, the very definition of "stationary" changes. To remain at a fixed angular position, you'd need to fire rockets to counter the dragging of spacetime.

Frame dragging occurs around any rotating object, including Earth, but the effect is incredibly tiny for weak gravitational fields. Satellites orbiting Earth experience frame dragging of only a few meters per year in their orbital positions, measurable but small. For rotating black holes, however, frame dragging becomes dramatic, especially in the ergosphere, the region between the event horizon and the static limit where frame dragging becomes so strong that nothing can remain stationary.

Inside the ergosphere, you must rotate with the black hole. Even light aimed directly outward, away from the black hole, will be carried around by the dragging of spacetime. The only question is how fast you rotate, you could fire rockets to slow your rotation relative to distant stars, but you can't stop it entirely. The spacetime itself is rotating, and you're embedded in it.

Frame dragging has observable consequences. It affects the orbits of matter in accretion disks, causing precession, the orbital plane slowly rotates over time. It affects the paths of photons, causing the appearance of the black hole to depend on its spin. The Event Horizon Telescope images of M87* and Sagittarius A* show asymmetric brightness patterns that are partly due to frame dragging combined with Doppler boosting from the rotating disk.

Measuring frame dragging around black holes provides a test of general relativity. The theory makes specific predictions about how much frame dragging should occur for a black hole with a given mass and spin. By observing features like the precession of orbital planes or the shapes of spectral lines, astronomers can measure the frame dragging and compare it to predictions. So far, observations match general relativity remarkably well.

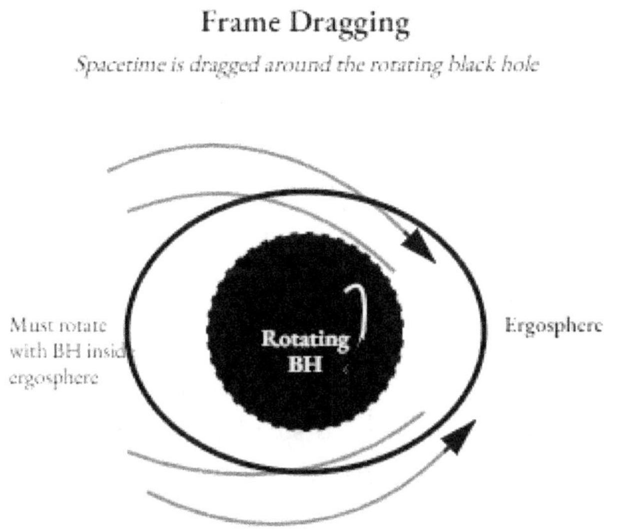


*Figure 12.2: Frame dragging around a rotating black hole showing the ergosphere*

## The Geometry of Curved Space

Time isn't the only dimension affected by black holes, space itself is curved in dramatic ways. This curvature goes beyond the familiar idea of gravity as a force and reveals the geometric nature of general relativity. Space around a black hole is curved such that straight lines become circles, distances become ambiguous, and parallel lines converge.

Consider the radial coordinate r in the Schwarzschild solution, the standard description of a non-rotating black hole. Far from the black hole, r behaves like ordinary distance: if you measure the circumference of a circle at radius r, you get $2\pi r$, as you'd expect from Euclidean geometry. But near the black hole, this relationship breaks down. The circumference is still $2\pi r$, but the radial distance between two circles of radius $r_1$ and $r_2$ is greater than $r_2 - r_1$.

This means that space is stretched in the radial direction. If you could somehow construct a ruler extending from the event horizon to some distant point, the ruler would need to be longer than the coordinate distance suggests. Space has "more room" in the radial direction near a black hole than flat-space geometry would predict. This is the curvature of space manifesting directly, geometry is non-Euclidean.

At the event horizon itself, the radial direction becomes null, neither truly spacelike nor timelike but somewhere in between. This is related to the swapping of the roles of time and space that occurs at the horizon. Outside the horizon, the radial coordinate is spacelike (you can move inward or outward), and the time coordinate is timelike (you must move forward in time). Inside the horizon, these roles exchange: the radial coordinate becomes timelike (you must move inward), and the time coordinate becomes spacelike (in a sense).

This geometric curvature has observable consequences. Light doesn't travel in straight lines near black holes, it follows geodesics in curved spacetime, which appear as curved paths to distant observers. This is gravitational lensing, and it's responsible for the bright ring and complex light patterns we see in black hole images. The famous photo of M87* shows a bright ring that's actually about 2.6 times larger than the event horizon, that's the photon sphere and lensed light from the accretion disk, distorted by the extreme curvature of space around the black hole.

### Light Cones and Causal Structure

One of the most profound ways to understand the warping of spacetime is through light cones, the set of all possible future and past events that could be causally connected to a given point in spacetime. In flat spacetime far from any massive objects, light cones point uniformly: your future light cone extends in all spatial directions as time progresses. You could, in principle, travel to any location in space given enough time.

Near a black hole, light cones tip. As you approach the event horizon, the future light cones increasingly point inward, toward the black hole. There's a growing bias in spacetime geometry, more and more of your possible futures involve being closer to the black hole. But you still have options: you can fire rockets and escape, or at least maintain your distance.

At the event horizon, the tipping becomes complete. Your entire future light cone points inward. Every possible future path, including paths where light travels outward at the speed of light, leads closer to the singularity. This is the geometric meaning of the event horizon being a point of no return: it's not that some force prevents escape but that the causal structure of spacetime itself forbids it. "Outward" is no longer a direction in your possible futures.

Inside the event horizon, the situation becomes even stranger. The singularity is no longer a place in space, it's a moment in your future. Reaching the singularity is as inevitable as reaching next Tuesday. You can no more avoid it than you can avoid experiencing the next moment of time. The radial coordinate, which outside the horizon was a measure of spatial distance, has become a measure of time remaining until you reach the singularity.

This tilting and tipping of light cones, this restructuring of causal relationships, is perhaps the most profound way in which black holes warp reality. They don't just bend space and slow time, they fundamentally alter what can cause what, what can influence what and what futures are possible. They rewrite the rules of causality itself in their immediate vicinity.

### The Twin Paradox, Black Hole Edition

The famous twin paradox of special relativity, where one twin travels at high speed and ages less than the stationary twin has a gravitational analog near black holes. Imagine two twins: one stays far from a black hole in a stable orbit, while the other descends to orbit very close to the event horizon for a while before returning.

When the twins reunite, the one who orbited close to the black hole has aged less than the one who stayed far away. Unlike the special relativistic version, there's no ambiguity about which twin ages less, the gravitational field provides an absolute reference frame. Time genuinely ran slower near the black hole. If the close-orbiting twin stayed near the event horizon of a supermassive black hole for what felt like one year to them, they might return to find their sibling has aged decades or centuries.

This isn't a thought experiment, it's a real effect that would occur if we had the technology to orbit close to black holes. It's also why GPS satellites need to account for both special and general relativistic effects: they're moving fast (special relativity makes them age slower) but they're farther from Earth's gravitational field (general relativity makes them age faster). The general relativistic effect dominates, so GPS satellite clocks run slightly faster than ground clocks and must be adjusted accordingly.

Near a black hole, these effects are magnified enormously. An astronaut hovering just outside the event horizon, expending tremendous energy to maintain position against the pull of gravity would experience time dilation so severe that mere seconds for them could correspond to years for distant observers. They could watch the universe age in fast-forward, seeing stars evolve, galaxies merge, and cosmic structures form in what feels like a short time to them.

**Wormholes and Closed Timelike Curves**

The mathematics of rotating black holes (Kerr black holes) contains some exotic features that push the boundaries of causality. The full mathematical solution includes regions inside the inner horizon where closed timelike curves exist, paths through spacetime that loop back on themselves, potentially allowing time travel to the past.

The Kerr solution also, in its mathematical extension, includes a wormhole, a tunnel connecting different regions of spacetime. Traveling through this wormhole might allow you to emerge in a different universe or a different part of our own universe. However, this wormhole is not traversable by any known means, it pinches off faster than you could cross it, and trying would result in encountering the ring singularity.

Most physicists believe these exotic features are mathematical artifacts that don't correspond to physical reality. Real black holes form from collapsing matter, and this formation process probably doesn't create the exotic internal structure that the idealized mathematical solution contains. Quantum effects might also eliminate these features, rendering the interior of black holes different from what classical general relativity predicts.

Nevertheless, these mathematical possibilities are valuable. They show us what general relativity allows in principle and help us understand where the theory might need modification or where additional physics (like quantum mechanics or thermodynamics) might constrain what's actually possible. They also inspire research into whether any real physical processes could create traversable wormholes or allow time travel, even if rotating black holes themselves don't provide these possibilities.

**Observing Spacetime Curvature**

The warping of spacetime near black holes isn't just theoretical, it has observable consequences that allow us to test general relativity and map the geometry near event horizons. Several techniques allow astronomers to probe this extreme curvature.

Gravitational lensing provides direct evidence of spatial curvature. The bending of light paths around black holes creates multiple images, magnification, and ring-like patterns. The Event Horizon Telescope images show this dramatically, the bright ring around the black hole's shadow is partly lensed light from the far side of the accretion disk, bent around the black hole by the curvature of space.

Spectroscopic observations reveal time dilation and redshift effects. The broadening and shifting of spectral lines from accretion disks encode information about the velocity field, the gravitational potential, and the geometry of spacetime. Different models of black hole spin and accretion disk geometry make different predictions for these line shapes, allowing observations to constrain the black hole's properties.

Orbital dynamics of stars near Sagittarius A* test general relativity in the strong-field regime. The star S2 passes within about 120 AU of the black hole at its closest approach, moving at about 3% of the speed of light. Observations have detected relativistic effects in its orbit, precession, gravitational redshift, and other deviations from Newtonian gravity all consistent with general relativity's predictions.

Gravitational waves from merging black holes carry information about the curvature of spacetime in the merger region. The waveforms encode how the black holes' spacetimes collide and merge, how the merged spacetime rings down to equilibrium, and whether the final object behaves like a general relativistic black hole. So far, all observations match general relativity's predictions with remarkable precision.

**The Limits of Spacetime**

At the singularity, spacetime curvature becomes infinite, and our description of geometry breaks down completely. This isn't just a mathematical inconvenience, it represents a genuine limitation of general relativity. The theory predicts its own failure, pointing toward regions where quantum gravity must take over.

What replaces classical spacetime at these extremes? We don't know for certain, but various approaches to quantum gravity offer possibilities. String theory suggests that spacetime might be emergent, not fundamental but arising from more basic structures like strings and branes. Loop quantum gravity proposes that spacetime itself is quantized, composed of discrete units at the Planck scale. Other approaches suggest spacetime might dissolve into something entirely different, perhaps a network of quantum entanglement or a higher-dimensional structure.

These ideas are speculative but motivated by the breakdown of classical descriptions. Just as classical physics gives way to quantum mechanics at small scales and special relativity at high speeds, general relativity must give way to quantum gravity at extreme curvatures. Black holes, with their singularities and event horizons, mark the frontier where this transition becomes necessary.

**The Warped Reality**

The warping of time, space, and causality near black holes represents one of the most profound departures from everyday experience in all of physics. These aren't subtle corrections or minor effects, they're fundamental restructurings of the stage on which physics plays out. Time stops, space curves, futures narrow, and the very meaning of "possible" changes.

Yet this warped reality isn't arbitrary or chaotic. It follows precise mathematical laws, makes testable predictions, and matches observations with stunning accuracy. The extreme effects near black holes are simply the logical consequences of Einstein's insight that spacetime is a dynamic, flexible entity shaped by matter and energy. Black holes don't break the rules, they reveal what the rules allow when pushed to their absolute limits.

Understanding these effects requires abandoning our intuition, built from experiences in weak gravitational fields, and embracing a more geometric view of the universe. Time and space aren't fixed backgrounds but participants in the cosmic drama, bent and twisted by the masses that move through them.

Near black holes, this participation becomes dramatic, even dominant, shaping not just trajectories but possibilities, not just distances but destinies.

As we continue to observe black holes with increasing precision, imaging their shadows, detecting their gravitational waves, measuring the orbits around them, we're mapping this warped reality in ever-greater detail. Each observation is both a confirmation of Einstein's century-old theory and a probe into one of the most extreme environments in the universe, where reality itself takes on forms that challenge imagination yet yield to mathematical description.

# CHAPTER THIRTEEN

# The View from Inside

---

### Crossing the Point of No Return

No human will ever report back from inside a black hole's event horizon. The very definition of the event horizon ensures this, it's the boundary beyond which no information can escape to the external universe. Yet we can use physics to imagine what that journey would be like, what you would see and experience as you crossed the ultimate threshold and plunged toward the singularity. This thought experiment isn't mere speculation; it's grounded in the mathematics of general relativity, which makes precise predictions about the geometry of spacetime inside black holes and what an infalling observer would encounter.

The view from inside a black hole is one of the most profound mysteries in physics, both because it's forever hidden from external observers and because it represents the limit of our current understanding. As we'll see, the experience of crossing the event horizon depends dramatically on the black hole's mass, with stellar-mass and supermassive black holes offering radically different journeys. But all paths lead to the same destination: the singularity, where spacetime curvature becomes infinite and our physics breaks down.

This chapter explores that final journey, what you would see, what you would feel, and what physics predicts happens in those last moments before the singularity. It's a journey into the ultimate unknown, a descent into a realm where our equations point toward their own limitations and where the universe reveals its most extreme possibilities.

**Approaching the Event Horizon**

Let's begin the journey well outside the event horizon, as you fall freely toward a supermassive black hole, say one with a billion solar masses, large enough that tidal forces at the horizon are survivable. You're falling feet-first, accelerating under the black hole's gravity, but you don't feel the acceleration. In free fall, you're weightless, just as astronauts in orbit feel weightless even though Earth's gravity is pulling on them.

Looking around, you see the universe behaving strangely. Behind you, the stars appear normal, perhaps slightly blueshifted as you fall toward the black hole and photons from behind catch up to you with slightly increased energy. But ahead of you, where the black hole should be, you see something peculiar: a dark circle, perfectly black, surrounded by a bright ring. This is the black hole's shadow, not the event horizon itself, which is smaller, but the photon sphere and lensed light from the background universe.

As you fall closer, this dark circle grows larger in your field of view. The bright ring around it becomes more prominent. You're seeing gravitational lensing in action, light from behind the black hole is being bent around it, creating a distorted view of the universe. Stars that should be on the far side of the black hole appear in this ring, their light having curved around the black hole to reach your eyes.

The event horizon itself, when you reach it, is unremarkable. There's no surface, no barrier, no sign that you've crossed a point of no return. For a supermassive black hole, the tidal forces are mild, you might not feel anything unusual at all. The crossing is utterly smooth, anticlimactic even. You simply pass through a mathematical surface in spacetime, and suddenly you're inside.

But something fundamental has changed. You're now in a region of spacetime from which no escape is possible. Every future path, every possible trajectory, leads inward toward the singularity. The event horizon isn't a place you can see or touch, but it's the most significant boundary you've ever crossed. Behind you, the external universe still exists, still evolves, but it's forever out of reach. You've stepped across the edge of the observable universe into a realm that can influence the outside but can never be influenced by it.

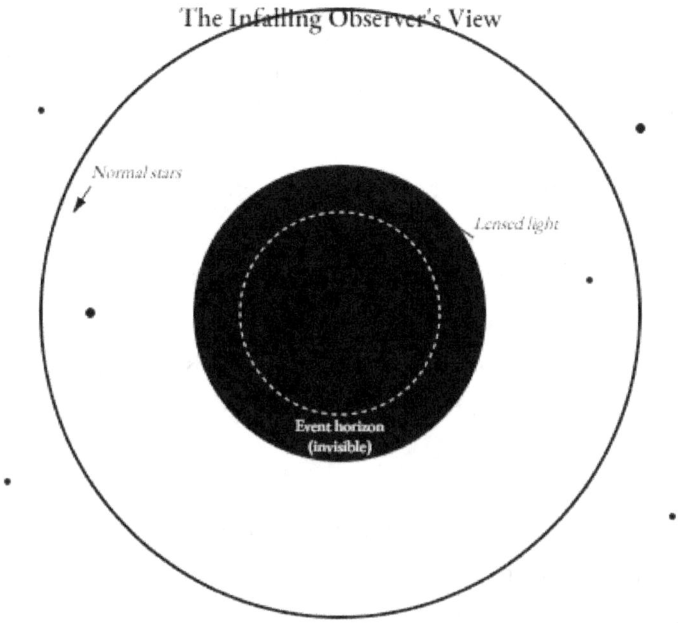


*Figure 13.1: What an observer sees approaching a black hole - the dark shadow surrounded by lensed light*

### Inside the Event Horizon

Once inside the event horizon, you can still look around and see the universe. Light can still travel from the event horizon inward, that's allowed. What's forbidden is light traveling from inside to outside. So photons that crossed the horizon just before you, or just after you, can still reach your eyes. You can still observe your surroundings, at least for a while.

Looking back toward where you came from, you'd see something extraordinary: the entire future history of the external universe, compressed into your remaining lifetime. Due to extreme time dilation effects and the structure of spacetime inside the horizon, light from the external universe is blueshifted and time-compressed as it falls in with you. In principle, you could watch stars evolve, galaxies merge, and cosmic epochs unfold in fast-forward, though the effect would be complicated by gravitational lensing and the finite speed of light.

This prediction comes from the strange geometry inside the horizon. The time coordinate and radial coordinate have exchanged their roles in a sense. The singularity is not at a location in space, it's in your future, a moment you will inevitably reach. Meanwhile, the event horizon you crossed is now in your past. Looking "outward" (toward the horizon) is like looking backward in time, while "inward" (toward the singularity) is your future.

The view of the universe behind you would be distorted and compressed into an ever-shrinking circle as you fall deeper. All the light from the outside universe would appear to come from an increasingly small region of sky. Meanwhile, the singularity ahead, though we can't say what it looks like, as our physics breaks down there, would occupy more and more of your view.

Can you see the event horizon itself from inside? Not as a surface or boundary, but you might observe peculiar effects at the location where it was when you crossed. Light patterns might behave strangely there due to the extreme curvature. But fundamentally, the horizon is just a location in spacetime where the causal structure changes, not a physical thing you can point to or see.

**The Journey to the Singularity**

How long does the journey from event horizon to singularity take? It depends on the black hole's mass. For a stellar-mass black hole of 10 solar masses, the journey takes only about 10 microseconds, ten millionths of a second. You cross the horizon and immediately impact the singularity. There's no time to observe, no time to think, barely time for neural signals to travel through your brain. The journey is essentially instantaneous from any practical perspective.

For a supermassive black hole, the journey is longer. For a million-solar-mass black hole, you have about 10 seconds from horizon to singularity. For a billion-solar-mass black hole, you have about three hours. This is time measured by your own clock, your proper time. To you, these are real seconds, real hours, during which you continue to exist, to think, to observe, at least until tidal forces become overwhelming.

During this journey, tidal forces grow. Even though they were mild at the horizon for a supermassive black hole, they increase as you approach the singularity. The differential in gravitational acceleration between your head and feet grows larger. Initially gentle, the stretching becomes uncomfortable, then painful, then destructive.

For a billion-solar-mass black hole, you might have minutes or even an hour before tidal forces reach lethal levels. During this time, you're still conscious, still able to observe. You're falling through a region of spacetime so warped that the normal rules no longer apply, where time and space have traded roles, where your future is determined not by your choices but by the inexorable geometry of spacetime itself.

What do you feel? Surprisingly, you don't feel the gravity directly, you're in free fall, weightless. What you feel are tidal forces, the differential in gravity across your body. These start subtle and grow. At some point, they exceed what your body can tolerate. Your tissues begin to tear. The coherent structure of your body breaks down. You cease to be a human and become a stream of biological material, then individual cells, then molecules, then atoms, all still falling inexorably toward the singularity.

### The Firewall Paradox

Recent theoretical work has suggested a disturbing possibility: what if the smooth crossing we've described doesn't actually happen? The firewall paradox, proposed in 2012, suggests that quantum effects might create a "firewall" of high-energy particles at or just inside the event horizon. An infalling observer wouldn't smoothly cross the horizon but would be incinerated by this firewall.

The paradox arises from trying to reconcile three principles: the conservation of information in quantum mechanics, the equivalence principle (free fall should be indistinguishable from being in empty space), and assumptions about how Hawking radiation works. Something has to give, and the firewall proposal suggests it's the equivalence principle, smooth crossing becomes impossible.

This remains highly controversial. Many physicists argue that firewalls probably don't exist, that the paradox will be resolved in some other way, perhaps through subtle features of quantum gravity we don't yet understand. The proposal challenges decades of understanding about what happens at event horizons, and extraordinary claims require extraordinary evidence.

If firewalls do exist, the journey we've described would end at the event horizon, not the singularity. You'd be destroyed not by tidal forces or the singularity but by a wall of radiation created by quantum entanglement effects. Your fate would be sealed even before crossing the horizon, in a sense. But this remains speculative, classical general relativity still predicts smooth crossing, and until we have a complete theory of quantum gravity, we can't be certain what actually happens.

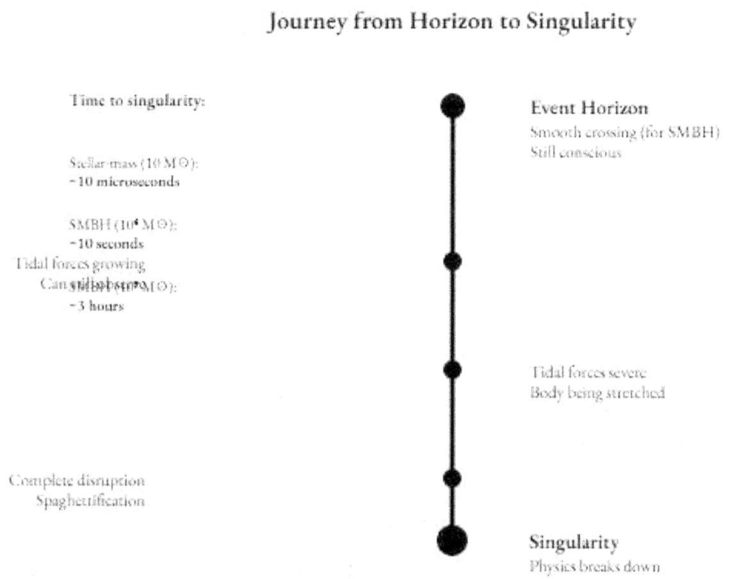


*Figure 13.2: Timeline of the journey from event horizon to singularity for an infalling observer*

## The Nature of the Singularity

What happens when you reach the singularity? Honestly, we don't know. General relativity predicts infinite spacetime curvature, infinite tidal forces, infinite density, all signals that the theory has broken down and can no longer provide meaningful predictions. The singularity is where our physics fails.

Different quantum gravity theories suggest different possibilities. In loop quantum gravity, the singularity might be replaced by a quantum bounce, spacetime might reach some minimum size set by quantum effects and then expand again, perhaps creating a new universe on the "other side." In string theory, the singularity might be a more complex structure in higher dimensions. Other approaches suggest the singularity might be a Planck-star, a firewall of quantum effects, or something else entirely.

From a classical perspective, all the matter that's fallen into the black hole over its history reaches the singularity. But what does that mean? Is it all compressed into a single point? Is the singularity really point-like, or does it have structure we can't perceive with classical physics? Does the matter get destroyed in some sense, or does it persist in some unrecognizable form?

These questions push beyond what current physics can answer. The singularity is genuinely unknown territory, not unknown because we haven't measured it yet but unknown because our theories don't extend that far. It's a boundary of knowledge, a place where we can point and say "here our equations stop working, here we need new physics."

For the infalling observer, the singularity represents the end of their worldline, the final moment of their existence in spacetime. Whether consciousness could survive to that point is doubtful, tidal forces would disrupt biological structures long before. But even if somehow you remained intact until the final moment, what you'd experience at the singularity is beyond our ability to calculate or imagine.

**Information and Memory**

Here's a profound question: what happens to information that falls into a black hole? You carry information, your memories, your physical structure, the quantum states of all your particles. When you fall past the event horizon, that information becomes inaccessible to the external universe. When you reach the singularity, what happens to it?

According to classical general relativity, the information is destroyed at the singularity. The exact details of what fell in, whether it was you, a star, or a spacecraft doesn't matter to the final state of the black hole, which is characterized only by mass, spin, and charge (the "no-hair theorem"). All the complexity, all the information, is erased.

But this violates a fundamental principle of quantum mechanics: unitarity, the conservation of information. In quantum mechanics, information is never truly destroyed, it might be scrambled or hidden, but it's always theoretically recoverable. The black hole information paradox is the tension between general relativity's prediction that information is destroyed and quantum mechanics' insistence that it can't be.

Various proposals attempt to resolve this paradox. Maybe information is somehow encoded on the event horizon, preserved in subtle correlations in the Hawking radiation that the black hole emits. Maybe the information isn't destroyed at the singularity but is preserved in some quantum structure we don't understand. Maybe it escapes through quantum effects we haven't yet calculated. Or maybe our understanding of information in quantum mechanics needs revision.

For you, falling into the black hole, this is more than academic. Your existence, your memories, everything that makes you unique, does it persist in some form? Is it encoded somewhere? Or does it truly cease to exist in any meaningful sense? The answer touches on deep questions about the nature of consciousness, identity, and physical law.

## Rotating Black Holes: The Kerr Interior

The interior of a rotating black hole (Kerr black hole) is even stranger than a non-rotating one. The mathematical solution includes an inner horizon in addition to the outer event horizon. Between these two horizons is a region with exotic properties, and inside the inner horizon, the solution becomes even more bizarre, potentially including closed timelike curves and wormholes.

However, most physicists believe the inner structure of rotating black holes is unstable and probably doesn't exist in real astrophysical black holes. The inner horizon might be replaced by a chaotic region where quantum effects dominate, or it might not form at all when realistic matter collapse is considered rather than idealized mathematical solutions.

If the full Kerr structure exists, an infalling observer might experience something extraordinary. They'd cross the outer horizon normally, then traverse the ergosphere-like region between horizons. At the inner horizon, spacetime might be violently unstable, with electromagnetic and gravitational fields amplified to extreme levels, a sort of "mass inflation" where the energy density becomes enormous.

Beyond the inner horizon, the mathematical solution allows strange possibilities: regions where you could avoid the singularity, closed timelike curves that might allow time travel, connections to other regions of spacetime or even other universes. But again, these are probably mathematical artifacts rather than physical reality. The messy process of actual black hole formation and the quantum effects we expect at high curvatures likely eliminate these exotic features.

**Can Anything Survive?**

Could any structure survive the journey to the singularity? For a supermassive black hole, you might survive in recognizable form for minutes after crossing the horizon, until tidal forces become severe. But eventually, all structure breaks down. Your body becomes a stream of particles, atoms are ionized, and even atomic nuclei might be disrupted as tidal forces approach the Planck scale near the singularity.

Could information survive in some form? This returns to the information paradox. If information is fundamentally conserved, then yes, in some sense it must survive, but in what form and where is unknown. Perhaps it's encoded in quantum correlations in the Hawking radiation, perhaps in some structure at or near the singularity that we can't describe with classical physics.

Could consciousness survive? This is more philosophical than physical, but almost certainly no. Consciousness, as far as we understand it, requires complex biological structures and electrochemical processes that would be disrupted long before reaching the singularity. Even if your atoms persisted in some form, the organized structures that support thought and awareness would be destroyed.

In a very real sense, falling into a black hole is a one-way journey to oblivion. You cross a boundary from which no return is possible, you're disconnected from the rest of the universe, and you approach a singularity where physics as we know it breaks down. It's the ultimate journey into the unknown and the ultimate dead end.

**The View We'll Never Have**

All of this, the smooth crossing, the view of the universe, the journey to the singularity is theoretical. No one will ever make this journey and return to describe it. The event horizon ensures that any information about the interior remains forever trapped. We can calculate, we can simulate, we can predict based on general relativity, but we can never directly observe.

This makes the interior of black holes one of the most profound unknowns in physics. We have a theory, general relativity, that makes specific predictions about what's inside. Those predictions pass every test we can perform from outside the horizon. But the region they describe is permanently hidden from observation, permanently beyond the reach of experiment.

It's a strange situation: we have detailed mathematical descriptions of a realm we can never visit, never see, never directly confirm. We're confident in the descriptions because the same mathematics that describes the interior also describes the exterior, and the exterior predictions match observations beautifully. But there's an inherent uncertainty, a permanent gap in our empirical knowledge.

This uncertainty is compounded by our lack of quantum gravity. We know general relativity breaks down at the singularity. We know quantum effects must be important in some regime inside the horizon, possibly everywhere inside for small black holes. Without a complete quantum theory of gravity, our descriptions of the interior are necessarily incomplete.

**Philosophical Implications**

The interior of a black hole raises profound philosophical questions about the nature of physical law and scientific knowledge. We have a mathematical theory that makes predictions about a region we can never observe. Are those predictions meaningful? Can we say we "know" what's inside a black hole if we can never verify it?

This touches on the philosophy of science and the nature of physical law. We generally believe that physical laws are universal, they apply everywhere, not just in the regions we can observe. If general relativity correctly describes spacetime, it should correctly describe all of spacetime, including regions inside event horizons. But there's an inherent asymmetry: we can test the theory's predictions outside horizons but not inside.

The interior also raises questions about determinism and predictability. Classical general relativity is deterministic, if you know the state of spacetime at one time, you can calculate it at all future times. But the singularity breaks this determinism. At the singularity, curvature becomes infinite, and the equations give nonsensical results. The theory predicts its own breakdown, pointing toward a regime where determinism fails and new physics takes over.

Finally, there are questions about consciousness and experience. If you fell into a black hole, your subjective experience would continue until tidal forces or the singularity ended it. But to external observers, you'd appear frozen forever at the horizon. Different observers have genuinely different, irreconcilable perspectives on what happens. There's no single objective truth, only complementary descriptions from different viewpoints.

### The Ultimate Mystery

The view from inside a black hole represents one of the deepest mysteries in physics. It's a region we can describe mathematically but never observe, where our best theories predict their own breakdown, where the normal rules of causality and information might be violated or transformed. It's where quantum mechanics and general relativity must somehow merge into a deeper theory we don't yet have.

For all our sophisticated understanding of black holes, their formation, their properties, their effects on surroundings, the interior remains genuinely unknown territory. We can make educated guesses based on general relativity and preliminary ideas from quantum gravity, but we're fundamentally limited by the event horizon's prohibition on information escape and by our incomplete understanding of physics at extreme curvatures.

Perhaps someday, a complete theory of quantum gravity will tell us definitively what's inside black holes, what replaces the classical singularity, how information is preserved, and whether any of the exotic features of the mathematical solutions correspond to physical reality. Until then, the view from inside remains one of the universe's best-kept secrets, a realm we can imagine, calculate, and theorize about but never directly see.

In the end, the interior of a black hole is the ultimate frontier, the place where known physics gives way to unknown physics, where our maps end and we must confess ignorance. It's a humbling reminder that for all we've learned about the universe, there are still profound mysteries at its heart, hiding just beyond the event horizon, waiting for the next revolution in physics to reveal their secrets.

# PART SIX

# DETECTING THE INVISIBLE

# CHAPTER FOURTEEN

# Seeing the Unseeable

---

## The Challenge of Observation

Black holes are, by their very definition, invisible. They emit no light, reflect no radiation, and hide behind event horizons that prevent any information from escaping. Yet astronomers have not only confirmed their existence but have catalogued hundreds of them, measured their masses and spins, mapped their environments, and even captured images of their shadows. This triumph of observational ingenuity represents one of the great achievements of modern astronomy, learning to see objects that cannot be seen by developing techniques that reveal their presence through their effects on everything around them.

The methods for detecting black holes are diverse and sophisticated, ranging from tracking the orbital motions of visible stars to analyzing X-ray emissions from superheated gas, from detecting ripples in spacetime itself to creating Earth-sized virtual telescopes. Each technique has opened new windows on black hole physics, revealing different aspects of these remarkable objects. Together, they've transformed black holes from theoretical curiosities to observed reality, from mathematical abstractions to celestial objects we can study in detail.

This chapter explores how astronomers have learned to see the unseeable, the clever techniques, the patient observations, the technological innovations, and the theoretical insights that have made black hole astronomy one of the most exciting frontiers in science. It's a story of human ingenuity overcoming fundamental limitations, of indirect evidence building into overwhelming proof, and of invisible objects revealing themselves through their gravitational influence on the visible universe.

### Following the Orbits

The most straightforward way to detect a black hole is through its gravitational influence on nearby objects. Stars orbit black holes just as planets orbit stars, and by carefully measuring these orbital motions, astronomers can infer the presence and mass of the unseen companion. This technique has been used to identify both stellar-mass black holes in binary systems and supermassive black holes at galactic centers.

For stellar-mass black holes, the method works best in X-ray binary systems where a visible star orbits an invisible companion. By measuring the Doppler shift of the visible star's spectral lines, how they shift toward red as the star moves away from us and toward blue as it moves toward us, astronomers can determine the star's orbital velocity. Combined with measurements of the orbital period (how long one orbit takes), Kepler's laws of motion allow calculation of the mass of the unseen object.

If that mass exceeds about 3 solar masses, the theoretical maximum for neutron stars, the invisible object must be a black hole. There's simply no other known object that can pack so much mass into such a compact region. This is how Cygnus X-1 was identified as the first strong black hole candidate in 1971, and how dozens of other stellar-mass black holes have been confirmed since.

For supermassive black holes, the technique is even more powerful. At the center of our own galaxy, astronomers have tracked individual stars orbiting the galactic center for over two decades. One star, designated S2, completes an orbit every 16 years, approaching within 120 astronomical units of the galactic center at its closest point. At that distance, it reaches speeds of about 3% of the speed of light, fast enough that relativistic effects are measurable.

By precisely measuring S2's orbit and the orbits of other stars in the galactic center, astronomers have determined that these stars are orbiting an invisible object with a mass of about 4 million solar masses, concentrated in a region smaller than the solar system. The only object that fits this description is a supermassive black hole, Sagittarius A*, the dark heart of the Milky Way.

The precision of these measurements is extraordinary. Astronomers can track stellar positions to within a few milliarcseconds, the angular size of a basketball on the Moon as seen from Earth. This precision allows detection of subtle relativistic effects in stellar orbits, providing tests of general relativity in the strong-field regime near the black hole. So far, the observations match Einstein's predictions beautifully.

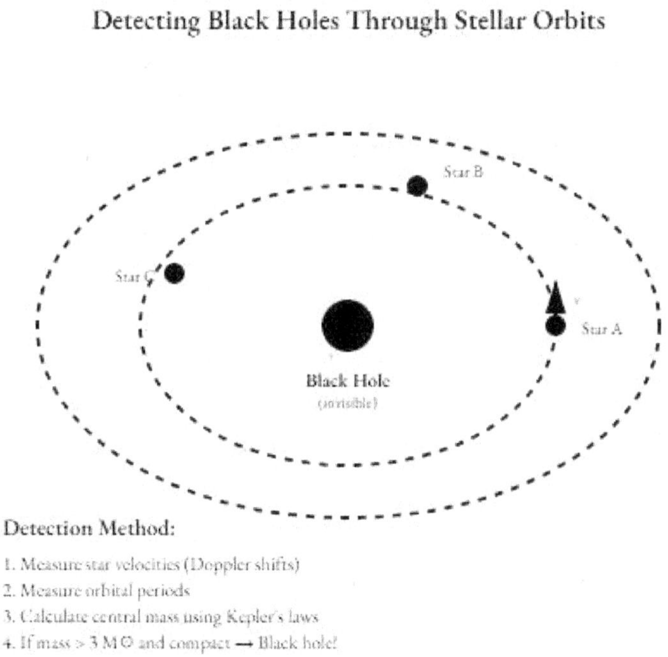


*Figure 14.1: Detecting black holes by measuring the orbits of nearby stars*

## X-ray Eyes

While orbital measurements can confirm a black hole's presence, they don't reveal much about its immediate environment or activity. For that, we need to look at the light or rather, the X-rays produced by matter falling into the black hole. X-ray astronomy has been one of the most powerful tools for studying black holes, revealing details of accretion physics that would be impossible to observe any other way.

When matter spirals toward a black hole in an accretion disk, friction heats it to millions of degrees. At these temperatures, the disk emits intense X-ray radiation. The X-rays can't penetrate Earth's atmosphere, so X-ray observations require space-based telescopes. Since the 1960s, a succession of X-ray satellites, from Uhuru to Einstein to Chandra and XMM-Newton have revolutionized our understanding of black holes.

X-ray observations reveal several key features of black hole systems. The overall X-ray luminosity tells us how rapidly the black hole is accreting. The spectrum, how the X-ray brightness varies with energy reveals the temperature structure of the accretion disk and corona. The variability, how the X-ray brightness changes over time, provides information about the disk's inner edge and the dynamics near the event horizon.

One of the most valuable features is the iron fluorescence line at 6.4 keV. When X-rays from the hot corona illuminate the cooler accretion disk, they excite iron atoms in the disk, which then emit characteristic X-rays at this specific energy. But the line we observe is dramatically broadened and distorted by several effects: Doppler shifts from the disk's rotation, gravitational redshift from the strong gravity near the black hole, and relativistic beaming that makes the approaching side of the disk appear brighter.

The exact shape of this broadened iron line encodes rich information about the black hole and disk. It reveals where the disk's inner edge is, which constrains the black hole's spin through its effect on the innermost stable circular orbit. It shows how fast the disk is rotating, which tests whether the disk behaves as general relativity predicts. It's one of the most powerful probes we have of the strong-field region just outside the event horizon.

X-ray timing observations add another dimension. Black hole systems often show rapid variability, flickering on timescales of milliseconds. This rapid variability indicates that the emitting region is very small, which is consistent with X-rays coming from the inner accretion disk only light-milliseconds across. Some systems show quasi-periodic oscillations (QPOs), regular variations that might be related to orbital motion in the inner disk or to instabilities in the accretion flow.

**The Event Horizon Telescope**

Perhaps the most dramatic achievement in black hole observation came in 2019 when the Event Horizon Telescope collaboration released the first image of a black hole or more precisely, the first image of a black hole's shadow. The target was M87*, the supermassive black hole at the center of the galaxy M87, some 55 million light-years away.

The Event Horizon Telescope (EHT) isn't a single telescope but a network of radio telescopes around the world, operated together as a very long baseline interferometer. By combining observations from telescopes in Hawaii, Arizona, Chile, Spain, and Antarctica, the EHT creates a virtual telescope the size of Earth. This massive baseline provides the angular resolution needed to image the region near a black hole's event horizon, about 20 microarcseconds for M87*, equivalent to reading a newspaper in New York from Paris.

The image shows exactly what general relativity predicts: a bright ring surrounding a dark central shadow. The ring is emission from the accretion disk, with light from both the near and far sides lensed around the black hole by extreme spacetime curvature. The shadow, about 2.6 times the size of the event horizon, is the region from which photons cannot escape or are too redshifted to detect.

The ring is asymmetric, brighter on one side than the other. This asymmetry comes from Doppler boosting: the side of the disk rotating toward us appears brighter than the side rotating away. The orientation of this asymmetry tells us the disk's rotation axis and, combined with other observations, constrains the black hole's spin.

In 2022, the EHT released a second image, this time of Sagittarius A* at our galactic center. Despite being much closer than M87*, Sgr A* is actually harder to image because it's much less massive, about 4 million solar masses versus 6.5 billion for M87*. The smaller size means material orbits faster, and the source varies on timescales of minutes rather than days. The EHT team had to develop new techniques to extract a clear image from data that was constantly changing.

These images are more than pretty pictures, they're tests of general relativity in the strong-field regime. The size and shape of the shadow match Einstein's predictions. The brightness distribution and polarization patterns (from later observations) reveal details of the magnetic field structure and plasma physics near the horizon. Every feature provides a constraint on black hole properties and a test of our theoretical understanding.

**Gravitational Lensing**

Black holes bend light passing near them, creating gravitational lensing effects. While this is most obvious in the dramatic lensing seen in EHT images, lensing can also be used to detect isolated black holes that aren't accreting and don't have companion stars.

When a black hole passes between Earth and a background star, the black hole's gravity bends the starlight, causing the star to appear brighter and sometimes creating multiple images. This microlensing effect is temporary, lasting weeks to months as the black hole moves across our line of sight. By monitoring millions of stars and looking for these characteristic brightening events, astronomers can detect passing black holes.

The challenge is distinguishing black hole lensing from lensing by other objects, brown dwarfs, neutron stars, or even ordinary stars. The key is the timescale and the pattern of brightening. More massive objects produce longer-duration events and stronger lensing. By carefully analyzing the light curve and, in some cases, measuring the deflection of the star's position, astronomers can estimate the lens's mass.

Several black hole candidates have been identified through microlensing, including some that appear to be isolated black holes wandering through the galaxy. These detections are difficult and somewhat uncertain, but they provide our only current method for finding the vast population of isolated stellar-mass black holes that must exist throughout the galaxy.

For supermassive black holes, gravitational lensing can create spectacular effects when one galaxy lies nearly behind another. The foreground galaxy's central black hole and stellar mass can lens light from the background galaxy, creating Einstein rings, arcs, or multiple images. Studying these systems allows astronomers to weigh both the foreground galaxy and its central black hole, providing independent confirmation of black hole masses determined by other methods.

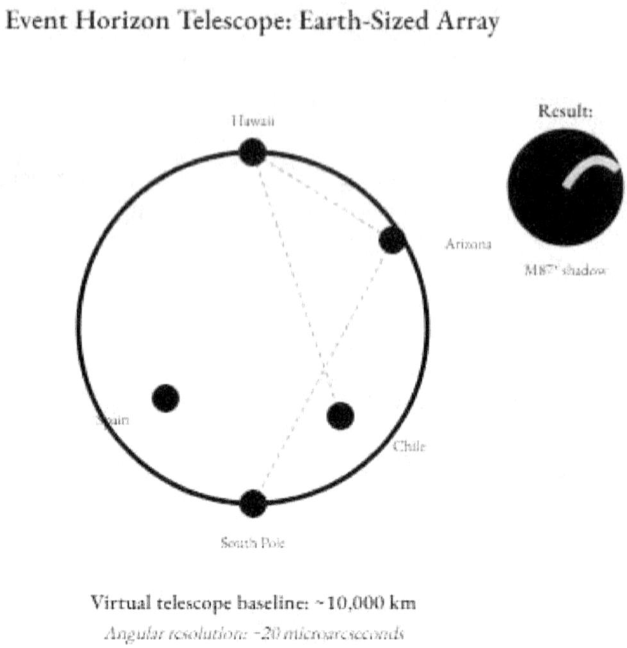


*Figure 14.2: The Event Horizon Telescope - a global network creating an Earth-sized virtual telescope*

**Radio Observations**

Many black holes are powerful radio sources, particularly those with jets. Radio observations have several advantages: radio waves penetrate dust and gas that block optical light, radio telescopes can achieve very high angular resolution through interferometry, and radio observations can trace large-scale structures like jets extending far beyond the black hole itself.

The jets from black holes emit synchrotron radiation, radio waves produced by electrons spiraling in magnetic fields. By mapping the radio emission from jets, astronomers can trace how matter flows away from the black hole, how jets interact with the surrounding medium, and how stable these structures are over time. Some jets show blobs of emission moving at apparent superluminal speeds, faster than light, though this is actually a projection effect from matter moving toward us at near light speed.

Radio observations have been crucial for understanding the connection between black holes and their host galaxies. The jets from supermassive black holes can extend for millions of light-years, affecting star formation and gas dynamics throughout the galaxy and beyond. Radio surveys have catalogued thousands of radio galaxies and quasars, building up statistical understanding of how common different types of active black holes are and how this has changed over cosmic history.

Very Long Baseline Interferometry (VLBI), the technique used by the Event Horizon Telescope allows radio astronomers to achieve the highest angular resolution of any astronomical technique. By combining signals from telescopes thousands of kilometers apart, VLBI can resolve structures smaller than a light-year across even in distant galaxies. This has allowed detailed study of the bases of jets, the regions where jets are launched from accretion disks, and the immediate environments of black holes.

**Multi-Wavelength Observations**

The most complete picture of black holes comes from observing them across the entire electromagnetic spectrum, radio, infrared, optical, ultraviolet, X-ray, and gamma-ray. Each wavelength reveals different aspects of the black hole system and the physics operating at different scales and temperatures.

Radio observations trace the jets and large-scale outflows. Infrared observations can penetrate dust to reveal obscured black holes and study the cooler outer regions of accretion disks. Optical observations track stellar orbits and see the glow from the outer disk. Ultraviolet observations probe the hotter regions of the disk. X-rays reveal the innermost regions and the corona. Gamma rays can come from the most energetic processes in jets and might arise from matter-antimatter annihilation or particle acceleration to extreme energies.

Coordinated multi-wavelength campaigns, where different telescopes observe the same black hole simultaneously across many wavelengths have been particularly valuable. These campaigns can reveal how different regions of the accretion system are connected, how variability in one region affects others, and how energy flows from the black hole to the jets and outflows.

One spectacular example of multi-wavelength observation was the coordination around the 2019 EHT observations of M87*. While the EHT observed at radio wavelengths, dozens of other telescopes observed M87* simultaneously at other wavelengths. This coordination helped interpret the EHT image and provided context about what the black hole was doing overall during the observations.

**Spectroscopy: Reading the Details**

Taking spectra, measuring how brightness varies with wavelength, is one of the most information-rich observational techniques. The spectrum of light from near a black hole encodes vast amounts of information about conditions in the accretion disk, the chemical composition, the temperature, the velocity field, and the gravitational environment.

Emission lines in spectra come from specific atomic transitions and appear at characteristic wavelengths. When we observe these lines from accretion disks, they're broadened and shifted by several effects. Doppler broadening comes from the disk's rotation, different parts of the disk moving toward or away from us. Gravitational redshift shifts the lines to lower energies by an amount that depends on the gravitational field strength. Thermal broadening reflects the temperature of the emitting gas.

By carefully modeling these effects, astronomers can extract detailed information. The width of an emission line reveals the rotation speed, which constrains the black hole mass. The shape of the line profile reveals the disk geometry and orientation. The presence of certain lines tells us about the disk's composition and ionization state. Asymmetries in line profiles can reveal spiral waves, warps, or other structures in the disk.

For stellar-mass black holes in binary systems, spectroscopy of the companion star reveals the orbital motion and allows mass determination. For supermassive black holes, spectroscopy of gas near the galactic center shows the velocity dispersion and provides another method for estimating the black hole mass. For quasars, spectroscopy reveals the black hole's luminosity, the properties of the broad and narrow line regions, and gives the redshift that determines the quasar's distance.

**Polarization: Tracing Magnetic Fields**

Light can be polarized, its electric field oscillating preferentially in one direction rather than randomly. Synchrotron radiation from accretion disks and jets is naturally polarized, with the polarization direction perpendicular to the magnetic field. By measuring polarization, astronomers can map magnetic fields near black holes, revealing structures invisible to brightness measurements alone.

The Event Horizon Telescope has made polarization measurements of M87* and Sagittarius A*, revealing the structure of magnetic fields at the edge of the event horizon. These observations show that magnetic fields are crucial for launching jets and might play a key role in extracting rotational energy from spinning black holes through the Blandford-Znajek process.

Polarization observations at X-ray wavelengths, a challenging new frontier with missions like IXPE can probe the magnetic field structure in the corona and innermost accretion disk. These observations might reveal how magnetic fields get tangled and reconnect, how they accelerate particles, and how they contribute to heating the corona to hundreds of millions of degrees.

### Timing Analysis

How black hole systems vary with time carries as much information as their average properties. Timing analysis, studying how brightness changes over timescales from milliseconds to years has revealed phenomena that wouldn't be apparent from snapshots alone.

Rapid variability indicates small emission regions. If a black hole system's X-ray brightness changes significantly in one millisecond, the emitting region must be smaller than one light-millisecond (about 300 kilometers), consistent with emission from the inner accretion disk just outside the event horizon. This argument, called the light-travel-time argument, provides independent confirmation that the X-rays come from very close to the black hole.

Power spectral analysis, studying how much variability occurs at different frequencies reveals characteristic timescales in the system. Quasi-periodic oscillations at specific frequencies might correspond to orbital motion at particular radii in the disk, to precessing structures, or to instabilities in the accretion flow. Different states of black hole systems (hard, soft, intermediate) show different variability patterns, suggesting different disk configurations.

Long-term monitoring reveals state transitions, outbursts, and the overall accretion history. Some systems show regular outbursts as matter accumulates in the outer disk and then drains inward. Others show irregular flares as stars or gas clouds are disrupted. Monitoring campaigns spanning years or decades have revealed how black hole activity evolves and how different factors (companion star behavior, disk dynamics, jet launching) influence each other.

### The Future of Black Hole Observations

Black hole astronomy is entering a golden age. Current and planned observatories will push our observational capabilities to new extremes, revealing black holes in unprecedented detail.

The next generation of gravitational wave detectors will detect supermassive black hole mergers, opening a new window on these systems. Space-based detectors like LISA will be sensitive to the millihertz frequencies of these massive mergers, potentially detecting dozens or hundreds per year and measuring black hole masses and spins with exquisite precision.

Improved X-ray telescopes with better spectral resolution will measure the iron line and other features more precisely, providing tighter constraints on black hole spin and tests of general relativity. Missions like Athena (European Space Agency) and proposed missions like Lynx will revolutionize X-ray spectroscopy of black holes.

Expanding the Event Horizon Telescope to include more stations and space-based elements will improve image quality and allow time-resolved movies of matter orbiting near the event horizon. These observations might reveal turbulence in the accretion disk, the launching of jets, and the detailed dynamics of the innermost regions.

Advances in optical and infrared interferometry might allow direct imaging of Sagittarius A* at shorter wavelengths, complementing the radio images. Next-generation extremely large telescopes will track stellar orbits around Sgr A* even more precisely, perhaps detecting orbital precession and other relativistic effects in individual orbits.

**From Inference to Direct Observation**

Black hole astronomy has evolved from inferring black holes' existence from indirect evidence to directly observing their effects on spacetime. We've gone from concluding "there must be something massive and dark there" to "here is an image of the dark shadow surrounded by lensed light." We've progressed from detecting X-rays that might come from accretion to mapping the inner accretion disk in detail. We've advanced from suspecting gravitational waves exist to routinely detecting black hole mergers and extracting their parameters.

Each observational breakthrough has confirmed theoretical predictions while revealing new puzzles. The observations match general relativity remarkably well, yet they've uncovered phenomena, jets, state transitions, quasi-periodic oscillations, that we don't fully understand. Every answer raises new questions, driving the field forward.

The unseeable has become seeable, not through some trick or loophole, but through patient, clever observations of how black holes affect their environments. We've learned to read the signatures they leave in starlight, X-rays, radio waves, and gravitational waves. We've learned to infer properties of objects we can never touch or directly observe from the patterns they create in the observable universe.

This achievement represents both the power of science, to learn about phenomena far beyond direct experience and its creativity. When nature hides something, scientists find ways to uncover it. When direct observation is impossible, indirect methods suffice. The story of seeing the unseeable is ultimately a story about human ingenuity, persistence, and the remarkable fact that the universe, for all its mysteries, follows comprehensible laws that reveal their secrets to those patient and clever enough to look.

## CHAPTER FIFTEEN

# Listening to Spacetime

For most of human history, astronomy was an exclusively visual endeavor. We gazed at the heavens with our eyes, then with telescopes, then with instruments sensitive to wavelengths of light invisible to us, radio waves, X-rays, gamma rays. But light, in all its forms, has limitations. Photons can be absorbed, scattered, or blocked entirely by intervening matter. There are regions of the cosmos that remain forever hidden from electromagnetic observation, veiled behind curtains of gas and dust or locked within event horizons.

On September 14, 2015, humanity developed a new sense. For the first time in our species' existence, we detected a signal that wasn't carried by light, but by the fabric of spacetime itself. We heard the universe, and what we heard was the collision of two black holes more than a billion light-years away. The era of gravitational wave astronomy had begun.

This chapter explores one of the most remarkable scientific achievements of the twenty-first century: the detection of gravitational waves and what they reveal about black holes and the universe at large. It is a story of persistence, precision, and the audacity to listen for whispers in the cosmic silence.

**Gravitational Waves: Ripples in Spacetime**

To understand gravitational waves, we must revisit Einstein's general theory of relativity. As we discussed in Chapter 2, Einstein reconceptualized gravity not as a force acting at a distance, but as the curvature of spacetime caused by mass and energy. Massive objects create depressions in the fabric of spacetime, much like a bowling ball placed on a stretched rubber sheet. Other objects move along the curved paths created by this warping.

But spacetime isn't just curved, it's dynamic. When massive objects accelerate, particularly when they orbit each other or collide, they create disturbances in spacetime that propagate outward at the speed of light. These are gravitational waves: ripples in the very fabric of the universe.

Imagine dropping a stone into a still pond. The impact creates waves that spread outward in concentric circles, carrying energy away from the point of disturbance. Gravitational waves work similarly, though the 'pond' is four-dimensional spacetime itself. As a gravitational wave passes through a region of space, it alternately stretches and compresses the distances between objects perpendicular to the wave's direction of travel. If you could somehow detect a gravitational wave passing through your body, you would find yourself rhythmically stretched vertically while being compressed horizontally, then vice versa, oscillating at the wave's frequency.

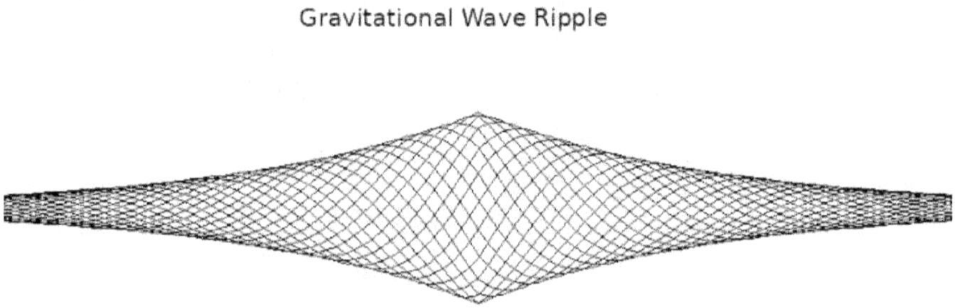


*Figure 15.1: Visualization of a gravitational wave propagating through spacetime*

Einstein himself predicted the existence of gravitational waves in 1916, just months after publishing his general theory of relativity. However, he was deeply skeptical about whether they could ever be detected. The problem is one of magnitude: gravitational waves from even the most violent cosmic events produce incredibly tiny distortions in spacetime by the time they reach Earth.

Consider the merger of two massive black holes, each containing thirty times the mass of our Sun, spiraling together and colliding in a cataclysm that converts three solar masses worth of energy into gravitational waves in a fraction of a second. This is one of the most energetic events in the universe. Yet when the waves from such an event reach Earth after traveling for a billion years, they cause a distortion in spacetime of about one part in $10^{21}$. To put this in perspective, that's equivalent to measuring a change in the distance between Earth and the nearest star system, Alpha Centauri, that is smaller than the width of a human hair.

## The Challenge of Detection

The quest to detect gravitational waves represents one of the most ambitious experimental physics projects ever undertaken. The technical challenges are staggering, requiring measurements of unprecedented precision while filtering out an endless barrage of noise from seismic vibrations, thermal fluctuations, and countless other sources.

The solution came in the form of laser interferometry, a technique that uses the interference patterns of laser light to measure distances with exquisite accuracy. The concept is relatively straightforward in principle, though fantastically complex in execution.

## How LIGO Works

The Laser Interferometer Gravitational-Wave Observatory, or LIGO, consists of two facilities located in Hanford, Washington, and Livingston, Louisiana. Each facility houses an L-shaped detector with arms four kilometers long. Here's how the detection process works:

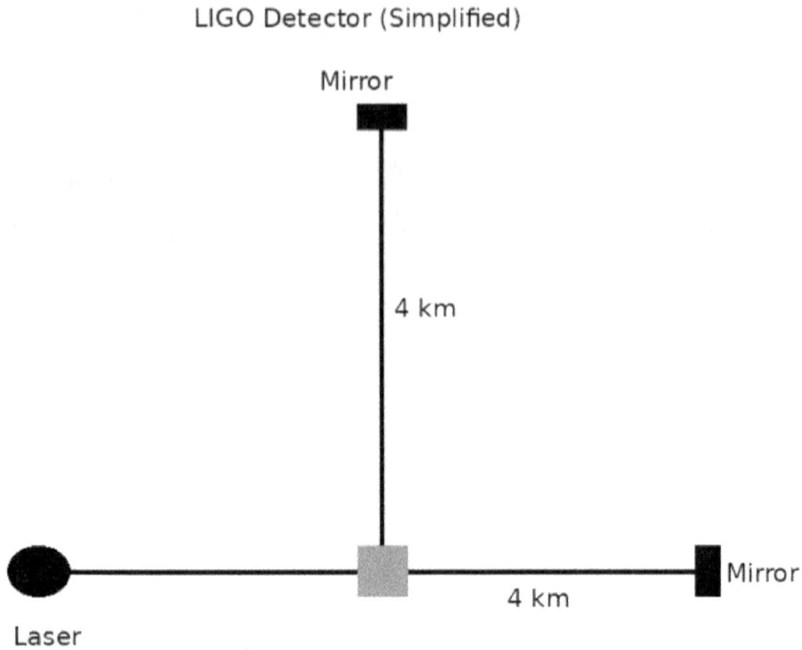


*Figure 15.2: Simplified schematic of a LIGO detector*

A powerful laser beam is split into two perpendicular beams, each traveling down one arm of the L. At the end of each arm, precisely positioned mirrors reflect the laser light back toward the center. When the beams recombine, they create an interference pattern. If the arms are exactly the same length, the light waves from the two arms arrive perfectly in sync, reinforcing each other.

Now imagine a gravitational wave passing through the detector. As the wave compresses spacetime in one direction and stretches it in the perpendicular direction, one arm of the detector becomes slightly shorter while the other becomes slightly longer. This changes the distances the laser beams must travel, causing them to arrive at the recombination point slightly out of sync. The interference pattern shifts, and this shift can be measured with extraordinary precision.

The precision required is almost incomprehensible. LIGO can detect changes in the arm lengths smaller than one ten-thousandth the diameter of a proton. This is like measuring the distance from Earth to the nearest star and being sensitive to changes smaller than the width of a human hair. To achieve this sensitivity, LIGO must overcome numerous sources of noise:

Seismic noise is minimized through sophisticated vibration isolation systems. The mirrors are suspended by thin glass fibers, themselves hanging from elaborate multi-stage pendulum systems that filter out ground vibrations.

Thermal noise, random jiggling of atoms due to temperature is reduced by cooling critical components and using materials with extremely low thermal expansion.

Quantum noise, arising from the fundamental uncertainty principle of quantum mechanics, is addressed through techniques like 'squeezed light' that manipulate the quantum states of the laser photons themselves.

The existence of two widely separated detectors is crucial. A true gravitational wave signal should appear at both facilities with a time delay corresponding to the wave's speed of light propagation between the sites. This coincidence requirement helps distinguish genuine gravitational waves from local disturbances.

**The First Detection: GW150914**

After decades of preparation and hundreds of millions of dollars in investment, LIGO began its first 'Advanced LIGO' observing run on September 12, 2015. The detectors had been offline for years, undergoing major upgrades to increase their sensitivity tenfold compared to the initial LIGO configuration.

Just two days later, at 09:50:45 UTC on September 14, both detectors registered a signal. The Livingston detector saw it first, followed seven milliseconds later by the Hanford detector, exactly the time delay expected for a gravitational wave traveling between the two sites. The signal lasted only a fifth of a second, but it was unmistakable.

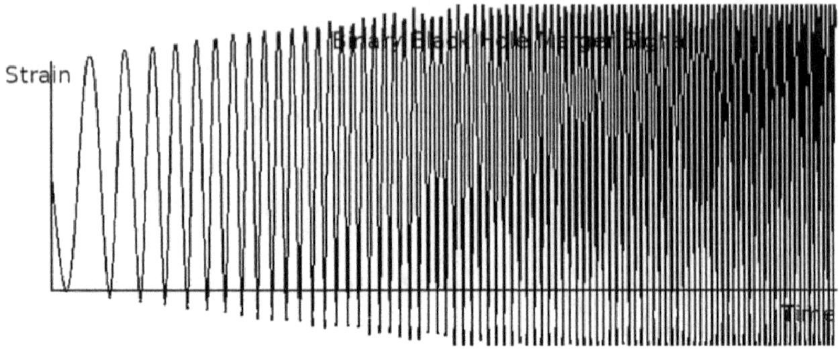


*Figure 15.3: The gravitational wave signal from a binary black hole merger showing the characteristic 'chirp'*

The signal, designated GW150914, had a distinctive shape that physicists call a 'chirp.' It began as a low-frequency oscillation that gradually increased in both frequency and amplitude before abruptly cutting off. This pattern precisely matched theoretical predictions for the inspiral and merger of two black holes.

By analyzing the signal in detail, scientists could reconstruct the entire event: Two black holes, one containing about 36 solar masses and the other about 29 solar masses, had been orbiting each other in a death spiral. As they circled faster and faster, they emitted gravitational waves, losing orbital energy in the process. This caused them to spiral inward, accelerating the process in a runaway feedback loop. In the final fraction of a second before merger, they were orbiting each other hundreds of times per second.

When they finally collided, the two black holes merged into a single black hole containing about 62 solar masses. Notice something interesting about those numbers: 36 plus 29 equals 65, not 62. Three solar masses, an amount of energy equivalent to converting three times the mass of our Sun entirely into pure energy, was radiated away as gravitational waves in a fraction of a second. At the peak of the merger, the system was radiating energy at a rate fifty times greater than the total light output of all the stars in the observable universe combined.

This event occurred approximately 1.3 billion years ago, in a distant corner of the universe. The gravitational waves traveled through space for all that time, carrying information about one of the most violent events in cosmic history. When they finally washed over Earth on that September morning in 2015, they briefly changed the length of LIGO's four-kilometer arms by less than one ten-thousandth the width of a proton and we detected it.

The discovery was announced publicly on February 11, 2016, after months of painstaking analysis to confirm the signal and rule out possible false alarms. The announcement electrified the scientific community and captured the public imagination. It represented not just the first direct detection of gravitational waves, but also the first direct observation of a black hole merger and the first evidence that binary black hole systems existed at all. The discovery earned the 2017 Nobel Prize in Physics for Rainer Weiss, Barry Barish, and Kip Thorne, leaders of the LIGO collaboration.

## What Gravitational Wave Signals Tell Us

Gravitational wave astronomy offers a fundamentally new way to observe the universe, complementing traditional electromagnetic observations. The signals themselves contain a wealth of information encoded in their frequency, amplitude, and evolution over time.

### Measuring Black Hole Properties

From a gravitational wave signal, scientists can extract remarkably precise information about the black holes involved in a merger. The frequency of the gravitational waves during the inspiral phase reveals the orbital period of the binary system. As the black holes spiral inward, the orbital period decreases and the frequency increases, creating the characteristic chirp.

The amplitude of the signal indicates the total mass of the system and its distance from Earth. More massive systems at a given distance produce stronger signals. The rate at which the frequency increases, how quickly the chirp speeds up depends on the individual masses of the two black holes. By analyzing these features, physicists can determine both masses independently.

The signal also reveals whether the black holes are spinning. As we discussed in earlier chapters, black holes can rotate, and this rotation affects the gravitational wave signal through several mechanisms. Spin causes precession, a wobbling of the orbital plane, which modulates the observed signal. The final ringdown phase, where the newly merged black hole settles into its final configuration, is also influenced by the spin of the resulting black hole.

Perhaps most remarkably, these measurements test general relativity itself in the most extreme conditions. Black hole mergers involve velocities approaching the speed of light, gravitational fields strong enough to curve spacetime dramatically, and masses compressed into regions smaller than cities. Einstein's equations, formulated over a century ago, predict the precise form of the gravitational wave signals from such events. The fact that observed signals match these predictions with extraordinary precision provides powerful confirmation that general relativity correctly describes gravity even in these extreme regimes.

**Population Studies**

Since that first detection in 2015, LIGO and its European partner Virgo have detected dozens of black hole mergers, along with mergers of neutron stars and mixed black hole-neutron star systems. This growing catalog enables statistical studies of the black hole population.

One surprise from early observations was the masses involved. Many of the detected black holes are more massive than stellar-mass black holes observed through X-ray emissions. Several mergers have involved black holes in the range of 30 to 50 solar masses, larger than most black holes previously known from electromagnetic observations. Some events have even shown black holes exceeding 80 solar masses.

These observations raise intriguing questions about stellar evolution and black hole formation. How do such massive black holes form? The answer likely involves low-metallicity stars, stars with fewer elements heavier than hydrogen and helium. Such stars lose less mass to stellar winds during their lives, allowing them to retain more mass when they collapse into black holes. The detection of these massive black holes suggests that conditions in the early universe, when metallicity was lower, may have been particularly favorable for forming heavy black holes.

Another question concerns the spins of merging black holes. Do they spin rapidly or slowly? Are their spins aligned with each other and with the orbital angular momentum, or randomly oriented? These properties encode information about how the binary systems formed, whether the two black holes formed together in a binary star system or came together later through dynamical interactions in dense stellar environments.

**The Future: LISA and Space-Based Detection**

LIGO and Virgo are limited by their arm lengths and the seismic noise that affects ground-based detectors. These constraints make them sensitive primarily to gravitational waves with frequencies between about 10 and several thousand hertz, the range produced by stellar-mass black hole and neutron star mergers.

But supermassive black holes, the monsters lurking at galactic centers, produce gravitational waves at much lower frequencies. A merger between two supermassive black holes containing millions or billions of solar masses would generate gravitational waves with frequencies measured in millihertz, thousands of times lower than LIGO can detect.

Enter LISA, the Laser Interferometer Space Antenna. This ambitious mission, planned for launch in the 2030s, will consist of three spacecraft arranged in a triangular formation, separated by 2.5 million kilometers, about six times the distance from Earth to the Moon. These spacecraft will use laser interferometry similar to LIGO, but on a vastly larger scale and in the pristine environment of space, free from seismic noise.

LISA will open an entirely new window on the universe. It will detect supermassive black hole mergers throughout cosmic history, providing insight into how galaxies and their central black holes co-evolved. It will observe the inspiral of stellar-mass compact objects into supermassive black holes, extreme mass ratio events that can map the spacetime geometry around supermassive black holes with exquisite precision. It may even detect the gravitational wave background, a faint hum of waves from countless sources throughout the universe, possibly including signals from the Big Bang itself.

### Multi-Messenger Astronomy: Combining Light and Gravity Waves

On August 17, 2017, LIGO and Virgo detected gravitational waves from a source designated GW170817. Unlike previous detections, this signal came not from merging black holes but from two neutron stars spiraling together. Within two seconds, NASA's Fermi Gamma-ray Space Telescope detected a short gamma-ray burst from the same region of sky. This marked the beginning of an extraordinary observing campaign.

The gravitational wave signal allowed astronomers to triangulate the source to a specific region of sky. Within hours, optical telescopes around the world began searching that region, and soon located a new bright source in the galaxy NGC 4993, about 130 million light-years away. Over the following days and weeks, telescopes observing across the electromagnetic spectrum, radio, infrared, optical, ultraviolet, X-ray, and gamma-ray studied the aftermath of the neutron star merger.

This event demonstrated the power of multi-messenger astronomy, using different types of signals to study the same cosmic event. The gravitational waves revealed the masses and orbital dynamics of the neutron stars. The gamma-ray burst confirmed that such mergers can produce these enigmatic explosions. The optical and infrared light showed signatures of heavy element synthesis, confirming that neutron star mergers are a major source of elements like gold and platinum in the universe.

While neutron star mergers produce both gravitational waves and electromagnetic radiation, black hole mergers typically produce only gravitational waves. The colliding black holes themselves emit no light, and often there is no surrounding matter to be disrupted and glow. This makes black holes ideal subjects for pure gravitational wave astronomy. Yet even for black holes, there may be cases where electromagnetic signals accompany the merger, if the black holes are surrounded by accretion disks or if the merger occurs in a dense stellar environment.

The combination of gravitational waves and electromagnetic observations provides complementary information. Gravitational waves travel unimpeded through the universe, carrying pure information about the dynamics of extremely massive, compact objects. Electromagnetic waves reveal the composition and physical conditions of matter surrounding these events. Together, they provide a more complete picture than either could alone.

**Listening to the Cosmos**

It's worth reflecting on what it means that we can now detect gravitational waves. These are not electromagnetic signals, not photons of light traveling through space. They are literal vibrations of spacetime itself, the very fabric of reality oscillating in response to distant cataclysms.

When LIGO scientists convert gravitational wave signals into sound waves and play them through speakers, we can actually hear these cosmic events. The chirp of GW150914 sounds like a brief ascending tone ending in a 'pop', the acoustic representation of two black holes spiraling together and merging. There's something profound about being able to hear, in this metaphorical but very real sense, the sound of spacetime being shaken by the collision of black holes over a billion light-years away.

Gravitational wave astronomy also represents a triumph of human imagination, ingenuity, and persistence. Einstein's prediction of gravitational waves was based on mathematical manipulations of his field equations, pure theory disconnected from any experimental possibility at the time. For decades, many physicists doubted these waves could ever be detected, given the infinitesimal effects they produce.

Yet generation after generation of scientists, engineers, and technicians dedicated their careers to this quest. They developed new technologies, pushed the boundaries of precision measurement, and built some of the most sophisticated scientific instruments ever created. The first detection came exactly one century after Einstein's prediction, a century of theoretical work, technological development, and experimental refinement.

The success of gravitational wave astronomy has implications beyond what it teaches us about black holes and neutron stars. It demonstrates that phenomena predicted by fundamental physics, no matter how subtle, can eventually be brought within the reach of experimental investigation. It shows that seemingly impossible measurements can become possible with sufficient creativity and determination. And it reminds us that the universe still holds surprises, new ways of observing, new phenomena to discover, new questions we haven't yet learned to ask.

As we continue into the third decade of gravitational wave astronomy, the field is still in its infancy. Each new detection teaches us something about the population of black holes and neutron stars, the dynamics of extreme gravity, and the fundamental nature of spacetime. Upgrades to existing detectors and the development of new facilities like LISA promise to expand our gravitational wave vision across a broader range of frequencies and sensitivities.

We have learned to listen to spacetime, and in doing so, we have given ourselves a new sense with which to explore the cosmos. The universe is speaking to us through gravitational waves, telling stories of black holes colliding in the darkness, neutron stars merging in brilliant explosions, and supermassive black holes dancing in the hearts of distant galaxies. We are only beginning to learn the language of these cosmic whispers, but already they are transforming our understanding of the universe and our place within it.

# PART SEVEN

# BLACK HOLES AND THE BIG QUESTIONS

# CHAPTER SIXTEEN

# The Information Paradox

Black holes have challenged our understanding of physics since their theoretical inception, but perhaps no puzzle has proven more vexing than the information paradox. This seemingly abstract problem sits at the intersection of quantum mechanics and general relativity, two pillars of modern physics that describe the universe with extraordinary precision in their respective domains but have stubbornly resisted unification. The information paradox doesn't just ask a question about black holes, it asks whether our most fundamental theories are compatible with each other, or whether one of them must be wrong.

At its core, the paradox is deceptively simple: what happens to information that falls into a black hole? Does it remain somehow encoded within the black hole, eventually escaping in some form? Or is it truly destroyed, lost forever to the universe? The answer has profound implications for the nature of reality itself, touching on questions about the arrow of time, the structure of spacetime, and the fundamental laws that govern existence.

**Hawking Radiation: Black Holes Aren't Completely Black**

The information paradox began with one of the most surprising discoveries in theoretical physics. In 1974, Stephen Hawking showed that black holes aren't entirely black, they emit radiation. This revelation fundamentally changed our understanding of black holes and set the stage for the paradox that would occupy physicists for the next half-century.

Hawking's insight came from applying quantum field theory near a black hole's event horizon. According to quantum mechanics, even the vacuum of empty space isn't truly empty. Virtual particle-antiparticle pairs constantly pop into existence throughout space, existing for the briefest of moments before annihilating each other and disappearing back into the vacuum. This quantum foam is a fundamental feature of spacetime at the smallest scales.

Near a black hole's event horizon, something remarkable can happen to these virtual pairs. If a pair materializes very close to the horizon, one particle might fall into the black hole while its partner escapes. From an external observer's perspective, it appears that the black hole is emitting a particle. This is Hawking radiation.

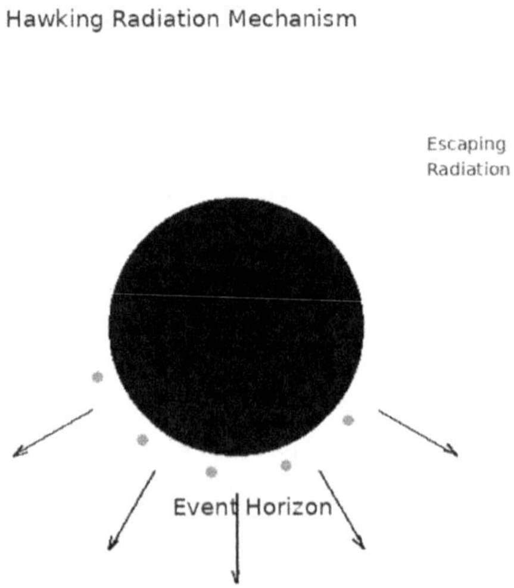


*Figure 16.1: Hawking radiation arises from virtual particle pairs near the event horizon*

The mathematical details are intricate, but the consequence is clear: black holes radiate. The radiation has a thermal spectrum, it looks exactly like the radiation emitted by any hot object, characterized by a specific temperature.

This temperature is inversely proportional to the black hole's mass. Massive black holes are colder; smaller black holes are hotter.

For a stellar-mass black hole of ten solar masses, the Hawking temperature is about one ten-millionth of a degree above absolute zero, far colder than the cosmic microwave background that permeates space. Such a black hole absorbs more radiation from its surroundings than it emits, so it grows rather than shrinks. For supermassive black holes, the temperature is even more infinitesimal.

But as a black hole emits Hawking radiation, it loses mass. The radiated energy must come from somewhere, and it comes from the black hole's mass via Einstein's $E=mc^2$. As the black hole loses mass, it shrinks, which increases its temperature, which increases its radiation rate, which accelerates the mass loss. This creates a runaway process.

Eventually, in the far future, timescales that dwarf the current age of the universe for stellar-mass black holes, a black hole will evaporate completely. The final moments of evaporation occur rapidly, with the black hole heating to extreme temperatures and disappearing in a final burst of radiation, leaving nothing behind but the outgoing Hawking radiation.

**The Evaporation Problem**

At first glance, black hole evaporation might seem like an elegant resolution to various puzzles. Black holes aren't permanent features of the cosmos; they're temporary, albeit extremely long-lived. But Hawking's discovery created a far more serious problem than it solved.

The issue lies in the nature of Hawking radiation. According to Hawking's calculations, the radiation is perfectly thermal, it's random, characterized only by temperature, with no special properties that depend on what fell into the black hole. Whether you throw in a collection of hydrogen atoms, a complete encyclopedia, or a precisely constructed quantum computer, the Hawking radiation that eventually emerges appears identical, distinguished only by the slight increase in the black hole's mass and therefore slight decrease in its temperature.

This seems problematic but perhaps not catastrophic, until you consider it from the perspective of quantum mechanics. One of the foundational principles of quantum mechanics is unitarity, which essentially states that information is never truly lost. Physical processes can scramble information, spreading it out and making it difficult to recover, but the information must remain encoded somehow in the quantum state of the system. Time evolution in quantum mechanics is reversible in principle; if you know the precise quantum state now, you can calculate what it was in the past or what it will be in the future.

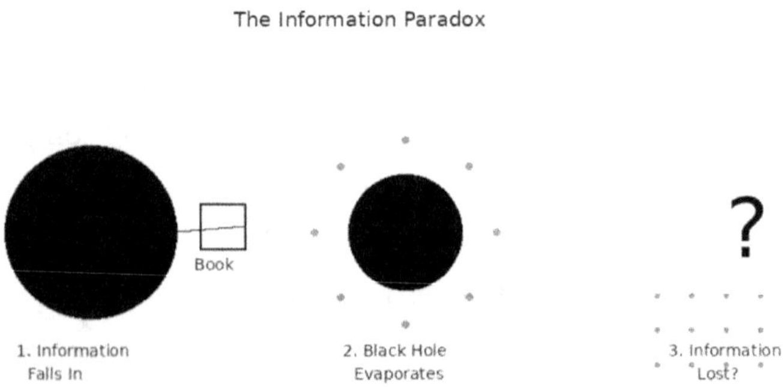


*Figure 16.2: The information paradox, does information falling into a black hole get destroyed?*

But if Hawking radiation is truly thermal and random, it carries no information about what fell into the black hole. When the black hole finally evaporates completely, that information is simply gone. The encyclopedia and the hydrogen atoms produce indistinguishable final states, the same featureless thermal radiation. Information has been destroyed, violating unitarity.

This is the information paradox. Either quantum mechanics is wrong about information conservation, or general relativity is wrong about black holes, or our understanding of how the two theories work together is fundamentally flawed. None of these options is appealing; each would require abandoning or radically revising well-tested physics.

### Why Information Matters

To appreciate why the information paradox is so troubling, we need to understand what physicists mean by 'information' in this context. It's not information in the everyday sense of meaningful data or knowledge. Rather, it's the complete quantum mechanical description of a system, everything needed to specify the quantum state.

Consider a simple example: a single electron. In quantum mechanics, the electron's state is described by a wavefunction that encodes probabilities for various properties, position, momentum, spin, and so on. The information content is this complete specification. If you measure the electron and find it in a particular location with a particular spin, you've gained information, but that information was already encoded in the wavefunction; you merely revealed it through measurement.

Now imagine that an electron falls into a black hole. From outside, we can no longer measure its properties or interact with it in any way. But quantum mechanics insists that the information describing that electron still exists somewhere. It hasn't been destroyed; it's merely become inaccessible to us. Perhaps it's encoded in subtle correlations in the Hawking radiation, or in the structure of the event horizon itself, or in some aspect of the black hole's quantum state that we don't yet understand how to describe.

The principle of unitarity, information conservation, isn't just an abstract mathematical nicety. It's intimately connected to fundamental features of quantum mechanics including the predictability of the theory and the very notion of quantum states evolving in time. If information can be destroyed, quantum mechanics as we understand it breaks down. We would need a new framework, and no one knows what that framework might look like or how it could reproduce the countless successful predictions of standard quantum mechanics.

Furthermore, information loss would violate causality in subtle but profound ways. It would mean that identical initial conditions could lead to different final outcomes, not just probabilistically (which quantum mechanics already allows) but in a way that erases any possibility of reconstructing the past from the present. Time's arrow would become absolute and irreversible in a new way, fundamentally different from the thermodynamic arrow of increasing entropy.

**Proposed Solutions to the Paradox**

Over the decades since Hawking's discovery, physicists have proposed numerous solutions to the information paradox. Each approach sacrifices something, some cherished assumption about how the universe works and each faces its own challenges. Here we examine the major contenders.

**Information Is Destroyed**

The most radical solution is to accept that information is indeed destroyed when it falls into a black hole. This was Hawking's original position. Perhaps unitarity isn't a fundamental law after all, but merely an approximation that breaks down in extreme gravitational situations.

This approach has the virtue of taking the calculations at face value. Hawking radiation appears thermal because it is thermal; there's no hidden information encoded in subtle correlations. Black holes represent a genuinely new phenomenon where quantum mechanics must be modified.

However, this solution faces serious objections. No one has successfully formulated a modified version of quantum mechanics that abandons unitarity while preserving the theory's other successful features. More problematically, experiments continue to confirm unitarity in every testable situation. Abandoning such a fundamental principle without a compelling alternative framework seems premature.

### Information Escapes in Hawking Radiation

Perhaps information isn't destroyed but instead escapes gradually in the Hawking radiation itself. While the radiation appears thermal when examined crudely, maybe it contains subtle correlations that encode all the information about what fell into the black hole. This information would be scrambled, spread across many particles in complex ways but not lost.

This solution preserves unitarity and modifies our understanding of Hawking radiation. The challenge is explaining how the information gets from the black hole's interior, through the event horizon, and into the outgoing radiation. The radiation originates from quantum processes right at the horizon, not from inside the black hole, so it's unclear how interior information could be imprinted on it.

Recent developments in quantum information theory suggest this might work through quantum entanglement. Particles falling into the black hole might become entangled with the Hawking radiation in ways that allow information to be transferred. But the mechanism remains mysterious, and calculations attempting to track this information flow have proven extraordinarily difficult.

### The Holographic Principle

One of the most influential ideas to emerge from studies of black hole thermodynamics is the holographic principle. This radical proposal suggests that all the information contained within a volume of space can be encoded on the boundary of that region, much like a hologram encodes three-dimensional information on a two-dimensional surface.

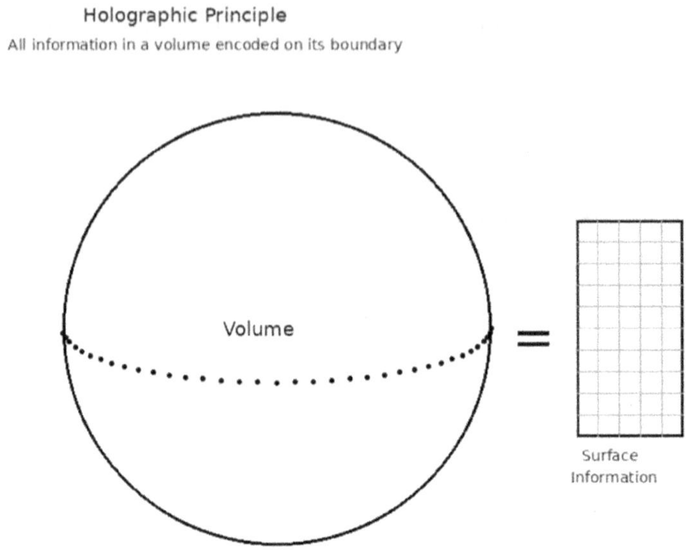


*Figure 16.3: The holographic principle suggests information in a volume is encoded on its boundary*

The holographic principle originated from Jacob Bekenstein's discovery that black hole entropy, a measure of the information content, is proportional to the area of the event horizon, not the volume enclosed. For normal objects, entropy typically scales with volume: a larger box can hold more disordered states than a smaller box. But black holes are different. Their information capacity depends on surface area.

This suggests something profound: maybe the interior of a black hole isn't fundamental. Perhaps all the information about the black hole, including everything that ever fell in, is somehow encoded on the two-dimensional event horizon. The apparently three-dimensional interior might be a kind of projection or emergence from this two-dimensional description.

Gerard't Hooft and Leonard Susskind developed this idea into the holographic principle, proposing that it applies not just to black holes but to the universe as a whole. Any region of space, they suggested, can be completely described by information encoded on its boundary. The three-dimensional physics we observe emerges from a more fundamental two-dimensional description.

The holographic principle has found rigorous mathematical support through the AdS/CFT correspondence in string theory, which shows an exact equivalence between certain gravitational theories in a curved spacetime and quantum field theories on the boundary of that spacetime. While the specific cases proven don't directly apply to our universe, they demonstrate that holography is mathematically consistent and not merely wishful thinking.

**Black Hole Complementarity**

Leonard Susskind proposed an ingenious resolution called black hole complementarity, drawing an analogy to complementarity in quantum mechanics, where particles can behave as either waves or particles depending on how you observe them, but never both simultaneously.

According to complementarity, an observer falling into a black hole and an observer remaining outside have fundamentally different but equally valid descriptions of reality. The infalling observer crosses the event horizon smoothly, notices nothing special at the horizon itself (assuming the black hole is large enough that tidal forces are weak there), and eventually reaches the singularity. From this observer's perspective, information falls into the black hole and is destroyed at the singularity.

The external observer, however, never sees anything cross the event horizon. Time dilation means that as an object approaches the horizon, it appears to slow down asymptotically, growing dimmer and redder but never quite reaching the horizon. From this perspective, information is smeared across the horizon's surface and eventually re-emitted in Hawking radiation. No information is lost because nothing ever actually enters the black hole from the external viewpoint.

These two descriptions seem contradictory: the infalling observer sees information destroyed, while the external observer sees it preserved. Complementarity resolves this by asserting that no single observer can verify both descriptions simultaneously. The infalling observer can't escape to compare notes with the external observer, and quantum mechanics forbids the external observer from accessing information behind the horizon. As long as no observer experiences a contradiction, both descriptions can coexist.

This solution is elegant but unsettling. It seems to suggest that reality itself is observer-dependent in a deeper way than quantum mechanics already implies. Critics worry that it's more of a philosophical position than a physical theory, and it raises new questions about what 'really' happens.

### Firewalls and Quantum Corrections

In 2012, Joseph Polchinski and colleagues pointed out a serious problem with black hole complementarity, reigniting the debate. Their argument, called the firewall paradox, suggests that if information is preserved in Hawking radiation, then quantum mechanics requires the event horizon to be not a smooth surface but a violent 'firewall' of high-energy particles that would incinerate anything attempting to cross.

The reasoning involves quantum entanglement. For information to escape in Hawking radiation, the radiation must be highly entangled in specific ways. But this conflicts with other entanglement relationships that seem necessary for the smoothness of the event horizon. Something has to give. Either information is lost, or the equivalence principle (which requires smooth passage through the horizon) is violated, or quantum mechanics itself needs revision.

The firewall paradox remains controversial. Some physicists argue that it reveals a genuine crisis requiring new physics. Others contend that it relies on assumptions about entanglement and quantum gravity that may not hold up when we better understand how quantum mechanics and gravity combine. The debate continues, with new proposals emerging regularly.

**Fuzzball Theory and String Theory Approaches**

String theory, a candidate for a quantum theory of gravity, offers its own perspectives on the information paradox. In string theory, fundamental particles aren't point-like but tiny vibrating strings. When applied to black holes, string theory suggests they might not have sharp event horizons and singularities in the conventional sense.

The fuzzball proposal, developed by Samir Mathur and others, suggests that what we perceive as a black hole is actually a complex, extended configuration of strings and branes filling the entire region that classical general relativity would describe as the black hole interior. There's no interior in the traditional sense, the 'black hole' is actually a 'fuzzball,' a quantum object without a well-defined horizon or singularity.

In this picture, information is never hidden behind a horizon because there is no horizon in the quantum description, just as there are no perfect point particles in string theory. Information falling toward the black hole is absorbed into the fuzzball's structure and can eventually escape as the fuzzball radiates. The challenge is explaining why fuzzballs behave so much like the classical black holes predicted by general relativity in most circumstances.

**Where the Debate Stands Today**

More than four decades after Hawking's discovery of black hole radiation, the information paradox remains unresolved. This is not due to lack of effort, thousands of papers have been written on the subject, and some of the brightest minds in theoretical physics have devoted their careers to it. The persistence of the problem suggests it touches on something genuinely deep about the structure of reality.

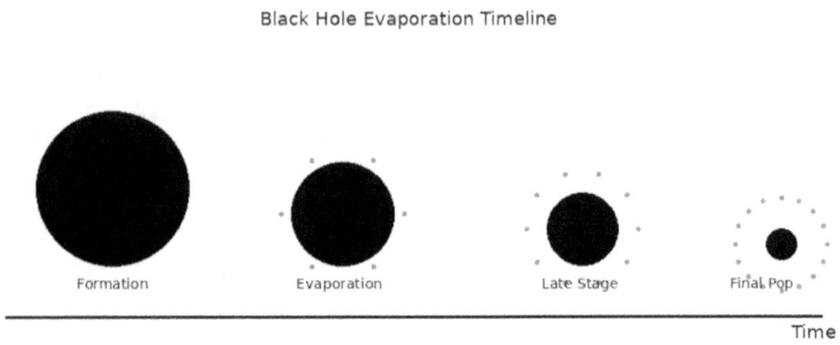


*Figure 16.4: The timeline of black hole evaporation through Hawking radiation*

The consensus among most physicists is that information is probably preserved, unitarity holds, and quantum mechanics survives intact. This position has strengthened in recent years, partly due to theoretical developments in string theory and quantum gravity, and partly due to Hawking himself revising his position in 2004 to accept that information is preserved.

However, agreement that information is preserved doesn't mean agreement on how it's preserved. The mechanism by which information escapes remains mysterious. Is it encoded in subtle correlations in Hawking radiation? Is it stored on the horizon holographically? Does the interior of the black hole exist in the way general relativity suggests, or is it an emergent description of something more fundamentally different?

Recent work has focused on understanding quantum entanglement in gravitational contexts and on exploring connections between quantum information theory and spacetime geometry. Some researchers investigate whether spacetime itself might be emergent from more fundamental quantum information structures, a radical idea that would make both general relativity and our intuitions about space and time approximate descriptions of deeper quantum reality.

Experimental verification remains challenging. Black hole evaporation timescales are so enormous for any realistic black hole that we'll never observe a complete evaporation. We can't throw things into black holes and track what happens to the information. The information paradox must be resolved theoretically, through mathematical reasoning and consistency arguments, rather than through a direct experimental test.

## Implications Beyond Black Holes

The information paradox's significance extends far beyond black hole physics. It has become a testing ground for ideas about quantum gravity, the long-sought theory that would unite quantum mechanics and general relativity. Any candidate theory of quantum gravity must resolve the information paradox consistently. This requirement has guided and constrained theoretical developments.

The paradox has also revolutionized how physicists think about spacetime. The holographic principle, born from black hole thermodynamics, suggests that space might have one less dimension than we experience, that our three-dimensional reality might be a projection of information encoded on a two-dimensional boundary. This has profound implications for how we understand the universe's structure.

Ideas developed to address the paradox have found applications in quantum information theory, condensed matter physics, and even aspects of quantum computing. The mathematical tools used to study black hole information have proven useful in understanding quantum entanglement, quantum error correction, and the emergence of spacetime from quantum information.

Perhaps most significantly, the information paradox has forced physicists to confront the possibility that space and time, which seem so fundamental to our experience of reality, might not be fundamental at all. They might be emergent phenomena, arising from more basic quantum information structures in ways we're only beginning to understand. This represents a conceptual revolution comparable to the shift from Newtonian absolute space and time to Einstein's relative spacetime.

The information paradox reminds us that despite centuries of scientific progress, we still don't fully understand the universe's deepest workings. Black holes, those seemingly simple objects defined by just mass, charge, and spin, contain mysteries that challenge our most successful theories. They sit at the boundary of the known, where the smooth geometry of general relativity meets the quantum uncertainty of the very small.

Resolving the paradox will likely require new physics, perhaps not a complete overthrow of quantum mechanics or general relativity, but a deeper understanding of how they fit together, of what they're approximations to, of what lies beneath. The answer, when it comes, will probably surprise us, revealing aspects of reality we hadn't imagined.

In the meantime, the paradox continues to drive research, inspire new ideas, and remind us that the universe is under no obligation to make sense to us. Black holes, in their mysterious darkness, may yet illuminate the deepest truths about the nature of reality, time, and information itself.

CHAPTER SEVENTEEN

# Black Holes and the Fate of the Universe

---

When we contemplate the ultimate fate of the universe, we confront timescales that dwarf human comprehension. The universe is currently 13.8 billion years old, already a span difficult to grasp. Yet this is merely an eye-blink compared to the deep time stretching ahead. If the universe continues on its current trajectory, the cosmos we know today will seem like a fleeting moment of light and warmth in an eternity of darkness and cold.

Black holes play a central role in this cosmic narrative. They are not merely exotic objects occupying obscure corners of space; they are intimately connected to the evolution of galaxies, the lifecycle of matter, and the ultimate destiny of everything. Understanding black holes means understanding where the universe came from and where it's going, the full arc of cosmic history from the Big Bang to whatever lies at the end of time.

This chapter explores the deep future, examining the role black holes will play as the universe ages beyond recognition, and considers some of the most profound questions about cosmic destiny that modern physics can address.

## The Deep Future: A Cosmic Calendar

To appreciate the role of black holes in the universe's fate, we must first understand the timeline we're discussing. Cosmologists divide the universe's future into several distinct eras, each characterized by different physical processes and energy sources.

## The Stelliferous Era

We currently live in what cosmologists call the Stelliferous Era, the age of stars. This era began a few hundred million years after the Big Bang, when the first stars ignited, and will continue for trillions of years into the future. During this time, the universe is dominated by the light and energy from nuclear fusion in stellar cores.

But star formation cannot continue forever. Stars form from clouds of hydrogen and helium gas, and each generation of stars locks some of this gas into stellar remnants, white dwarfs, neutron stars, and black holes. Over time, less and less gas remains available for new star formation. Current estimates suggest that the last stars will form sometime around one hundred trillion years from now, roughly ten thousand times the current age of the universe.

Even after star formation ceases, existing stars will continue to shine for trillions more years. The smallest, coolest red dwarf stars burn their fuel so slowly that they can shine for ten trillion years or more. The very last of these dim stars will finally flicker out around one hundred trillion years from now, marking the end of the Stelliferous Era and the beginning of a profoundly different universe.

## The Degenerate Era

Once the last stars die, the universe enters the Degenerate Era, named for the degenerate matter, white dwarfs, neutron stars, and black holes that will dominate. This era spans from about $10^{14}$ years to $10^{40}$ years after the Big Bang.

During this unimaginably long epoch, the universe will be utterly dark. No stars shine; no fusion reactions light the darkness. The only sources of radiation are the faint heat leaking from cooling stellar remnants and the even fainter glow of Hawking radiation from black holes. Temperatures everywhere approach absolute zero.

Galaxies, if they can still be called that, will be collections of dead stars, brown dwarfs, and black holes. These objects will occasionally collide, briefly releasing energy, but such events will become increasingly rare as the universe continues to expand and objects drift farther apart.

Interestingly, a few new objects may form even in this dead universe. Occasionally, two white dwarfs might collide and merge, and if their combined mass exceeds the Chandrasekhar limit, they could form a neutron star or even trigger a supernova, a brief flash of light in the eternal darkness. Similarly, brown dwarfs might slowly accrete matter until they accumulate enough mass to ignite fusion and become stars, though these would be exceedingly rare events.

On these timescales, even seemingly stable structures decay. Proton decay, if it occurs as some theories predict, will gradually dissolve all ordinary matter. A proton's half-life is unknown but theorized to be at least $10^{34}$ years. If protons do decay, by around $10^{40}$ years, even white dwarfs and neutron stars, composed of matter held together by electromagnetic and nuclear forces will have evaporated away, leaving only black holes.

**The Black Hole Era**

Eventually, only black holes remain. This is the Black Hole Era, spanning from about $10^{40}$ years to perhaps $10^{100}$ years after the Big Bang. During this era, black holes are the dominant form of mass in the universe, if indeed the universe can be said to contain much of anything by this point.

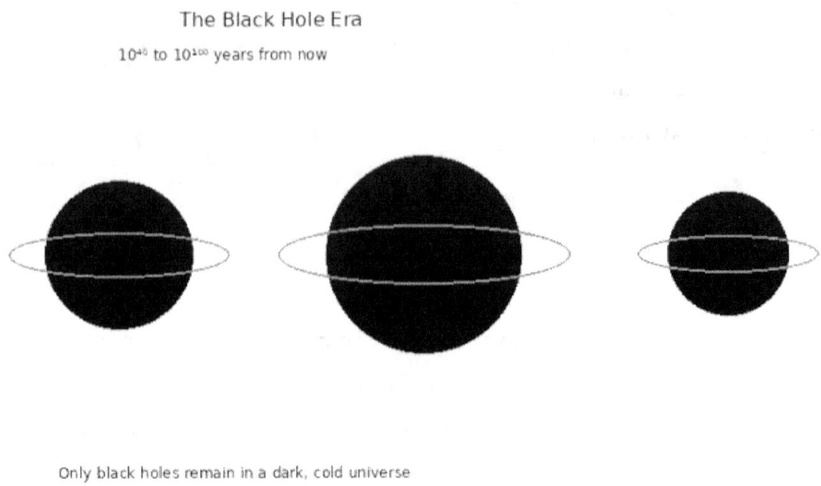


*Figure 17.1: The Black Hole Era, a dark, cold universe dominated by black holes*

But even black holes are not eternal. As we discussed in the previous chapter, Stephen Hawking showed that black holes emit radiation and gradually evaporate. For stellar-mass black holes, this evaporation takes an almost inconceivably long time. A black hole with the mass of the Sun would require about $10^{67}$ years to evaporate completely, roughly a million million million million million million million million million million times the current age of the universe.

Supermassive black holes take even longer. The black hole at the center of the Milky Way, Sagittarius A*, contains about four million solar masses and would require roughly $10^{99}$ years to evaporate. The largest known black holes, containing tens of billions of solar masses, would persist for $10^{100}$ years or more.

During most of this era, the evaporation proceeds glacially. The black holes emit only the faintest Hawking radiation, barely distinguishable from the increasingly cold cosmic background. But as a black hole shrinks, its temperature rises and its evaporation accelerates. The final moments occur in a burst of radiation as the black hole, now microscopic, reaches extreme temperatures and explosively releases its remaining mass-energy.

These final evaporations represent the last significant energy releases in the history of the universe. Each one is a tiny spark in the darkness, a brief, brilliant flare marking the end of one more structure that once was. When the last supermassive black hole finally evaporates, around $10^{100}$ years from now, the universe will have exhausted even this final source of organized energy.

**The Dark Era and Heat Death**

What remains after the last black hole evaporates? The Dark Era, an epoch of thin radiation, stray particles, and nothing more. The universe becomes a diffuse sea of photons, neutrinos, electrons, and positrons, all with wavelengths stretched by cosmic expansion to inconceivable lengths, energies approaching zero.

This is the heat death of the universe, the final state predicted by thermodynamics. Entropy has reached its maximum; no energy gradients remain to drive any processes. No structure exists, no change occurs, no events happen. Time, in any meaningful sense, ceases to have relevance because nothing marks its passage.

This fate assumes the universe continues to expand forever, which current observations suggest is likely. The discovery of dark energy in 1998 revealed that the expansion of the universe is not just continuing but accelerating. If this acceleration persists, the universe will grow exponentially larger and colder, asymptotically approaching absolute zero while entropy approaches its maximum possible value.

Some cosmologists speculate about even more exotic fates. If dark energy strengthens over time, a scenario called Big Rip, the expansion could accelerate so dramatically that it tears apart galaxies, stars, planets, atoms, and finally even spacetime itself. Alternatively, if dark energy weakens and reverses, the universe might eventually stop expanding and begin contracting, culminating in a Big Crunch where all matter and energy collapse back into an infinitely dense state, perhaps triggering a new Big Bang.

But based on current observations, the most likely fate is a cold, dark, eternally expanding universe where black holes represent the final chapter of cosmic structure, the last objects to persist before dissolution into formless radiation.

## Black Holes and Galaxy Evolution

While black holes will dominate the far future, they have also played a crucial role in shaping the universe we see today. The relationship between black holes and their host galaxies is one of the most fascinating discoveries in modern astrophysics, a symbiotic partnership that has governed cosmic evolution for billions of years.

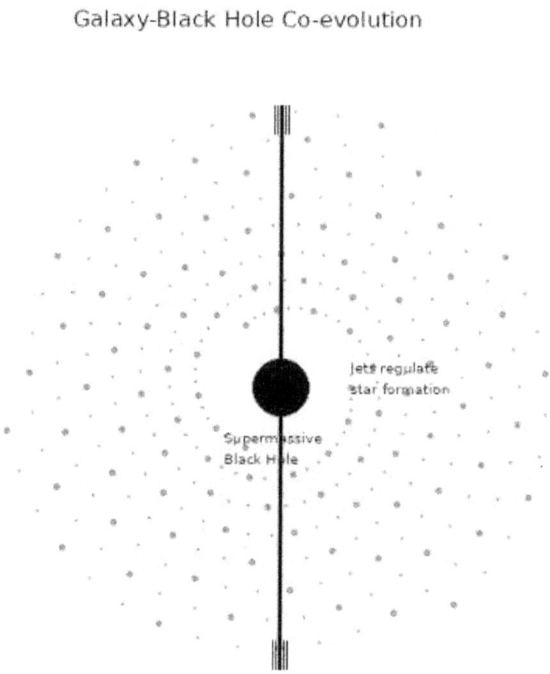


*Figure 17.2: The symbiotic relationship between galaxies and their central black holes*

Nearly every massive galaxy contains a supermassive black hole at its center. More remarkably, the mass of these central black holes correlates tightly with properties of their host galaxies, particularly the mass of the galactic bulge and the velocity dispersion of stars in the galactic center. A galaxy's central black hole typically contains about 0.1 to 1 percent of the mass of the galactic bulge.

This correlation suggests a deep connection between black hole growth and galaxy formation. But how can a tiny black hole, even a supermassive one, influence an entire galaxy millions of times more massive? The answer lies in the tremendous energy released by matter falling into black holes.

When a black hole actively accretes matter, it becomes a quasar or active galactic nucleus, among the most luminous objects in the universe. The infalling matter forms an accretion disk that heats to millions of degrees, radiating energy across the electromagnetic spectrum. Additionally, powerful jets of particles and magnetic fields can erupt from the regions near the black hole, shooting out at nearly the speed of light.

This energy output, though originating from a region smaller than our solar system, can affect the entire galaxy. The radiation and jets heat surrounding gas, preventing it from cooling and collapsing to form new stars. This process, called AGN feedback (Active Galactic Nucleus feedback), acts as a thermostat, regulating star formation throughout the galaxy.

The result is a self-regulating system. As a galaxy forms and its central black hole grows, increasing black hole activity suppresses star formation. With less star formation, less gas remains to fuel the black hole, so its activity decreases. Gas can then cool and form stars again, feeding the black hole, and the cycle continues. This feedback mechanism helps explain why galaxies don't convert all their gas into stars and why the black hole mass correlates with galactic properties.

Without supermassive black holes and their feedback, galaxies would likely look very different. They might form stars much more rapidly and completely, exhausting their gas supplies early in cosmic history. The fact that star formation has continued for billions of years, and continues even today, may be partially due to the regulatory influence of black holes, a cosmic irony where objects known for consuming matter actually prevent matter from being consumed too quickly.

**Cosmic Recycling: The Circle of Matter**

Black holes participate in the great cosmic cycle of matter and energy. Far from being mere endpoints where matter disappears, they are active participants in the processes that recycle material throughout the universe.

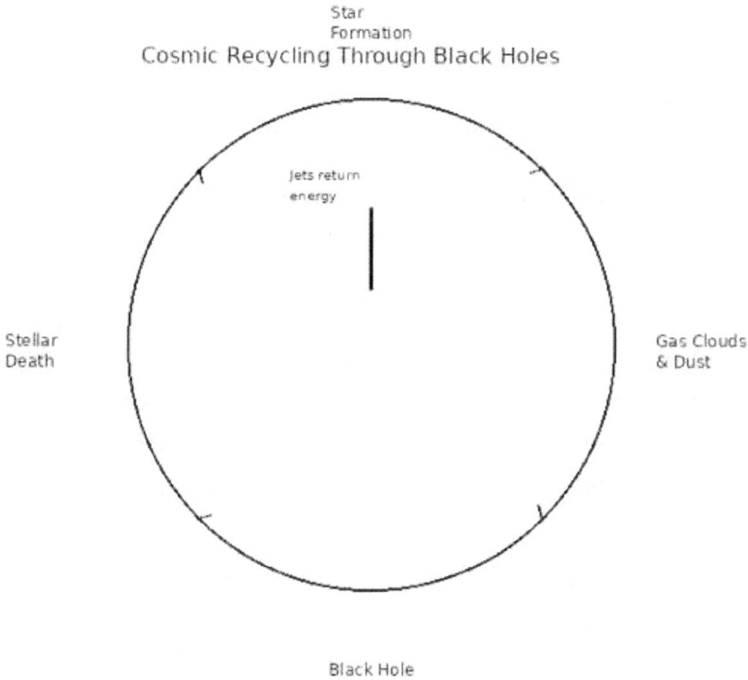


*Figure 17.3: Black holes participate in cosmic recycling of matter and energy*

Consider the lifecycle of matter in a galaxy. Gas clouds collapse under gravity to form stars. Stars fuse light elements into heavier ones, enriching the interstellar medium with carbon, oxygen, iron, and other elements essential for planets and life. When massive stars die, they explode as supernovae, scattering these elements back into space and leaving behind neutron stars or black holes.

Some of this enriched gas falls toward the galactic center, where it may be captured by the supermassive black hole. But not all of this material crosses the event horizon. As we've discussed, the accretion process is violent and energetic. Much of the inflowing matter is heated to extreme temperatures and driven back out by radiation pressure and magnetic fields. The jets launched by active galactic nuclei carry matter and energy far into intergalactic space.

This ejected material can travel thousands of light-years from the galactic center, enriching the surrounding medium with heavy elements and energy. Eventually, it may cool and be pulled back by gravity, potentially forming new generations of stars. The black hole thus acts not just as a consumer but as a redistributor of matter, taking in material from its immediate surroundings and pumping it back out on larger scales.

Even the matter that does cross the event horizon may not be permanently lost. If the information paradox has taught us anything, it's that quantum mechanics seems to forbid true information destruction. The eventual evaporation of black holes through Hawking radiation could represent an ultimate form of recycling, where matter consumed over millions or billions of years is eventually returned to the universe, albeit in a completely scrambled, thermal form.

In this sense, black holes are participants in cosmic ecology. They are not isolated systems but nodes in a vast network of matter and energy flows that have operated since the first stars formed and will continue until the last black hole evaporates.

**Could Our Universe Be Inside a Black Hole?**

One of the most mind-bending speculations in cosmology asks whether our entire universe might exist inside a black hole. This idea, while speculative, arises from legitimate mathematical similarities between the Big Bang and the interior of a black hole.

The mathematics of general relativity describe the interior of a black hole as a region where space and time swap roles in a sense. Inside the event horizon, moving forward in time is like moving spatially toward the singularity, it's inevitable, just as we cannot help but move forward in time. The singularity exists not at a point in space but in the future of anything that crosses the horizon.

This temporal nature of the black hole interior has striking similarities to our expanding universe. In cosmology, the Big Bang is not an explosion at a point in space but an event in the past of all points in space, just as the singularity is in the future of all points inside a black hole. The expansion of the universe, where all galaxies recede from each other, resembles the inevitable motion toward the singularity inside a black hole.

Some physicists have explored whether black holes, when they form, might create new universes within them, pocket universes disconnected from the parent universe. In this scenario, our universe could be the interior of a black hole that formed in some larger parent universe. The Big Bang would be the formation event seen from our interior perspective, and the expansion we observe would be the interior region of the black hole evolving forward in time.

This idea connects to the fecund universes hypothesis proposed by Lee Smolin. Imagine that every black hole that forms creates a new universe with slightly different physical constants. These universes are causally disconnected from their parent universe, nothing can travel between them. Over cosmic time, universes that efficiently produce black holes will spawn more offspring universes, creating a kind of cosmic natural selection that favors physical laws conducive to black hole formation.

Our universe, with its particular values of fundamental constants, might exist because these values are especially good at producing black holes. Stars can form, live long enough to create heavy elements, die in supernovae that leave black holes behind, and form galaxies with supermassive black holes at their centers. A universe with different constants might produce fewer or no black holes, and thus would have fewer or no offspring universes.

It's crucial to emphasize that this remains highly speculative. We have no direct evidence that black holes create new universes or that our universe resides inside one. The mathematics allows for such possibilities, but mathematics allows for many things that don't necessarily occur in nature. Nevertheless, the speculation illustrates how studying black holes forces us to confront the deepest questions about cosmic origins and the nature of reality itself.

**The Meaning of Cosmic Timescales**

Contemplating the ultimate fate of the universe, timescales of $10^{100}$ years and beyond, can induce a kind of temporal vertigo. These durations are so vast that they render essentially meaningless our usual conceptions of time. They exceed by incomprehensible margins the age of the universe, the lifetime of stars, the evolution of galaxies, and any timescale relevant to human experience or even to life itself.

To the extent we can grasp such numbers at all, we must use analogies and scaling. If we compressed the entire 13.8-billion-year history of the universe down to a single calendar year, human civilization would occupy the last few seconds before midnight on December 31st. On this scale, the end of star formation would occur about seven thousand years in the future. The evaporation of the last supermassive black holes would occur roughly 100 trillion trillion trillion trillion trillion trillion trillion years in the future, a number so large that attempting to represent it on any conceivable human timeline fails utterly.

These contemplations raise profound questions about meaning and significance. In a universe destined for heat death, where all structure eventually dissolves and all processes cease, does anything we do matter? Does consciousness, intelligence, and life have cosmic significance, or are we merely temporary eddies in the universal flow toward maximum entropy?

Different philosophical traditions offer different responses. Some find the cosmic perspective humbling but not nihilistic, the fact that we exist at all, that we can understand and appreciate the universe, that we can love and create and discover, may have intrinsic value independent of cosmic timescales. Others embrace a form of cosmic humility, seeing our transience as a reminder to focus on creating meaning in the present rather than seeking cosmic permanence.

From a scientific perspective, the far future remains fundamentally uncertain. Our projections assume current physical laws continue to apply unchanged over timescales vastly exceeding those we've tested. We extrapolate from 13.8 billion years of cosmic history to $10^{100}$ years into the future, a ratio that's incomprehensibly small. New physics might emerge at some point. The universe might contain surprises we cannot currently imagine.

Moreover, the role of consciousness and intelligence remains an open question. Some physicists speculate about far-future civilizations that might find ways to survive beyond the stellar era, perhaps by carefully managing the energy released from black hole evaporation or by encoding themselves in exotic forms that can persist in the final eras. While such scenarios venture into the realm of science fiction, they remind us that intelligence and information might play roles in cosmic evolution that we don't yet understand.

Black holes bookend the story of cosmic structure. They are among the final products of stellar evolution in our current era, and they will be the last complex structures to persist as the universe ages. They have shaped the evolution of galaxies and regulated the processes that create the cosmos we observe today. And they may, through their ultimate evaporation via Hawking radiation, represent the final transformation of matter and energy before the universe reaches its ultimate state of maximum entropy and minimum structure.

Understanding black holes means understanding cosmic destiny. Their properties connect quantum mechanics to general relativity, thermodynamics to gravity, information to spacetime. They force us to confront questions about the nature of time, the meaning of information, and the ultimate fate of everything that exists.

Whether the universe ends in heat death after $10^{100}$ years, tears itself apart in a Big Rip, collapses in a Big Crunch, or surprises us with something entirely unexpected, black holes will play a central role. They are not merely exotic consequences of general relativity but essential actors in the cosmic drama, from the formation of the first galaxies to the last whispers of Hawking radiation in the incomprehensibly distant future.

# CHAPTER EIGHTEEN

# Testing Einstein at the Extreme

Einstein's general theory of relativity, published in 1915, stands as one of humanity's greatest intellectual achievements. For over a century, it has passed every experimental test thrown at it, from the bending of starlight around the Sun to the precise timing of GPS satellites. Yet Einstein himself recognized that his theory was incomplete. It breaks down at singularities, conflicts with quantum mechanics, and leaves profound mysteries unresolved.

Black holes represent the ultimate testing ground for general relativity. They embody gravity at its most extreme, regions where spacetime curves so dramatically that our intuitions fail completely, where the predictions of the theory are pushed to their limits, and where cracks in our understanding become impossible to ignore. If general relativity is going to fail, if it needs to be replaced or extended by something deeper, black holes are where we'll discover it.

This chapter explores how black holes serve as laboratories for fundamental physics. We'll examine where Einstein's theory has been triumphantly confirmed, where troubling questions remain unanswered, and where physicists believe new physics must eventually emerge. The quest to understand black holes is ultimately a quest to understand the very foundations of space, time, and gravity.

**Black Holes as Laboratories for General Relativity**

General relativity makes specific, quantitative predictions about how spacetime behaves near massive objects. Near black holes, these effects reach their maximum intensity, providing the strongest possible tests of the theory.

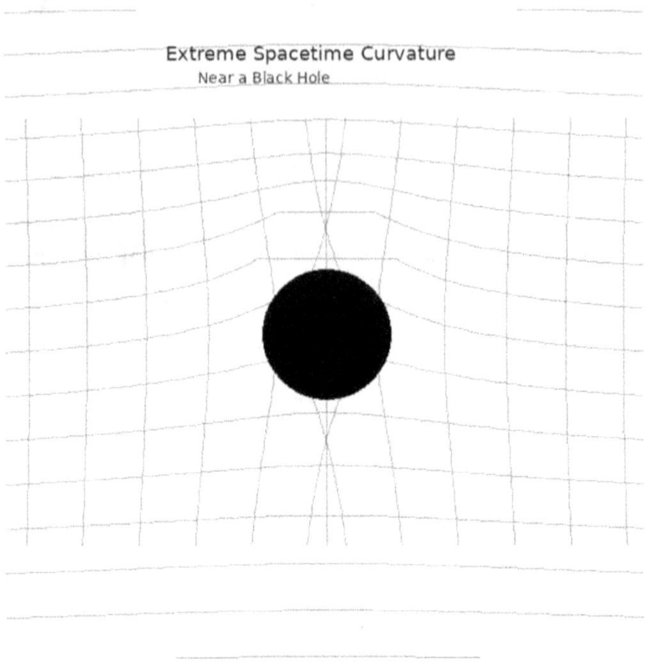


*Figure 18.1: Extreme spacetime curvature near a black hole*

**Gravitational Time Dilation**

One of general relativity's most remarkable predictions is that time itself runs at different rates depending on the strength of the gravitational field. The closer you are to a massive object, the slower time passes relative to someone farther away. This isn't science fiction or philosophical speculation, it's measurable reality, confirmed by atomic clocks at different altitudes on Earth and essential for the functioning of GPS satellites.

Near a black hole, gravitational time dilation becomes extreme. An observer hovering just above the event horizon would find their clock running far slower than a clock held by someone far from the black hole. For a non-rotating black hole, there's a precise mathematical relationship: if you're at a distance r from the black hole's center, time runs slower by a factor related to how close r is to the Schwarzschild radius.

At the event horizon itself, time dilation becomes infinite from the perspective of a distant observer. This is why, as we've discussed, an external observer never actually sees anything cross the event horizon, the infalling object appears to slow down asymptotically, frozen in time at the boundary. This prediction has been indirectly confirmed through observations of matter falling toward black holes and through the properties of gravitational wave signals from black hole mergers.

**Gravitational Lensing**

General relativity predicts that massive objects bend the path of light, not because light has mass, but because the objects curve the spacetime through which light travels. This gravitational lensing effect provides one of the most dramatic confirmations of Einstein's theory.

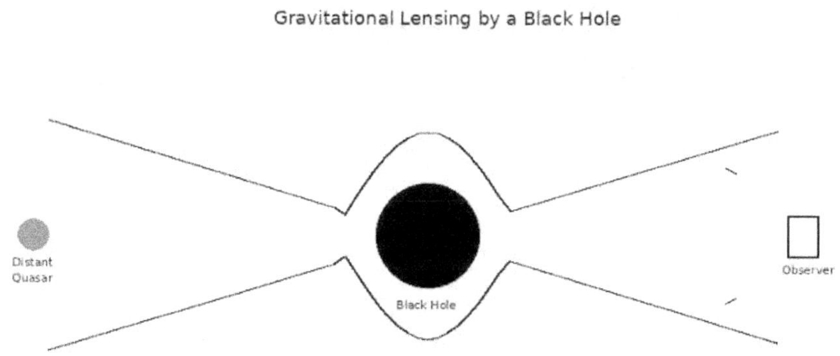


*Figure 18.2: Light bending around a black hole creates gravitational lensing effects*

Black holes create the most extreme lensing effects possible. Light passing near a black hole can be bent through large angles, and for black holes oriented just right relative to a background light source, we can observe an Einstein ring, a complete circle of light surrounding the black hole's shadow. The famous 2019 image of the black hole in galaxy M87 showed precisely this effect: a bright ring of emission from the accretion disk, with light bent around the black hole from both in front and behind it.

The mathematics of how black holes bend light has been worked out in extraordinary detail. General relativity predicts not just that light will bend, but exactly how much, from what angles, and what patterns will result. The Event Horizon Telescope observations matched these predictions with stunning precision, providing one of the strongest direct confirmations that we understand how black holes warp spacetime.

**Frame Dragging and the Kerr Solution**

One of general relativity's more exotic predictions involves rotating masses. When a massive object rotates, it drags spacetime around with it, an effect called frame dragging or the Lense-Thirring effect. This phenomenon has been measured near Earth by the Gravity Probe B satellite, which detected the tiny frame-dragging effect of our rotating planet.

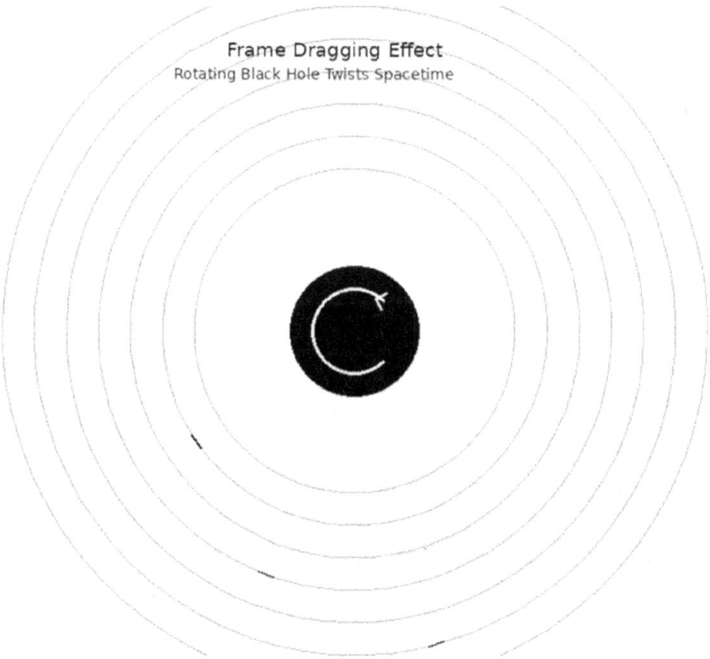


*Figure 18.3: Frame dragging, a rotating black hole twists spacetime around it*

For rotating black holes, frame dragging becomes dramatic. The Kerr solution to Einstein's equations, discovered by Roy Kerr in 1963, describes rotating black holes mathematically. It predicts that spacetime near a rotating black hole is twisted into a spiral pattern. Objects orbiting a rotating black hole are dragged along in the direction of rotation, unable to remain stationary even if they wanted to.

Close to a rotating black hole lies a region called the ergosphere, outside the event horizon but within a boundary called the static limit. Inside the ergosphere, spacetime is dragged around so strongly that nothing can remain at rest, everything must move in the direction of the black hole's rotation. This creates the possibility of extracting energy from a rotating black hole through the Penrose process, where particles can actually escape with more energy than they brought in, stealing rotational energy from the black hole.

Observations of accretion disks around black holes show signatures of frame dragging. The inner regions of these disks are twisted and tilted in ways that match the predictions of the Kerr solution. Gravitational wave observations from merging black holes also reveal the spins of the colliding objects, providing further confirmation that rotating black holes behave as general relativity predicts.

**Spectacular Confirmations**

The past few decades have witnessed an extraordinary string of confirmations for general relativity in the regime of strong gravity. Black holes have been central to these successes.

**The Event Horizon Telescope Images**

The 2019 image of the supermassive black hole in M87, followed by the 2022 image of Sagittarius A* at the Milky Way's center, represented triumph after triumph for general relativity. Before these observations, the existence of event horizons, the defining feature of black holes, remained theoretical. Alternative models involving exotic compact objects without horizons had been proposed.

The Event Horizon Telescope images definitively showed the shadow of the event horizon, exactly as general relativity predicted. The size of the shadow, the brightness distribution of the surrounding emission, and the asymmetries caused by the black hole's spin all matched theoretical predictions based on Einstein's equations. Alternative theories that had seemed viable were ruled out by the observations.

What makes these observations particularly powerful is their precision. We're not just seeing that something dark exists at the galactic center, we're measuring the properties of spacetime geometry in unprecedented detail. The photon ring radius, the structure of the accretion flow, the polarization of light, all of these features constrain the underlying physics and confirm that general relativity correctly describes even these extreme environments.

**Gravitational Wave Observations**

As we discussed in Chapter 15, gravitational wave detections have opened a new window on black holes. The signals from merging black holes encode information about masses, spins, and the dynamics of the merger process. These signals must be matched against theoretical templates computed from general relativity to extract physical parameters.

The agreement between observations and theory is spectacular. The chirp waveform, the characteristic increase in frequency and amplitude as black holes spiral together matches general relativity's predictions to extraordinary precision. The final ringdown phase, where the newly formed black hole settles into its final state, produces frequencies and damping times that perfectly match the predictions for a Kerr black hole.

These observations test general relativity in regimes never before accessible: velocities approaching the speed of light, gravitational fields strong enough to curve spacetime into almost infinite curvature, and dynamical spacetimes changing on millisecond timescales. The theory passes all these tests with flying colors, confirming Einstein's century-old equations in conditions he could never have imagined testing.

Moreover, gravitational wave observations allow tests of fundamental assumptions. Do gravitational waves travel at the speed of light? Yes, the near-simultaneous detection of gravitational waves and gamma rays from a neutron star merger in 2017 confirmed this to one part in a quadrillion. Do black holes have hair, additional properties beyond mass, spin, and charge? Current observations suggest no, confirming the no-hair theorem. Does general relativity correctly predict the spectrum of oscillations of a black hole? Again, yes.

**Stellar Orbits Around Sagittarius A***

Another stunning confirmation comes from tracking stars orbiting the supermassive black hole at the Milky Way's center. Andrea Ghez and Reinhard Genzel won the 2020 Nobel Prize in Physics for decades of painstaking observations that mapped these orbits with exquisite precision.

One star, designated S2, orbits Sagittarius A* with a period of about 16 years, approaching to within about 17 light-hours of the black hole at closest approach, only about four times the distance from the Sun to Neptune, but near a four-million-solar-mass black hole where gravitational fields are immense.

At its closest approach, S2's orbital velocity reaches about 3 percent of the speed of light. Observations of S2 during its 2018 periapsis passage detected both gravitational redshift and relativistic time dilation, exactly as predicted by general relativity. The star's light was shifted to redder wavelengths by the gravitational field, and the amount of redshift matched Einstein's equations precisely.

These observations also constrain the nature of the central object. The orbital dynamics confirm that Sagittarius A* contains four million solar masses within a region only about 12 million kilometers in radius. There is no known configuration of matter other than a black hole that could be this compact. Alternative proposals, clusters of dark matter, balls of fermions, exotic stars, are all ruled out by the observations.

**Where Einstein's Theory Breaks Down**

Despite these spectacular successes, physicists know that general relativity cannot be the final theory of gravity. The theory has intrinsic limitations and breaks down in certain regimes, most notably at singularities and when quantum effects become important.

## The Singularity Problem

General relativity predicts that at the center of every black hole lies a singularity, a point where density becomes infinite and spacetime curvature becomes infinite. At a singularity, the equations of general relativity produce infinities and cease to make meaningful predictions. Physics, as we understand it, breaks down completely.

Most physicists view singularities not as real features of nature but as signals that the theory has reached its limits. When a theory predicts infinities, it's usually telling us that new physics must take over. In the case of black hole singularities, that new physics is almost certainly quantum gravity, a theory that combines quantum mechanics with general relativity.

The problem is that we don't yet have a complete, experimentally verified theory of quantum gravity. We have candidates, string theory, loop quantum gravity, and others but no consensus on which, if any, correctly describes nature. This leaves the interior of black holes shrouded in fundamental uncertainty. We can describe the region outside the event horizon with confidence, but the singularity itself remains beyond our current theoretical grasp.

## The Quantum Gravity Regime

Quantum effects become important when we consider regions where spacetime curvature varies significantly over very small distances, distances comparable to the Planck length, about $10^{-35}$ meters. At these scales, the smooth geometry of general relativity gives way to a foaming, fluctuating quantum spacetime where our classical notions of distance and time break down.

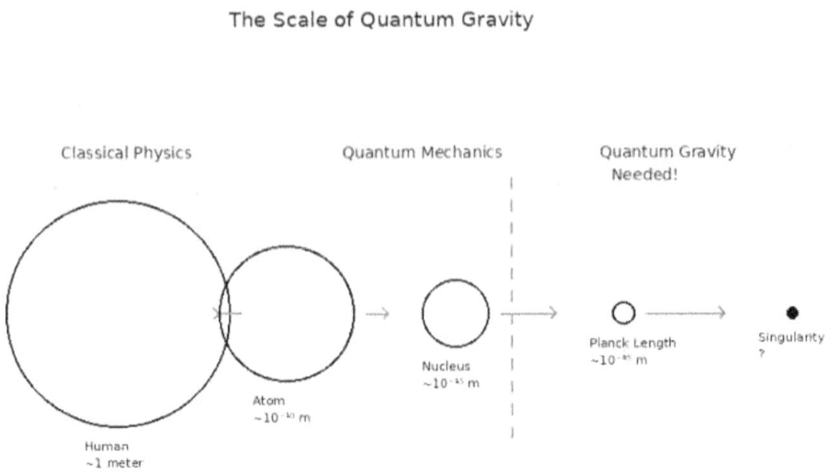


*Figure 18.4: The scale where quantum gravity effects become important*

For stellar-mass and larger black holes, quantum gravity effects are only important in a tiny region very near the singularity, well hidden behind the event horizon. The bulk of the black hole's structure, including the event horizon itself, can be described accurately by classical general relativity. This is why we can observe and understand so much about black holes despite lacking a complete quantum theory of gravity.

However, for hypothetical microscópic black holes with masses comparable to the Planck mass (about 22 micrograms), quantum effects would dominate throughout. Such objects, if they exist, would be entirely quantum mechanical, with no classical regime at all. Understanding these would require full quantum gravity. Some theories even suggest that the final moments of black hole evaporation, when the black hole has shrunk to Planck scales, might involve dramatic quantum phenomena that classical general relativity cannot describe.

**The Quest for Quantum Gravity**

The incompatibility between general relativity and quantum mechanics represents one of the deepest problems in theoretical physics. General relativity describes gravity as smooth, deterministic geometry of spacetime. Quantum mechanics describes a probabilistic, uncertain world where particles and fields fluctuate. These two frameworks have resisted all attempts at unification.

Black holes sit precisely at the intersection of these two theories. They're macroscopic objects described by general relativity, yet their existence raises quantum mechanical questions, most notably the information paradox. Resolving these puzzles almost certainly requires a theory of quantum gravity.

**String Theory**

String theory proposes that the fundamental constituents of nature are not point particles but tiny, vibrating strings. Different vibration patterns correspond to different particles, a string vibrating one way is an electron, vibrating another way is a photon, and so on. Crucially, string theory naturally includes a particle with the right properties to be the graviton, the hypothetical quantum particle of gravity.

String theory has had remarkable success in describing black holes from a quantum perspective. In certain cases, string theorists can count the microscopic quantum states of a black hole and show that the Bekenstein-Hawking entropy formula emerges naturally. This provides strong evidence that string theory captures something essential about quantum gravity.

However, string theory has significant challenges. It requires extra spatial dimensions beyond the three we observe, typically six or seven additional dimensions, curled up at scales far too small to detect directly. It has not yet made testable predictions that would allow experimental verification or falsification. And it exists in a vast landscape of possible configurations, making it unclear which, if any, describes our universe.

### Loop Quantum Gravity

Loop quantum gravity takes a different approach, attempting to quantize spacetime itself. In this framework, space is not continuous but composed of discrete, quantized units, tiny loops forming a network. The smooth geometry of general relativity emerges as an approximation when we consider large numbers of these fundamental loops, much as a smooth fluid emerges from countless individual molecules.

Loop quantum gravity predicts that singularities don't actually form. As matter collapses toward what would classically be a singularity, quantum effects create a kind of quantum bounce, potentially connecting our universe to another region of spacetime or even to another universe entirely. This resolves the singularity problem at a fundamental level.

The challenge for loop quantum gravity is that it has proven difficult to recover all of general relativity's predictions in the appropriate limits, and even more difficult to make contact with particle physics and the Standard Model of particle physics. Unlike string theory, loop quantum gravity doesn't naturally include the other forces of nature.

### Other Approaches

Numerous other approaches to quantum gravity have been proposed. Causal set theory views spacetime as fundamentally discrete, composed of point-like events with causal relationships. Asymptotic safety suggests that quantum gravity might be a conventional quantum field theory if examined at the right energy scales. Some physicists explore the possibility that gravity isn't fundamental at all but emerges from more basic quantum information dynamics.

The diversity of approaches reflects both the difficulty of the problem and the lack of experimental guidance. We have no direct observations of quantum gravity effects. Our experiments probe energies far below the Planck scale where quantum gravity becomes important. Black holes provide our best hope for indirect evidence, as they're the only objects in the observable universe where quantum gravity effects might be significant enough to detect.

**Future Tests and Observations**

The coming decades promise unprecedented opportunities to test general relativity and search for hints of quantum gravity using black holes as cosmic laboratories.

Next-generation gravitational wave detectors will observe thousands of black hole mergers with exquisite precision, enabling statistical tests of general relativity and searches for subtle deviations that might signal new physics. The planned LISA space-based observatory will detect supermassive black hole mergers, probing the theory at different mass scales and potentially revealing whether quantum effects modify black hole structure.

Improvements to the Event Horizon Telescope will produce movies of black hole shadows, not just still images. These movies will show matter swirling around black holes, revealing details of the accretion process and allowing precise tests of how spacetime geometry affects light propagation. They might even detect evidence of magnetic fields and plasma physics that general relativity alone doesn't predict but that influence black hole environments.

Observations of stars orbiting Sagittarius A* will continue to improve, potentially detecting post-Newtonian corrections, subtle effects beyond the predictions of Newtonian gravity that general relativity includes. Even more exotic tests might become possible, such as detecting perturbations in orbits caused by gravitational waves passing through the galactic center or searching for evidence of dark matter near the black hole.

Perhaps most ambitiously, some physicists hope to test quantum gravity effects directly. If black holes radiate energy through processes we don't yet understand, if their evaporation produces unexpected signatures, or if microscopic black holes can somehow be detected or created, we might glimpse quantum gravity in action. These remain speculative possibilities, but black holes represent our best hope for probing physics beyond general relativity.

### What Black Holes Teach Us About Physics

Black holes have transformed our understanding of what it means to test a physical theory. Einstein developed general relativity through thought experiments and mathematical reasoning, with only a few astronomical observations available to guide him. For decades, the theory's predictions seemed too subtle to test in detail.

Today, we can observe spacetime geometry directly. We can watch black holes merge, see their shadows against bright backgrounds, and track matter as it spirals into oblivion. These observations test general relativity in regimes Einstein could never have imagined, velocities approaching light speed, gravitational fields so strong they bend light into circles, and dynamical spacetimes that oscillate and radiate.

The theory's success in these extreme regimes is remarkable. It suggests that Einstein's insight, that gravity is geometry, captures something profoundly true about nature. Yet the theory's limitations are equally clear. Singularities, information paradoxes, and incompatibility with quantum mechanics point toward physics we don't yet understand.

Black holes thus represent both triumph and challenge. They confirm that we understand gravity at a deep level, while simultaneously revealing the boundaries of our knowledge. They are laboratories where our best theories meet their limits, pointing toward the new physics that must eventually emerge.

Testing Einstein at the extreme means pushing general relativity to its breaking point. Black holes provide that extreme testing ground, the most curved spacetimes in nature, the strongest gravitational fields, the most challenging puzzles. Every observation of a black hole is simultaneously a confirmation of Einstein's theory and a search for where it might fail.

The coming decades will bring extraordinary opportunities. Gravitational wave detectors will multiply, their sensitivity will increase, and they'll observe black holes throughout cosmic history. Advanced telescopes will image black hole environments in unprecedented detail. Theoretical understanding will deepen as physicists refine quantum gravity theories and develop new ways to test them.

Whether general relativity ultimately proves to be the final word on gravity or merely an approximation to something deeper, black holes will have shown us the way. They are the universe's gift to physics, natural laboratories operating at extremes we could never reproduce artificially, testing grounds where theory confronts reality at its most challenging.

As we conclude our exploration of black holes and fundamental physics, we turn in our final chapters to questions of culture, imagination, and the future, how black holes have captured the human imagination, where our understanding is heading, and what mysteries remain to be uncovered in these dark hearts of galaxies.

# PART EIGHT

# BLACK HOLES IN CULTURE AND IMAGINATION

CHAPTER NINETEEN

# From Science Fiction to Science Fact

---

Long before black holes were confirmed to exist, they captured the human imagination. Writers, filmmakers, and artists conjured visions of these cosmic anomalies, sometimes wildly inaccurate, sometimes surprisingly prescient. Black holes became shorthand for the unknown, the mysterious, the fundamentally incomprehensible. They served as portals to other dimensions, engines of time travel, cosmic monsters devouring everything in their path.

The journey from science fiction to science fact has been remarkable. What began as purely theoretical speculation has become observational reality. We've gone from arguing about whether black holes could exist at all to imaging their shadows and detecting the gravitational waves from their collisions. Popular culture has evolved along with scientific understanding, sometimes leading it, sometimes following, always reflecting humanity's fascination with the extreme and the unknown.

This chapter explores the cultural history of black holes, how they've been portrayed in literature and film, which depictions were surprisingly accurate and which were wildly wrong, and how the conversation between science and fiction continues to shape our understanding and imagination of these cosmic phenomena.

## Early Imaginings in Literature

The idea of an object so massive that light cannot escape predates the modern theory of black holes by centuries. In 1783, the English natural philosopher John Michell proposed the existence of 'dark stars', objects so massive and dense that their escape velocity would exceed the speed of light. Pierre-Simon Laplace independently proposed similar objects in 1796. Neither Michell nor Laplace could have imagined the full strangeness of black holes as we understand them today, but they grasped the core concept: gravity strong enough to trap light.

Science fiction of the early twentieth century rarely featured black holes explicitly, partly because the concept remained obscure even among physicists. The term 'black hole' itself wasn't coined until 1967, by physicist John Wheeler. Before that, they were called 'frozen stars,' 'dark stars,' or 'collapsed objects.' The terminology matters, 'black hole' captured the public imagination in a way that the more technical terms never could.

When black holes did appear in mid-century science fiction, they were often portrayed as cosmic whirlpools or mysterious vortexes. The visual imagery drew more from nautical metaphors, maelstroms and whirlpools, than from physical understanding. Writers grasped that these objects were dangerous and strange, but the specifics of curved spacetime, event horizons, and tidal forces remained largely absent from fictional portrayals.

One notable early appearance came in Arthur C. Clarke's work. Clarke, trained in mathematics and physics, paid more attention to scientific accuracy than many of his contemporaries. His stories occasionally featured collapsed objects with properties roughly consistent with theoretical understanding of the time, though even Clarke took liberties for narrative purposes.

**2001: A Space Odyssey and Visual Innovation**

Stanley Kubrick's 1968 masterpiece 2001: A Space Odyssey set new standards for scientific accuracy in science fiction cinema. While the film doesn't feature a black hole explicitly, its psychedelic 'Star Gate' sequence drew inspiration from relativistic physics and curved spacetime. The film's commitment to realism in depicting space travel and physics influenced how later filmmakers would approach cosmic phenomena.

The visual effects team, working before the advent of computer graphics, created innovative optical effects that suggested warped space and relativistic travel. Their work demonstrated that scientifically-informed speculation could produce stunning visuals. The lesson wasn't lost on future filmmakers: accuracy and spectacle need not conflict.

### Disney's The Black Hole

Disney's 1979 film The Black Hole represented Hollywood's first major attempt to center a story on a black hole. The film got some things right, it portrayed the black hole as a massive gravitational phenomenon, dangerous and mysterious. The special effects, impressive for their time, showed a glowing accretion disk around the dark central region.

However, the film also perpetuated misconceptions. The spaceship hovers impossibly close to the event horizon without experiencing catastrophic tidal forces. Characters move about normally despite being in extreme gravitational fields that should cause massive time dilation. And the film's finale, where characters pass through the black hole into some other realm, owes more to mysticism than physics.

Despite its scientific shortcomings, The Black Hole brought the concept to mainstream audiences. It sparked conversations about what black holes were and how they worked, even if the film itself provided more fantasy than fact.

### Event Horizon and Cosmic Horror

The 1997 science fiction horror film Event Horizon used a black hole as a plot device for interdimensional travel. The ship's experimental drive creates an artificial black hole, which the crew uses to fold space, but which also serves as a gateway to a hellish alternate dimension.

From a physics perspective, Event Horizon is nonsense. Black holes don't connect to other dimensions (as far as we know), and creating an artificial black hole of the size and controllability depicted would require manipulating matter and energy in ways that violate known physics. Yet the film captures something psychologically true about black holes: they represent boundaries of human understanding, thresholds beyond which known physics breaks down. The cosmic horror genre has often used black holes this way, as symbols of the unknowable.

**Interstellar: Science Fiction Grows Up**

Christopher Nolan's 2014 film Interstellar marked a watershed moment in the portrayal of black holes in cinema. The film featured physicist Kip Thorne as an executive producer and scientific consultant, and Thorne insisted on scientific accuracy wherever it didn't conflict with essential story elements.

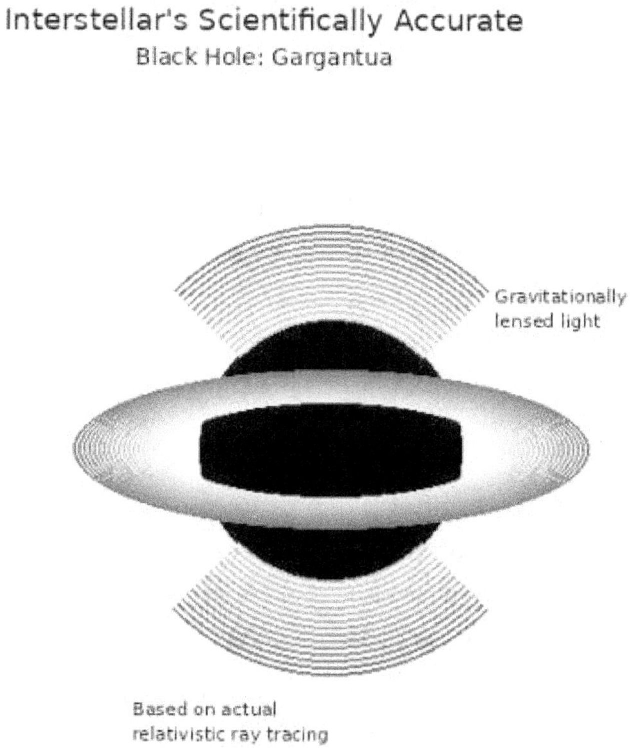


*Figure 19.1: Interstellar's Gargantua, scientifically accurate gravitational lensing*

The result was Gargantua, the supermassive black hole that became one of the film's central settings. To create Gargantua's appearance, the visual effects team developed new computer rendering techniques based on Einstein's equations of general relativity. They traced millions of light rays through curved spacetime to determine how light from the accretion disk would appear to a distant observer.

The resulting imagery was unlike anything seen in films before. Light from the accretion disk appeared both above and below the black hole's shadow due to gravitational lensing. The disk glowed brighter on one side due to

Doppler effects as matter orbited at relativistic speeds. The black hole's shadow was precisely the size and shape that general relativity predicts. The visuals were so accurate that Thorne and his collaborators published scientific papers based on the rendering techniques developed for the film.

Interstellar also portrayed time dilation correctly. The famous scene on Miller's planet, where one hour equals seven years on Earth, accurately depicts the extreme time dilation near a rapidly rotating supermassive black hole. The emotional weight of this scene, the crew aging years in subjective moments helped audiences grasp one of general relativity's most counterintuitive predictions.

The film did take some liberties, particularly in its climax where the protagonist falls into the black hole and survives to send messages through gravitational anomalies. This sequence owes more to narrative necessity than physics. Yet even here, the film engaged seriously with real physics concepts, including higher dimensions and the nature of time near a singularity, even if it ultimately chose drama over rigid accuracy.

Interstellar demonstrated that mainstream audiences could handle and were hungry for scientifically accurate portrayals of complex physics. The film sparked widespread public interest in black holes, relativity, and theoretical physics. Planetariums reported increased attendance, physics books climbed bestseller lists, and Kip Thorne's companion book The Science of Interstellar became a popular science phenomenon.

## Common Misconceptions and Public Understanding

Despite growing scientific literacy about black holes, persistent misconceptions remain in popular culture. Many stem from early science fiction or from oversimplified explanations that trade accuracy for accessibility.

### The Cosmic Vacuum Cleaner

Perhaps the most persistent misconception is that black holes are cosmic vacuum cleaners that suck up everything around them. This misunderstanding treats black holes as fundamentally different from other massive objects, as if they exert some special attractive force beyond normal gravity.

In reality, a black hole's gravitational pull at a given distance is exactly the same as any other object of equivalent mass. If you could magically replace the Sun with a black hole of equal mass, Earth's orbit wouldn't change at all. We'd freeze in the darkness, but we wouldn't spiral into the black hole. The black hole's gravity, at Earth's orbital distance, would be identical to the Sun's.

What makes black holes special isn't the strength of their gravity at large distances, but what happens very close to them. Because all their mass is concentrated in an infinitesimal region, you can get much closer to the center of mass than you could with a normal star. At these close distances, gravitational effects become extreme. But there's no magical sucking force; it's just ordinary gravity following the inverse square law.

**Portals and Wormholes**

Science fiction has long portrayed black holes as portals to other places, other universes, other dimensions, or other locations in space and time. Interstellar used this trope, as have countless other stories. The appeal is obvious: black holes are mysterious, and the idea that they might lead somewhere rather than nowhere is narratively compelling.

The mathematical formalism of general relativity does allow for wormholes, hypothetical tunnels through spacetime connecting distant regions. Some solutions to Einstein's equations, particularly for rotating or charged black holes, include wormhole-like structures. However, these mathematical solutions don't necessarily represent physical reality.

Real wormholes, if they exist, would likely be highly unstable, collapsing before anything could traverse them. Keeping a wormhole open might require exotic matter with negative energy density, something we've never observed and which may be impossible. Furthermore, even if a wormhole existed and stayed open, crossing one would likely require surviving the journey through regions of extreme spacetime curvature, tidal forces that would destroy any known form of matter.

For black holes specifically, anything crossing the event horizon is doomed to reach the singularity. There's no escape, no passage to another realm. The event horizon is genuinely a point of no return. While mathematically interesting, the idea of using black holes for travel remains firmly in the realm of speculation and fiction.

**What You'd See Falling In**

Many depictions of falling into a black hole suggest you'd see something spectacular, tunnels of light, visions of the universe's past and future, glimpses of other dimensions. The reality, while strange, is likely more prosaic.

For a supermassive black hole, crossing the event horizon might be remarkably uneventful. There's no visible boundary, no wall or membrane. You'd simply cross a mathematical surface in spacetime. Looking outward, you'd see the universe increasingly blueshifted and compressed into a shrinking circle behind you. Light from objects behind you would be gravitationally lensed around the black hole.

For smaller black holes, tidal forces would become significant before or at the event horizon, stretching you along the radial direction while compressing you perpendicular to it, the spaghettification we discussed in earlier chapters. The experience would be brief and fatal.

The confusion about what happens at the event horizon partly stems from mixing reference frames. An outside observer never sees you cross the horizon; they see you slow down asymptotically, growing dimmer and redder. Your experience is completely different, you cross the horizon in finite time and reach the singularity shortly after. Neither perspective is more 'true' than the other, but they are fundamentally different descriptions of the same events.

**Black Holes in Art and Philosophy**

Beyond science fiction and film, black holes have influenced art, music, and philosophical thought. They serve as metaphors and symbols, representing concepts that transcend their physical reality.

Visual artists have been captivated by black holes' aesthetic qualities, the contrast between absolute darkness and brilliant surrounding light, the warping of space and perspective, the circular perfection of an event horizon. The 2019 Event Horizon Telescope image of M87's black hole became an instant cultural icon, reproduced in countless media and inspiring artistic interpretations worldwide.

Musicians have found inspiration in black holes' cosmic scale and mystery. From progressive rock to electronic music, compositions have attempted to capture the sense of awe, danger, and sublimity that black holes evoke. The literal concept of gravitational waves as spacetime vibrations has particular appeal, the universe itself ringing like a bell.

Philosophically, black holes raise profound questions about the nature of reality, knowledge, and existence. They represent absolute boundaries on information, not just technological limits but fundamental constraints imposed by the structure of spacetime itself. This resonates with epistemological questions about the limits of human knowledge and understanding.

The information paradox has drawn attention from philosophers of science, who see in it fundamental questions about the nature of physical law, the relationship between quantum mechanics and general relativity, and whether information is more fundamental than matter and energy. Black holes force us to confront what we mean by 'knowing' something when that something is hidden behind an event horizon.

Black holes also serve as potent symbols for psychological and social phenomena. The metaphor of a 'black hole' is applied to addictive behaviors, toxic relationships, bureaucratic systems, or economic crises, situations that seem to consume resources without limit and from which escape seems impossible. While these metaphorical uses often diverge from the physics, they testify to black holes' cultural power as symbols of the inescapable and the overwhelming.

**The Science-Fiction Feedback Loop**

The relationship between science and science fiction regarding black holes isn't one-way. While science fiction has often trailed scientific understanding, it has also occasionally anticipated discoveries or inspired research directions.

Science fiction serves as a space for thought experiments. Writers can explore consequences of physics in ways that formal papers cannot. What would it really mean for time to flow differently in different places? How would civilizations cope with the ability to observe black hole mergers? These narrative explorations sometimes surface questions that scientists then pursue rigorously.

Moreover, science fiction creates cultural space for scientific concepts. Before the general public encounters a discovery through news media, they may have encountered the concept through fiction. When LIGO detected gravitational waves in 2015, many people weren't starting from zero, they had some conceptual framework, however vague, from science fiction portrayals. This cultural preparation can facilitate scientific literacy.

Scientists themselves are influenced by the science fiction they consume. Many physicists and astronomers cite science fiction as inspiration for their career choices. Kip Thorne has spoken about how science fiction shaped his early interest in physics. The imaginative speculation of fiction can motivate the rigorous investigation of science.

This creates a feedback loop: science discovers or predicts phenomena, fiction explores their implications and possibilities, this exploration sparks public interest and sometimes scientific curiosity, leading to further investigation. Black holes exemplify this loop particularly well because they've been simultaneously objects of serious scientific study and fertile ground for imaginative speculation.

**Why Black Holes Captivate Us**

What explains the enduring public fascination with black holes? Part of the answer is simply that they're objectively extraordinary, among the most extreme objects possible under known physics. But the fascination runs deeper than mere extremity.

Black holes represent ultimate boundaries. They mark the edges of what we can observe, what we can know, perhaps what we can imagine. Human beings are drawn to boundaries, to edges, borders, and limits. Black holes are the ultimate cosmic frontier, beyond which our familiar physics breaks down and our intuitions fail.

They also embody a paradox. They're both simple and complex, described completely by just a few numbers, yet containing mysteries that challenge our deepest theories. They're utterly destructive, yet may be essential to galaxy formation and cosmic evolution. They seem to destroy information, yet quantum mechanics forbids information destruction. These paradoxes mirror human experiences of complexity, contradiction, and the limits of understanding.

The visual drama of black holes contributes to their appeal. The image of a dark sphere surrounded by swirling, glowing matter is simply striking. It combines darkness with light, stillness with violent motion, emptiness with density. These contrasts make for compelling imagery whether in scientific visualizations or artistic interpretations.

Black holes also satisfy a very human desire to encounter the sublime phenomena that inspire awe through their scale, power, or mystery. The romantic tradition in art and literature sought sublimity in mountains, storms, and the night sky. In our modern, scientific age, black holes serve a similar function. They remind us that the universe is vaster and stranger than everyday experience suggests, that reality transcends human scale and comprehension.

Finally, black holes connect to deep existential questions. What is the nature of time? What are the ultimate limits of knowledge? What happens at the boundaries of existence? These aren't merely academic questions, they touch on concerns about meaning, mortality, and the human place in the cosmos. Black holes don't answer these questions, but they bring them into sharp focus.

CHAPTER TWENTY

# The Future of Black Hole Science

---

We stand at an extraordinary moment in the study of black holes. Just a few years ago, black holes were purely theoretical objects, studied through indirect evidence and mathematical models. Today, we've imaged their shadows, heard their collisions, and mapped their effects on surrounding galaxies. The pace of discovery has been breathtaking.

Yet for all we've learned, fundamental mysteries remain. We don't know how supermassive black holes formed in the early universe. We haven't observed intermediate-mass black holes definitively. The interior of black holes remains beyond our observational reach, and the reconciliation of quantum mechanics with general relativity remains incomplete. Questions about information, singularities, and the ultimate fate of black holes await answers.

The coming decades promise unprecedented advances. New telescopes, more sensitive gravitational wave detectors, theoretical breakthroughs, and perhaps entirely unexpected discoveries will transform our understanding. This chapter explores the future of black hole science, the technologies being developed, the questions being pursued, and the discoveries that may revolutionize physics as profoundly as black holes already have.

**Next-Generation Telescopes and Detectors**

The instruments that revealed black holes to us are already being surpassed by their successors. Each new generation promises sharper vision, greater sensitivity, and access to previously invisible aspects of black hole physics.

**The Next-Generation Event Horizon Telescope**

The Event Horizon Telescope collaboration that produced the historic 2019 and 2022 images of black hole shadows is already planning its evolution. The next-generation Event Horizon Telescope (ngEHT) will add new telescopes to the array, increasing both sensitivity and resolution.

With more dishes distributed across the globe, the ngEHT will be able to create movies rather than just snapshots. We'll watch matter swirl around black holes in real time, see flares and eruptions as they happen, and track how the shadow changes as black holes consume material. These observations will test general relativity with unprecedented precision, potentially revealing deviations that hint at new physics.

The ngEHT will also observe more black holes. While the first images focused on M87* and Sagittarius A*, dozens of other supermassive black holes are potential targets. Each has unique properties, different masses, spins, and accretion states. Observing this population will reveal how black holes vary and what factors control their behavior.

Perhaps most ambitiously, the ngEHT aims to detect the photon ring, a feature predicted by general relativity where light orbits the black hole multiple times before escaping. The photon ring carries unique information about the black hole's properties and spacetime geometry. Detecting it would provide another stringent test of Einstein's theory and could reveal whether modifications to general relativity are needed.

**Space-Based Gravitational Wave Observatories**

LIGO and Virgo have revolutionized astronomy, but they can only detect high-frequency gravitational waves from stellar-mass black hole mergers. The space-based Laser Interferometer Space Antenna (LISA), planned for launch in the 2030s, will open an entirely new window on the gravitational wave universe.

LISA will consist of three spacecraft flying in formation, separated by 2.5 million kilometers, forming a giant triangular detector in space. This enormous baseline makes LISA sensitive to much lower frequency gravitational waves, waves from supermassive black hole mergers, from stellar-mass objects spiraling into supermassive black holes, and possibly from exotic sources like cosmic strings or phase transitions in the early universe.

When supermassive black holes merge, they create gravitational waves that LISA can detect years or even decades before the final merger. This early warning will allow electromagnetic telescopes to point at the merger location in advance, enabling multi-messenger observations of these titanic events. We'll see both the gravitational waves and any light produced by gas and dust around the merging black holes.

LISA will also detect extreme mass ratio inspirals, stellar-mass compact objects spiraling into supermassive black holes. These systems act as exquisite probes of spacetime geometry. As the smaller object orbits, it traces out the warped spacetime around the supermassive black hole, encoding this information in the gravitational wave signal. By analyzing these signals, we can map the spacetime geometry and test whether it matches the predictions of general relativity or reveals deviations that indicate new physics.

**Multi-Wavelength and Multi-Messenger Astronomy**

The future of black hole astronomy is multi-messenger and multi-wavelength. Future observatories will coordinate observations across radio, infrared, optical, ultraviolet, X-ray, and gamma-ray wavelengths, while also incorporating gravitational wave and neutrino detections.

New X-ray observatories like Athena will study the hot, X-ray emitting gas in accretion disks around black holes. These observations reveal how matter behaves in extreme gravitational fields and strong magnetic fields. By measuring the iron line emission from accretion disks, astronomers can determine black hole spins and test whether frame dragging occurs as general relativity predicts.

The Square Kilometre Array (SKA), a massive radio telescope network, will probe gas and dust around black holes on larger scales. Radio observations can penetrate dust that obscures optical and infrared light, revealing regions close to black holes that are hidden at other wavelengths. The SKA will also detect pulsars orbiting the Milky Way's central black hole, using their regular pulses as precise clocks to test general relativity.

Coordinating all these observations requires sophisticated infrastructure, alert systems that notify observers when interesting events occur, databases that compile observations from multiple facilities, and analysis tools that can combine diverse data types into coherent models. The astronomy of the future will be collaborative, computational, and comprehensive in ways that previous generations of astronomers could barely imagine.

## Major Unanswered Questions

Despite remarkable progress, fundamental questions about black holes remain unanswered. These questions drive current research and will shape the field's future direction.

### How Do Supermassive Black Holes Form and Grow?

The existence of billion-solar-mass black holes less than a billion years after the Big Bang poses a serious puzzle. Standard models of black hole growth through accretion and mergers struggle to produce such massive objects so quickly. Either supermassive black holes formed through exotic mechanisms in the early universe, or they grew much faster than our models predict.

Several formation scenarios have been proposed. Perhaps the first black holes formed directly from the collapse of massive primordial gas clouds, creating 'seed' black holes already containing thousands or tens of thousands of solar masses. Alternatively, dense stellar clusters in the early universe might have merged into massive black holes. Or perhaps dark matter played a role, concentrating in ways that triggered black hole formation.

Future observations will constrain these models. The James Webb Space Telescope is already detecting extremely distant quasars, revealing the properties of early supermassive black holes. LISA will detect mergers of these early black holes, revealing how they assembled. Detailed simulations incorporating better physics will show which formation pathways can produce the observed population. Within the next decade, we should have much clearer answers about how supermassive black holes came to be.

**Do Intermediate-Mass Black Holes Exist?**

Black holes seem to come in two varieties: stellar-mass black holes of a few to a hundred solar masses, and supermassive black holes of millions to billions of solar masses. The gap between these populations is striking. Intermediate-mass black holes (IMBHs) of hundreds to hundreds of thousands of solar masses have been theorized but remain elusive.

A few candidates exist. Some globular clusters show kinematic evidence for central massive objects. Certain ultraluminous X-ray sources might be powered by IMBHs accreting matter. And some gravitational wave signals might come from IMBH mergers. But none of these observations are definitive.

Finding IMBHs would answer important questions about black hole formation and evolution. If they exist in globular clusters, they might form through runaway collisions of stars in dense environments, a formation mechanism different from either stellar-mass or supermassive black holes. They might also be the seeds that grew into supermassive black holes, providing a missing link in black hole evolution.

Future gravitational wave detectors will be especially powerful for finding IMBHs. LISA is perfectly positioned to detect mergers involving intermediate-mass black holes. The gravitational wave signatures are distinctive enough that even a handful of detections would confirm the population's existence and constrain formation models.

**What Exists at the Singularity?**

The singularity at a black hole's center represents the ultimate unknown in physics. General relativity predicts infinite density and curvature, but infinities usually signal that a theory has exceeded its domain of validity. Most physicists expect that quantum gravity effects become important near the singularity, replacing the classical singularity with something else.

But what? Loop quantum gravity suggests that quantum effects create a 'bounce,' preventing true singularity formation and possibly connecting to another region of spacetime. String theory's fuzzball proposal eliminates the singularity by replacing the black hole interior with an extended quantum object. Other approaches propose modifications to spacetime geometry at the Planck scale that resolve the singularity.

Observationally probing the singularity seems impossible, it's hidden behind the event horizon, causally disconnected from the outside universe. Yet indirect signatures might exist. The final moments of black hole evaporation might encode information about the interior. Gravitational wave echoes reflecting off quantum structure near the horizon have been proposed as signatures of exotic internal structure. Finding such signatures would revolutionize physics, revealing quantum gravity in action.

### Can We Resolve the Information Paradox?

As discussed in Chapter 16, the information paradox remains one of the most profound puzzles in theoretical physics. While most physicists believe information is preserved, the mechanism remains unclear. Is information encoded in subtle correlations in Hawking radiation? Stored holographically on the event horizon? Returned in the final moments of evaporation?

Recent theoretical work has made progress. Calculations in certain simplified models suggest that information does escape gradually in Hawking radiation, though the process is extremely subtle. The Page curve, describing how entanglement entropy changes during evaporation seems to have the right shape to preserve unitarity, at least in some theoretical frameworks.

But theoretical progress doesn't guarantee observational confirmation. Hawking radiation from astrophysical black holes is far too faint to detect with any conceivable technology. The timescales for black hole evaporation vastly exceed the age of the universe. Unless we discover a way to create and study microscopic black holes in laboratories, a distant prospect or find signatures of primordial black holes evaporating today, the information paradox may remain a purely theoretical question.

### A Roadmap for the Coming Decades

Looking ahead, we can sketch a rough timeline of expected developments in black hole science, though surprises are inevitable and breakthrough discoveries unpredictable.

### The 2020s: Consolidation and Expansion

The current decade is seeing rapid expansion of gravitational wave astronomy. LIGO, Virgo, and KAGRA in Japan are conducting increasingly sensitive observing runs, detecting black hole mergers at an accelerating rate. Each detection refines our understanding of the black hole population and tests general relativity.

The Event Horizon Telescope continues observing, adding more black holes to its portfolio and beginning time-domain observations that show how black hole shadows change. The James Webb Space Telescope is revealing early supermassive black holes in unprecedented detail, constraining formation models.

This decade will likely see the first definitive detection of an intermediate-mass black hole, either through gravitational waves or through improved X-ray and radio observations. We'll develop better models of black hole accretion, magnetic field structure, and jet formation. The theoretical work on the information paradox will continue, possibly converging toward consensus solutions.

### The 2030s: New Windows Open

The 2030s will see transformative new capabilities come online. LISA's launch will open the low-frequency gravitational wave window, detecting supermassive black hole mergers and extreme mass ratio inspirals. These observations will revolutionize our understanding of how galaxies and their central black holes co-evolve.

The next-generation Event Horizon Telescope will be producing movies of multiple black hole shadows, watching matter swirl and jets launch in real time. Multi-messenger observations of black hole mergers will become routine, with electromagnetic counterparts detected for at least some gravitational wave events.

Theoretical physics may see breakthroughs in quantum gravity. The accumulation of precise gravitational wave data might reveal small deviations from general relativity that point toward the correct quantum theory. Or perhaps laboratory experiments in quantum computing or condensed matter physics will provide insights into quantum gravity through analogies and simulations.

### The 2040s and Beyond: Mature Science

By the 2040s, black hole astronomy will be a mature science with a rich observational foundation. Gravitational wave catalogs will contain thousands of events spanning a wide range of masses and distances. We'll have detailed maps of black hole shadows for dozens of supermassive black holes, movies showing their evolution over years or decades.

The statistical power from these large datasets will enable precision tests of general relativity and searches for exotic phenomena. We'll be able to address questions about black hole populations, formation pathways, and evolution with statistical rigor impossible today.

New technologies may emerge that we can't currently foresee. Perhaps quantum sensors will enable new types of observations. Perhaps artificial intelligence will discover patterns in data that humans miss. Perhaps entirely unexpected phenomena will be discovered, opening new research directions we haven't imagined.

### Could We Ever Visit a Black Hole?

Science fiction has long imagined human expeditions to black holes. Could we ever actually visit one? The answer depends on what we mean by 'visit' and which black hole we're discussing.

The nearest known black hole candidates are several hundred light-years away, still far beyond our current technological capabilities for crewed missions.

Even if we could travel at a significant fraction of light speed, journeys would take centuries or millennia. Unless we develop radically new propulsion technologies, visiting even the nearest black holes seems implausible for the foreseeable future.

But suppose we could reach one. Could we safely observe it? A stellar-mass black hole would be extraordinarily dangerous. The tidal forces near the event horizon would destroy any spacecraft, and probably any astronaut, before they crossed it. The only way to survive approaching a stellar-mass black hole would be to maintain a safe distance, far enough that tidal forces are manageable.

Supermassive black holes offer better prospects, paradoxically. For a billion-solar-mass black hole, tidal forces at the event horizon are weak enough that a spacecraft could cross it intact. An astronaut crossing the event horizon of such a black hole wouldn't immediately notice anything wrong, the horizon is simply a mathematical surface with no physical barrier.

Of course, crossing the event horizon is a one-way trip. Once inside, reaching the singularity is inevitable and happens quickly, probably within hours for even the largest black holes. There's no way to send information back outside once you've crossed. From the perspective of observers outside, you'd appear to freeze at the horizon, growing ever dimmer and more redshifted but never quite disappearing.

More realistic than visiting black holes would be observing them from orbit. A spacecraft in a stable orbit around a stellar-mass or supermassive black hole could conduct unprecedented observations, studying the accretion disk, measuring gravitational lensing, and testing general relativity with extreme precision. Such missions are far beyond current capabilities but not necessarily impossible for advanced civilizations.

Some physicists have speculated about using black holes for energy extraction or as engines for interstellar travel. The Penrose process, in theory, allows extracting rotational energy from a spinning black hole. Hawking radiation from small black holes could potentially be harnessed. These ideas remain firmly in the realm of speculation, but they illustrate how black holes might play roles in far-future technology we can barely imagine.

**New Mysteries on the Horizon**

Scientific progress rarely simply answers questions, it usually reveals new mysteries we didn't know existed. Black hole science will undoubtedly follow this pattern. The discoveries of the coming decades will open new avenues of inquiry we can't currently anticipate.

We might discover that black holes are connected to dark matter in unexpected ways. Perhaps primordial black holes formed in the early universe constitute some fraction of dark matter. Or perhaps the physics of dark matter affects black hole formation and growth in ways we haven't recognized.

We might find that black holes violate the no-hair theorem, that they carry information about their formation in subtle ways we haven't yet detected. This would revolutionize our understanding of black hole physics and possibly point toward quantum gravity effects.

Observations might reveal exotic compact objects that aren't quite black holes, perhaps stable configurations of matter held up by quantum effects or exotic physics, looking almost but not exactly like black holes. Such objects would force radical revisions to our understanding of stellar collapse and strong gravity.

The connection between black holes and the fundamental structure of spacetime might deepen. Perhaps black holes will teach us that spacetime itself is emergent from something more basic, quantum information networks or degrees of freedom we haven't yet identified. The holographic principle hints at such deep connections, but we're likely only scratching the surface.

We might discover that the universe itself has properties that can only be understood by studying black holes. Perhaps cosmic inflation is connected to black hole physics. Perhaps the dark energy driving cosmic acceleration has something to do with black holes and their quantum properties. These speculations seem far-fetched today, but tomorrow's discoveries might make them central to our understanding.

**The Human Element: Curiosity and Wonder**

Behind all the technology and mathematics, black hole science is ultimately a human endeavor driven by curiosity, creativity, and the desire to understand. The future of the field depends not just on instruments and theories but on the people who ask questions, pursue answers, and refuse to accept mysteries as permanent.

The scientists who will make the next great discoveries in black hole physics are studying in universities today, or perhaps haven't yet decided to pursue science. They'll bring fresh perspectives, new techniques, and questions that current researchers haven't thought to ask. The diversity of backgrounds and viewpoints in science enriches it, bringing different ways of thinking about problems.

Public interest and engagement matter too. Scientific research requires societal support, funding for telescopes and detectors, positions for researchers, education systems that nurture scientific talent. Maintaining public enthusiasm for fundamental science, including black hole physics, helps ensure this support continues.

Moreover, the wonder that black holes inspire has intrinsic value. In an age dominated by immediate practical concerns, fundamental science reminds us that there are profound questions worth pursuing for their own sake. Black holes won't cure diseases or solve climate change, but understanding them enriches human culture and expands our conception of the possible.

The images of black hole shadows that captivated the world in 2019 and 2022 demonstrated science's power to inspire awe. Future discoveries will likely have similar impact, movies of black holes in motion, gravitational wave detections from the cosmic dawn, perhaps signatures of quantum gravity. Each discovery connects humanity to the cosmos in new ways.

The future of black hole science is bright, though the objects themselves remain dark. We stand at the threshold of an era where black holes transform from exotic theoretical curiosities to objects we routinely observe, study, and use as laboratories for fundamental physics.

The technologies being developed, next-generation telescopes, space-based gravitational wave detectors, advanced computational capabilities will enable observations that seem miraculous by today's standards. We'll watch black holes evolve in real time, detect their collisions across cosmic history, and test our deepest theories about the nature of reality.

Yet for all the progress ahead, black holes will likely retain their mysteries. Each answer raises new questions. Each discovery reveals new ignorance. This is not a weakness of science but its strength, the recognition that understanding is always provisional, always incomplete, always pointing toward deeper truths not yet grasped.

Black holes have taken us on an extraordinary journey, from mathematical speculation to observational reality, from Einstein's equations to images captured by planet-spanning telescopes, from philosophical puzzles to concrete physical questions. The journey continues, and the most exciting discoveries may still lie ahead.

As we close this exploration of black holes, we carry forward both knowledge and wonder. We know far more about these cosmic phenomena than Einstein could have imagined, yet they remain profoundly mysterious. They challenge our understanding, inspire our imagination, and remind us that the universe is both comprehensible and inexhaustible, a cosmos that reveals its secrets gradually, rewarding curiosity with insight and wonder with revelation.

The dark hearts of galaxies beat on, warping spacetime, consuming matter, and challenging us to understand. The future of their study is limited only by human curiosity, creativity, and the courage to pursue questions whose answers might transform everything we think we know. That future is just beginning.

CONCLUSION

# Living in a Universe with Black Holes

---

We have journeyed together through the dark hearts of galaxies, from the theoretical prediction of black holes to their stunning confirmation, from the deaths of massive stars to the fate of the cosmos itself. We've explored spacetime warped beyond recognition, watched matter spiral into oblivion, listened to the universe ring with gravitational waves, and confronted mysteries that challenge the foundations of physics.

Black holes began as mathematical curiosities, strange solutions to Einstein's equations that many physicists, including Einstein himself, doubted could exist in nature. Today they are observed facts, cosmic objects as real as stars and planets. We've imaged their shadows, detected their collisions, and traced their influence on galaxies across billions of years of cosmic history. The journey from speculation to observation has been one of the great triumphs of human intellect and ingenuity.

As we close this exploration, it's worth reflecting on what black holes teach us, not just about physics and astronomy, but about knowledge itself, about the human drive to understand, and about our place in a vast and mysterious universe.

**The Journey from Concept to Reality**

The story of black holes illustrates how science progresses. It begins with theory, mathematicians and physicists working with equations, following logic wherever it leads, even when it leads to seemingly impossible conclusions. Karl Schwarzschild solving Einstein's equations in a trench during World War I couldn't have imagined that his solution described real objects we would one day observe.

Theory alone is insufficient. Predictions must be tested, and testing requires observation. For decades, black holes remained theoretical because we lacked the tools to detect them. But physicists persisted, developing increasingly sophisticated models of how black holes should behave if they existed, how they would affect nearby matter, what signatures they would produce, where we might find them.

Then came indirect evidence. X-ray binary systems suggested compact objects too massive to be neutron stars. Stars orbiting invisible companions at galactic centers implied something massive and dark. These observations didn't prove black holes existed, but they made the case increasingly compelling.

Finally, direct observation arrived. Gravitational waves from merging black holes provided unmistakable evidence. The Event Horizon Telescope imaged black hole shadows, showing not just that black holes exist but that they look exactly as general relativity predicts. The theoretical had become observational; the invisible had become visible.

This progression, from theory to prediction to indirect evidence to direct observation, characterizes much of modern physics. It required multiple generations of scientists, each building on their predecessors' work. It required technological development, as instruments became capable of measurements that earlier generations couldn't imagine. And it required sustained commitment, funding research that might not pay off for decades.

### Why Black Holes Are Essential to the Cosmos

Black holes are not cosmic accidents or exotic rarities. They are fundamental features of the universe, as essential to cosmic structure and evolution as stars and galaxies. Every large galaxy harbors a supermassive black hole at its center. Stellar-mass black holes populate galaxies by the millions. They've existed since early in cosmic history and will persist until the final ages of the universe.

The symbiotic relationship between black holes and galaxies reveals their importance. Supermassive black holes regulate star formation through feedback, preventing galaxies from converting all their gas into stars too quickly. They help determine the structure and evolution of galaxies. The tight correlations between black hole mass and galactic properties suggest deep connections between the two that we're still working to understand fully.

Black holes participate in cosmic recycling. They consume matter, but through accretion disk radiation and jets, they also return energy to their surroundings. They help distribute heavy elements created in stars throughout galaxies and intergalactic space. They drive some of the most energetic phenomena in the universe, quasars that outshine entire galaxies, relativistic jets that extend for millions of light-years.

In the far future, black holes will be the last complex structures remaining, the final repositories of organization in a universe trending toward maximum entropy. Their eventual evaporation through Hawking radiation represents the ultimate transformation of matter and energy, perhaps the final significant events in cosmic history.

We live in a universe fundamentally shaped by black holes. They've influenced cosmic evolution from the earliest epochs to the present day and will continue to do so into the unimaginably distant future. Understanding them means understanding the universe itself.

**The Limits and Frontiers of Knowledge**

Black holes remind us that knowledge has limits, not just practical limits imposed by current technology, but fundamental limits imposed by the structure of reality itself. The event horizon is an absolute boundary on observation. Information from the interior is causally disconnected from the exterior. No conceivable instrument can peer inside a black hole to see what exists there.

This limitation frustrates but also fascinates. It means that the interior of a black hole remains genuinely mysterious, not just unknown but perhaps unknowable through direct observation. We can theorize, calculate, and model, but we cannot observe. This drives theoretical physicists to extraordinary creativity, developing approaches to understanding phenomena that can never be directly verified.

Yet limits on direct observation don't mean complete ignorance. We can study black holes' exteriors in exquisite detail. We can test general relativity in strong-field regimes. We can observe the effects of black holes on their surroundings. We can use theoretical consistency, requiring that our theories don't produce contradictions or impossible results to constrain what might exist inside.

The information paradox exemplifies this situation. We cannot observe Hawking radiation from astrophysical black holes, it's far too faint. We cannot track information falling into a black hole and see whether it escapes. Yet through theoretical reasoning, we can identify the problem and explore potential solutions. The resolution, when it comes, will likely teach us something profound about quantum mechanics, gravity, and the nature of information itself.

Black holes thus represent the frontier of physics, the edge of the known, where our best theories point toward phenomena we don't fully understand. They're natural laboratories for quantum gravity, cosmic test beds for general relativity, puzzles that challenge our deepest assumptions about how reality works.

This frontier quality makes black holes exciting to study. Every observation might reveal something unexpected. Every theoretical advance might open new questions. The field remains dynamic, surprising, and far from complete understanding.

**The Human Drive to Understand the Extreme**

Why do we study black holes? They offer no obvious practical benefits. They're too far away to affect daily life. Understanding them won't cure diseases, solve climate change, or feed the hungry. Yet we invest enormous resources, billion-dollar telescopes, decades of careers, massive computational facilities to understand these distant, invisible objects.

The answer lies in something fundamental to human nature: curiosity. We want to understand. We're driven to explain, to find patterns, to construct comprehensive pictures of how reality works. This drive isn't unique to scientists, it's a universal human trait. Children ask endless questions about how things work. Adults seek meaning and understanding in their experiences. Science is simply the most systematic, rigorous expression of this universal curiosity.

Black holes satisfy this curiosity in particularly rich ways. They're extreme, the most warped spacetime, the strongest gravity, the most complete triumph of general relativity over quantum mechanics. Extremes test theories maximally. If we can understand black holes, we can be confident our theories work.

They're also beautiful, in the abstract way that mathematical physics can be beautiful. The equations describing black holes are elegant. The way disparate phenomena, thermodynamics, quantum mechanics, information theory connect through black hole physics reveals unexpected unities in nature. This beauty, while abstract, is deeply satisfying to those who perceive it.

Moreover, studying black holes expands our conception of the possible. They show us that reality is stranger than everyday experience suggests. Time can slow down. Space can be so curved that straight lines circle back. Matter can collapse to infinite density. These aren't science fiction fantasies but observed facts about the universe we inhabit. Grasping these facts expands human consciousness, our sense of what's real and possible.

There's also something profound about understanding the universe on its own terms, not just as it relates to human needs but as it exists independent of us. Black holes existed billions of years before humans evolved and will exist billions of years after we're gone. Comprehending them means comprehending something fundamental about reality, achieving knowledge that transcends human timescales and concerns.

**Darkness and Discovery**

There's a poetic irony in black holes, the darkest objects in the universe have illuminated some of the brightest insights in physics. They are literally invisible, yet they've revealed more about gravity, spacetime, and the structure of the cosmos than perhaps any other single phenomenon.

This irony reflects a deeper truth about science: we often learn most from extreme cases, boundary conditions, places where our theories are pushed to their limits. It's in the extremes that approximations break down, hidden assumptions become visible, and new physics emerges. Black holes are the ultimate extremes of general relativity, and unsurprisingly, they're where we've learned the most and where the most profound mysteries remain.

The darkness of black holes is also a challenge to human ingenuity. We cannot see them directly, so we must be clever, watching how they bend light, detecting the gravitational waves they produce, and mapping the orbits of nearby stars. This necessity drives innovation in observational techniques and theoretical methods. The constraint of invisibility paradoxically makes black hole science more creative.

The discoveries keep coming. Each new observation reveals unexpected details. Each theoretical advance opens new questions. The 2019 Event Horizon Telescope image wasn't an endpoint but a beginning, proof of concept for a new kind of astronomy. The gravitational wave detections by LIGO similarly opened a new field rather than closing an old one. Black holes continue to surprise, challenge, and inspire.

## Our Place in a Universe Shaped by Black Holes

Understanding black holes changes how we see ourselves and our place in the universe. We are not observers of a static cosmos but participants in an evolving universe where black holes play central roles. The atoms in our bodies were forged in stars that may have ended their lives creating black holes. The galaxy we inhabit orbits a supermassive black hole that has regulated its evolution for billions of years.

This cosmic perspective is simultaneously humbling and empowering. Humbling because it reveals our smallness, we're brief sparks of consciousness on a tiny planet orbiting an ordinary star in one galaxy among hundreds of billions, in a universe that will exist for untold trillions of years after we're gone.

Yet also empowering, because we, these tiny, brief sparks, can understand black holes. We can observe them, model them, predict their behavior, and test those predictions. We can grasp concepts like curved spacetime and gravitational waves. We can contemplate the fate of the universe trillions of years hence. The universe has produced, in us, a way of understanding itself.

This understanding is perhaps our most distinctly human achievement. Other species are stronger, faster, better adapted to their environments. But no other species on Earth contemplates black holes, derives their equations, and builds instruments to observe them. Our curiosity, intelligence, and capacity for abstract thought enable us to transcend our immediate circumstances and comprehend phenomena billions of light-years away.

Living in a universe with black holes means living in a universe that can be understood, not completely, not easily, but genuinely. The fact that black holes exist and that we can study them is evidence that the universe is comprehensible, that reality follows consistent laws that human minds can grasp. This comprehensibility is neither obvious nor guaranteed. We might have lived in a universe too chaotic for understanding or too simple to be interesting. Instead, we inhabit a cosmos complex enough to generate black holes and minds capable of understanding them.

**Looking Forward**

The story of black holes is far from over. We stand at what may be the most exciting period in the history of black hole science. New observations arrive regularly. Each year brings discoveries that would have seemed miraculous a decade earlier. The technologies and telescopes coming online in the next decades promise even more dramatic advances.

We'll observe black holes with unprecedented detail and precision. We'll detect thousands of gravitational wave events, building statistical understanding of black hole populations across cosmic history. We'll image black hole shadows in motion, watching matter spiral into darkness in real time. We'll probe spacetime geometry around black holes with exquisite accuracy, testing general relativity in ways Einstein never imagined possible.

Theoretical understanding will deepen. The information paradox may be resolved, revealing how quantum mechanics and gravity work together at the most fundamental level. We might discover signatures of quantum gravity, seeing the breakdown of classical spacetime at the Planck scale. New connections between black holes and other areas of physics, quantum information, condensed matter, even mathematics, will likely emerge.

But most exciting are the discoveries we can't anticipate, the observations that don't fit current models, the phenomena we haven't predicted, the questions we haven't yet learned to ask. History suggests that nature is more creative than we are. Black holes will continue to surprise us.

For those entering the field today, black hole science offers extraordinary opportunities. The tools for observation have never been better. The questions are profound and well-defined. The community is active, collaborative, and international. Young researchers will make discoveries that reshape our understanding, just as their predecessors did.

For everyone else, black holes offer windows into the extreme and exotic, opportunities to glimpse aspects of reality far removed from everyday experience. Following black hole science means watching human understanding expand in real time, seeing questions answered and new ones posed, witnessing the process of discovery as it unfolds.

**Final Thoughts**

We began this book asking what black holes are. We've learned that they're regions of spacetime where gravity becomes so extreme that not even light escapes. They're the endpoints of stellar evolution, the hearts of galaxies, laboratories for testing fundamental physics. They're real objects that we can observe, measure, and study.

But black holes are also more than that. They're symbols of the unknown, reminders that the universe contains phenomena that challenge our understanding and expand our conception of the possible. They're demonstrations that reality is both comprehensible and mysterious, both yielding to inquiry and withholding final answers.

They teach us about limits, the limits of observation imposed by event horizons, the limits of classical physics revealed by singularities, the limits of current theories exposed by paradoxes. Yet they also teach us about possibility, the possibility of observing the seemingly invisible, the possibility of understanding the apparently incomprehensible, the possibility that reality is far stranger and more wonderful than common sense suggests.

Living in a universe with black holes means living in a universe that remains fundamentally mysterious even as we uncover its secrets. It means accepting that some questions may never be fully answered while pursuing those answers with full commitment. It means balancing humility about human limitations with pride in human achievements.

The dark hearts of galaxies beat on, warping spacetime, consuming matter, radiating energy, and challenging us to understand. They've existed since the dawn of cosmic time and will persist until its end. They've shaped the universe we inhabit and will shape its ultimate fate. They are at once destroyer and creator, endpoint and beginning, darkness and revelation.

In studying them, we study the universe in its most extreme expression. In understanding them, we understand something essential about the cosmos and about ourselves, about what it means to seek knowledge, to confront mystery, to find meaning in comprehension.

The journey into black holes is ultimately a journey into ourselves, into what we can know, what we can imagine, and what we can achieve when we dare to pursue understanding wherever it leads, even into the darkest regions of space and time.

Black holes are everywhere and nowhere, visible and invisible, understood and mysterious. They are the universe revealing itself in its most extreme form, and we are the universe awakening to understand itself. In this dance of darkness and light, of question and answer, of mystery and revelation, we find not just knowledge but meaning, the profound significance of existence in a cosmos capable of producing both black holes and minds to comprehend them.

This is what it means to live in a universe with black holes, to inhabit a reality more strange and wonderful than we ever imagined, and to possess, against all odds, the capacity to understand it.

- END -

www.ingramcontent.com/pod-product-compliance
Lightning Source LLC
LaVergne TN
LVHW052043200926
848481LV00005B/1724